JN409688

개정판 자동차 재료학

김기주 저

현 시대는 철강공업을 비롯하여 자동차, 항공, 선박, 농기계 등이 기계공업의 기초를 이루고 있다. 이 책은 자동차 즉 기계공업분야에 종사하는 산업체 기술자는 물론 자동차, 항공, 선박기계 계열 학생들에게 꼭 알아 두어야한다고 생각되는 자동차재료 및 기계재료 전반에 걸친 것을 총망라하였다.

훌륭한 자동차 및 기계설계, 공작기술이 있어도 재료에 대하여 이해하지 못하거나, 신뢰도와 안전율이 낮으면 쓸모가 없게 된다.

따라서 이 책은 총론을 시작으로 금속과 합금, 금속의 물리적 화학적 성질, 재료시험과 재료기호, 자동차용 철강재료, 비철금속 재료, 윤활유 및 절삭유, 신소재 합금 등 다양하게 설명하였으므로 자동차에 입문하는 분들이 단시간에 그 개요를 파악해야 할 모든 이에게 가장 적절한 교과서 또는 참고서가 될 것으로 믿는다. 뿐만 아니라 미리 자동차 및 기계공학 전반의 내용을 알고자 하는 공학도에게는 안내서로서 또는 관련 기계계통에서 종사하는 현장기술자에게도 자동차 및 기계공학의 입문 및 참고지침서로써 적절하리라 믿어 의심치 않는 바이다. 광범위한 기계공학의 내용을 한정된 지면에 축소하여 기술한 만큼 잘 이해할 수 있었으면 하는 바람이다.

마지막으로 자동차기사, 산업기사 시험을 대비하기 위하여 뒷장에 문제와 문제풀이도 삽입하였다. 그러므로 학생들은 물론 산업체에 종사하는 분들에게도 보탬이 되었으면 한다.

끝으로 이 책이 자동차 및 기계공업 발전에 다소나마 기여할 수 있기를 기원하면서 뜻하지 않은 오류가 있으면 독자 여러분들의 기탄없는 질책과 조언을 받아 수정해 나갈 것을 약속드리며 출간을 위해 수고해 주신 기한재 여러분께 감사드린다.

저자

C/O/N/T/E/N/T/S

CHAPTER

01 기계재료의 개요

기계는 그 종류와 형상에 따라 많은 부품들로 구성되어 있으며, 이들 부품들은 여러 가지 재료로 가공 혹은 제작된다. 기계재료(mechanical materials)란 기계나 그 구조물의 설계·제작에 필요한 일반적인 재료를 말한다. 따라서 기계 제작에 필요한 공구재료들도 기계재료에 속한다. 현재 사용되고 있는 기계재료에는 순수한 금속뿐만 아니라 여러 가지 원소를 포함하고 있으며, 금속(metal) 재료와 비금속(non-metal)재료로 분류된다.

자연계에는 103종의 원소가 있으며, 이들 원소 중 공통적인 성질을 지니고 있는 약 60여종을 금속이라 하고, 금속의 공통적인 성질을 지니지 못한 것을 비금속이라 한다. 비금속재료에는 중합체, 세라믹, 섬유강화 복합재료, 반도체, 시멘트, 목재, 윤활유, 페인트, 연삭재 등 그 종류가 대단히 많다. 금속은 또 철금속(혹은 철강재료, ferrous materials)과 비철금속(혹은 비철재료, non-ferrous materials)으로 분류된다. 철 금속은 철(Fe)을 주성분으로 하고 이것에 여러 가지 원소를 첨가하여 필요로 하는 여러 가지 성질을 나타낸다. 철 금속에는 탄소강, 합금강(또는 특수강), 주철 등이 있으며, 주철이나 탄소강은 철 이외에 탄소(C)와 작은 양의 규소(Si), 망간(Mn), 인(P), 황(S) 등이 포함되어 있다. 또 비철금속에는 구리(Cu)와 구리합금, 알루미늄(Al)과 알루미늄합금, 마그네슘(Mg)과 마그네슘합금, 베어링 합금 등이 있다. 순금속 및 합금을 포함한 금속의 공통적인 성질은 다음과 같다.

① 상온에서 고체상태이며, 고체상태에서 결정을 형성한다(단, 수은(Hg)은 제외).
② 비중이 크고, 금속 특유의 색체를 지닌다.

③ 불투명하며, 열과 전기의 좋은 전도체이다.
④ 전성과 연성이 풍부하다.
⑤ 강도가 크고, 가공변형이 쉽게 된다.
⑥ 용융점이 높고 경도가 크다.

비금속재료에는 반도체, 합성수지(플라스틱), 다이아몬드, 내화재료, 보온재료, 윤활재료, 절삭제, 나무, 시멘트, 페인트 등이 있다. 비금속재료의 경우 재질, 온도, 화학성분의 결합 등에 따라 다양하게 변화하며, 기계재료로서의 용도가 넓다.

기계재료는 실용상의 용도에 따라 기계구조용, 기계요소용, 공구용, 금형용, 전자기구용 등으로 구분하며, 주요 성질에 따라서 내열재료, 내부식성 재료, 내산성 재료, 내마모성 재료, 고강도재료 등으로 구분된다. 중요한 기계재료의 범위는 다음과 같다.

[기계재료의 범위]

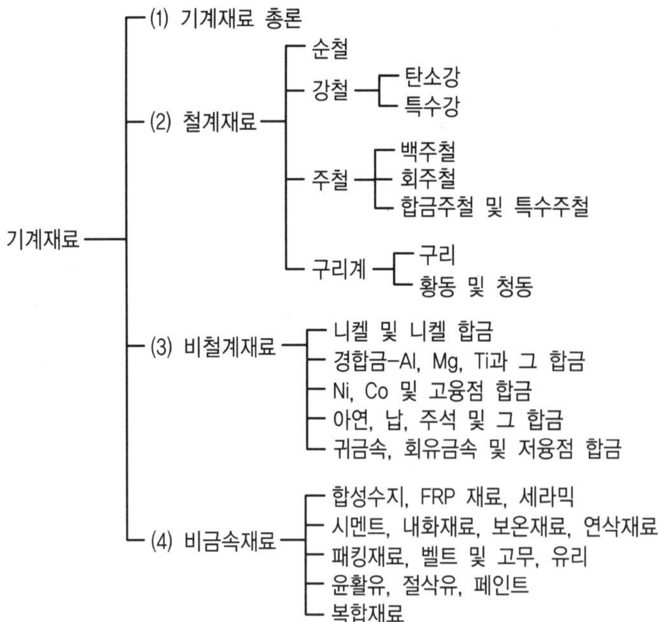

실제의 재료 선택에 있어서는 경제성과 가공성을 고려하고 사용 결과를 검토하여야 한다. 기계재료 선정에 대한 일반적인 요구조건을 충족시키기 위해서는 다음과 같은 사항들을 사전에 검토하여 선정조건에 반영하여야 한다.

① 기계부품에 요구되는 기능을 충분히 분석하여 하중의 종류와 크기 등의 부하조건으로부터 강도나 그 밖의 기계적 성질을 검토한다.
② 부품의 사용환경을 고려하여 내마멸성, 내식성, 내열성 등의 필요성을 검토한다.
③ 소재를 원하는 모양과 치수로 가공하는 데 필요한 재료의 적합성, 즉 주조성, 소성가공성, 용접성, 절삭성 등 생산에 필요한 가공성을 검토한다.
④ 소재의 가격과 구입의 용이성 등 경제성을 조사 검토한다.

기계재료는 또한 사용기능에 따라 구조용 재료와 기능재료로 대별된다. 구조용 재료(structural materials)로는 자동차, 선박, 항공기, 원자로, 증기터빈, 컴퓨터, TV, 비디오 등에 이르기까지 기계의 구조물을 구성하는 재료이며, 가장 많이 생산되어 사용되고 있다. 구조재료로서는 강도와 인성(toughness)이 가장 요구되는 성질이므로, 그 중에서도 철강이 그 수위를 차지하고 있는 것이다.

기능재료(functional materials)는 반도체, 초전도체, 형상기억합금, 수소저장합금 등과 같이 어느 특별한 성능을 발휘하는 재료이며, 양적으로는 그리 많지 않지만 각종 기계구조물들의 기능이 유기적이고 원활하게 작용할 수 있도록 필요한 역할을 하는 재료이다. 즉 구조용 재료는 기계구조물의 주체를 이루고 있는 반면에, 기능재료는 기계구조물의 작용을 원활하게 해주는 윤활유와 같은 것이다.

산업규격

기계재료를 그 종류, 성질, 모양 등에 따라 일정한 규격품으로 생산하면 기계를 설계하거나 설계도면에 따라 가공 제작할 때 알맞은 재료를 선택하는 데 매우 용이하고 능률적이다. 일반적인 기계재료의 종류에 대해서는 각 나라마다 공식기관에 의해 제정된 하기 표와 같은 산업규격을 적용하고 있다.

【표】 주요국의 산업 규격명과 국제 표준화 기구

국명	규격기호
한국 산업규격	KS(Korean Industrial Standards)
영국 표준규격	BS(British Standards)
독일 공업규격	DIN(Deutsche Industrial Normen)
미국 표준규격	ASA(American Standard Association)
일본 공업규격	JIS(Japanese Industrial Standards)
국제표준화규격	ISO(International Organization for Standardization)

02 기계재료의 성질

2-1 금속의 성질

금속을 공업적으로 이용할 때 중요한 성질은 다음과 같은 것들이 있다.

① 물리적 성질 : 비중, 용융점, 비열, 선팽창계수, 열전도율, 전기전도율, 자성
② 기계적 성질 : 강도, 연성, 전성, 취성, 인성, 소성, 탄성
③ 화학적 성질 : 내열성, 부식
④ 제작상 성질 : 주조성, 용접성, 절삭성

2-2 금속의 물리적 성질

1. 비중(specific gravity)

금속의 비중은 그 종류와 순도에 따라 다르며, 또 단조나 압연가공한 것은 주조한 것보다 일반적으로 크다. 비중이란 4℃에서 어떤 물체의 무게와 그 물체와 같은 체적의 물의 무게와의 비율을 말한다. 4℃ 물 1㎤의 무게의 비중이 1g/㎤이다. 금속 중 비중이 작은 것은 리듐(Li) 0.53g/㎤부터 가장 큰 것은 이리듐(Ir) 22.5g/㎤이고, 백금(Pt)은 21.5g/㎤이다.

비중은 금속의 종류 및 순도에 따라서 다르며, 또 단조압연한 것이 주조한 것보다 크다. 중량의 제한이 많은 항공기, 인공위성 등에 사용되는 기계재료에

서는 비중이 중요시 되고 있다. 그러므로 이와 같은 재료에서는 인장강도와 비중의 비로서 비강도(specific strength), K가 중요시 된다. 즉,

$$\frac{\sigma_B(\text{인장강도})}{\rho(\text{비중})} = K$$

항공기 공업에서는 이 K의 값이 큰 것이 요구된다.

다음 표는 순금속 및 합금의 비중을 나타낸 것이다.

【표】 순금속 및 합금의 비중

순금속 재료	비중	합금	비중
마그네슘(Mg)	1.74	선철(회선철)	6.7~7.6
알루미늄(Al)	2.7	보통주철	7.1~7.3
철(Fe)	7.86	탄소강	7.7~7.87
백금(Pt)	21.4	황동	8.35~8.8
수은(Hg)	13.6	두랄루민	2.6~2.8

2. 용융점(melting point)

금속에 열을 가하면 용융되어서 용체(melt)로 된다. 이때의 온도를 용융점 또는 용융온도라 한다. 또 액체상태의 금속을 냉각시키면 고체로 된다. 이때의 온도를 응고점(freezing point)이라 부른다. 같은 금속에서 용융점과 응고점은 같으며, 합금에서는 용융(또는 응고)이 시작되는 온도와 끝나는 온도가 다르다.

금속 중에서 용융점이 가장 높은 것은 텅스텐(W)으로 3400℃이고, 가장 낮은 것은 수은(Hg)으로 -38.8℃이다. 철(Fe)은 1538℃, 백금(Pt)은 1774℃, 니켈(Ni)은 1455℃ 정도이다. 납(Pb), 주석(Sn), 비스무트(Bi) 등은 낮은 융점을 갖고 있으므로 저융점합금으로서 전기의 퓨즈(fuse) 등에 사용된다.

다음 표에 대표적인 순금속의 융점을 표시한다.

【표】 각 금속의 용융점

금속명	Cr	Pt	Fe	Co	Ni	Mn	Cu	Au	Ag
용융점(℃)	1890	1773.5	1539	1495	1455	1245	1083	1063	960.5
금속명	Al	Mg	Sb	Zn	Pb	Cd	Bi	Sn	
용융점(℃)	660.2	650	630.5	419.5	327.4	320.9	271.3	231.9	

3. 비열(specific heat)

비열이란 단위 무게(1g)의 물체 온도를 14.5℃에서 15.5℃로 1℃ 높이는 필요한 열량을 말한다. 일반적으로 순금속의 비열은 작으나 마그네슘(Mg)과 알루미늄(Al)은 비열이 크다. 합금의 비열은 금속성분의 비열과 합금비율로부터 계산한 평균비열에 가까운 값을 지니고 있다.

4. 열팽창 계수(coefficiently of thermal expansion)

금속은 열을 가하면 늘어나고, 냉각하면 수축한다. 물체의 단위 길이에 대하여 온도 1℃가 상승하였을 때 늘어난 길이와 늘어나기 전의 길이와의 비율을 선팽창 계수라 하고 열팽창계수로서 가장 많이 표시한다. t_0℃에서 길이 l_0인 물체를 온도 t℃로 가열하였을 때 그 길이가 l로 늘어났다면 선팽창 계수 E는 다음과 같이 표시한다.

$$E = \frac{l - l_0}{l_0}(t - t_0)$$

금속 중에서 선팽창 계수가 큰 것은 아연(Zn), 납(Pb), 마그네슘(Mg) 순서이며, 가장 작은 것은 이리듐(Ir), 텅스텐(W), 몰리브덴(Mo) 등이다.

다음 표에 대표적인 금속의 열팽창계수를 표시한다.

【표】 금속의 열팽창계수

재료명	열팽창계수	재료명	열팽창계수
납	29.3x10^{-6}	연강(0.2% C↓)	11.6x10^{-6}
알루미늄	23.9x10^{-6}	경강(0.2% C↑)	11.0x10^{-6}
황동	18.4x10^{-6}	주철	10.4x10^{-6}
청동	17.5x10^{-6}	백금	8.9x10^{-6}
구리	16.5x10^{-6}	인바(invar)	1.2x10^{-6}
콘스탄탄	15.2x10^{-6}	super invar	0.1x10^{-6}

5. 열전도율(coefficiently of heat conductivity)

열전도율이란 길이 1㎝에 대해 1℃의 온도 차이가 있을 때 1㎠의 단면을 통하여 1초 동안에 전달되는 열량의 비율을 말한다. 열전도율은 순금속일수록 좋고, 불순물의 양이 증가함에 따라 불량해진다. 열전도율 순서는 은(Ag)>구리(Cu)>금(Au)>백금(Pt)>알루미늄(Al)>아연(Zn)>니켈(Ni)>철(Fe)이다.

6. 전기 전도율(electric conductivity)

일반적으로 열전도율이 큰 것이 전기 전도율도 크며, 순금속일수록 크고 불순물의 양이 증가하면 그 값은 감소한다. 열전도율 순서와 비슷하다. 20℃에서 전기전도율이 큰 것부터 작은 것을 순서로 표시하면 은(Ag)>구리(Cu)>알루미늄(Al)>마그네슘(Mg)>아연(Zn)>니켈(Ni)>철(Fe)>납(Pb)>주석(Sn)이다.

7. 자성(magnetic properties)

철(Fe)을 자계(magnetic field)에 놓으면 유도되어 자기를 띠어 자석이 된다. 또 자화의 강도가 증가함에 따라서 자화의 정도는 증가하지만, 자계의 강도를 계속 증가하여도 자화의 강도가 어느 포화점에 도달하는 금속을 상자성체라 하며, 그렇지 못한 것을 반자성체라 한다. 또 상자성체 중 자화의 강도가 뚜렷하게 큰 것을 강자성체라 한다.

2-3 금속의 기계적 성질

1. 강도(strength)

재료가 외부의 작용력에 대한 저항력을 말하며, 기계적 성질 중 가중 중요하다. 즉 인장(tension), 압축(compression), 굽힘(bending), 비틀림(torsion), 충격(impact), 피로(fatigue) 등의 힘에 저항하는 세기를 강도로 표시한다. 강도는 소정의 형상과 치수로 제작한 시험재료를 이용하여 위의 여러 가지 항목에 대해 시험하여 측정한다.

2. 연성(ductility)

재료가 외부의 작용력을 받고도 파괴되지 않고 늘어나서 소성 변형되는 성질을 말한다. 금(Au), 은(Ag), 백금(Pt), 구리(Cu) 등은 연성이 풍부하며, 합금이 되면 연성은 감소한다.

3. 전성(malleability)

재료를 눌렀을 때 넓게 펴지는 성질을 말한다. 금(Au), 알루미늄(Al), 구리(Cu) 등은 전성이 크다.

4. 취성(메짐, brittleness)

재료에 힘을 가했을 때 부스러지는 정도, 즉 강도가 크면서 연성이 없어지는 것을 말한다. 취성의 종류는 다음과 같다.

① 냉간 취성(cold shortness) : 인(P)은 강철의 결정입자를 거칠게 하여 강철을 여리게 만든다.

② 적열취성(red shortness) : 황(S)을 많이 함유한 강철이 적열 상태에서 취성을 일으키는 성질을 말한다.

③ 청열 취성(blue shortness) : 인(P)을 함유한 강철이 200~300℃ 정도에서 취성을 일으키는 성질을 말한다.

5. 인성(toughness)

재료의 질긴 성질, 즉 충격에 대한 재료의 저항을 나타내는 성질을 말한다. 충격에 대해 금속이 저항하는 성질로서 굽힘이나 비틀림 작용을 반복적으로 가할 때 이 힘에 저항하는 성질이다.

6. 소성(plasticity)

재료에 가한 힘이 크면 변형을 일으키며 이때 힘을 제거하여도 본래의 상태로 완전히 복귀되지 않고 변형이 영구적으로 남게 되는 성질을 말한다.

7. 탄성(elasticity)

재료에 가한 힘이 적은 경우에는 외부의 작용력을 제거하면 늘어났던 길이가 완전히 원래의 상태로 복귀되어 아무런 영구변형이 없는 성질을 말한다.

[1] 금속(Metal)

재료에 힘을 가하면 모양의 변화를 일으키는데 그 변화하는 정도나 방식 등이 힘을 가하는 방법이나 재료의 종류에 따라 다르다. 재료의 기계적 특성이란 이와 같이 여러 종류의 외력(충격, 인장, 압축, 비틀림 등)에 대해서 재료가 반응하는 성질을 말한다. 외력에 대한 저항이 강한 재료, 즉 쉽게 변형되지 않는 재료를 두고 강도가 높다고 한다. 재료공학의 관심사 중에서 큰 비중을 차지하고 있는 것 중의 하나가 우수한 기계적 특성을 가진 재료를 개발하는 것이다.

재료의 기계적 특성에 영향을 주는 것들로서는 원자 및 분자 간의 결합 방법 또는 결합력(공유, 이온, 금속 결합 등), 원자들의 배열 방법(결정, 비결정 등), 재료 내부의 여러 가지 결합들(공극, 전위, 불순물 원자, 기공 등) 그리고 결정립 및 상들의 크기, 모양과 분포 등이 있다. 이러한 것들에 의해서 재료 내부의 미세조직이 결정된다. 그리고 이들의 생성과 소멸 등을 포함한 변화에는 원자의 전자구조, 포텐셜 우물, 평형, 엔트로피, 자유에너지, 핵 생성과 성장 등과 같은 기본적인 원리들이 적용된다.

금속에 외력을 가하면 변형이 일어난다. 철사를 잡아당기면 늘어나며, 다시 힘을 제거하면 원래 상태로 돌아간다. 이러한 변형을 탄성 변형(elastic deformation)이라고 한다. 그러나 어느 한계 이상으로 잡아당겨버리면 힘이 제거돼도 원래 상태로 돌아가지 못하고 늘어난 채로 남게 된다. 이러한 변형을 소성 변형(plastic deformation) 또는 영구 변형(permanent deformation)이라고 한다.

탄성 변형은 원자 간의 간격만 들어난 상태이므로 힘이 제거되면 원래 상태로 돌아간다. 그러나 소성 변형은 원자 간의 결합들이 일단 끊어진 다음 원자면들이 서로 미끄러져 새로운 배치를 하게 되어 힘을 제거해도 원래 상태로 돌아가지 못하고 변형된 채로 남는다. 원자면의 미끄러짐은 전위의 이동에 의해 아주 쉽게 이루어질 수 있다. 따라서 전위가 움직이지 못하도록 해준다면 강도를 증가시킬 수 있다.

전위가 쉽게 움직이지 못하도록 해주는 방법에는 여러 가지가 있는데, 불순물 원자를 첨가하여 고용시키거나(고용 강화), 제2상의 작은 입자들을 열처리에 의해 석출시키거나(석출 강화), 또는 매우 강한 제2상을 첨가 분산시켜줌으로써(분산 강화) 전위의 이동을 방해하도록 해주는 방법이 있다.

[2] 고용 강화(Solid solution strengthening)

불순물 원자를 첨가하여 고용체를 만들 경우에는 기존 원자와의 크기 차이 때문에 불순물 원자는 격자를 찌그러뜨림으로서 주위에 응력장을 형성한다. 이 응력장과 전위의 응력장이 서로 상호작용함으로써 전위의 움직임이 힘들어지게 되어 강화 현상이 일어난다.

(1) 석출 강화(Precipitation strengthening)

열처리에 의해 모체 물질보다 강할 뿐만 아니라 격자구조가 다른 석출물을 생성시키면 전위가 이들을 만났을 때 절단하고 지나가지 못하므로(그림 2-1) 강화가 일어난다.

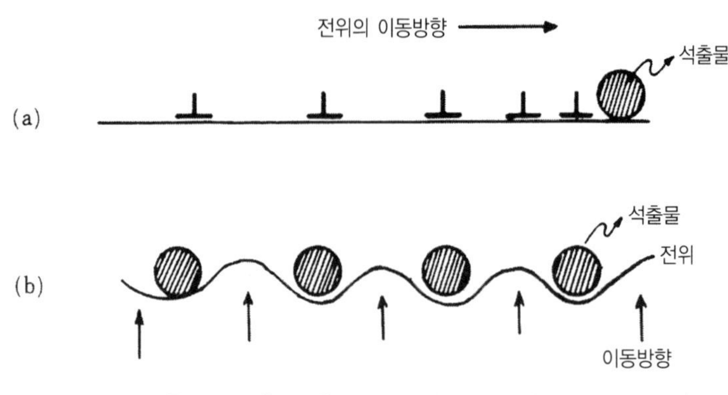

【그림 2-1】 석출물에 의한 전위이동의 방해

(2) 분산 강화(Dispersion strengthening)

분산 강화는 아예 Al_2O_3, MgO, TiO_2와 같은 강한 산화물들을 첨가 분산키거나, 자체 산화에 의해 분산시켜 줌으로써 전위의 이동을 방해하는 방법이다. 이때 석출 상들이나 분산 입자들의 특성, 양, 크기, 분포 등과 같은 요소들의 적절한 조절이 중요한 요점이 된다.

(3) 가공 경화(Strain hardening)

그 외에도 가공에 의해 전위의 수를 증가시켜서 전위간의 상호작용에 의해 전위들이 잘 움직이지 못하도록 해주는 가공 경화에 의해 강도를 증가시켜 주는 방법이 있다. 심하게 가공된 금속의 조직을 전자현미경으로 보면 많은 전위들이 마치 실이 엉켜 있는 것처럼 꼬여 있는 부분들을 관찰할 수 있다. 이 부분에서 전위의 움직임이 힘들어지기 때문에 강도가 증가하게 되는 것이다.

(4) 결정립계에 의한 강화(Strengthening from grain boundary)

결정 입자의 크기를 작게 해줌으로써 재료를 강화시킬 수도 있다. 결정립계는 전위의 이동에 대한 장애물로서 작용하는데 서로 다른 결정립은 결정면의 방향이 다르므로 결정구조가 입계에서 서로 불연속적이 되며, 한쪽 결정립의 슬립면을 따라 이동하던 전위들이 결정립계에 도달하게 되면 더 이상 전진하지 못하고 멈추게 된다. 따라서 더 큰 힘을 주어야만 다른 결정립으로 전위들이 전파되어 슬립이 진행된다. 그러므로 결정립의 크기가 작을수록 전위 이동에 대한 방해면인 입계면의 총 면적이 증가하므로 강도가 증가한다. 그러나 주의할 것은 고온이 되면 결정립계의 결합력이 감소하여 입계면의 미끄러짐(sliding) 현상이 일어나 결정립의 크기가 작을수록 고온 강도가 떨어지는 경우도 있다.

어떤 상에서 새로운 상이 형성될 대는 핵들이 먼저 생성되고 이들이 생성하는 과정을 거쳐야 하는데, 새로 생긴 핵들이 계속해서 자라나게 되면 결국에는 다른 핵 생성체들과 만나게 되고 성장은 멈추게 된다. 이때 서로 만나게 되는 경계면이 바로 새로운 결정상의 결정립계가 되는 것이다. 그러므로 최종 결정립의 크기는 처음 결정핵의 수에 의해 결정되므로 조핵제의 첨가나 적절한 열처리를 통해 초기에 많은 핵들이 생성되도록 해주면 작은 결정립을 가진 재료를 만들어낼 수 있다. 이상과 같은 금속재료의 강도 개선 원리들은 아주 기본적인 것들로서 이미 고강도 합금이나 초내열 합금의 개발에 응용되고 있다.

2-4 기계적 성질의 시험 방법

기계 및 구조물을 제작할 때 금속재료를 주로 사용함으로 사용할 재료를 실험이나 검사를 하여야 할 필요성이 있다. 재료시험은 금속재료의 기계적 성질을 시험하는 것이며, 한국공업규격 KSD 0801~0811에 규정되어 있다. 재료시험은 재료의 성질을 시험하는 것이므로 그 재료의 일부를 잘라내어 그 성질을 시험한다. 또 공업용 재료는 시험재료(test piece)를 잘라내는 부분이나 방향에 따라 재질이 불균일할 수도 있기 때문에 그 재료를 실제로 사용할 때의 상태에 가장 가까운 대표적인 것으로 선정하고 제작하여야 한다. 기계적 성질을 시험하는 재료시험에는 다음과 같은 것이 있다.

① 인장시험(tensile test)
② 압축시험(compressive test)
③ 굽힘시험(bending test)
④ 전단시험(shearing test)
⑤ 비틀림시험(torsion test)

⑥ 충격시험(impact test)
⑦ 피로시험(fatigue test)
⑧ 경도시험(hardness test)
⑨ 크리프시험(creep test)
⑩ 마모시험(abrasion test)

1. 인장시험(tensile test)

재료에 외부의 힘이 정적(靜的)으로 작용하여 재료가 파단되려고 할 때 재료 단면의 단위면적에 대한 최대 저항력을 강도(strength)라 한다. 강도에는 정적 강도(static strength)와 동적강도(dynamic strength)가 있으나 일반적으로 강도라 함은 정적강도를 의미한다. 정적강도는 외부의 힘이 작용하는 방법에 따라 인장강도, 압축강도, 굽힘 강도, 전단강도, 비틀림 강도 등이 있다. 동적강도는 충격강도 및 피로강도 등이 있다.

인장시험의 목적은 인장강도, 항복점, 연신율, 단면수축률, 최대 인장 하중 등을 측정하는 것이다. 인장시험은 만능재료 시험기를 사용하며, 시험재료의 양끝을 인장시험기에 고정시키고 시험재료의 축 방향으로 인장 하중을 증가시키면서 시험재료의 변형률(strain)을 기록하면 그림 2-2와 같은 연강의 응력-연신율 선도(인장시험 곡선)를 얻을 수 있다.

최대 인장 하중을 시험재료의 본래의 단면적으로 나눈 값을 인장강도라 하는데, 재료의 강도를 나타내는 기초적 값이다. 또 이 시험에서 연신율과 단면수축률을 구할 수 있다. 연신율은 재료가 절단될 때 늘어난 양, 즉 절단된 후 표점거리와 본래의 표점거리의 차이를 본래의 표점거리로 나눈 값을 백분율(%)로 나타낸 것이다. 이와 같은 값으로 재료의 연성과 전성의 크기를 알 수 있다.

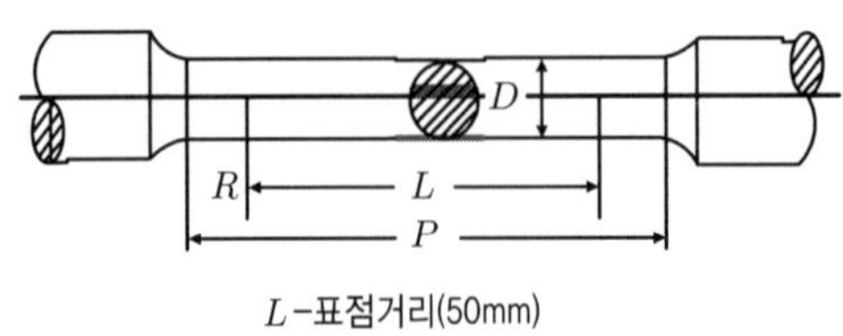

L-표점거리(50mm)
P-평행부의 길이(60mm)

【그림 2-2】 인장시험 재료

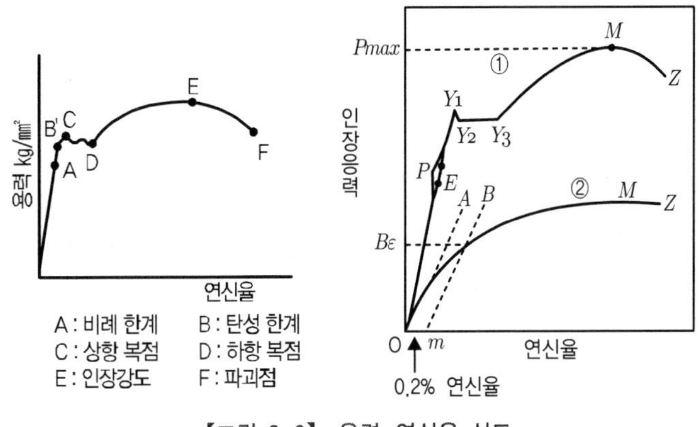

【그림 2-3】 응력-연신율 선도

[1] 탄성한계 및 비례한도

그림 2-3의 ①의 곡선(연강의 경우)에서 연신(elongation)은 탄성적으로 변화하지만 하중을 제거하면 길이는 본래의 길이로 된다. E점의 하중을 시험재료의 원단면적으로 나눈 값이 탄성한계이다. OE 사이에서는

$$\frac{\text{응력}(\sigma)}{\text{변형률}(\epsilon)} = \text{상수}(E)$$

여기서 E는 상수이며, 영계수(Young's modules) 또는 세로탄성계수라 부른다. 세로탄성계수 E의 값은 재료의 성질에 관계없이 일정하며, 일반적으로 강철에서는 $1.9 \sim 2.1 \times 10^6$kgf/cm²(= 190~210GPa)이다.

[2] 항복점(yielding point)

그림 2-3의 P점을 초과한 하중이 작용하면 하중과 연신의 관계는 비례하지 아니하고 Y_1점에서 갑자기 하중이 감소되어 Y_2점으로 되고 하중을 증가시키지 않아도 시험재료가 늘어난다. 이때 Y_1점을 상항복점(upper yielding point), Y_2점을 하항복점(lower yielding point)이라 한다. 주로 상항복점의 하중을 원래 시편의 단면적으로 나눈 값을 항복강도라 한다. 항복점이 뚜렷하게 나타나지 않을 경우에는 그림 2-3의 ②곡선(비철금속의 경우)과 같이 0.2% 연신이 되는 점 M에서 탄성적으로 변화하는 OA에 평행선을 그어 B점의 하중을 그

시험재료의 원단면으로 나눈 값을 항복강도(yield strength)로 하고 이것을 항복점으로 취급한다.

[3] 인장강도(ultimate tensile strength)

그림 2-3의 ①곡선에서 점 M으로 표시되는 최대하중(ultimate tensile load, P_{max})을 시험재료의 본래 단면적(A_0)으로 나눈 값이며, 다음과 같이 나타낸다.

$$\sigma_{uts} = \frac{P_{max}}{A_0}[\mathrm{kgf/cm^2}] = \frac{\text{최대하중}}{\text{본래의 단면적}}$$

응력

연신율 선도에서 최대 하중점 M까지는 대부분 균일하게 늘어나지만 점 M을 지나면 시험재료의 단면은 급격하게 줄어들고, 하중이 감소되면서 Z점에서 파괴된다. Z점을 파단강도(fracture strength)라고 한다.

[4] 연신율(elongation)

시험재료가 절단된 후 다시 접촉시켜 측정한 표점거리 L_1과 시험재료 본래의 표점거리 L과의 차이(늘어난 길이)를 L로 나눈 값을 백분율로 표시한 것이다.

$$\epsilon = \frac{L_1 - L_o}{L_o} \times 100 = \frac{\Delta L}{L_o} \times 100 = \frac{\text{시험 후 늘어난 길이}}{\text{표점거리}} \times 100$$

연신율은 연성이 큰 재료일수록 그 값이 크기 때문에 연신율은 기계재료의 연성을 나타내는 척도로 널리 이용되고 있다. 대체적으로 연강은 50%, 경강과 알루미늄 합금은 25% 정도이다.

[5] 단면수축률(reduction of area)

단면수축률 Φ는 시험 전의 단면적 A_0와 시험 후의 단면적 A의 차이를 A_0로 나눈 값을 백분율로 표시한다.

$$\Phi = \frac{A_0 - A}{A_0} \times 100$$

이와 같은 인장시험에서 얻어지는 항복강도, 인장강도 등은 재료의 외력에 대해 저항하는 강도의 값이고, 연신율과 단면수축률 등은 재료의 변형에 대한 저항능력을 나타내는 성질의 값이다.

[6] 세로탄성계수(영률)

탄성한계 이하에서 응력(σ)과 연신율(ϵ)은 비례(후크의 법칙)하는데 응력을 연신률로 나눈 상수이다.

$$E = \frac{\sigma}{\epsilon} \text{ 혹은 } \sigma = E \cdot \epsilon$$

2. 압축시험(compression test)

압축시험의 목적은 압력을 가하는 힘에 대한 재료의 저항력(항압력)을 시험하여 압축강도, 비례한도, 항복점, 탄성계수 등을 결정한다. 압축강도는 취성재료를 시험하였을 때 잘 나타난다. 그러나 연성재료에서는 파괴를 일으키지 않기 때문에 압축강도를 결정하기가 어렵다. 따라서 편의상 시험재료의 주위에 균열이 발생할 때, 즉 균열을 일으키는 응력을 압축강도로 하는 경우도 있다.

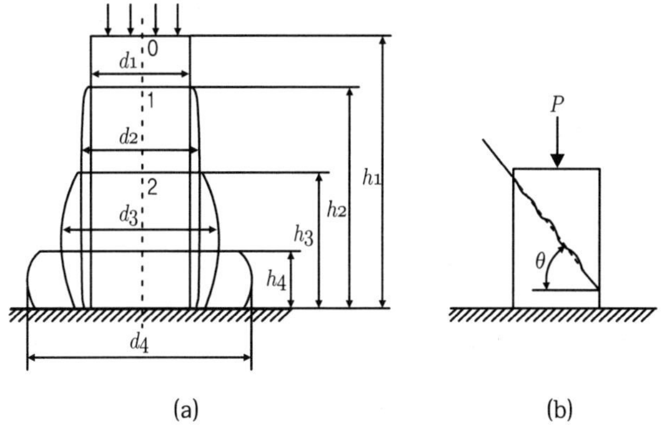

【그림 2-4】 압축시험재료의 변형

압축시험의 용도는 주로 내압(耐壓)에 사용되는 재료에서 응용된다. 예를 들면 주철, 베어링 합금, 벽돌, 콘크리트, 나무, 타일(tile), 플라스틱, 경질고무 등에서 응용된다. 압축시험의 공식은 인장시험과 같다. 압축시험에서는 필요한 시험재료의 길이 h와 단면 d의 비율을 h = (1.5~2.0)×d로 시편가공하여 시험하는 것이 합리적인 것으로 알려져 있다.

3. 굽힘시험(bending test)

굽힘시험은 굽힘에 대한 재료의 저항력(굽힘 강도), 재료의 탄성계수 및 탄성 에너지를 결정하기 위한 굽힘 저항시험과 전성 및 균열의 유무를 시험하여 가공의 적정여부를 결정하기 위한 굴곡시험(bending crack test)이 있다. 굽힘시험에서 굽힘량과 하중의 관계는 전단을 고려하지 않을 경우는 다음의 공식을 일반적으로 사용한다. 즉 단순보(simple beam)의 중앙에 집중하중이 작용하면,

$$\sigma_{\max} = \frac{PL^3}{48EI} \text{ 및 } \theta = \frac{PL^2}{16EI}$$

주철의 항절(抗切)시험에서 지지점의 중앙에 하중을 가하여 파괴될 때 하중과 휨을 측정하여 이것으로부터 강도를 계산한다. 주철에 대한 항절 최대 굽힘 응력은 다음 공식으로 구한다.

$$\sigma_B = \frac{PL}{4Z} = \frac{PL}{4} / \frac{\pi}{32} d^3 (\text{여기서, } Z = \frac{\pi}{32} d^3;\ \text{원형단면의 경우})$$

여기서, P : 파단 하중

L : 스팬의 길이

d : 시험재료의 단면지름

4. 비틀림시험(torsion test)

비틀림 하중을 가하고 회전력(torque)에 대한 저항력(T), 전단강도(τ), 비틀림 각도(Θ), 탄성계수(G) 등을 구하는 시험이다. 시험 방법은 한쪽 끝을 고정

하고 다른 쪽 끝 부분을 비틀어서 그림 2-5와 같은 회전력-비틀림 각도 곡선을 그리며, 이 시험에 사용하는 기구를 비틀림시험기라 한다.

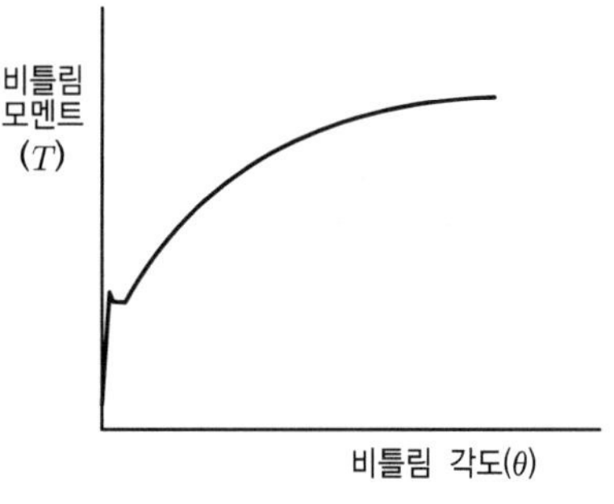

【그림 2-5】 회전력-비틀림 각도 곡선

그림 2-5의 곡선의 직선부분의 경사(T/Θ)를 측정하면 다음 공식에서 원형단면의 전단탄성계수를 구할 수 있다.

$$G=\frac{32}{\pi}\times\frac{l}{d^4}\times\frac{T}{\theta}$$

여기서, l : 표점거리

d : 시험재료의 단면지름

또 비틀림에서 발생하는 전단 응력은 다음 공식으로 구한다.

$$\tau=\frac{16T}{\pi d^3}$$

5. 전단시험(shearing test)

전단 응력은 전단하려고 생각하고 있는 면에 평행으로 작용하는 힘에 의해 발생한다. 그리고 한쪽 부분에서 다른 쪽 부분으로 미끄럼을 일으키도록 하는 경향이 있다. 면에 대해 수직으로 작용하는 인장 및 압축시험과 좋은 대조가 된다.

그림 2-6(a)의 단면 X-X′와 (b)의 Y-Y′ (c)의 A-A′ 그리고 B-B′에는 전단력이 작용하고 있다. (d)에 표시된 판재(板材)는 전단력이 리벳(river)의 단면 (3-3)에 의해 작용하고 있는 것을 나타낸다.

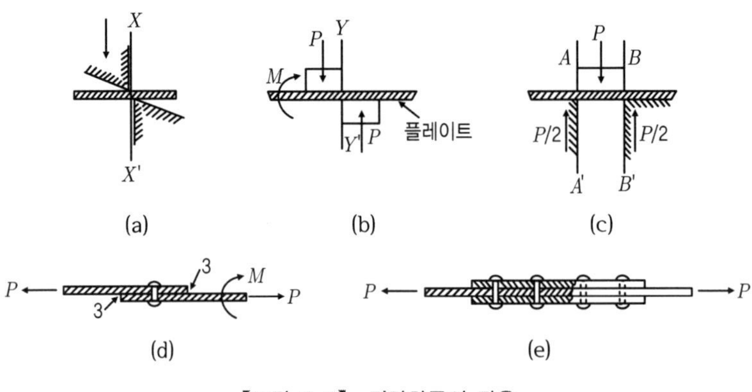

【그림 2-6】 전단하중의 작용

그림 (e)에서는 리벳이 2중으로 전단력에 저항하고 있는 것을 나타낸다. 그림 2-5에서 표시된 여러 가지 예에서 완전히 전단 파괴가 발생하는 재료의 면적(A)으로부터 전단 응력(τ)이 계산된다. 작용하는 하중을 P라 하면

$$G = \frac{\tau}{\gamma}$$

여기서, γ : 전단 스트레인
G : 전단탄성계수

그림 2-6 (a)와 (b)의 전단 응력

$$\tau = \frac{P}{A}$$

그림 2-5 (c)의 전단 응력

$$\tau = \frac{P}{2A}$$

그림 2-6 (d)의 전단 응력

$$\tau = \frac{P}{0.785d^2}$$

6. 경도시험(hardness test)

금속재료의 경도(硬度)는 기계적 성질을 결정하는 중요한 요소이며, 인장시험과 함께 널리 이용되고 있는데 그 이유는 경도측정이 비교적 간단하고, 또 사용 가치가 크기 때문이다.

[1] 경도측정 방법의 종류

(1) 압입 경도측정(indentation hardness test)

정적하중인 볼(ball), 원뿔, 피라미드(pyramid), 쐐기(wedge) 등을 시험재료에 작용시킨다. 하중은 각종 측정기 또는 하중장치를 이용하여 작용하도록 할 수 있으나 일반적으로 경도측정기를 사용한다. 이 경도측정기에서는 압입체가 만든 면적, 표면적, 깊이 또는 체적 등이 측정되고 또 지시된 하중 및 측정된 압입 자국으로부터 경도 값이 산출된다. 이 방식을 이용한 측정기는 다음과 같은 종류가 있다.

① 브리넬 경도계
② 비커스 경도계
③ 로크웰 경도계
④ 마이어 경도계

(2) 반발 경도측정(rebound hardness test)

낙하하중을 지정된 높이에서 어떤 표면에 떨어뜨려 이때 반발한 높이로 경도를 측정한다. 이 방식을 사용한 것으로는 쇼어 경도계가 있다.

(3) 진동자 경도측정(pendulum hardness test)

다이아몬드 또는 강철 볼(steel ball)이 진동자(振動子)와 같은 장치에 있는 물체에 고정되어 있으며, 이 물체가 시험하려고 하는 시험재료 위에서 평형이 된다. 이 진동자의 처음 진동의 진동폭 또는 10회의 진동에 대한 진동시간으로 경도를 측정한다. 이 방식에는 허버트 진동자 경도계가 있다.

(4) 긋기 경도측정(scratch hardness test)

시험하고자 하는 시험재료 위에 다이아몬드나 다른 단단한 재질을 이용하여 표면에 그어 흔적을 만든 후 다이아몬드의 하중을 긋기 흔적의 폭으로 나눈 값으로 경도를 나타내는 방법이다. 이 방식에는 마르텐스(martens) 긋기 경도계가 있다.

[2] 경도측정 방법

(1) 브리넬 경도(Brinell Hardness, H_B)

브리넬 경도는 가공하기 전 재료의 경도를 시험하는데 많이 사용된다. 지름 D인 담금질한 강철 볼(hardened steel ball)을 시험재료에 압입하였을 때 압입된 자국의 표면적 A(㎟)의 단위면적 당 응력으로 표시한다. 즉 일정한 지름 D(㎜)의 강철 볼을 일한 하중 P(kgf)로 시험재료 표면에 압입하고, 하중을 제거한 다음 볼 자국의 지름을 d(㎜), 깊이를 t로 할 때 표면적으로 하중을 나눈 값이 브리넬 경도이다.

즉

$$\text{브리넬 경도} = \frac{\text{하중}(kg)}{\text{오목부분의 표면적}(mm^2)} (kg/mm^2)$$

$$H_B = \frac{P}{\frac{\pi D}{2}(D - \sqrt{D^2 - d^2})}$$

또는

$$H_B = \frac{P}{\pi D t}$$

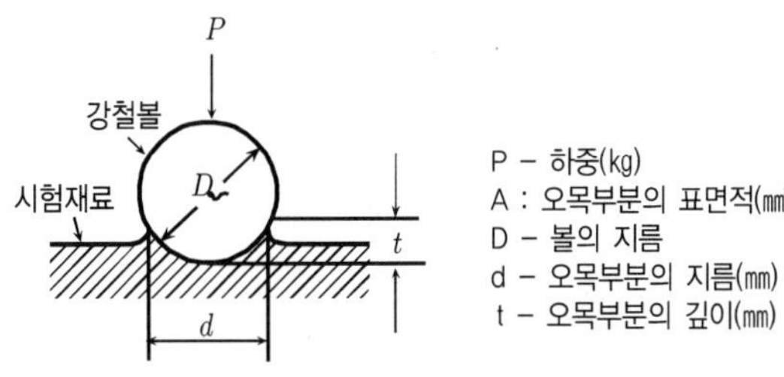

【그림 2-7】 브리넬 경도시험

자국의 지름 d는 브리넬 경도계에 부착된 계측 확대경으로 읽고, 경도 값은 비치된 환산표를 이용하여 경도를 구한다. 하중 작용시간은 15~30초 정도이며, 시험재료의 두께는 압입 구멍지름의 10배 이상 되어야 한다.

압입 구멍의 지름 주위가 올라오는 재료는 가공변형으로 인한 경화가 비교적 적으며, 압입 구멍 주위가 내려가는 재료는 가공경화에 대한 능력이 크다. 그리고 브리넬 경도측정은 매우 단단한 재질에 사용하였을 때 오차가 발생하는데 그 원인은 강철 볼의 경도의 영향, 강철 볼의 변형, 압입 구멍지름 부분의 가라앉음 등이며, 이로 인하여 경도시험 값이 저하한다.

(2) 비커스 경도(Vickers Hardness, H_V)

다이아몬드 사각뿔형(꼭지각 136°)을 지닌 피라미드형 압입자를 사용하여 시험재료를 눌러 생긴 피라미드 모양의 오목부분의 대각선을 측정하여 표로서 경도를 구한다.

시험재료에 작용하는 하중 P(kgf), 136° 자국의 표면적 A(㎟)라 하면 $H_V = \frac{P}{A}$로 표시된다. 비커스 경도는 다음 공식으로부터 구한다.

$$\text{비커스 경도} = \frac{\text{하중(kg)}}{\text{자국의 표면적(㎟)}} (\text{kg/mm}^2)$$

$$H_V = \frac{2P\sin\frac{\theta}{2}}{d^2} = \frac{1.8544P}{d^2}$$

대각선 길이의 값은 비커스 경도계에 부착된 현미경으로 측정하며, 재질의 단단한 정도에 따라 1~120kgf 사이의 하중으로 시험할 수 있는 장점이 있다.

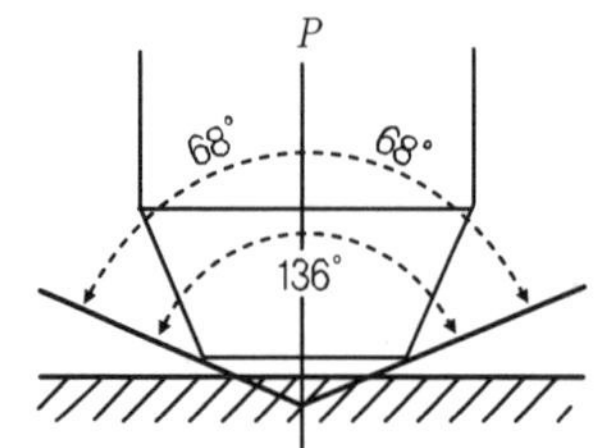

【그림 2-8】 비커스 경도의 압입자와 그 자국

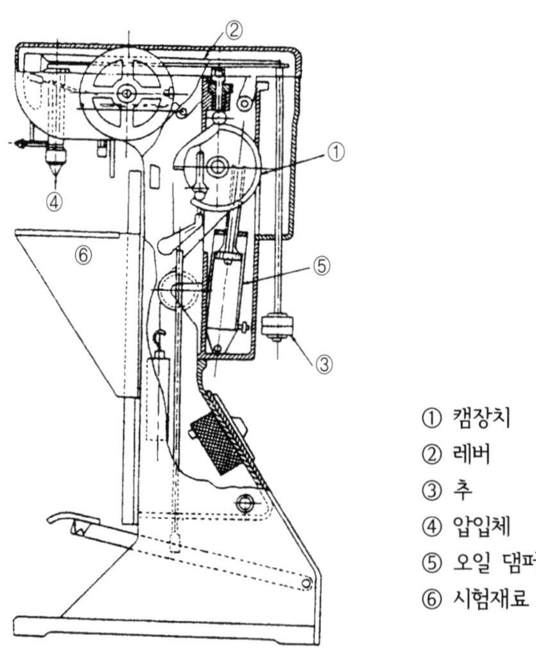

【그림 2-9】 비커스 경도계의 구조

(3) 로크웰 경도(Rockwell Hardness, H_R)

로크웰 경도는 B스케일(100kgf의 하중에 1.588㎜의 볼)과 C스케일(150kgf의 하중에 다이아몬드 꼭지각 120°의 원뿔)이 있으며, 압입자에 하중을 걸어 홈 깊이로 측정한다. 연한 재료의 경도시험에는 B스케일이, 단단한 재료의 경도시험에는 C스케일을 사용한다. B스케일은 기준하중을 10kgf 작용시키고, 다시 100kgf를 작용시킨 후에 기준하중으로 다시 복귀하였을 때 자국의 깊이를 다이얼게이지로 측정한다.

B스케일은 다음 공식으로 경도를 표시한다.

- B스케일$(HRB) = 130 - 500 \cdot h$

C스케일은 시험하중 150kgf에서 시험한 후 다음 공식으로 계산한다.

- C스케일$(HRC) = 100 - 500 \cdot h$

여기서, h : 압입 자국의 깊이

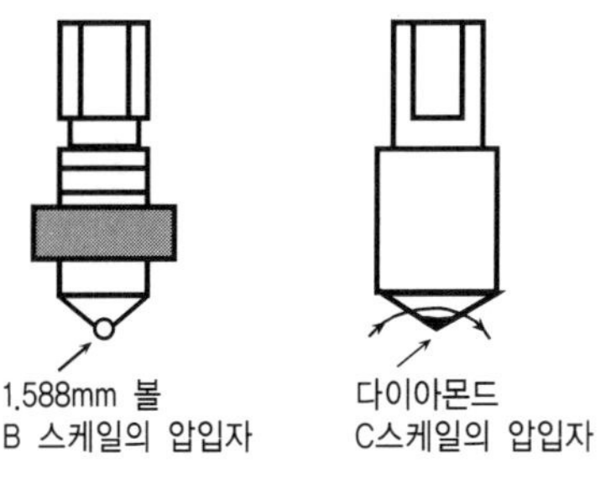

【그림 2-10】 로크웰 경도계 압입자의 종류

(4) 쇼어 경도(Shore Hardness, H_S)

쇼어 경도는 경도계 중 현장에서 사용되는 것으로, 작은 다이아몬드를 끝에 고정시킨 낙하체를 일정한 높이 h_0에서 시험재료 위에 떨어뜨렸을 때 반발하여 올라온 높이 h를 측정한다. 이 시험은 롤러, 다이스, 기어 등 눈에 잘 띄지 않는 자국이 남는 재료의 시험에 사용된다.

$$H_S = \frac{10000}{65} \times \frac{h}{h_0}$$ 여기서, h : 반발높이, h_0 : 낙하높이

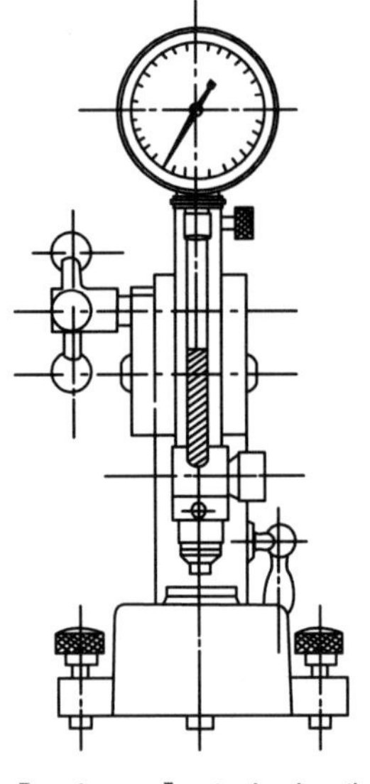

【그림 2-11】 쇼어 경도계

7. 충격시험(impact test)

충격시험의 목적은 충격력에 대한 재료의 충격저항 시험을 하는 것이다. 일반적으로 충격시험에서는 재료를 파괴할 때 그 재료의 인성(toughness) 또는 취성(brittleness)을 시험한다. 재료의 인성은 정적 인장시험에서 연신 및 단면수축으로 어느 정도까지 판단할 수 있으나 이것으로는 부족하다.

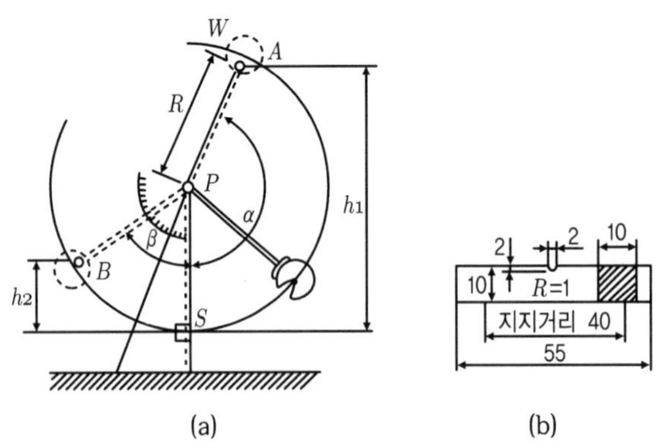

【그림 2-12】 충격 시험기의 원리

그림 2-12는 충격 시험기의 원리를 나타낸 것으로 해머의 무게 W(kgf), 해머의 회전중심에서 무게중심까지의 거리를 R(m)로 표시하고, 해머 낙하 전의 각도를 α, 그리고 시험재료 파괴 후의 각도를 β라 할 때 시험재료 파괴에 필요한 에너지 E는 다음 공식으로 구한다.

$$E = W(h_1 - h_2) - WR(\cos\beta - \cos\alpha)\,(kgf{\cdot}m)$$

여기서 파괴에너지 E를 시험재료 노치부분(notch section)의 단면적 A(㎠)로 나눈 값을 충격값 U라 한다.

$$U = \frac{WR(\cos\beta - \cos\alpha)}{A}\,(kgf{\cdot}m/cm^2)$$

충격 시험기의 종류에는 시험재료를 단순보(simple beam)의 상태에서 시험하는 샤르피 충격 시험기(Charpy impact tester)와 내다지보(cantilevers)의 상태에서 시험하는 아이조이드 충격 시험기(izod impact tester)가 있다.

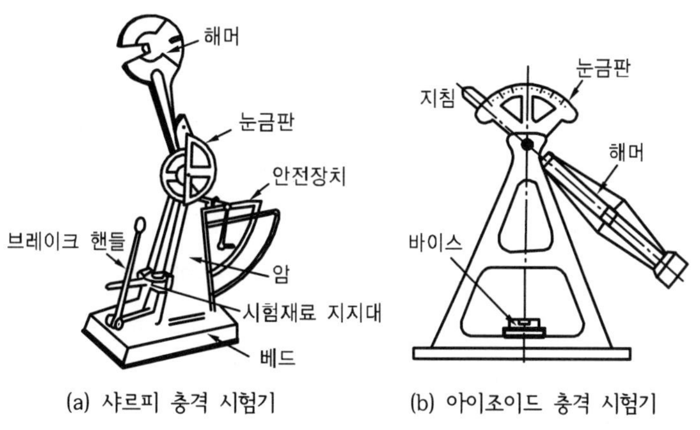

(a) 샤르피 충격 시험기 (b) 아이조이드 충격 시험기

【그림 2-13】 샤르피와 아이조이드 충격시험기

그림 2-14는 샤르피 충격 시험재료와 아이조이드 충격 시험재료의 치수를 각각 표시한 것이다. 그림에서 알 수 있는 바와 같이 충격 시험재료에는 노치(notch)를 파놓은 시험재료를 사용하며, 이 부분을 파괴하도록 되어 있다.

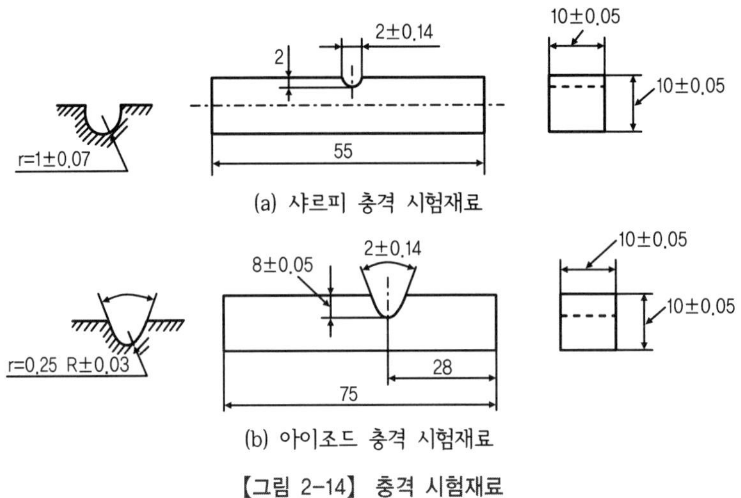

【그림 2-14】 충격 시험재료

8. 피로시험(fatigue test)

재료의 인장강도 및 항복점으로부터 산출한 안전하중 상태에서도 작은 힘이 계속적으로 반복하여 작용하였을 때 파괴를 일으키는 경우가 있다. 이와 같은 파괴를 피로파괴(fatigue failure)라 한다. 피로파괴는 크랭크축(crank shaft), 차축(axle), 스프링(spring) 등에서 그 실례를 볼 수 있다. 그러나 하중이 어떤 값보다 작을 때에는 수많은 반복 하중이 작용하여도 재료가 파괴되지 않는다.

영구적으로 재료가 파괴되지 않는 응력 중에서 가장 큰 것을 피로한도(fatigue limit)라 하며, 이것을 구하는 것을 피로시험이라 한다. 그림 2-15는 피로 응력 S, 반복횟수 N의 관계를 나타낸 S-N곡선(stress-cycle curve)이다. 곡선 수평 부분의 응력이 피로한도이다. 응력과 반복횟수와의 관계를 대수좌표(對數座標)에 표시한 log S-log N곡선이 사용되는 경우가 많다. 강철의 경우 피로한도를 구할 때 반복횟수를 10^6～10^7 정도로 정하는 경우가 많다.

피로시험에서 시험재료의 모양, 표면 다듬질 정도, 가공 방법, 열처리 상태 등이 시험결과에 영향을 주는 경우가 많다. 따라서 그 제작에 세심한 주의를 하여야 한다. 재료의 피로한도를 구하는 것은 많이 시간이 필요하므로 실험공식을 사용하여 구하는 것이 편리하다.

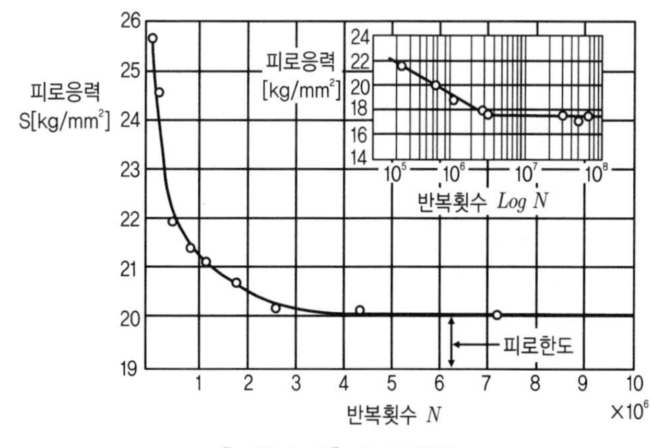

【그림 2-15】 S-N 곡선

9. 마모시험(wear test)

재료가 다른 물체와 마찰을 일으켜 그 표면이 소모되는 것을 마모라 한다. 금속의 마모현상은 금속을 기계 또는 그 밖의 운동부분에 사용할 때 매우 중요하다. 그러나 이와 밀접한 관계를 지닌 인자가 많으며, 이에 대한 이론도 복잡하고 시험 방법도 여러 가지가 있다. 마모조건과 마모시험에 관해서는 금속재료의 사용 상태와 운동에 따라 다음과 같이 분류할 수 있다.

(1) 미끄럼 운동에 따른 마모

① 오일을 사용할 때 : 축과 베어링

② 오일을 사용하지 아니할 때 : 브레이크와 타이어

(2) 회전 운동에 따른 마모

① 오일을 사용할 때 : 롤러와 베어링

② 오일을 사용하지 아니할 때 : 타이어와 레일

마모시험은 상대적인 마모형식에 따라 각종 마모 시험기(wear tester)가 있다. 그러나 대부분은 시험재료와 다른 물체를 접촉시켜서 미끄럼 마모나 회전 마모를 일으키고 일정한 회전속도 또는 일정한 거리까지 미끄러진 후 마찰로 인하여 손실된 무게의 감소를 측정하여 마모상태를 비교하는 경우가 많다. 그림 2-16에서 원통형의 시험재교 A와 B의 단면이 접촉하여 B가 원통 쪽 C에서 회전하고, 시험재료 A는 마찰력에 의해 회전한다. A에 전달된 마찰력은 기록 장치 H와 기록용 드럼 I에 마찰력이 기록된다. 마찰 시험기에서는 마찰계수도 측정되며 또 표면 변형과 재료의 수명 등을 관찰하는 경우도 있다.

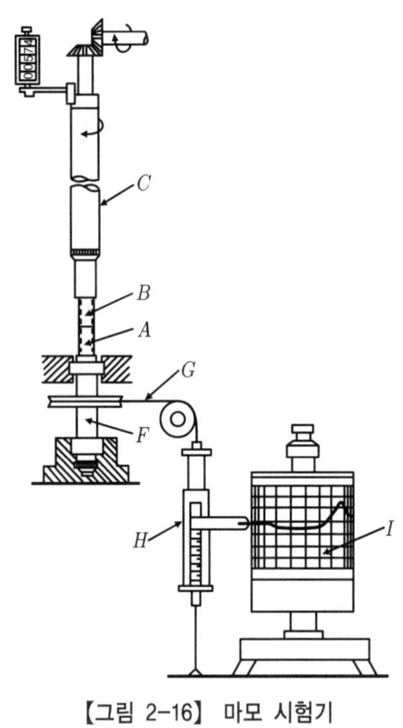

【그림 2-16】 마모 시험기

10. 높은 온도에 대한 기계적 성질

금속재료의 기계적 성질에 대한 시험은 일반적으로 상온(常溫)에서 한다. 그러나 이와 같은 성질이 높은 온도에서는 많은 변화를 초래하므로 높은 온도상태에서 사용하는 금속은 이 점에 특히 주의하여야 한다. 높은 온도에 대한 기계적 성질 중에서 매우 중요한 것은 고온강도와 연신율 및 높은 온도에서의 크리프(creep) 현상이다.

[1] 고온강도

그림 2-17은 각종 금속의 고온강도와 온도의 관계를 나타낸 것이다. 고온강도는 일반적으로 상온 강도곡선과 많은 차이를 보인다.

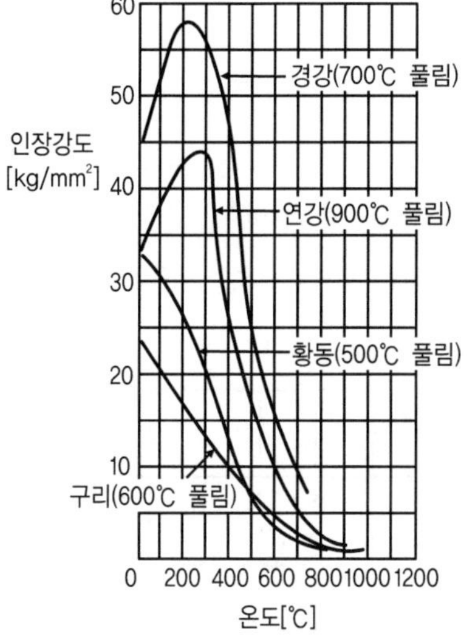

【그림 2-17】 고온강도와 온도와의 관계

그림 2-18은 탄소(C) 0.4%인 탄소강의 높은 온도 상태의 기계적 성질을 나타낸 것이다. 온도의 증가와 함께 인장강도는 낮아지고, 연신율은 증가한다. 대부분의 강철은 200~350℃ 사이에서 연신율과 단면수축률은 최소가 되고 인장강도와 항복응력은 최고가 된다. 또 이 온도 범위에서 강철은 취성을 갖는다. 이 취성을 청열취성(blue shortness)이라 한다.

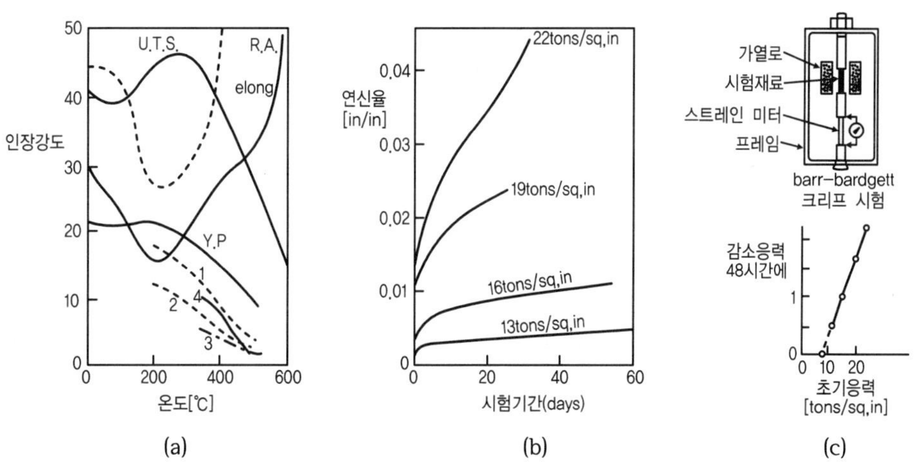

【그림 2-18】 높은 온도에서의 기계적 성질 및 크리프 시험

[2] 크리프 시험

크리프 시험은 일정한 온도에서 일정한 하중상태에서 작용되는 시험재료의 연신율에 대해 장시간에 걸친 관찰에 기초를 두고 있다. 같은 온도에서 각종 하중시험의 연관성을 얻음으로서 제한된 크리프 응력이 크리프의 어떤 임의의 적은 범위에 대한 추산(推算)이 가능하며, 또 안전율에 적용하여 설계에 사용한다.

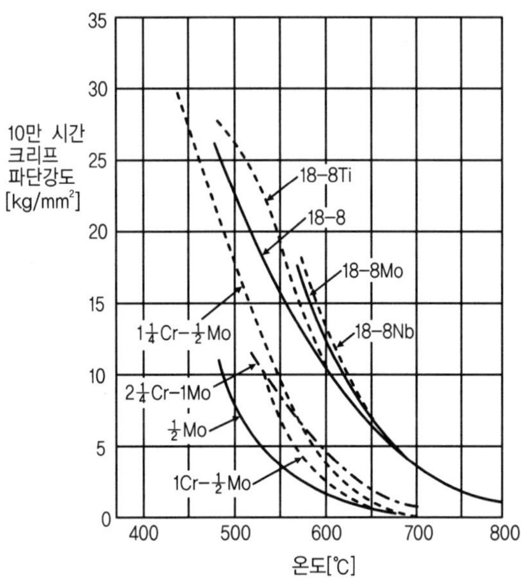

【그림 2-19】 10만 시간의 크리프 파단강도

2-5 금속의 결정 구조

1. 결정 구조(Crystal structure)

고체 $1cm^3$ 내에는 대략 10^{22}개의 원자가 들어있다. 그러므로 원자의 크기가 매우 작으며 또한 물질 내의 원자 배열이 단순하지 않다는 것을 알 수 있다. 일억(10^8) 곱하기 일억하고도 이것의 백만 배에 해당하는 수의 원자가 모여 봐야 부피가 겨우 $1cm^3$인 고체를 만들 수 있을 뿐이다. 물질이 이렇게 엄청난 수의 원자들로 이루어져 있다면 당연히 원자들의 배열이 문제가 될 것이다. 이 경우에 있어서도 자연의 법칙은 예외 없이 적용된다. 즉 주어진 조건에서 가장 낮은 에너지 상태를 갖게 되는 원자 배열을 하게 된다. 그러한 상태는 가능한 한 주어진 공간에서 기하학적으로 가장 밀집된(close-packed) 원자 배치, 그리고 규칙적이고 질서정연한 배열에 의해서 이루어질 수 있는데, 이와 같은 구조를 결정 상태라고 한다.

[1] 격자(Lattice)

결정 상태를 더 잘 이해하기 위해 원자를 탁구공 크기로 확대해서 생각하고 이제부터 탁구공 쌓기 놀이를 해보자.

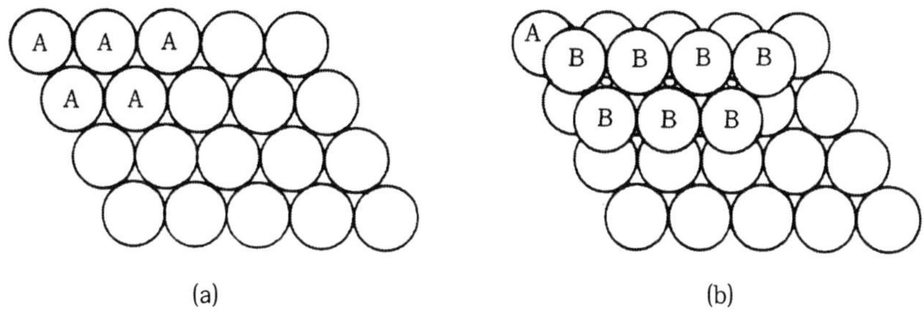

【그림 2-20】 원자의 층 쌓기

편면 위에서 탁구공을 가장 조밀하게 배열하는 방법을 생각해 보면 그림 2-20 (a)처럼 배열해야 하는 것을 알 수 있다. 이 층을 편의상 A층이라고 하자. 다음에는 이 A층 위에 두 번째 층(B층)을 만드는 것인데 그림 2-20 (b)와 같이 이 층의 모든 원자들을 첫 번째 층에 있는 원자들 사이(세 개 원자 사이)의 패인 곳에 놓음으로써 전체적으로 가장 밀집된 상태를 만들 수 있다. 여기까지는 별 문제없이 잘 되었지만 그 다음 세 번째 층을 쌓는 데는 두 가지 방법이 있음을 발견하게 될 것이다.

첫째, B층에 있는 탁구공들 사이의 패인 곳을 위에서 보면 그 아래에 A층 탁구공이 보이는 위치에 세 번째 층의 탁구공들을 놓게 되면 세 번째 층도 결국은 A층과 위치가 똑같아지므로 ABA(그림 2-21 (a))와 같이 배열할 수 있다.

둘째, A층 탁구공이 보이지 않는 위치에 놓으면 새로운 층을 형성(C층)하게 되므로 ABC(그림 2-21 (b))같이 배열될 것이다.

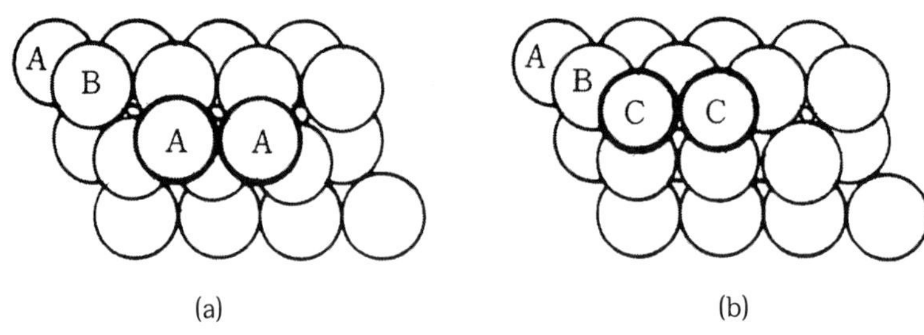

【그림 2-21】 원자의 층 쌓기(세 번째 층)

이러한 방법으로 해서 …ABABABAB……와 같은 순서로 쌓은 탁구공 층의 "전체적인 특성을 나타낼 수 있는 일부분"만을 보면 그림 2-22 (a)와 같으며, …ABCABCABC……와 같은 순서로 쌓았을 경우는 그림 2-22 (b)와 같이 된다. 여기서 탁구공의 중심을 격자점(lattice point)이라 하고 이들을 직선으로 연결하면 각각 그림 2-23과 같은 모양의 격자(lattice)가 형성된다. 전자는 육각기둥의 모양으로 조밀육방(HCP; Hexagonal Close Packed) 격자라고 부르고, 후자는 입방체(cubic)의 각 여섯 면의 중앙에 격자점이 한 개씩 있으므로 면심입방(FCC; Face Centered Cubic) 격자라고 부른다. 이들을 단위정(unit cell)이라 한다. 이 단위정이 3차원적으로 계속 반복되면 …ABABABAB(HCP 격자의 수직방향으로)… 또는 …ABCABCABC(FCC 격자의 대각선 방향으로)…와 같은 층을 이루게 된다. 즉, 단위정은 이것으로 완전히 결정의 공간을 채울 수 있으며 전체 결정의 특성을 전부 가지고 있는 가장 간단한 부피라고 생각할 수 있다.

자연(nature)이 원자 쌓기 놀이를 할 때도 규칙적이며, 가장 조밀하게 쌓고자 할 때는 앞의 방법을 채택하게 된다. 그래서 코발트, 마그네슘, 티타늄, 아연 등과 같은 금속은 HCP 구조를, 알루미늄, 금, 납, 니켈, 백금 등과 같은 금속은 FCC 구조를 갖는다. 이들 구조에 대해 좀 더 알아보면 총 공간의 74%를 원자들이 차지하고 있다. 나머지 26%는 빈 공간이 되며, 구성 원자들 중 어느 한 개를 택하더라도 똑같이 최대 12개의 원자들이 한 원자를 둘러싸고 있다.

그런데 전이원소(Transition element)에 속하는 금속들은 내부 전자궤도가 비어 있다는 특징 때문에 그 결합 특성이 금속이면서도 공유결합 성분을 가지고 있다. 공유결합은 방향성을 지니고 있으므로 원자 간에 결합시 HCP나 FCC

에서처럼 아무 방향에서나 결합할 수는 없다. 따라서 전이금속 중에서도 텅스텐, 몰리브텐, 철, 크롬 등은 체심입방격자(BCC; Body Centered Cubic)라고 하는 구조를 갖게 된다. 이것은 그림 2-24처럼 정육면체인 입방격자의 중심에 원자가 놓여 있다. 각 원자들은 8개의 원자와 접하고 있고 총 공간의 68%를 원자들이 차지하고 있는 구조이다.

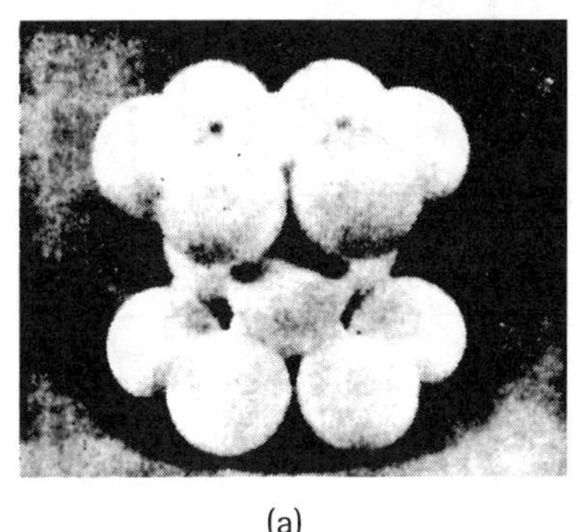
(a)

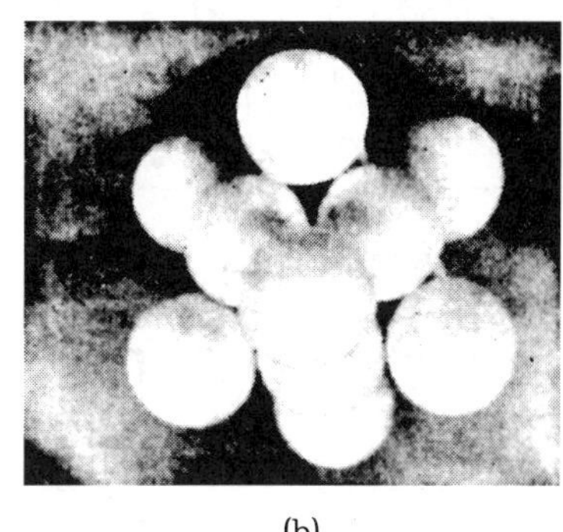
(b)

【그림 2-22】 조밀원자배열

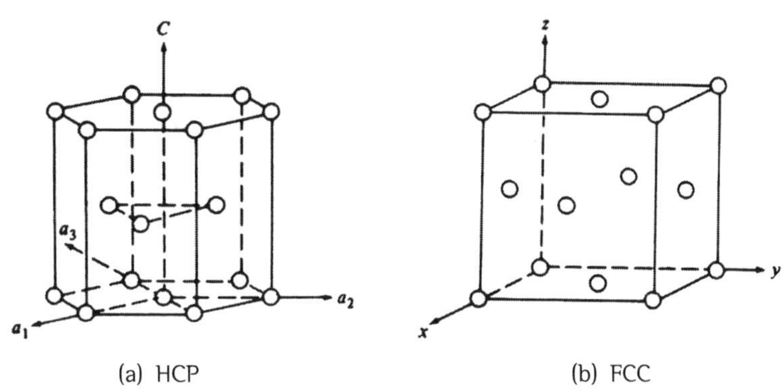

(a) HCP　　(b) FCC

【그림 2-23】 조밀원자격자

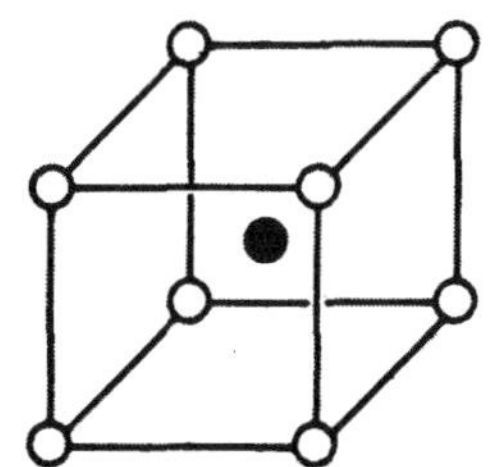

【그림 2-24】 체심입방 격자(BCC)

그러므로 BCC 구조의 결정은 규칙적이고 질서정연한 구조이긴 하지만 가장 조밀한 상태는 아니다. 격자구조에는 앞에서 설명한 HCP, FCC, BCC를 포함해서 그림 2-25와 같이 총 14개의 종류가 있으며, 이들을 Bravais 격자라고 부른다.

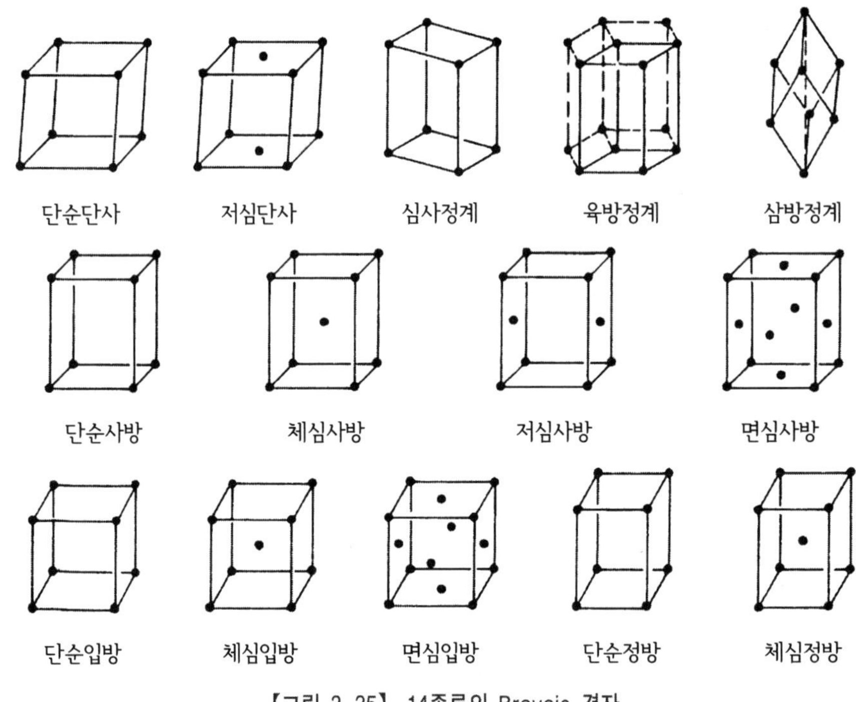

【그림 2-25】 14종류의 Bravais 격자

[2] 배위수(Coordination number)

지금까지는 단순히 단일 원소로 구성된 결정을 다루었지만 실제로 재료는 여러 가지 종류의 원소들로 이루어져 있다. 이에 따라 구조도 매우 복잡해진다. 합금은 다른 두 개 이상의 금속 원소들로, 세라믹은 양전하를 띤 금속 이온들과 산소와 같은 음이온들로 이루어져 있다. 따라서 어떤 재료의 결정 구조를 정하는 데는 여러 가지 복잡한 요소들이 영향을 주게 된다. 예를 들면 이온결합 물질의 경우 같은 이온들 사이의 전기적인 반발력은 최소가 되고 양이온과 음이온 간의 끄는 힘은 최대가 되는 방법으로 배열해야 에너지 상태를 낮출 수 있다. 양이온 주위에는 될 수 있는 대로 많은 수의 음이온들이 둘러싸이려는 경향을 가지게 되나(그림 2-26), 그 음이온의 수는 양이온의 크기에 의해 제약을 받는다.

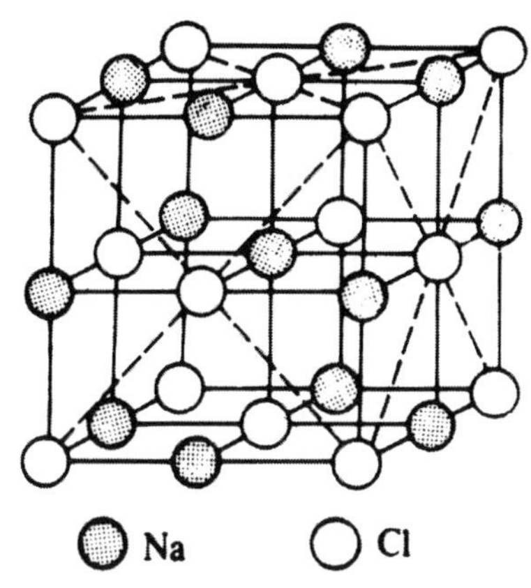

【그림 2-26】 NaCl의 결정구조

이온반경비	중심에 대한 이온배열	배위수	
1-0.732	입방체의모서리	3	
0.732-0.414	팔면체의 모서리	6	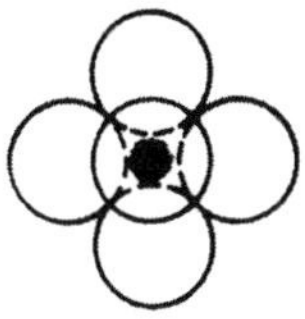
0.414-0.225	사면체의 모서리	4	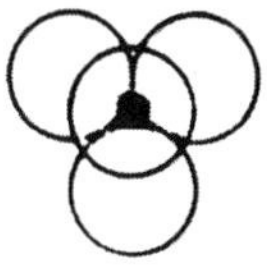
0.225-0.155	삼각형의 모서리	3	

【그림 2-27】 이온결합에서의 이온 반경비에 따른 배위수

일반적으로 전자를 잃은 양이온의 크기는 음이온보다 작다. 그 크기의 차이가 클수록 양이온을 둘러싸고 있는 음이온의 수는 감소하게 된다(그림 2-27). 따라서 이온결합 물질들은 이와 같은 여러 가지 조건을 최대한으로 만족하는 결정구조를 취하게 된다(그림 2-28).

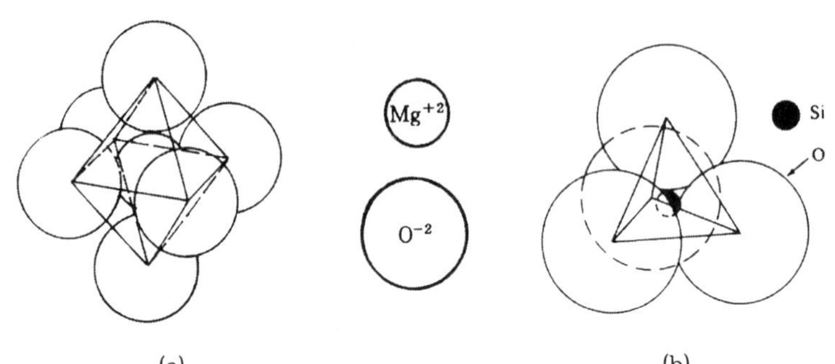

(a) MgO의 경우 각 Mg^{+2} 이온 주위에 최대 6개의 O^{-2} 이온이 둘러싸인다.
(b) SiO_2의 경우 이들의 반경비가 0.414보다 작으므로 O^{-2}에 대한 Si^{+4}의 배위수는 단지 4개이다.

【그림 2-28】 이온결합 물질의 배위수

이제까지는 격자점을 한 개의 원자만이 있는 것으로 간주했으나 두 개 이상의 원자, 즉 분자가 있을 수도 있고, 격자가 있을 수도 있고, 격자가 서로 중복될 수도 있는 매우 복잡한 결정들도 존재한다. 그러나 아무리 복잡한 형태라도 그것이 결정인 이상 그 구조에 규칙성이 있음을 발견할 수 있다. 어떤 경우건 가장 기본이 되는 단위격자가 3차원 공간적으로 반복되는 것이 결정이라고 볼 수 있다.

2. 비결정 구조

비결정(non-crystal)은 비정질(amorphous)이라고도 한다. 결정과는 달리 원자들이 무질서하게 배열되어 있어서 넓은 범위에 걸쳐 주기적인 반복성이 없는 물질구조를 말한다(그림 2-29). 우리 주위에 비정질 구조를 갖는 물질로서는 액체상태의 금속, 유리, 고분자(플라스틱 등), 그리고 비정질 금속 등이 있다. 그 중에서도 물질의 액체상태는 구성 원자나 분자들이 격렬한 열운동을 함으로 결정 구조를 이루지 못하는 대표적인 비결정 상태이다. 그러나 액체 온도가 내려가면 결정이 되려는 경향을 가진다.

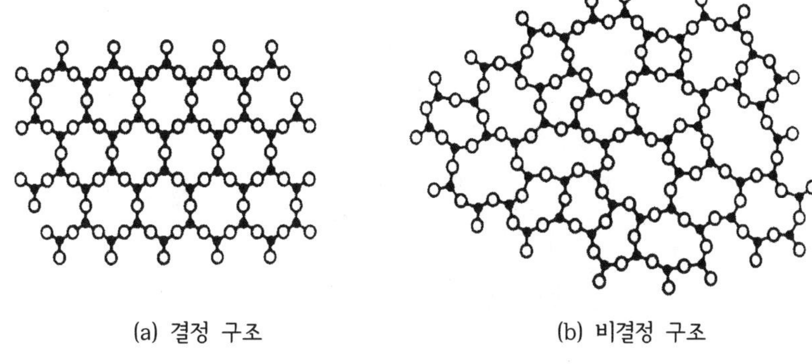

(a) 결정 구조 (b) 비결정 구조

【그림 2-29】 결정과 비결정 구조

냉각 속도가 너무 빨라서 구성 원자나 분자들이 결정구조를 갖추기 위해서 재배열할 만한 충분한 시간적 여유가 없거나, 분자 구조나 조성이 너무 복잡해서 결정상태의 배열을 이루기에 용이하지 않을 때는 고체상태에서도 비결정 구조, 즉 비정질 상태가 된다. 유리가 그러한 경우의 한 예인데 좀 더 자세한 것은 유리 편에서 다루기로 하고 여기서는 가장 단순한 소다유리의 구조를 살펴보자.

그림 2-30은 비정질 SiO_2의 구조를 3차원적으로 나타낸 것인데 정사면체(tetrahedra)의 실리카(SiO_2)가 무질서하게 배치, 연결되어 있는 것을 볼 수 있다. 이 그림에서 정사면체의 각 꼭지점에 있는 것들이 산소 원자이며 Si는 정사면체의 중심에 있는데, 편의상 그림에 나타내지 않았다. 소다유리는 이와 같은 조직 내의 빈 공간에 Na^+ 이온이 끼어들어가 있는 구조로서 그림 2-31에 이를 2차원적으로 나타내었다.

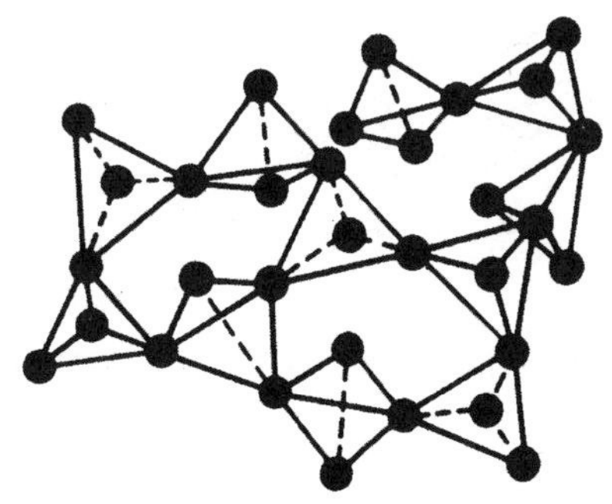

【그림 2-30】 비정질 실리카(SiO_2)의 3차원적 구조

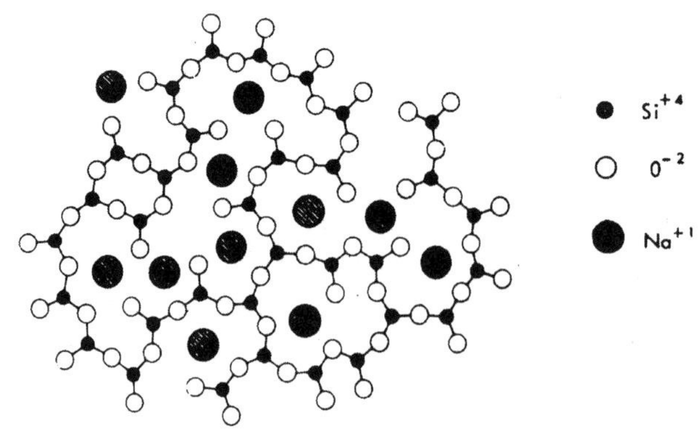

【그림 2-31】 소다유리의 2차원적 구조

각 Si 원자는 4개의 산소 원자(그림 2-29에서는 이차원적으로만 나타내서 한 개가 빠져있다.)와 결합을 하고 있지만 산소 원자의 입장에서 보면 각 산소 원자는 2개의 Si 원자와 결합을 하고 있는 셈이다. 따라서 산소 원자가 Si 원자 간의 교량 역할을 함으로써 전체적으로 구성원자들이 결합되고 있다. Na^{+} 이온이 존재함으로써 부분적으로 그러한 결합들이 끊어지게 되어 구조가 더 무질서하게 됨을 알 수 있다.

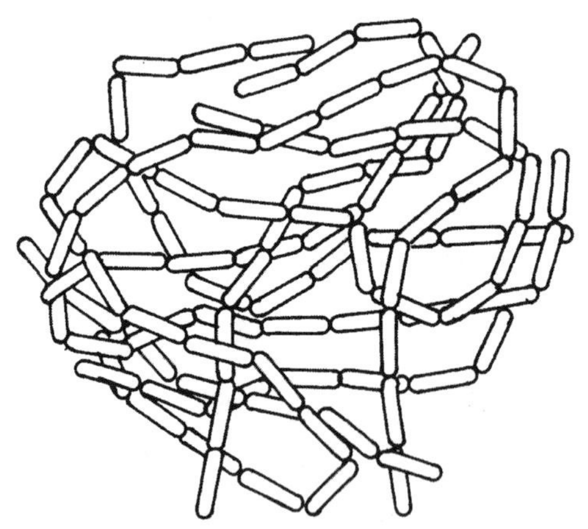

【그림 2-32】 기다란 분자 사슬의 고분자구조

비정질 물질의 구조는 결정구조에서와 같이 넓은 범위의 질서(long-range order)를 가지고 있지는 않지만, 짧은 범위 내(short-range)에서는 질서가 있을 수도 있는 것이 그 특징인데 실리카 사면체(SiO_2 tetrahedra)가 없는 3차원 네트워크(network)의 원자 배치 구조를 가지고 있는 것 이외에도 플라스틱과 같이 기다란 분자 사슬들(long-chained molecules)이 얽히고 꼬인(tangled) 구조도 있다. 플라스틱은 고분자의 일종으로서 그림 2-32에 그 구조의 특징을 개략적으로 나타내 보이고 있다. 그림에서와 같이 머(mer)라고 불리는 기본 단위들이 반복되어 서로 연결되어 있으므로 polymer라고 부른다.

이상과 같이 비정질 상태의 원자 배열은 결정 상태의 그것과 다르기 때문에 나름대로 여러 가지 고유한 성질을 갖는다. 바로 이러한 구조 및 성질을 적절히 조절하여 실제 산업 등에 응용하게 된다. 비정질 상태의 물질은 적당한 조건을 주면 결정 상태가 되려는 경향을 가지는데, 이유는 결정 상태가 비정질 상태에 비해 더 큰 총결합 에너지를 가지므로 더 안정한 상태를 이룰 수 있기 때문이다. 따라서 유리 등에서는 적절한 조건(즉 온도나 시간, 성분, 조핵제 등)이 주어지면 결정화가 일어나는데, 결정화 유리(glass-ceramics)가 바로 그것이다. 마찬가지 방법을 통해서 고분자 물질도 결정화를 일으킬 수 있다.

여기서 결합 에너지와 포텐셜 에너지와의 혼동을 피하기 위해 중력의 예를 들어 서로의 차이를 알아보자.

지구 표면으로부터 멀리 떨어져 있을수록, 즉 위치가 높을수록 위치 에너지가 높다고 한다. 여기서 위치 에너지란 바로 포텐셜 에너지를 말한다. 위치가 높을수록 불안하기 때문에 물체는 낮은 곳으로 떨어지게 된다. 낮은 곳에 있는, 즉 지구와 가까이 있는 물체일수록 포텐셜 에너지는 낮지만 지구와의 결합력은 크다. 결합력이 클수록 떼어내는 데는 에너지가 더 들기 때문에 그만큼 결합 에너지가 크다는 것을 알 수 있다.

마찬가지로 양이온과 음이온이 멀리 떨어져 있을수록 포텐셜 에너지는 크다. 그러나 서로 가까워짐에 따라 포텐셜 에너지는 감소하고 결합력이 증가하여 떼어내기가 힘들어지므로 결합 에너지가 커지는 것이다. 따라서 결합 에너지라는 것은 두 이온을 어떤 결합거리로부터 무한대까지 떼어놓는데 필요한 에너지라고 간주된다. 그러므로 포텐셜 에너지는 어떤 위치에서의 잠재적인 에너지 "상태"라고 할 수 있으며, 결합 에너지는 잠재하고 있는 에너지의 구체적인 "크기 또는 양"이라고 볼 수 있다.

무질서한 비결정 상태보다는 질서 있는 결정 상태의 구조에서 더 많은 원자들이 서로 접할 수 있을 뿐만 아니라 더 가깝게 접근할 수도 있으므로 총 포텐셜 에너지 상태는 낮지만, 더 높은 큰 결합 에너지를 갖게 되어 더 안정된 상태가 된다. 따라서 결합 에너지의 관점에서만 볼 때 일반적으로 물질은 결정 상태를 이루려고 하는 경향을 가진다.

3. 재료의 결합

[1] 열역학 법칙(엔트로피)

이제까지 우리는 결정과 비결정 상태의 구조에 관해서 간단히 알아보았다. 그리고 결정 상태의 구조가 더 큰 총결합 에너지를 갖기 때문에 모든 물질은 비결정 상태보다는 결정 상태로 존재하려 하는 경향이 있다는 것도 알았다. 그러나 자연계에서 완벽한 결정을 찾아보기란 그렇게 흔한 일은 아니다.

그리고 결함이 전혀 없는 순수한 결정을 인공적으로 만든다는 것도 매우 어려운 일이며 결정이 크면 클수록 더욱 그렇다. 그 이유는 무엇일까? 사고 실험(thought experiment)을 해 보도록 하자.

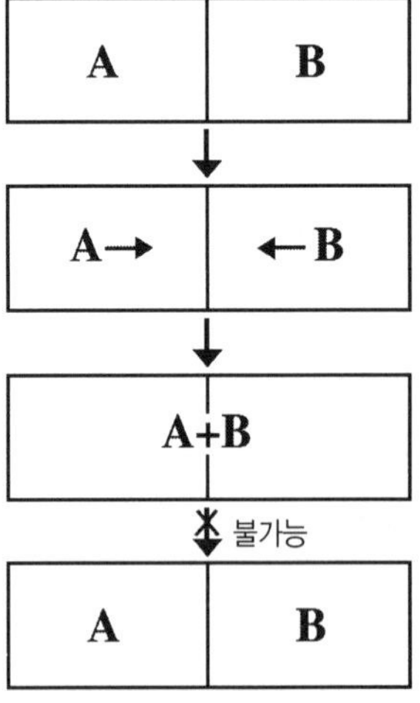

【그림 2-33】 기체의 혼합

외부로부터 어떤 영향도 받지 않고 있는 밀폐된 상자 하나가 있다. 이 상자속 한가운데에는 칸막이가 있어서 한쪽에는 A기체가, 다른 쪽에는 B기체가 들어있다(그림 2-33). 그리고 A기체와 B기체 사이에는 아무런 힘도 작용하지 않는다고 가정하자. 이때 만약 칸막이를 제거해 버리면 어떤 현상이 일어날까? 지금까지 자연현상을 관찰해 온 우리들의 경험으로 미루어 생각해 볼 때 두 기체는 저절로 서로 섞이기 시작하여 어느 정도 시간이 경과하면 완전히 섞여 버릴 것이라는 것을 예측할 수 있다.

그러면 이번에는 반대의 경우로서 완전히 섞여 있던 상태의 기체들이 사간이 흐르다 보면 저절로 원래의 분리된 상태로 되돌아가는 현상도 일어날 것인가? 이것은 물이 저절로 위로 올라가는 현상과 마찬가지로 불가능한 현상임을 자연을 관찰해 온 경험을 통해 알 수 있다.

그렇다면 왜 "분리된 상태"에서 "섞인 상태"로 가는 현상은 자발적으로 일어나면서 그 반대의 과정은 자발적으로 일어나지 않는 것일까? 두 기체 사이에는 아무런 힘도 작용하지 않으므로 "분리된 상태"와 "섞인 상태" 사이에는 결합 에너지 또는 포텐셜 에너지의 관점에서 고찰해 볼 때도 아무런 차이가 없다. 따라서 모든 자연 현상은 보다 낮은 에너지 상태로 진행한다는 법칙만 가지고는 이 현상을 설명할 수가 없다. 그러나 한 가지 명백한 사실은 자발적으로 진행하는 방향이 보다 무질서한 상태(서로 불규칙하게 섞인 상태)라는 것을 알 수 있다. 그래서 이 문제를 좀 더 자세히 알아보기 위해서 또 다른 자연 현상을 관찰해 보자.

맑은 물이 들어있는 비커에 잉크 방울을 떨어뜨린다. 잉크 방울은 서서히 확산이 되면서 물 전체에 퍼져 섞이게 될 것이다. 그런데 일단 퍼진 잉크가 다시 뭉쳐져 잉크 방울로 되돌아가는 현상은 결코 일어나지 않는다. 이와 같이 자연계의 현상이 서로 섞이려는, 즉 무질서한 방향으로 진행하는 경향은 확률적인 관점에서 볼 때 지극히 자연스러운 현상이라고도 볼 수 있다. 왜냐하면 어떤 사건에는 경우라는 것이 있고, 경우의 수가 많은 사건이 발생할 확률이 높아 그러한 사건이 일어날 가능성이 많기 때문이다. 예를 들어 카드 100장이 있는데 그 중에 한 장만이 붉은색이고 나머지는 모두 흰색이라고 하면 눈을 감고 아무 카드나 한 장 뽑았을 때 우연히 붉은색이 뽑힐 확률은 백분의 일, 즉 1% 밖에 안 되지만 흰색이 뽑힐 확률은 99%나 된다.

마찬가지로 자연도 확률이 높은 상태를 선택하게 되는데 제멋대로 무질서하게 섞여 있는 상태가 바로 그러한 확률이 높은 상태이다. 이 문제를 다른 각도에서 알아보기 위해 이번에는 1에서 100까지 숫자가 표시된 카드를 가지고 실험을 해보자. 먼저 숫자순으로 배열되어 있던 카드들을 방바닥에 흩트린다. 그리고 이들을 한꺼번에 쓸어 모아서 조사를 해보면 우연히도 다시 1에서 100까지 순서대로 배열되어 있을 가능성은 거의 없다. 대부분 순서가 제멋대로 뒤섞여서 배열되어 있는 것을 발견하게 된다. 이것은 1에서 100까지 순서대로 배열되는 방법이 단 한 가지 방법만 있는 반면에 순서가 제멋대로 뒤섞여서 배열되는 방법의 경우는 무려 (100!-1)개나 되기 때문이다(100!는 1에서 100까지의 수를 모두 곱한 것이다. 즉 1×2×3×4×5×……×99×100이다). 그러므로 확률적으로 볼 때 번호 순서대로 배열되어 있을 확률은 극히 작으며 카드의 수가 많아질수록 그러한 확률은 점점 0에 가까워진다.

자연 현상이 무질서하게 서로 섞이려는 경향(tendency for mixing)을 열역학에서는 엔트로피(entropy)라는 개념을 도입함으로써 나타내는, 자연 현상은 자발적인 반응의 경우 엔트로피가 증가하는 방향(무질서가 큰 방향)로 가려는 경향이 있다는 것이다. 통계적으로 볼 때도 무질서한 경우의 수가 많으므로 그러한 일이 일어날 가능성 또는 확률이 높다는 것이다. 이와 같이 무질서하게 섞이려는 경향은 온도가 높을수록 심해진다. 우리는 가열을 하면 서로 다른 물질 간에 혼합이 잘되는 것을 일상생활에서의 경험을 통해 잘 알고 있다. 결론적으로 이상과 같은 이유 때문에 어떤 결함도 전혀 없는 완벽한 결정을 얻기란 힘들며, 무엇인가 불순물이 섞여 들어가기도 하고, 원자가 있어야 할 자리가 비어 있기도 하며, 내부의 원자 배열이 질서있는 상태로부터 어긋나 있기도 한 것이다.

[2] 재료의 구조적 결함

재료 내부의 구조 또는 조직을 잘 살펴보면 여러 가지 종류의 결함(defects)들이 있음을 발견하게 된다. 일반적으로 결함이란 말도 표현되기 때문에 해로운 것으로 생각될 수도 있지만 이들이 재료의 특성에 미치는 영향이 매우 중요하기 때문에 재료의 결함에 관하여 이해하지 않고서는 재료과학을 안다고 할 수가 없다고 해도 과언이 아닐 것이다.

재료가 내부에 결함들이 전혀 없는 완벽한 결정만으로 이루어져 있다면 세상은 지금에 비해 훨씬 더 단순해졌을 것이며, 물질계의 다양한 변화도 없었을 것이다. 재료의 내부에 각종의 결함들이 있기 때문에 똑같은 성분의 재료라 할지라도 그것의 특성들이 다양하게 변화하며, 재료 공학자들은 바로 그러한 점을 이용하여 재료의 특성을 개선하기도 하고 새로운 재료를 개발해내기도 한다. 따라서 재료 또는 물질을 다루는 데 있어서나 또는 신소재를 개발하는 데 있어서 재료의 내부에 존재하는 결함들의 종류와 역할에 대한 이해가 반드시 필요한 것이다. 그러나 이 분야 역시 너무나 광범위한 재료과학의 한 분야이기 때문에 이 책을 통해 자세한 설명을 할 수는 없고 다만 뒤에 이야기할 신소재들의 원리를 이해하기 위해 꼭 알아야만 할 기본적인 내용만 설명하고자 한다. 재료 내의 대표적인 결함들은 다음과 같이 크게 네 가지로 나누어서 생각해 볼 수 있다.

① 0차원적 결함(점결함) : 공극
Zero-dimensional imperfections(point defects) : vacancy
② 1차원적 결함(선결함) : 전위
One-dimensional imperfections(line defects) : dislocation
③ 2차원적 결함(면결함) : 결정입계
Two-dimensional imperfections(interfacial defects) : grain boundary
④ 3차원적 결함(체결함) : 가공
Three-dimensional imperfections(bulk defects) : pore

(1) 공극(Vacancy)

공극이란 간단히 말해서 그림 2-34처럼 원자가 있어야 할 자리가 비어 있는 것을 말한다. 공격자, 공공 또는 공위라고도 하는데 여기서는 공극이란 단어를 쓰고자 한다. 이들은 재료 내에서 여러 가지 역할을 하고 있지만 그 중에서도 가장 중요한 역할은 원자들의 이동, 즉 확산(diffusion)을 용이하게 해준다는 것이다. 예를 들어 공극이 전혀 없는 상황에서는 원자들이 이동하기 위해서 매우 큰 에너지를 필요로 하지만 공극이 있는 경우에는 그림 2-35에 나타난 방법에 의해 원자들이 쉽게 움직일 수가 있다. 어떤 의미에서는 공극이 움직인다고도 볼 수 있으며, 공극과 원자의 이동 방향은 서로 반대임을 알 수 있다. 재료 내에서의 원자들의 이동은 매우 중요한 현상이다. 왜냐하면 재료의 내부 조직의 변화가 이와 같이 원자들의 이동에 의해서 이루어질 수 있기 때문이다.

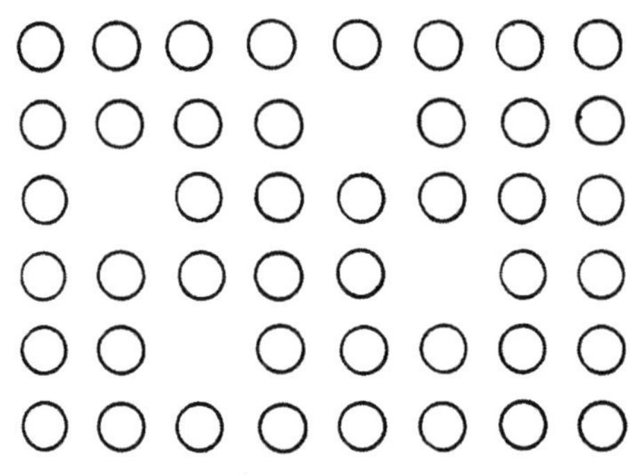

【그림 2-34】 공극(vacancy)

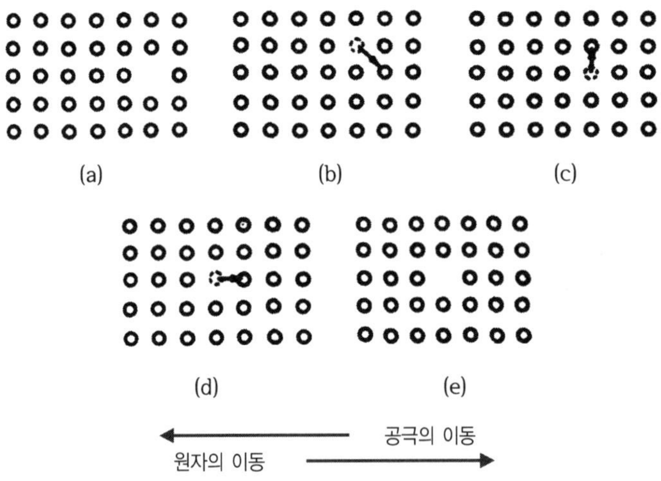

【그림 2-35】 공극에 의한 원자의 확산기구

재료 내에서의 원자들의 이동은 공극이 있더라도 저온에서는 거의 일어나지 않는데, 그것은 원자들이 이동할 수 있기에 충분한 에너지를 저온에서는 가지고 있지 않기 때문이다. 그러나 온도가 올라가게 되면 열진동이 활발해지므로 원자가 이동하는데 충분한 에너지를 갖게 되어 확산이 용이하게 일어난다. 이때 확산은 아무렇게나 일어나는 것이 아니라 화학적 포텐셜이 높은 곳에서 원자들이 확산하여 화학적 평형(chemical equilibrium)을 이루는 방향으로 일어난다.

온도가 올라가면 구성원자들의 운동 에너지가 증가할 뿐만 아니라 공극의 수도 급격히 증가하기 때문에 높은 온도에서는 확산이 더욱 활발해진다. 일반적으로 저온에서는 대략 10^8개의 원자당 한 개의 공극이 존재하지만 녹는 온도 부근에서는 약 10^3개의 원자당 한 개의 공극이 존재한다. 그러므로 소결이나 열처리와 같은 공정을 통한 재료의 합성이나 제조는 대부분 높은 온도에서 행해지게 된다.

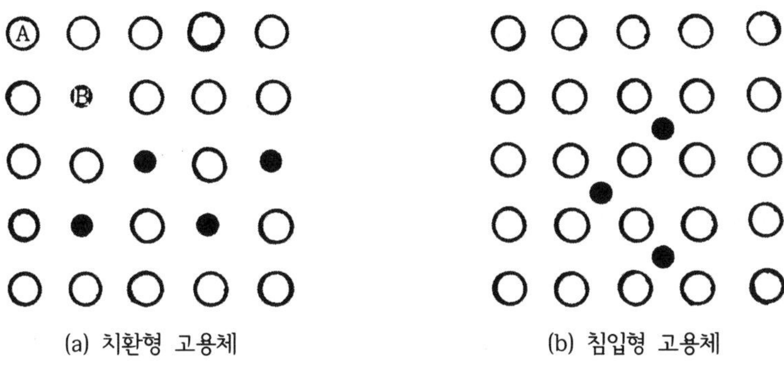

【그림 2-36】 고용체

공극 이외에도 재료 내에는 중요한 역할을 하는 점 결함들(point defects)이 있다. 예를 들어 그림 2-36 (a)와 같이 A원자가 있어야 할 자리에 다른 종류의 원자(그림에서 B원자)가 바뀌어 들어간 치환형 고용체가 있으며, 그림 2-36 (b)처럼 격자점 사이에 다른 원자가 끼어들어가 있는 침입형 고용체의 경우와 같은 결함들도 있다.

특히 이온결합 물질에서는 전기적인 균형(양(+)과 음(-) 전하의 중립)을 유지하기 위해 그림 2-36과 같은 방법으로 점결함들이 형성되는 경향이 있다. 이러한 점결함들은 재료의 제조하는 공정 중에 불순물로서 들어가거나, 재료의 특성을 조절하기 위해 특별한 방법들에 의해 일부러 첨가된다. 그런데 이들의 크기나 종류, 양, 분포 등은 재료의 강도, 열전도도, 전기적, 자기적, 광학적 특성 등에 중요한 영향을 준다.

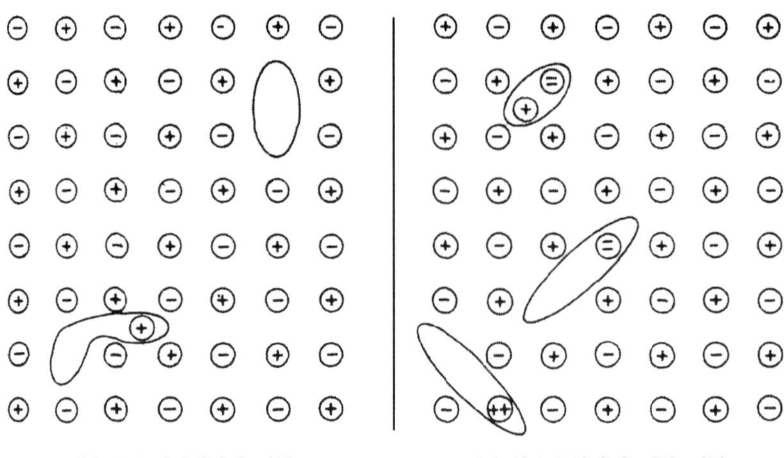

【그림 2-37】 이온결합 결정에서의 결함

(2) 전위(Dislocation)

결정 내에는 그림 2-38과 같이 원자면의 일부(B-C)가 빠져나가버린 선결함이 있으며, 이를 다른 각도로 보면 새로운 원자면(A-B)이 끼어들었다고 생각할 수도 있다.

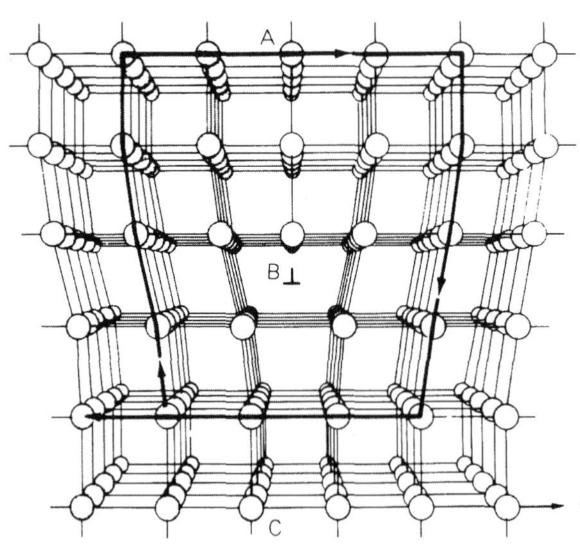

【그림 2-38】 선결함

이러한 결함을 전위라고 하는데 전위에는 그림 2-39와 같이 인상전위(edge dislocation)와 나선전위(screw dislocation)가 있으며, 이들이 혼합된 상태인 혼합전위(mixed dislocation)가 있다.

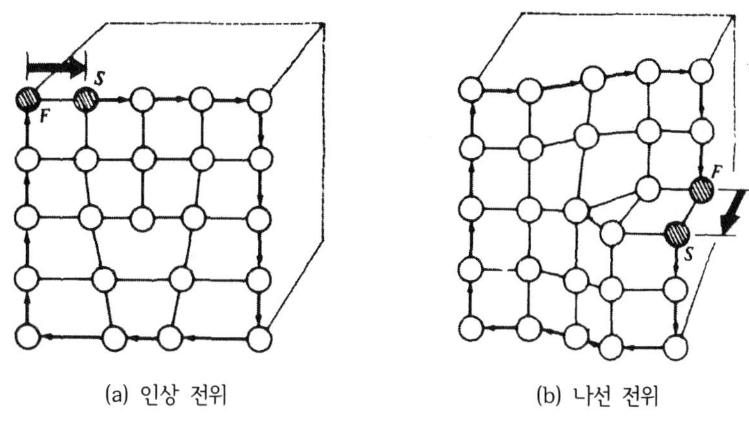

(a) 인상 전위 (b) 나선 전위

【그림 2-39】 전위

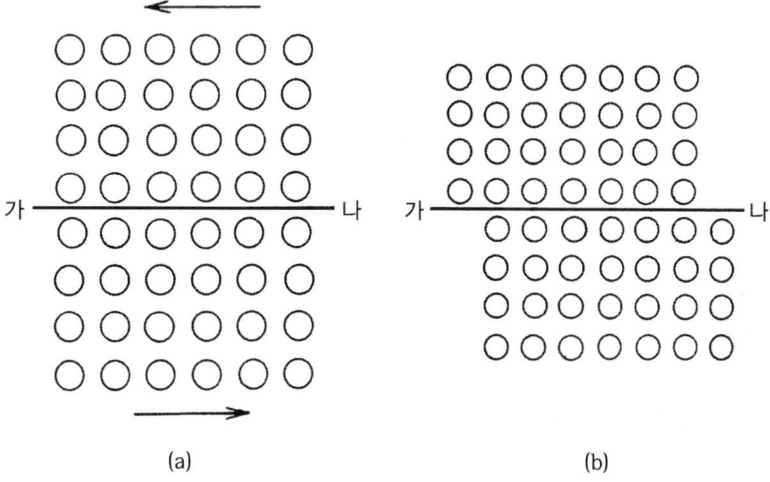

(a) (b)

【그림 2-40】 변형

재료 내부에서 일어나는 현상 중에는 전위의 존재를 고려하지 않고서는 설명할 수 없는 현상들이 매우 많다. 그림 2-40 (a)와 같이 아무런 결함도 없는 완벽한 결정에 화살표 방향으로 힘이 가해져 (b)처럼 변형이 일어나기 위해서는, 가-나로 표시되는 면 위에 있는 모든 원자 결합들이 일단 끊어져야만 하므로 큰 힘이 필요하게 된다. 그러나 결정구조 내에 전위가 있으면 가-나 면상에 있는 모든 원자들의 결합을 동시에 끊지 않고서도 그림 2-41처럼 전위가 이동됨으로서 변형을 일으킬 수 있으므로 훨씬 적은 힘만 가지고도 재료의 변형이 가능할 수 있다.

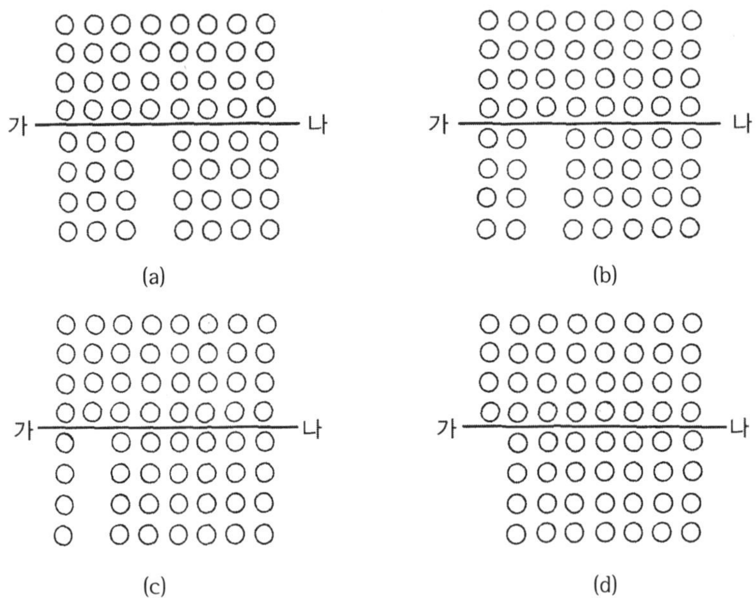

【그림 2-41】 전위의 이동

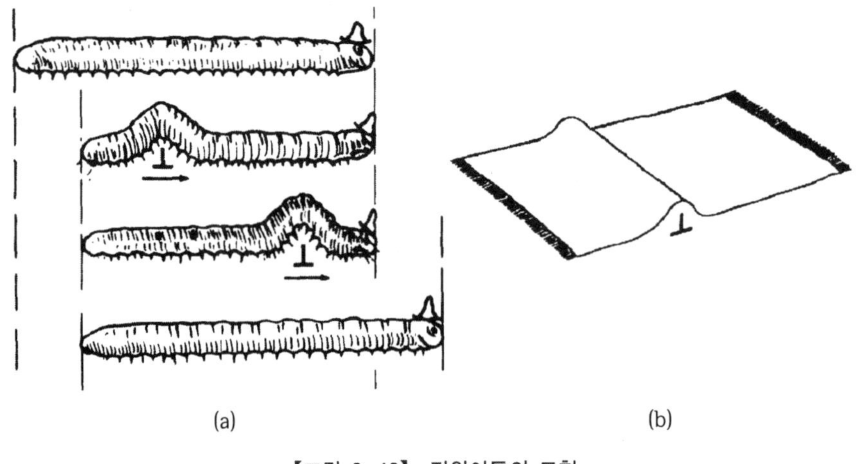

【그림 2-42】 전위이동의 모형

이것만으로는 잘 이해가 되지 않는다면 다음과 같은 예로부터 쉽게 이해할 수 있을 것이다. 보통 애벌레를 보면 앞으로 움직일 때에 한 번에 몸 전체를 끌지 않는 것을 알 수 있다. 그림 2-42 (a)처럼 일단 꼬리 부분을 구부려 놓으면 이 부분이 앞으로 이동하여 결국에는 몸 전체가 전진하게 되는데 이렇게 함으로써 적은 힘만 들이고서도 이동할 수가 있다. 또 다른 예로 멍석을 움직일 때 바닥과 멍석 사이의 마찰이 심하거나 멍석이 무거울수록 잡아당기기가 힘들다는 것을 알 수 있다. 그러나 그림 2-42 (b)처럼 한쪽 끝을 들어 구부려 놓고 이것을 이동시키면 적은 힘으로도 쉽게 멍석의 위치를 앞뒤로 변경시킬 수가 있다. 이와 비슷한 원리에 의해 재료 내의 전위들도 쉽게 움직일 수가 있어서 전체적으로 볼 때는 적은 힘으로도 재료를 변형시킬 수 있는 것이다.

그림 2-40과 41에서 "가-나"면을 슬립면(slip plane)이라고 하는데 전위가 없는 완전한 결정에서는 변형이 일어나기 위해서는 이 면 위에 있는 원자들의 결합이 일단 모두 끊어져야만 하므로 변형에는 매우 큰 힘이 필요하다. 그런데 결합이 끊어진 원자들이 다시 결합하기란 쉽기 않으므로, 완전한 결정의 경우는 강도는 높지만, 즉 단단하지만 깨지기 쉬운 이유 중의 하나가 바로 여기에 있다. 전위가 있을 때는 강도는 낮아지지만, 즉 덜 단단하지만 충격을 받아도 쉽게 깨지지 않는 것은 전위의 이동에 의한 변형이 일어나고 전위의 이동에 의해 외부의 충격이 흡수되기 때문이다. 이러한 변형을 소성 변형(plastic deformation)이라 하는데, 힘을 가해서 철사를 구부릴 수 있는 것처럼 금속의 모양을 변형시킬 수 있는 것은 소성 변형이 일어날 수 있기 때문이다. 유리나 도자기는 구부리거나 충격을 가하면 깨져 버린다. 이것은 전위의 이동에 의한 변형, 즉 소성 변형이 일어나지 않기 때문이다.

원자 간의 결합력으로부터 재료의 이론적 강도를 계산해 낼 수가 있다. 이렇게 해서 얻은 값은 측정에 의한 재료의 실제 강도치보다 매우 높다. 이와 같은 이유는 전위의 존재를 고려하지 않았기 때문이다. 전위를 고려해 넣고 계산을 해보면 이제는 반대로 실제보다 낮은 값을 얻게 된다. 이로부터 우리는 전위의 움직임이나 역할이 생각했던 것처럼 쉽지만은 않다는 것을 알 수 있다. 재료 내부 구조를 조사해 보면 전위들은 서로 간에 상호작용을 하기도 하고, 결정립계나 석출물 등에 의해서 그 움직임이 발해를 받기도 하며, 새로운 전위들이 형성되기도 한다. 또 전위는 단순한 직선 형태보다는 그림 2-43처럼 구부러져 있기도 하며, 재료가 변형시에는 서로 얽히고 꼬이기도 하고 한 개의 전위가 두 개로 나위어지기도 한다.

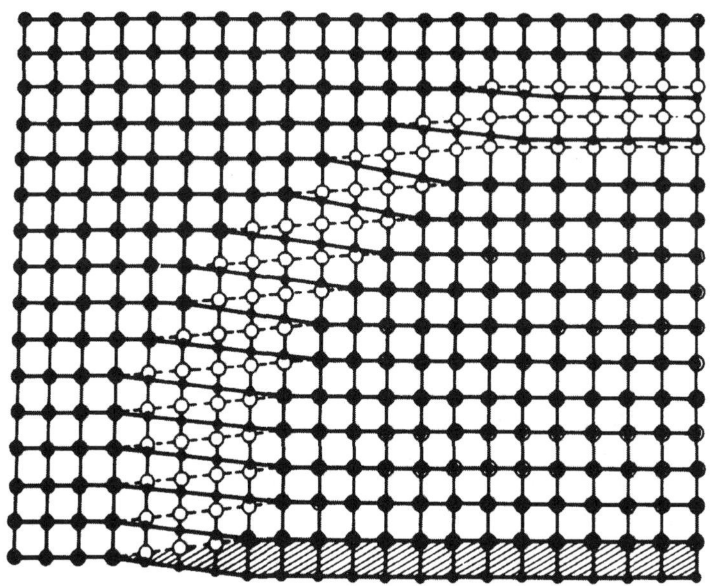

○ 지면 아랫부분에 있는 원자
• 지면 윗부분에 있는 원자

【그림 2-43】

똑같은 성분의 재료라 할지라도 그것의 가공 정도나 열처리 방법 등에 따라 강도가 다양하게 변한다. 이에는 여러 가지 원인이 있겠지만 전자현미경을 통해 미세조직을 관찰해 보면 전위의 양이나 모양 그리고 분포 등에 있어서 큰 차이가 있으며 이에 다라 강도가 영향을 받는 것으로 보인다. 심하게 가공 변형된 금속의 조직을 살펴보면 전위의 밀도가 매우 높을 뿐만 아니라 전위들이 서로 간에 엉키고 설켜서 움직이기가 힘든 상태임을 알 수 있다.

(3) 결정립계(Grain boundary)

재료의 여러 가지 특성에 영향을 주는 요소로서 공극이나 전위에 못지않게 중요한 것으로 결정립계가 있다.

결정에는 단결정(single crystal)과 다결정(poly crystal)이 있는데 이 중에서 다결정은 단결정들이 모여서 이루어진 것임을 말의 의미를 보아서도 알 수 있다(그림 2-44). 다결정체에 있어서 그것을 이루고 있는 각 단결정들을 결정립(grain)이라 하고 이들 간의 경계를 결정립계라고 한다. 우리가 대개 접하고 있는 금속이나 요업체들은 대부분 작은 단결정들이 모여서 된 다결정체들이다. 수정이나 다이아몬드, 루비, 사파이어 등은 커다란 단결정이지만 알루미늄이나 철, 그리고 그 밖의 합금과 도자기 등은 다결정체이다.

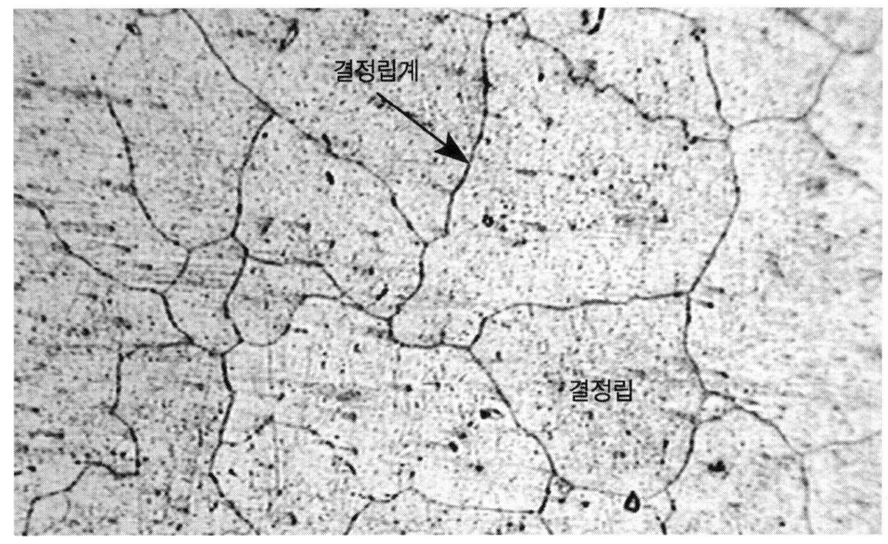

【그림 2-44】 다결정체

똑같은 성분의 물질이라도 그것이 단결정이냐 다결정이냐에 따라 그 모습이나 특성이 놀랄 만큼 판이하게 달라진다. 예를 들어 보석인 사파이어는 커다란 Al_2O_3 단결정으로서 투명하지만, 몇 ㎛에 불과한 Al_2O_3 단결정 입자들의 집합체인 다결정 알루미나는 특성도 다를 뿐만 아니라, 일반적으로는 불투명하여 겉보기에는 전혀 다른 물질로 보인다. 불투명한 이유 중의 하나는 결정립계 면에서 빛이 산란되기 때문이다. 결정립의 크기가 작을수록 그 금속이나 요업재료의 강도가 일반적으로 증가하는 경향이 있다. 이것은 재료 내를 통해 균열이 전파되거나 전위가 움직일 때 결정립계가 방해물로서 작용하기 때문이다.

결정립계를 경계로 하여 접하고 있는 결정립 간의 원자 배열의 방향이 서로 다른 경우 전위가 움직이는 슬립면의 방향도 서로 다르게 된다. 따라서 어떤 결정립 내에서 이동하던 전위가 결정립계를 만나게 되면 그림 2-45와 같이 움직임이 방해를 받게 된다. 이와 같은 경우 이웃하는 다른 결정립의 슬립면을 따라 전위를 계속 움직이게 하기 위해서는 더 큰 힘이 필요하게 된다. 그러므로 결정립의 크기가 작을수록 결정립계의 면적이 넓어지므로 그만큼 전위의 이동에 대한 방해면이 많아 재료의 강도가 증가하게 되는 것이다. 그러나 온도가 높아지면 결정립계 간의 결합력이 떨어져서 그림 2-46처럼 결정립계의 미끄러짐(sliding)이 일어나는 경우도 있으므로 고온에서는 결정립의 크기가 작을수록 강도가 오히려 떨어지는 수도 있다.

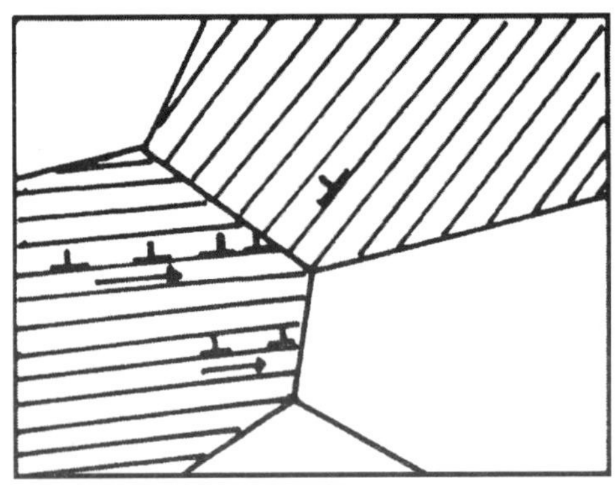

【그림 2-45】 결정립계에 의한 전위이동의 방해

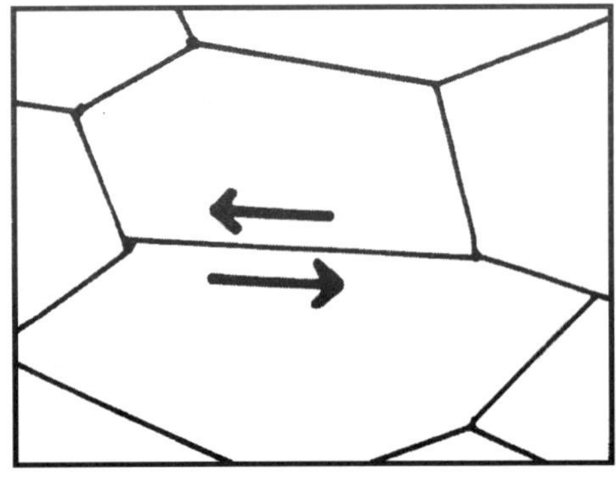

【그림 2-46】 결정립계의 미끄러짐

결정립계가 단결정간의 경계라고 해서 그 구조가 단순히 결정면과 면이 맞닿아 있기만 하는 성태를 아니다. 그러한 재료는 약간의 충격만 줘도 쉽게 부서져 버릴 것이다.

결정립계의 구조에 대해서는 많은 연구가 있었으며 따라서 여러 가지 모델들도 제시되었으나 여기서 한마디로 간단히 설명할 수는 없고, 중요한 것은 결정면과 면 사이가 단순히 맞닿아만 있는 것이 아니라 부분적으로 연결되어 있어 어느 정도의 결합력을 가지고 있으며, 그 구조는 그림 2-47의 비눗방울 모델처럼 많은 공극들이 존재하고 있는 상태라는 것이다. 따라서 결정립계를 통한 원자 확산은 이 같은 공극들 때문에 결정립 내의 경우보다 빠르며, 결정립계는 결정립 내에 있는 공극들의 소멸처가 될 수 있다. 또 결정립계면 근처에는 원자 간의 결합이 끊어져 있는 원자들이 많아서 결정립계는 에너지 상태가 높게 되며, 따라서 입계를 따라 불순물 원자의 편석 현상이 일어나기 쉽고, 금속재료가 부식될 때는 입계에서 부식이 더욱 심하게 일어나게 되어 재료의 강도를 저하시키는 요인이 되기도 한다.

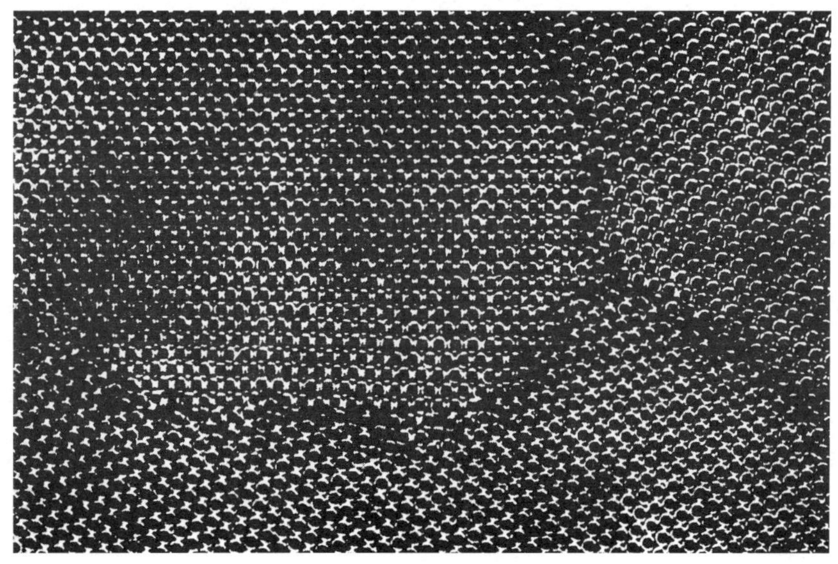

【그림 2-47】 비눗방울 모델

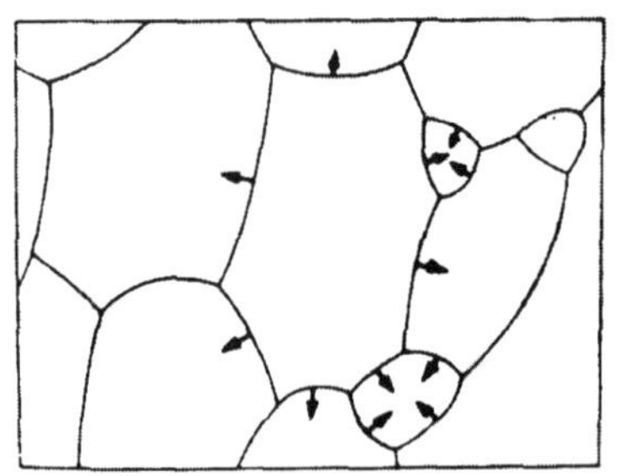

【그림 2-48】 결정립 성장

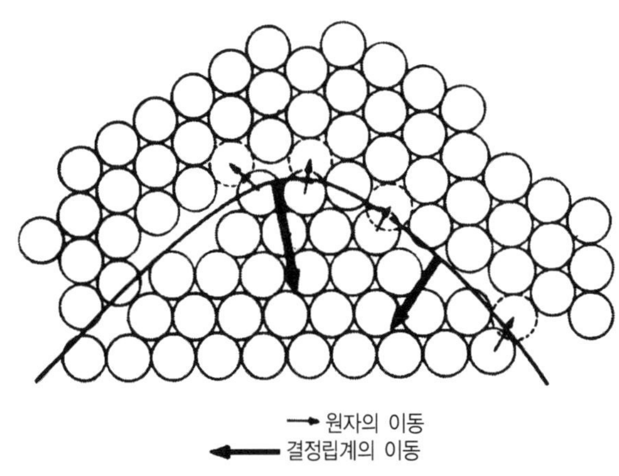

【그림 2-49】 결정립계 이동

온도가 올라감에 따라 총 결정립계의 면적을 줄임으로써 내부의 에너지를 낮추기 위하여(안정한 상태로 가기 위하여) 결정립의 크기가 커지는 결정립 성장(grain growth)이 일어난다. 그림 2-48에서 보는 바와 같이 결정립계는 곡률의 중심 방향(화살표 방향)으로 움직이며, 결국 작은 결정립은 소멸되고 큰 결정립은 성장하게 된다. 그 이유는 원자가 오목한 부분으로 이동함으로 더욱 안정한 상태가 되기 때문이며, 이 결과로 결정립계는 곡률 중심 부분으로 이동하게 된다.

한편 결정립계가 같은 조성과 결정구조를 가진 동일 상(phase)인 결정 입자들 간의 경계면인 반면에, 재료 내의 2차원 결함에는 다른 조성과 결정구조를 가진 이종의 상들간(interphase)의 경계인 상간계면(interphase boundary)이 있다. 그러므로 결정립계는 결정질 재료에만 있지만 상간계면은 결정질 재료나 비정질 재료에서 다 같이 찾아볼 수 있다.

2-6 화학적 성질

일반적으로 금속의 부식이란 금속이 물속이나 대기 중 또는 가스 속에서 그 표면이 비금속성 화합물로 변화하는 것을 말하며, 그밖에 화학약품이나 기계적 작용으로 인한 소모도 포함하여 넓은 의미에서 부식이라 한다. 그러나 일반적으로 화학작용에 의한 것을 코로존(corrosion)이라 하고, 기계적 작용에 의한 것은 에로존(erosion)이라 부른다.

금속의 부식은 상온 또는 높은 온도에서 발생하는 산화(酸化), 질화(窒化), 유화(硫化) 등과 같이 수분이 없는 건조한 상태에서 직접 가스와 접촉하여 발생하는 건조상태의 화학적 부식도 있으나 일반적으로 금속과 물 또는 전해질과의 사이에 다음 표와 같이 전기-화학적 부식으로 발생하기도 한다.

【표】 금속재료 부식의 종류

부식의 분류	부식의 원인
화학적 부식	수분이 없는 상태에서 발생하는 부식
전기-화학적 부식	이온의 치환작용에 의한 부식
	금속표면의 국부전지 작용에 의한 부식

전기-화학적 부식은 금속과 물 또는 전해질과의 사이의 이온(ion) 치환으로 발생하는 경우와 합금재료의 성분이나 내부 스트레인(strain)의 불균일, 불순물의 편석(偏析)등으로 인하여 금속 표면에 국부적으로 양극과 음극에 해당하는 부분이 있어 전위(電位) 차이가 일어나 부분적으로 전류가 흘러 국부전지 현상이 원인이 되는 경우가 있다.

금속원자는 수용액 중 특히 산 또는 알칼리 전해질 용액에서 전기를 지닌 원자, 분자의 상태, 즉 이온(ion)으로 되어 용해되는 성질을 지니고 있다. 이 성질을 이온화 경향이라 한다. 이온화 경향이 큰 금속일수록 부식되기 쉽다고 한다. 이온화 경향이 큰 금속부터 작은 것의 순서로 배열하면 다음과 같다.

K→Ca→Na→Mg→Al→Mn→Zn→Cd→Fe→Co→Ni→Sn→Pb→Cu→Hg→Ag→Pt→Au

2-7 비파괴 검사(nondestructive inspection)

일반적으로 재료시험(주로 강도시험)에서는 시험재료 또는 제품을 파괴하며 시험한다. 그러나 비파괴 시험에서는 제품을 파괴하지 않는다.

처음에는 X선 투과법 만을 사용하였으나 그 후 자기분말 탐상법, 초음파 탐상법 등이 사용되었으며, 최근에는 와류 탐상법, 음향 탐상법, 침투 탐상법 등 여러 가지 방법을 사용하고 있다.

1. 침투 탐상법(penetration inspection)

철과 강 및 비철금속을 포함한 모든 재료 및 그 재료의 표면에 결함이 있을 때 시험재료를 침투액 속에 담갔다가 꺼내어 결함을 육안으로 점검하는 방법을 침투 탐상법이라 한다.

일반적으로 침투액 중에 형광물질을 첨가시켜 결함을 더욱더 정확하게 검출할 수 있기 때문에 형광 탐상법(fluorescent inspection)이라고도 한다. 이 방법은 자성재료의 제한을 받지 않고 그 결함부분에 침투할 수 있는 형광물질을 함유한 용액 속에 점검할 부품을 담근 후 용액을 표면에서 닦아내고 건조시킨 후 자외선으로 점검한다. 이때 결함부분은 형광으로 인하여 빛이 나타난다.

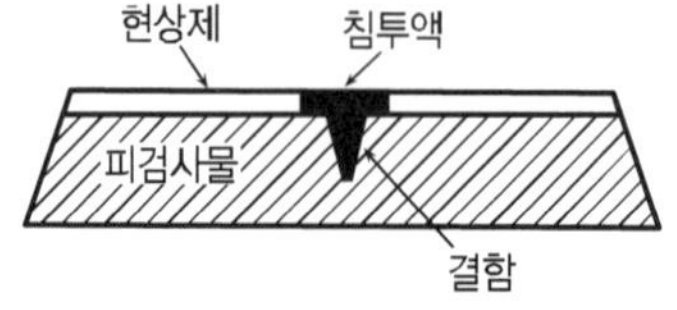

【그림 2-50】 침투 탐상법

그림 2-51은 침투 탐상장치를 나타낸 것이다. 그림에서 시험재료는 형광물질이 들어 있는 침투액 탱크에 담그고 일정한 시간이 흐른 후에 철망 위에 건져놓고 시험재료를 간단히 세척하여 건조기에서 건조한 후에 적외선 예비용 등에서 결함을 점검한다.

미세한 결함은 현상액 탱크에서 현상한 후에 검사대로 옮겨 자외선 검사로 결함을 판정한다. 이 방법은 육안시험이므로 결함의 지시형태를 가능한 한 크게 만들어야 한다. 따라서 미세한 결함에 대해서도 침투액이 결함 속에 완전히 침투하도록 하여야 하며, 동시에 주변과 구별되기 쉬운 색깔, 육안으로 쉽게 판별하기 위한 배경과의 구분이 잘되는 침투액을 선택하여야 한다. 이때는 침투액도 중요하지만 현상 방법 및 시험기술 등을 적절하게 선택하여야 한다.

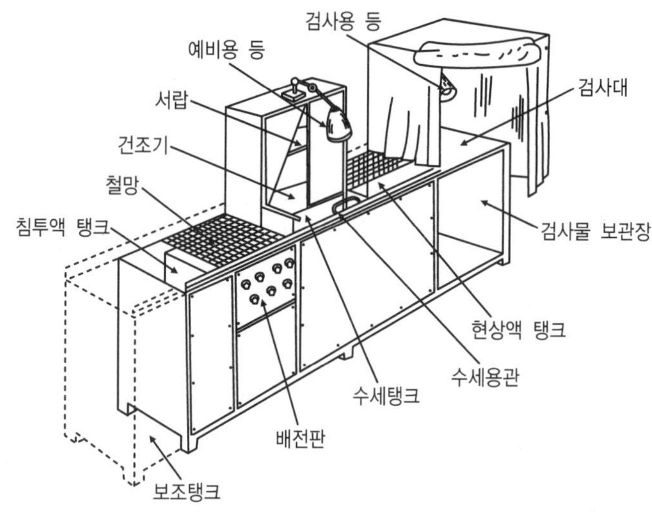

【그림 2-51】 형광침투 탐상장치

최근에는 염색침투 탐상제가 많이 사용되고 있다. 이 방법은 특수 장치가 필요 없고 옥내 및 야외에서도 사용할 수 있으며, 미숙련자도 사용할 수 있고, 육안으로 잘 보이지 않는 미세한 결함도 선명한 붉은색으로 잘 나타난다. 철과 강, 비철금속, 자성체, 비자성체 등의 금속 및 도자기, 유리, 합성수지 등의 비금속재료에도 사용이 가능하다.

2. 자기분말 탐상법(magnetic inspection)

자기분말 탐상법은 시험재료를 자력화(磁力化)하려는 부분과 미세한 철분을 포함한 석유(石油) 속에 시험재료를 담그는 부분으로 구성되어 있다. 만약 시험재료 내부의 균열이 자력선 통로에 가로놓이게 되면 균열부분의 양변(兩邊)에 미세한 철분이 집중된다. 따라서 자기분말 탐상법에서는 철분 분포의 집중 여부로 내부 결함을 알 수 있다. 이 방법은 자성재료인 철(Fe), 니켈(Ni), 코발트(Co)와 그 합금에서 주로 사용하며, 결함이 있으면 자속선의 방향에 변화가 일어난다. 또 결함상태가 불확실한 경우에는 자속방향을 바꾸어서 점검하는 것이 좋다.

자기분말 탐상법은 미세한 철분을 착색하여 여러 가지 색깔로 할 수 있기 때문에 시험재료에 따라 색깔을 조절할 수 있다. 그리고 미세한 철분은 석유 1ℓ에 대해 0.75~1.5g을 첨가하여 사용한다.

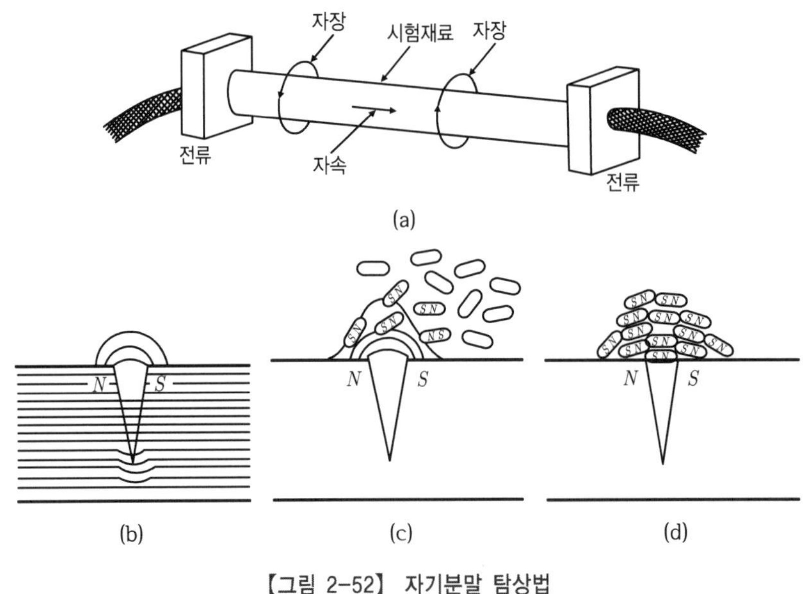

【그림 2-52】 자기분말 탐상법

그림 2-52 (a)에 나타낸 바와 같이 강자성체로 된 시험재료의 양끝에 전류로 인하여 발생한 자장에 의해 강자성체는 자화되며, 양 끝 부분 사이에 화살표 방향으로 자속이 흐른다. 이 자속의 흐름을 방해하는 결함이 있으면 처음에는

강자성체 내부를 우회하여 흐르지만, 자속 밀도가 증가하게 되면 그림 2-52 (b)와 같이 공기 중으로 누출된다. 이것을 누설 자속이라 한다. 이와 같이 누설 자속이 발생하면 결함의 개구부분 끝 쪽에는 N극과 S극이 발생하며, 이에 따라 자장이 발생한다. 이 자장에 강자성체의 미세한 분말로 된 자기분말을 액체나 기체로 불어내면 그림 2-52 (c)와 같이 자기분말은 그 자장에 의해 자화되어 매우 작은 자석이 되며, 양끝에 자극이 발생한다. 이와 동시에 일부는 서로 흡착하여 모이게 되고 또 일부는 그림 2-52 (d)와 같이 단독으로 결함 개구부분 끝 쪽에 형성된 자극에 끌려 흡착된다. 이와 같이 자기분말은 연속적으로 자극으로 끌려들어 흡착되고 층을 형성하여 자기분말 모양이 형성된다. 이 자기분말 모양을 백그라운드와 콘트라스트를 이용하여 결함 여부를 찾아낼 수 있다. 자기분말 탐상 후에는 자기분말을 떼어내는 작업이 필요하다. 이때는 주로 감쇠교번 자계를 사용한다.

3. 초음파 탐상법(ultrasonic inspection)

초음파 탐상법은 높은 주파수(1~5MHz)의 음파 즉 초음파의 펄스(pluse)를 탐촉자로부터 시험재료에 투입시켜 내부의 결함을 반사에 의해 탐촉자로 수신되는 현상을 이용 것으로 결함의 위치 및 결함의 크기를 비파괴 방법으로 점검하는 것이다. 고주파 전자의 파동을 석영결정과 병용하여 시험재료 중에 응용한다. 결정 사이에서 어떤 시간적인 간격을 두고 시험재료의 맨 끝 부분에서부터 또는 시험재료의 체적 중에 포함되어 있는 어떤 결함으로부터 반사되어 오는 반응을 점검한다. 수신된 신호는 시간적 연관성을 지니고 있는 음극선관에 나타난다. 초음파 탐상법에는 반사방식, 투과방식, 공진방식 등 3가지가 있다.

[1] 반사방식

이 방식은 점검할 재료에 수정(水晶)의 결정 조파(造波)기구를 접촉시키고 매우 짧은 시간 내에 충격적으로 초음파를 발사하면 결합부분에서 반사되는 신호를 받아 그 사이의 시간지연으로 결함까지의 거리를 측정한다. 이 관계를 브라운관형 오실로스코프(oscilloscope)로 관측하기 위하여 어떤 주기의 반복 충격파를 보내어 점검한다.

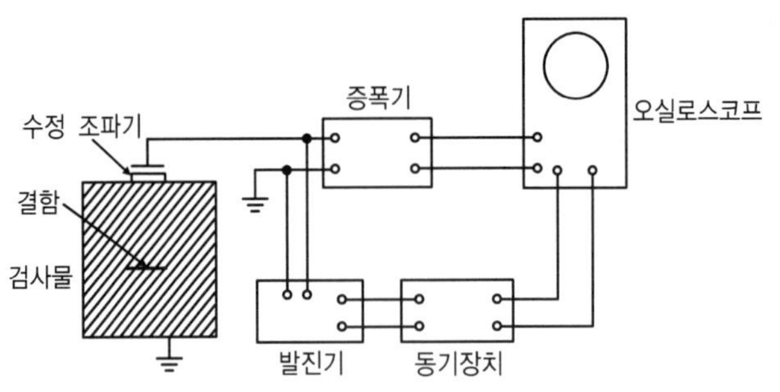

【그림 2-53】 반사방식 초음파 검사장치

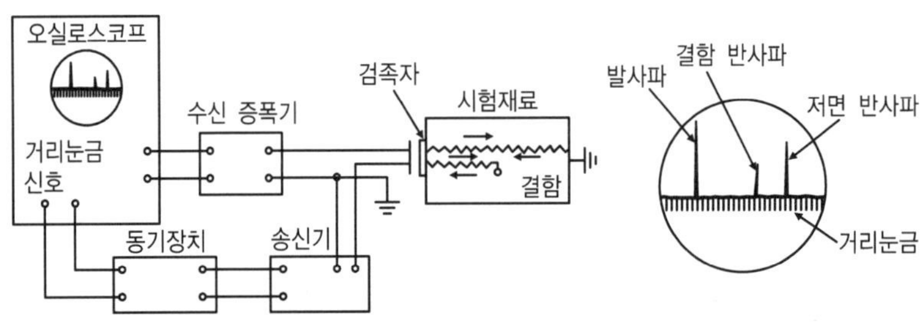

【그림 2-54】 반사방식 초음파 검사장치에서의 반사상태

[2] 투과방식

이 방식은 점검할 재료의 한쪽 면의 발진장치에서 연속적으로 초음파를 보내고, 반대쪽의 수진장치에서 신호를 받을 때 결함에 의한 초음파의 도착에 이상이 발생하므로 이것으로부터 결함의 위치와 크기 등을 판정한다.

[3] 공진방식

이 방식은 발진장치의 파장을 순차로 변화시켜 공진이 발생하는 파장을 구한다. 만약 결함이 있으면 결함까지의 거리가 파장의 1/2 정수배될 때 공진이 발생하므로 결함의 위치를 쉽게 알 수 있다. 공진방식은 주로 결함의 깊이 측정에 사용되며, 결함이 옆으로 뻗어 있을 때의 점검에 적합하다.

4. 방사선 탐상법(radio graphic inspection)

방사선이란 전자선을 금속에 충돌시켜 발생시킨 X선 방사성 물질에서 방출된 α입자, β입자, γ선 및 원자로에서 우라늄 235가 핵분열 하였을 때 방출되는 중성자속(中性子束) 등을 말한다. 방사성 물질에는 우라늄 235, 라듐 226 등과 같이 자연계에 존재하는 것과 코방트 60과 같이 인공적으로 만든 것이 있다.

X선은 전자(電子)라 부르는 음(-)전기의 부하 미립자의 유동과 충돌할 때 밀도가 큰 물질에서 원인이 된 파동, 즉 진공관의 대음극선(對陰極線)으로 볼 수 있다. 이 전자들이 인접한 미립자와 충돌하지 않고 목표물에 적중되도록 하려면 진공이 필요하다.

그러나 이 진공도는 사용되는 X선 진공관의 형식에 따라서 다르다. 이 진공관은 특수 가스관과 높은 온도의 음극관으로 분류된다. 특수 가스관의 형식에서는 가스의 잔류가 전자의 원천으로 작용할 수 있도록 진공관에 조금 남게 된다. 또 가스 누출장치가 잔류 가스량을 변화시키기 위하여 부속으로 되어 있다. 그림 2-55는 X선 촬영 방식을, 그림 2-25는 X선 또는 γ선 사진 촬영의 방법을 나타낸 것이다.

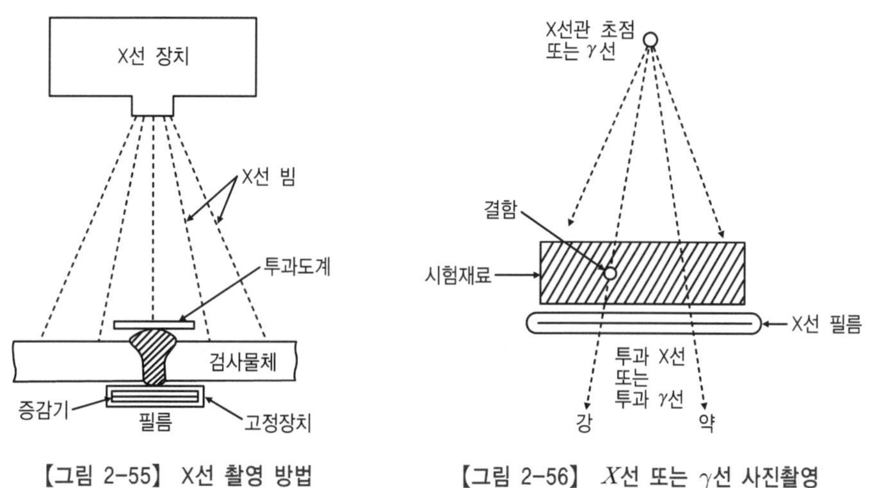

【그림 2-55】 X선 촬영 방법 【그림 2-56】 X선 또는 γ선 사진촬영

전자(電子)는 큰 잠재세력의 전압(50,000~200,000Volt)때문에 진공관 대음극(對陰極)을 향하여 매우 빠른 속도로 유동한다. 진공관 대음극 부분에 발생

하는 진동은 금속 중의 원자사이의 거리와 거의 크기가 같은 파장이므로 금속을 관통할 수 있다.

X선은 직선방향으로 이동하며, 불투명한 물체를 관통하는 능력이 있다. 관통에 대한 저항은 물체의 밀도에 거의 비례한다. 관통력이 큰 광선을 하드(hard)라 부르고, 관통력이 적은 광선을 소프트(soft)라 한다.

5. 와류 탐상법(eddy current inspection)

와류 탐상법은 도체에 교류(交流)를 통한 코일을 접근시켰을 때 결함이 있으면 코일에 유기되는 전압이나 전류가 변화하는 것을 이용하며, 시험에서 얻은 신호는 와전류의 분포, 강도, 전자장의 분포와 관계가 있기 때문에 결함을 점검하는 방법으로 사용한다. 이 방법을 와전류 시험 또는 전자유도 시험이라 한다. 와류 탐상장치의 종류에는 수동식과 자동식이 있으며, 수동식은 시험자가 시험코일을 손으로 잡고 시험재료의 표면을 따라 점검하는 것이다.

자동식은 시험재료를 자동적으로 이송하여 점검하며, 점검결과의 기록도 자동적으로 한다. 그림 2-57은 자동식 와류 탐상장치의 구성을 나타낸 것이다. 이와 같은 장치에서 교류를 통한 시험코일을 시험재료에 가까이 하면 재료 내부에 와전류가 발생하여 시험코일과 와전류와의 상호작용에 의해 시험코일의 임피던스가 변화한다.

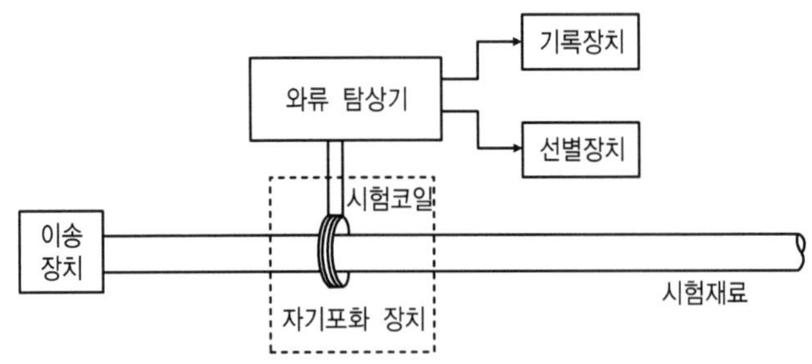

【그림 2-57】 자동식 와류 탐상장치의 구성

여기서 발생하는 와전류는 시험코일과 재료와의 파라미터(형상치수, 전도율, 결함, 상태위치 등)에 의하여 변화하기 때문에 시험코일의 임피던스는 이 파라미터에 의해 변화한다. 와류 탐상장치는 시험코일의 임피던스 변화를 전기신호로 변환시켜 점검하고, 또 점검에 방해되는 잡음을 제거하고 결함신호 만을 나타낸다.

6. 음향 탐상법(acoustic emission inspection)

재료에 힘을 가하면 변형이 일어나고, 전위(轉位)가 작용하여 어떤 점에 층을 형성하거나 쌍정 변형을 일으켜 소성변형이 발생한다. 더욱더 큰 힘을 가하면 균열이 일어난다. 이때의 과정에서는 외부로 방출하는 에너지가 탄성파 또는 소성파로 나타난다. 즉 균열이 발생할 때의 에너지는 스트레인을 초음파로 측정할 수 있다. 이 초음파를 검출하여 재료내부의 변화를 측정하고, 파괴를 예방하고자 하는 것이 음향 탐상법이다.

초음파 탐상법은 정적상태의 검사에 사용되고 음향 탐상법은 파괴의 직전과 같은 동적 변화 측정에 사용한다.

음향 탐상법은 응력파(stress wave)라고도 부르며, 작은 소성변형으로 발생하는 진폭의 작은 연속형 파괴와 미세한 파괴의 발생으로 인한 돌발적인 파괴발생 점검에도 사용된다.

7. 금속의 조직검사

금속의 성질과 그 조직은 밀접한 관계를 지니고 있다. 같은 성분이라고 하더라도 응고조건, 가공 방법, 열처리의 차이에 따라 많은 변화를 일으킨다.

금속의 조직을 검사하여 다른 원소의 침입여부, 결정입자의 크기, 편석의 분포상황, 기공(氣孔), 균열의 유무, 불순물의 위치와 양 등의 관계들을 점검하고, 이것을 이용하여 주조, 소성가공, 절삭가공 및 열처리 등에 대한 영향 및 적부(適否) 등을 판단할 수 있다.

조직검사 방법에는 다음과 같은 것들이 있다.

① 매크로 조직검사 또는 육안 검사 방법
② 현미경 조직검사(마이크로 조직검사)
③ 결함 조직검사

위의 검사 방법 중에서 육안으로 점검하거나 또는 10배 이내의 확대경을 이용하여 육안으로 조직을 검사하는 것을 매크로 조직검사라 하고, 배율이 높은 현미경으로 확대하여 검사하는 것을 현미경 조직검사 또는 마이크로 조직검사라 한다.

현미경 조직검사 방법은 예전에는 시험재료의 표면에 빛을 보내어 반사광선을 이용한 금속 현미경을 주로 사용하였으나 최근에는 광선 대신 전자 빔(electro beam)을 사용하여 확대 형상을 얻는 전자 현미경을 사용한다.

광학 금속 현미경에서는 20~200배 정도로 확대되나 전자 현미경은 2000~40,000배의 확대비율로 조직사진을 찍을 수 있다. 또 최근에는 기계나 구조물의 피로파면 평가에 X선 주사 현미경을 사용하여 파단면으로부터 균열발생의 기점을 분석하고 있다.

[1] 매크로 조직검사(macro test)

매크로 조직검사는 재료의 결정 입도, 개재물(介在物), 기공 및 결함 등을 시험하기 위해 육안으로 검사하거나, 10배로 확대하는 시험이다. 이 시험은 파단면의 기름기를 제거하고 부식제를 사용하여 시험재료 표면을 부식시킨다.

철과 강의 시료로 가장 널리 사용되는 부식제는 염산 50mℓ에 섞은 용액이다. 매크로 조직검사는 계기를 이용하지 아니하고 육안 또는 낮은 배율의 확대경으로 다음과 같은 금속의 성질을 알아낼 수 있다.

① 베어링 합금 중의 안티몬(Sb), 청동 중의 납(Pb), 강철 중의 황(S)과 같은 함유원소의 편석에 따른 불균일한 조직
② 슬래그(slag), 유화물(硫化物), 및 산화물과 같은 비금속 물질의 개재물
③ 결정의 크기와 결정성장의 구조파악
④ 제조 방법, 예를 들면 주조, 단조, 용접 및 그 밖의 가공과정
⑤ 성분의 차이, 경도, 마모저항, 부식 및 산화 등에 대한 영향
⑥ 결함이 있는 조직의 기공, 편석, 불순물의 부분적 집합, 강철판 내의 탈탄(脫炭), 부정확한 열처리에 대한 영향
⑦ 시간의 경과와 함께 발생하는 시효(時效), 파손의 원인 및 피로 등에 의하여 파괴된 단면 변화의 영향
⑧ 기계적인 왜곡(歪曲)부분의 결함

그림 2-58은 시험재료 준비에서부터 연마→부식→현미경 조직검사까지의 과정을 나타낸 것이다.

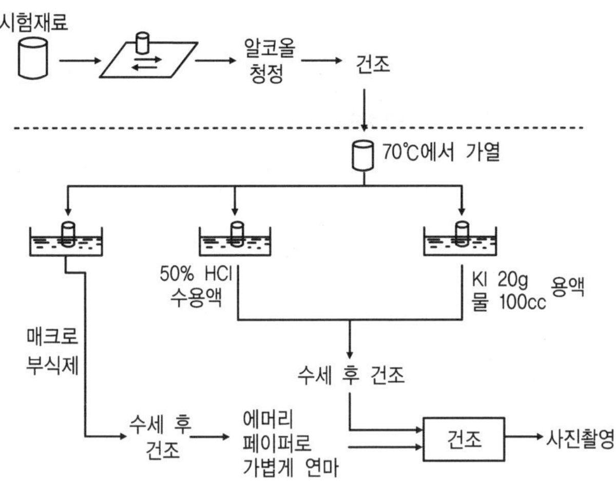

【그림 2-58】 매크로 부식시험의 순서와 부식 공정도

매크로 조직검사에서는 파단면 검사, 황 프린트(sulfur print) 및 매크로 에칭(macro etching) 방식 등이 사용된다. 매크로 조직검사에서는 그림 2-58과 같은 순서로 시험재료를 준비하고 부식제를 이용하여 검사한다.

[2] 현미경 조직검사

현미경 조직검사는 내부조직을 점검하는데 널리 사용된다. 이 검사는 시험재료를 잘 다듬질하여 그 표면이 거울 면과 같이 매끈하게 된 것에 적당한 부식제로 부식시켜 조직을 보기 쉽게 만들고 금속 현미경으로 점검하여 그 조직을 알아내는 것이다. 그림 2-59는 금속재료의 조직을 현미경으로 점검할 때의 순서를 나타낸 것이다. 이때는 시험목적에 따라 다음 순서로 현미경 조직검사를 한다.

① 시험재료의 채취할 위치 및 방향 선정
② 시험재료의 연마작업
③ 시험재료의 정밀 연마작업
④ 시험재료의 부식

시험재료의 형상이 작거나 또는 불규칙한 경우에는 마운팅 프레스(mounting press)를 사용하여 마운팅을 한 후에 정밀 연마작업을 하고 부식시키도록 한다.

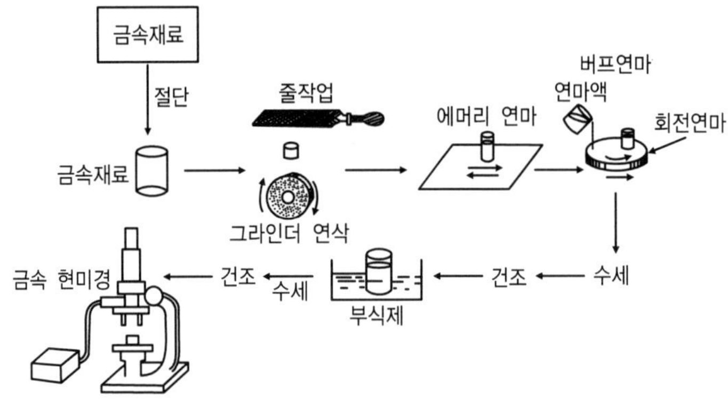

【그림 2-59】 금속 현미경에 의한 조직검사

CHAPTER

03 상(相)의 변화와 평형 상태도

3-1 합금의 성분과 농도 표시 방법

1. 상(phase)

금속원소는 고체와 기체에서 각각 그 성질이나 상태가 다르며, 액체에서 기체로 또 액체에서 고체로 변화한다. 이때 고체, 액체, 기체 등은 서로 다른 한 상(相)이라고 한다. 또 각각을 고상(固相), 액상(液相), 기상(氣相)이라 한다. 상 내에서는 모두 균일한 원자의 집합상태로 되어 있다. 금속 중에서 어떤 금속은 같은 고체상태에서도 다른 종류의 원자배열을 갖는 경우도 있다. 이때에는 같은 금속의 고체이지만 다른 상이라고 한다.

2. 계(system)

한 그룹(one group)의 물체를 외계(外界)와 차단하여 그 물질이외의 것은 물질적 교섭이 없는 상태에 있다고 할 때 이것을 계(系)라 한다. 예를 들어 구리(Cu)-아연(Zn)계라고 하면 구리와 아연의 관계만 고려하고 그 밖의 것은 고려하지 않는 경우이다. 계에는 균일계(homogeneous system, 단상계)와 불균일계(heterogeneous system, 다상계)가 있다.

3. 성분(component)

한 그룹(one group)의 물질을 형성하고 있는 화학적인 종별(種別)을 성분이라 한다. 즉 한 개의 계를 구성하고 있는 물질로서 한 개의 성분으로 된 것을

1성분계(one component system), 2성분으로 된 것을 2원계(binary system), 같은 방법으로 각각 3원계(ternary system), 4원계(quarternary system)라 하고 그 합금은 2원 합금, 3원 합금, 4원 합금이라 한다.

4. 상의 규칙

불균일계의 상태를 명확하게 설명하는 기본법칙으로 상의 규칙(phase rule)이 있다. 이 상의 규칙은 계의 평형을 설명하는데 사용된다. 상의 규칙에서 한 성분계에서 자유도(freedom)의 수, 성분의 개수, 상의 개수 등의 수적(數的) 관계를 취급하는 기브스(Gibbs)의 이론은 매우 복잡하지만 결론은 간단하다.

즉,

$$F = C - P + 2$$

여기서, F : 자유도의 수
C : 성분의 수
P : 상의 수

그러나 금속재료를 취급할 때에는 대기압력 상태에서 다루게 되므로 기압에는 관계없다고 생각하여 기압이라는 자유도를 1개 제거한다. 따라서 자유도의 변수인 온도, 압력 및 농도의 3개 중에서 압력을 없애고 취급하는 것을 응고계 상의 규칙이라 한다.

$$F = C - P + 1$$

이 관계가 평형 상태도를 설명하는데 사용하는 중요한 상의 규칙이다.

5. 농도 표시 방법

[1] 무게의 백분율(%)과 원자의 백분율(%)

한 개의 계에서 성분상호의 관계량 또는 그 비율을 농도라 하고 백분율(%)로 나타낸다. 합금에서 함유량의 비율을 무게의 농도로 표시하는 경우가 많다.

또 이론적인 계산을 할 경우에 원자수의 비율을 표시하는 농도를 나타내는 경우도 있다. 양쪽 농도사이의 환산 방법은 다음과 같다.

성분의 농도는 이론적 연구에서는 원자 백분율로 나타내지만 일반적으로 무게 백분율로 나타낸다. 2성분 합금인 경우에는 무게 백분율과 원자 백분율 사이에는 다음과 같은 관계가 성립된다.

a, b : 성분 A와 성분 B의 무게 백분율(%)
W_A, W_B : 성분 A와 성분 B의 원자량
P, Q : 성분 A와 성분 B의 원자 백분율(%)

$$P = \frac{\frac{a}{W_A}}{\frac{a}{W_A} + \frac{b}{W_B}} \times 100, \quad Q = \frac{\frac{b}{W_B}}{\frac{a}{W_A} + \frac{b}{W_B}} \times 100$$

또는

$$a = \frac{PW_A}{PW_A + QW_B} \times 100, \quad b = \frac{QW_B}{PW_A + QW_B} \times 100$$

[2] 2성분계의 농도 표시 방법

A, B 2개의 성분으로 된 계의 각종 조성, 즉 농도를 표시할 때에는 유한직선(有限直線)을 사용한다. 일반적으로 2원 합금의 상태는 대부분 조성 및 성분으로 나타낸다. 조성과 성분은 다음과 같이 구분한다.

예를 들면

조성 ················ 60%, 40%
성분 ················ Cu, Zn 또는 Fe, Cr 등의 원소

A, B 2개의 성분을 유한직선 위에서 고려하면

A의 성분 농도를 ················ x%
B의 성분 농도를 ················ y%

라 할 때 A, B의 2성분계의 농도 표시 방법은 다음과 같이 한다.

그림 3-1의 X, Y 직각 축의 평면상에 A, B는 농도 x, y의 점으로 A와 B를 합치면 농도는 100으로 된다. 즉 $x+y=100$의 관계가 있다.

A, B 위에서 P(x, y)를 구하려면 P를 통하는 45°의 각도를 이루는 직선과 X, Y축과의 교차점을 각각 A, B라 하면 상사(相似) 3각형으로부터

$$\frac{AP}{BP}=\frac{y}{x}$$

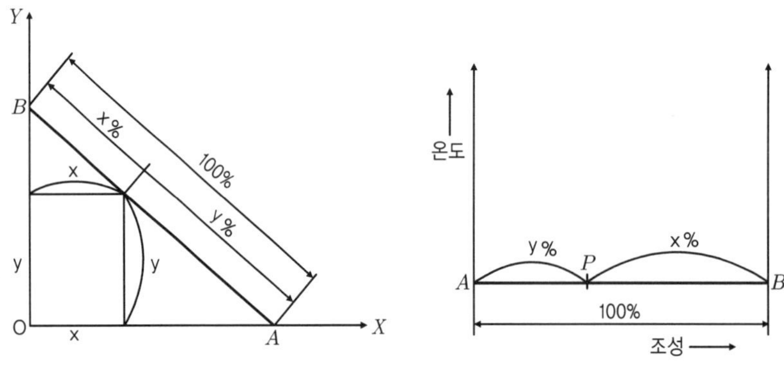

【그림 3-1】 성분의 농도 표시 방법

따라서 A, B를 100%라 하면 직선상의 임의의 점은 각각 A, B의 성분의 농도를 나타낸다. 여기서 A, B를 수직 축에 온도를 표시하면 2원 상태도가 된다.

2원 합금의 모든 상태는 선도로 나타낸다. 이것을 레버 관계(lever relation)라 한다. 농도는 일반적으로 무게 백분율로 나타내며, 특수한 경우에는 원자 백분율을 사용하기도 한다.

6. 재료의 상변태

[1] 활성화 에너지(Activation energy)

화학 반응을 포함한 자연계의 현상은 자유에너지가 낮아지는 방향으로 진행하여 평형 상태에 이른다. 상태도라는 그림을 통해 주어진 조건에서 형성되는 상들의 종류, 양 그리고 화학 조성을 예측할 수 있다. 그러나 그러한 열역학과 상태도에 의한 예측은 반응이 어떤 방향으로 진행하며 어떤 상이 형성될 것인가에 대해서만 말해줄 뿐이다. 실제로 얼마나 빠른 속도로 반응이 일어날 것인가, 즉 새로운 상이 형성되는 율(rate)을 포함하여 새로운 상이 형성되는 현상학적인 과정이라던지 상들의 크기나 모양 등에 대해서는 아무것도 말해 주지 못한다.

준안정(Metastable)

그림 3-2를 보자. 이 그림에서 공 한 개가 "가" 위치의 계곡 속에 있다.

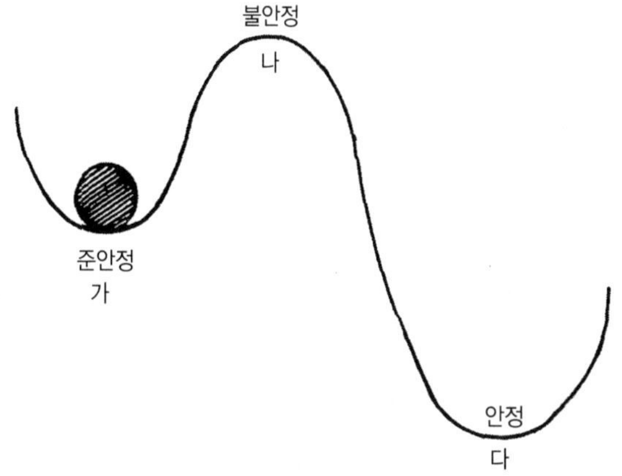

【그림 3-2】 준안정 상태

그러나 "가"보다는 "다"가 포텐셜 에너지가 더 낮은 위치이므로 열역학에 의하면 공은 "다" 위치로 가야 할 것이다. 그런데 실제로는 그러한 일이 일어나지 않는다. 그 이유는 "나"라는 언덕이 가로막고 있기 때문이다. 이 언덕을 없애거나 적어도 일단 공을 언덕 위에까지 들어 올려주지 않는 한 이 공은 자발적으로

"다" 계곡으로 굴러갈 수가 없게 된다. 이때 "가" 위치를 준안정(metastable) 상태라 하고, "나" 위치를 불안정(unstable) 상태, "다" 위치를 안정(stable) 상태라고 한다. 이와 비슷한 경우가 재료에서도 일어난다.

열역학적으로 볼 때 순수한 금속보다는 산화물 상태가 더 안정하므로 금속은 공기 중의 산소와 결합하여 산화물이 되려는 경향을 가진다(쇠가 녹이 스는 이유가 여기에 있다). 그렇다면 지상에 있는 모든 금속은 지금쯤은 거의 다 산화가 되어 있어야 할 텐데 사실은 그렇지 않다. 이유가 무엇일까? 이것을 알기 위해 Al의 예를 들어보자.

Al의 산화물인 Al_2O_3(산화알루미늄)은 열역학적으로 매우 안정한 산화물이다. 따라서 Al 덩어리를 공기 중에 내놓으면 산소와 반응하여 그림 3-3과 같이 표면에 산화가 일어난다. 그렇다고 해서 아무리 오랜 놔둬도 Al 전체가 산화되지는 않는다. 일단 표면부터 산화가 일어나게 되면 바로 그 표면에 생긴 치밀한 산화막이 더 이상의 산화가 일어나는 것을 막아주는 장벽 역할을 하게 되기 때문이다. 산화가 일어나기 위해서는 일단 산소와 Al이 만나야 한다. 표면에 생긴 Al_2O_3의 치밀한 막이 더 이상 산소가 내부의 Al과 만나는 것을 막고 있는 것이다. 따라서 자발적으로 일어나야 할 반응이 더 이상 진행하지 못하는 것이다.

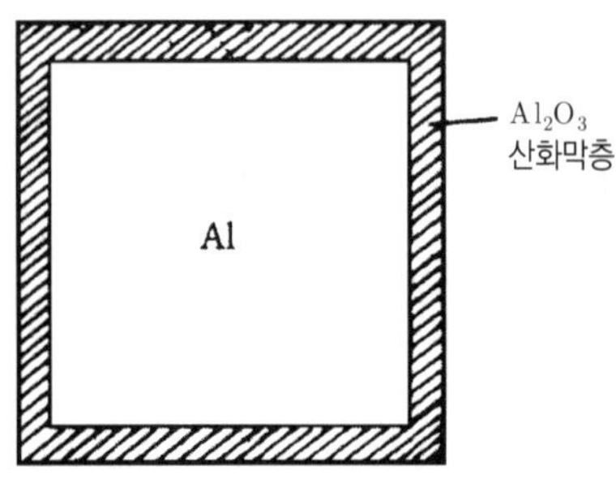

【그림 3-3】 알루미늄의 산화막층

활성화 에너지(Activation energy)

이와 같은 원리가 재료 내부에서 원자들의 움직임에도 적용이 된다. 그림 3-4의 A위치에 있는 원자가 A위치보다도 B위치에 있음으로써 더 안정하다고 하자. 그러나 이 원자가 B위치로 가기 위해서는 C 및 D원자로 인한 좁은 통로를 제치고 지나가기에 충분한 에너지를 가지고 있어야만 한다. 뿐만 아니라 주위 원자들과의 결합력 등과 같은 여러 가지 상호작용으로 인한 장애물들을 극복해야 한다. 즉 그림 3-4를 보면 A위치와 B위치의 자유에너지를 각각 F_A와 F_B라고 할 때 $F_A>F_B$이므로 원자가 자발적으로 B위치로 가야 하지만 A에서 B로 가기 위해서는 일단 A^*를 지나가야 하므로 $F_A^*-F_A=\Delta F^*$만큼의 에너지가 필요한 것이다. 이 ΔF^*를 활성화 에너지(activation energy)라고 한다.

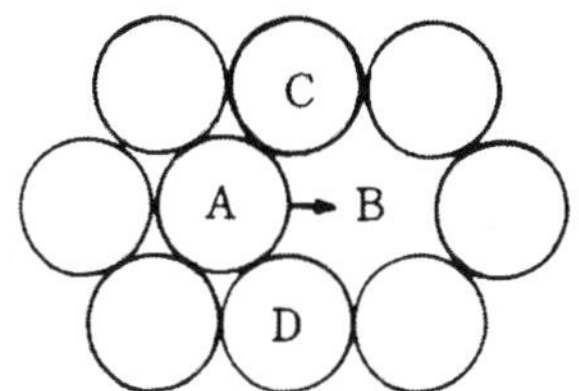

【그림 3-4】 원자의 이동

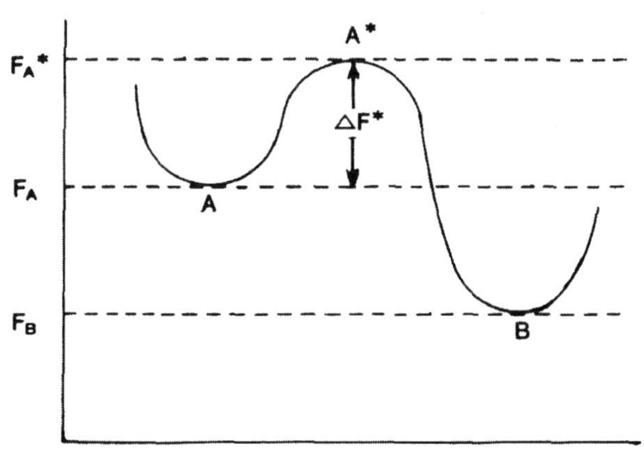

【그림 3-5】 활성화 에너지

보통 상온에서 재료 내의 원자들은 그러한 에너지 장벽을 뛰어넘을 만큼 충분한 에너지를 가지고 있지 않지만 온도가 올라감에 따라 원자들의 열 진동이 활발해지면서 충분한 에너지를 갖게 되므로 원자들은 활성화 에너지 언덕을 넘어 보다 안정한 위치로의 이동이 가능하게 된다. 이와 같이 하여 원자들의 재배치가 일어나면 재료의 내부 구조가 변하므로 그 특성도 따라서 변한다. 재료의 합성이나 제조, 열처리 공정 등이 고온에서 행해지는 이유는 이와 같은 현상들과 관련이 있다.

3-2 열 분석(thermal analysis)

물체의 상(相)변화나 고체 내에서의 변태점을 측정하는 방법에는 여러 가지가 있으나 열 분석이 간단하기 때문에 널리 사용된다. 금속 및 합금을 열 분석할 때에는 적당한 온도계를 금속 또는 합금 중에 설치하고 일정한 속도로 가열 또는 냉각시키면서 온도-시간곡선을 만들 때 곡선 상에 변곡점(變曲點)을 나타내는 점을 변태점(變態點)으로 정한다.

물질에서 상의 변화가 발생하면 성질에 관련된 변화가 병행된다. 높은 온도에서 안정된 상(相)이 낮은 온도에서 안정된 상(相)보다 많은 양의 열에너지가 작용하기 때문에 상(相)의 변화에 의해 에너지의 변화도 발생한다. 열의 변화는 항상 냉각에서는 열을 발산하고, 가열에서는 열의 흡수가 일어난다. 따라서 같은 상태의 가열과 냉각을 할 때 상에 변화가 일어나면 온도의 상승 및 강하 속도에 지연이 일어난다. 이와 같이 열에 대한 변화점을 추구한 것을 열 분석 곡선이라 한다.

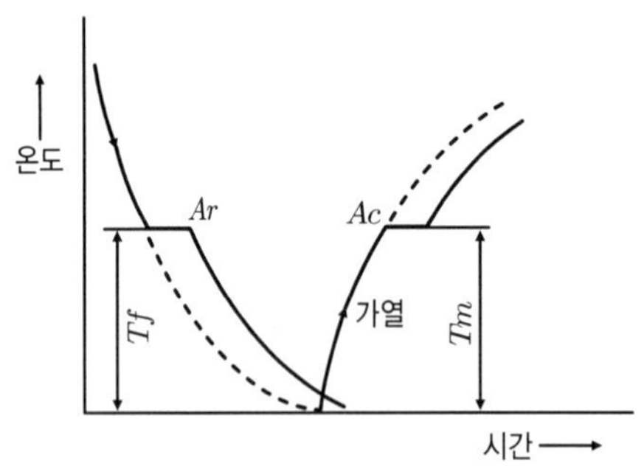

【그림 3-6】 열 분석 곡선

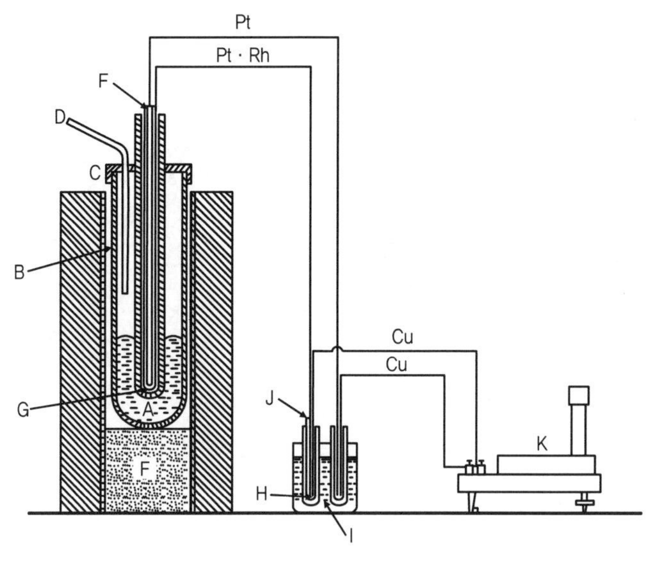

A : 용해금속　B : 도가니로　C : 금속뚜껑　D : 가스 도입관
E : 열전대 보호관　F : 절연관　G : 고온 접점　H : 저온 접점
I : 얼음물　J : 절연관　K : 밀리볼트 미터

【그림 3-7】 열 분석 장치

3-3 합금의 평형 상태도

기계재료로 사용되는 합금의 종류는 매우 많으며, 합금에서 나타나는 상(相)의 종류 및 성질은 농도 및 온도에 따라 변화한다. 어떤 계에서 어떤 농도와 온도에서 평형상태에 있는 각 상의 종류와 조성성분을 표시한 그림을 상태도(phase diagram)라 한다. 이 그림은 다른 상(相) 사이의 평형관계를 나타내므로 평형 상태도(equilibrium diagram)라고도 부른다.

평형 상태도는 그 종류가 많고 그 형상이 각각 다르다. 그러나 그 내용을 분석하여 보면 몇 개의 기본이 되는 반응을 볼 수 있다. 그 중에서도 중요한 것은 공정(共晶), 고용체(固溶體), 금속사이의 화합물, 편정 등이 있다. 각종 상태도에 공통된 합금의 기본 반응을 잘 이해하면 복잡한 상태도도 쉽게 알 수 있다.

상태도를 그릴 때에는 온도-시간의 관계를 나타내는 열 분석 곡선에서 굴절점, 변태점을 구하여 이것을 각 조성 및 각 온도에 연결한다. 그림 3-4는 합금의 상(相) 변화를 나타내는 평형 상태도와 조직의 관계를 나타낸 것이다.

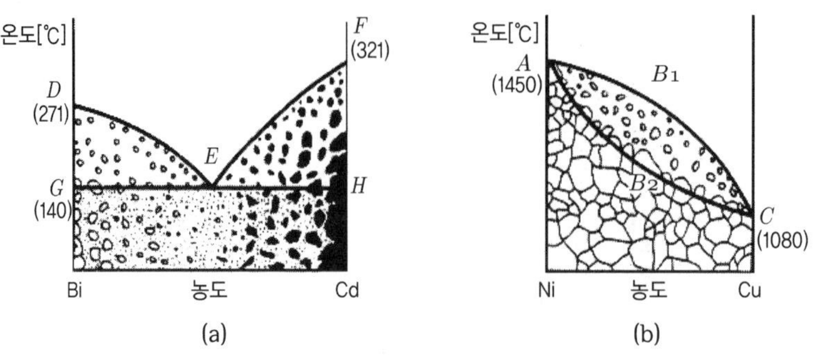

【그림 3-8】 합금의 상변화와 조직

[1] 공정합금(eutectic alloy)

2개의 금속성분이 용융되어 있는 상태에서는 서로 융합되어 균일한 액체상태를 형성하지만 응고된 후에는 금속성분이 각각 결정(結晶)으로 되어 분리되며, 2개의 금속성분이 기계적으로 혼합된 조직으로 된다. 이와 같은 합금을 공정이라 하고, 이때의 조직을 공정조직이라 한다. 공정은 매우 미세한 층상(層狀)또는 입상(粒狀)조직을 형성하기 때문에 현미경으로 관찰하면 쉽게 구분할 수 있다.

그림 3-9의 (a)는 카드뮴(Cd)-비스무트(Bi)의 열분석 곡선이고, (b)는 카드뮴과 비스무트의 평형 상태도를 나타낸 것이다. 여기서 비스무트 60%의 성분을 용융상태에서 냉각시키면 일정온도 140℃에서 카드뮴과 비스무트로 혼합된 공정이 발생한다. 이때 140℃가 공정온도이다. 그림 3-9 (b)의 각 온도곡선에서 다음과 같은 변화를 하는데 T_1E에서는 용액(M)에서 카드뮴이 초정(初晶, primary)으로 정출되는 온도, T_2E에서는 액체(M)에서 비스무트가 초정으로 정출되는 온도이다. 또 HEI는 공정 온도선으로 일정한 온도에서 공정으로 된다. 각 구역의 조성을 표시하면 다음과 같다.

① T_1ET_2 이상의 구역 Ⅰ : 용액(M)
② T_1EH 구역 Ⅱ : M+카드뮴

③ T_2EI 구역 Ⅲ : M+비스무트

④ HE 이하 구역 Ⅳa : 카드뮴+공정(카드뮴+비스무트)

⑤ EI 점 아래 구역 Ⅳb : 비스무트+공정(카드뮴+비스무트)

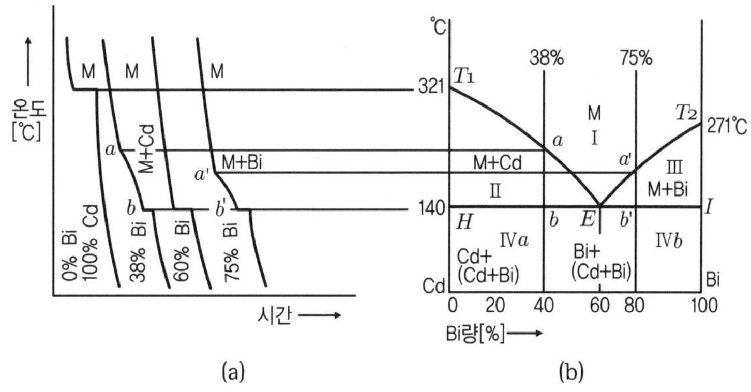

【그림 3-9】 카드뮴-비스무트 열분석 곡선과 상태도

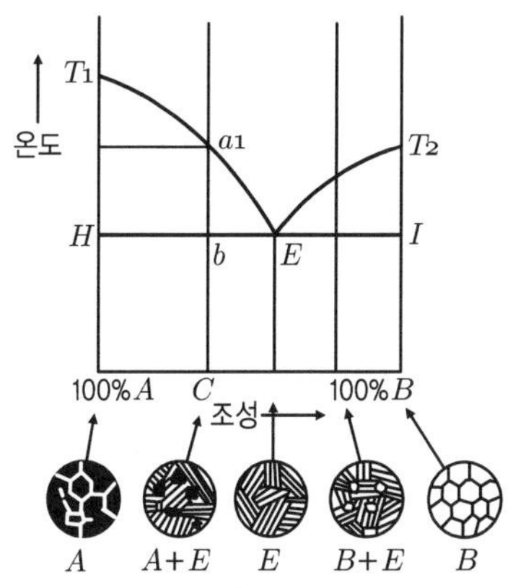

【그림 3-10】 공정반응과 조직

[2] 고용체(solid solution)

한 성분의 금속 중에 다른 금속성분이 혼합되어 용융상태에서 합금이 되었을 때 고체상태에서도 균일한 융합상태로 되어 각 금속성분을 기계적인 방법으로 구분할 수 없는 경우를 고용체라 한다. 고용체는 합금을 형성하는 비율에 의해 2종류로 분류하는데 여기에는 전율가용 고용체(all proportional solid solution)와 한율가용 고용체(partially misible solid solution)가 있다.

고용체를 형성하는 결정격자에는 그림 3-11에 나타낸 바와 같이 (1), (2), (3)의 3가지가 있다.

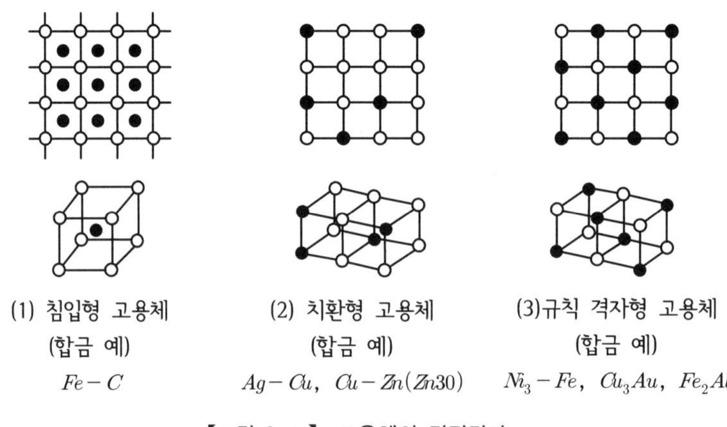

【그림 3-11】 고용체의 결정격자

그림 3-11 (1)의 경우는 어떤 금속성분의 결정격자 중에 다른 원자가 침입한 것으로 침입형 고용체라 한다. (2)는 어떤 금속성분의 원자가 다른 금속성분의 격정격자의 원자와 위치가 바뀐 형식의 고용체이며 이것을 치환형 고용체라 하다. (3)의 경우는 두 금속성분의 원자에 규칙적으로 치환된 배열을 지니는 고용체이며 이것을 규칙 격자형 고용체라 한다.

고용체를 만들 때에는 금속성분의 원자 지름의 차이가 15% 이상 되면 같은 원자격자를 지니고 있어도 고용체가 되지 않는다. 원자의 크기가 서로 다른 금속이 고용체를 만들 때 원자들이 서로 침입하거나 치환하여 합금으로 되었을 때의 결정은 단일금속의 결정에 비해 큰 변형이 발생한다. 따라서 가공변형이 어렵게 되고 또 합금으로서의 강도와 경도가 증가한다.

그림 3-12는 금속성분 A와 B가 전용가용 고용체를 형성할 때의 열분석 곡선과 상태도를 나타낸 것이다. 여기서 $A'C_2D_2B'$ 곡선은 용액에서 초정이며, 고용체의 결정으로 되기 시작하는 변태 시작 온도곡선으로 이것을 액상선(liquidus)이라 한다. 그리고 $A'C_3D_3B'$ 곡선은 용액이 고체로의 변태완료 온도곡선으로 이것을 고상선(solidus)이라 한다.

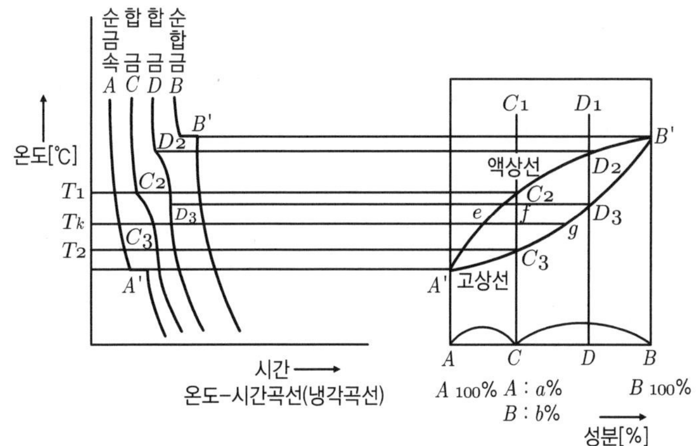

【그림 3-12】 고용체의 상태도

고용체가 형성될 때의 구역을 보면 액상선보다 높은 온도에서는 균일한 용액이고, 고상선보다 낮은 온도에서는 고체가 된다. 그리고 액상선과 고상선 사이에는 액체와 고체가 공존한다. 그림 3-13은 전율가용 고용체의 상태도와 조직의 관계를 나타낸 것이다. 전율가용 고용체의 실례에는 Ag-Au, Ag-Pd, Cu-Ni, Bi-Sb, Co-Ni 등 그 종류가 매우 많다.

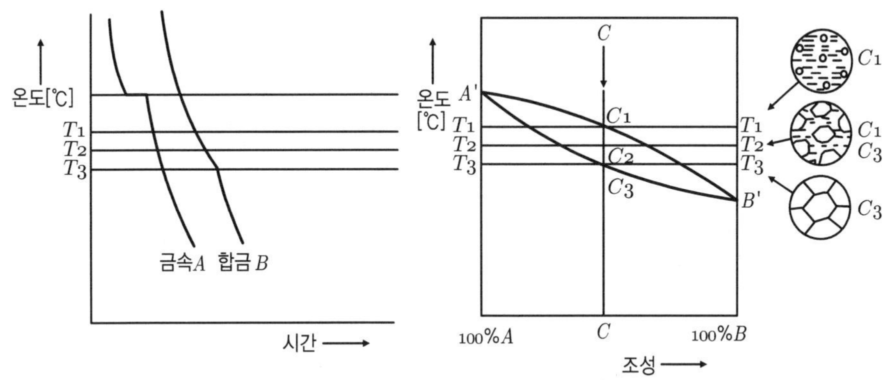

【그림 3-13】 전율가용 고용체의 상태도와 조직

[3] 고용체가 공정을 형성할 때의 합금

고용체 α와 β가 공정을 형성할 때의 상태도를 그림 3-14에서 설명하도록 한다. 전율가용 고용체일 경우에는 원자 A와 원자 B는 격자(格子)가 같고 변형이 적어야 하는 조건이 요구되며, 원자의 지름도 차이가 없어야 한다.

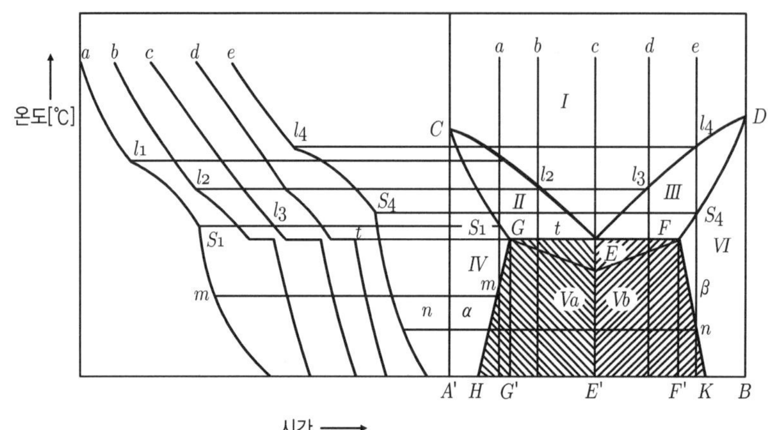

【그림 3-14】 한율가용 고용체의 상태도

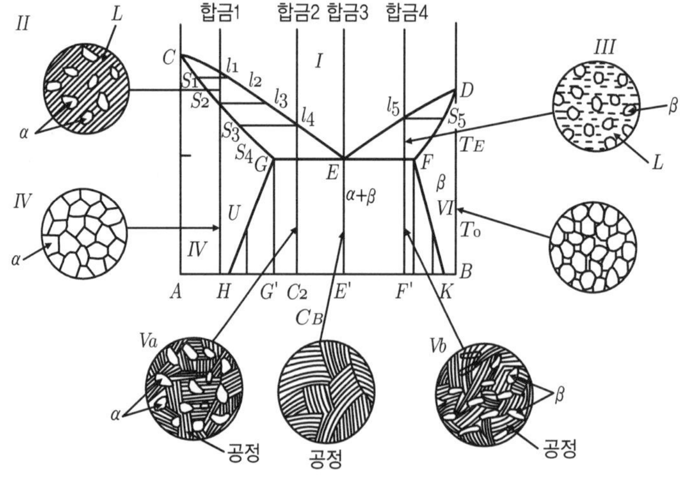

【그림 3-15】 고용체 공정합금의 조직

원자지름의 차이가 15% 이상 되면 변형이 크기 때문에 전율가용 고용체가 되지 못한다. 즉 결정격자가 같고 원자지름의 차이가 클 때 또는 결정형이 다른 경우에는 A 금속의 격자점에 B 금속이 치환되는 수가 많아짐에 따라 응력이 증가하여 A 금속의 격자가 존속할 수 없는 한계가 존재한다. 이 한계를 A 금속에 대한 B 금속의 고용체의 용해한계라 하며, 이와 같은 고용체를 한율가용 고용체라 한다. 또 A와 B 2개의 금속성분이 어느 한계까지(그림 3-15에서 GH, FK로 표시)는 서로 융합된 고용체를 형성한다. 그러나 그림 3-15는 고용체 α와 β에 서로 용해한계를 지니고 있는 한율가용 고용체의 예이다.

구역을 표시하면 다음과 같다.

① Ⅰ : 용체(melt)
② Ⅱ : 용체+α(초정)
③ Ⅲ : 용체+β(초정)
④ Ⅳ : α 고용체
⑤ Ⅴa : α+공정(α+β)
⑥ Ⅴb : β+공정(α+β)
⑦ Ⅵ : β 고용체

실제로 사용하고 있는 합금에는 Cu-Au, Sg-Si, Al-Si, Bi-Sb, Ag-Cu, Au-Ni, Au-Co, Cd-Sn, Cd-Zn, Pb-Sn 등이 있다.

[4] 금속 사이의 화합물

두 종류 이상의 금속원소가 간단한 원자비율로 결합되어 원래의 물질과는 전혀 다른 물질이 형성되며, 그 원자도 규칙적으로 결정 격자점을 보유 할 때 이 화합물을 금속 사이의 화합물(inter metallic compound)이라 한다.

금속 사이의 화합물이 형성되는 경우 A와 B 2개의 금속 사이의 친화력이 매우 강력할 때에는 단순하고 일정한 원자비율로 결합하며, A_n, B_m의 화학공식으로 나타낸다. 이때 이온결합을 하는 것이 아니라 원자를 공유한 공유결합을 한다.

금속 사이의 화합물의 예로 Au-Cu 계에 나타나는 AuCu 및 $AuCu_3$의 경우에서는 Au 원자와 Cu 원자는 1 : 1 및 1 : 3의 비율로 규칙적으로 배열되어, 면심입방격자를 구성한다. 이때의 결합은 단순한 기계적 혼합물이 아니며, 금속 사이의 화합물을 형성하고 있는 근거를 X선 분석을 하면 쉽게 알 수 있다.

【표】 금속 사이의 화합물을 만드는 합금의 예

합금 명칭	금속 사이의 화합물
탄소강, 주철	Fe_3C
청동	Cu_4Sn, Cu_3Sn
알루미늄 합금	$CuAl_2$
마그네슘 합금	Mg_2Si, $MgZn_2$

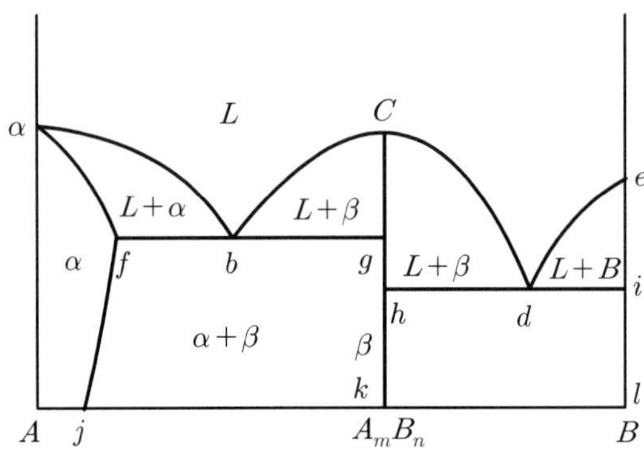

【그림 3-16】 금속 사이의 화합물 상태도

그림 3-16은 금속 사이의 화합물을 지니는 예를 나타낸 것인데 여기서, L : 용액, α : 고용체, β : 금속 사이의 화합물(A_m, B_n), ab, bc, cd, de : 액상선, af : 고상선, fj : 용해 한계선, fbg와 hdi : 공정선, cghk : 금속사이의 화합물(β)이다. 예를 들면 Mg-Sn, Mg-Bi, Mg-Zn, Na-Au, Te-Bi 등이 있다.

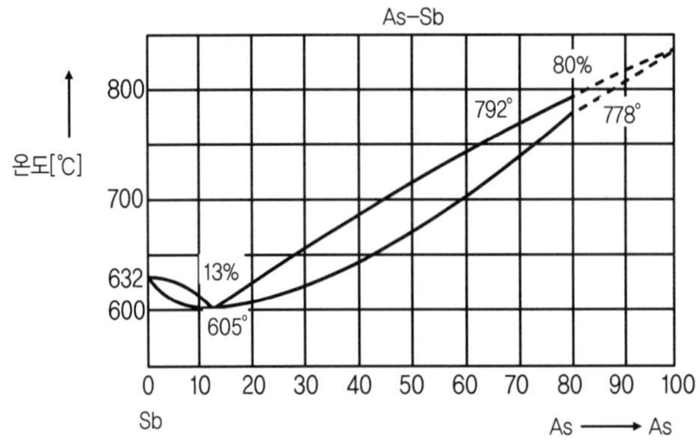

【그림 3-17】 As-Sb계 상태도

그림 3-17은 금속 사이의 화합물이 고용체를 형성하는 경우이며, As-Sb의 상태도이다. 이와 같은 것으로는 Au-Cu, Fe-V, Ni-Mn, Cr-Ni 등이 있다.

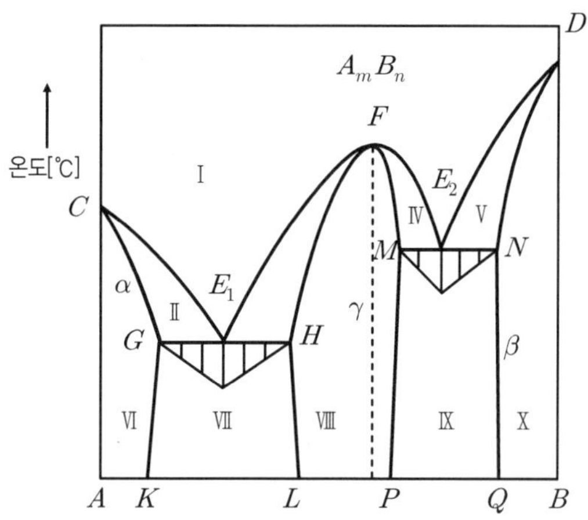

【그림 3-18】 한율가용 고용체를 지닌 상태도

그림 3-18은 금속 사이의 화합물이 한율가용 고용체를 형성한 예이다. 금속에 금속사이의 화합물이 용해된 고용체를 β라 하면 그림 3-18의 각 구역 상태는 다음과 같다.

① Ⅰ : 용체
② Ⅱ(CGE_1) : α+용체
③ Ⅲ(FHE_1) : γ+ 용체
④ Ⅳ(FME_2) : γ+ 용체
⑤ Ⅴ(DNE_2) : β+용체
⑥ Ⅵ($CAKG$) : α
⑦ Ⅶ($GKLH$) : $\alpha+\gamma$
⑧ Ⅷ($FHLPMF$) : γ
⑨ Ⅸ($MPQN$) : $\gamma+\beta$
⑩ Ⅹ($DNQB$) : β

또 GK, HL, NQ, MP 등은 각각 용해한계를 나타낸다. 이 형식을 상태도를 지닌 합금에는 Bi-Tl, Hg-Tl 등이 있다.

[5] 포정 합금(peritectic alloy)

그림 3-19에 표시된 금속 A에 다른 금속 B를 첨가하였을 때 그 용융점은 점차로 낮아지며, 반대로 금속 B에 금속 A를 첨가하면 그 응고점은 점차로 높아진다. 그리고 E점에서 마주친다. 즉 E점 이상의 온도에서는 α고용체가 안정되고, E점 이하에서는 β고용체가 안정된다. 이 합금은 E점의 온도에서 양쪽 고용체의 안정도가 다르게 된다. 따라서 냉각을 할 때에는 E점에서 용융체 E와 동시에 공존하는 α고용체(G)가 서로 반응을 일으켜 새로운 β고용체(F)를 형성한다. 반대로 가열할 때에는 β고용체가 α고용체(G)와 용액(E)의 2개로 나누어진다. 즉 GFE선의 온도 t에서는 다른 반응이 일어난다.

$$E(\text{용액}) + G(\alpha\,\text{고용체}) \underset{\text{가열}}{\overset{\text{냉각}}{\rightleftarrows}} F(\beta\,\text{고용체})$$

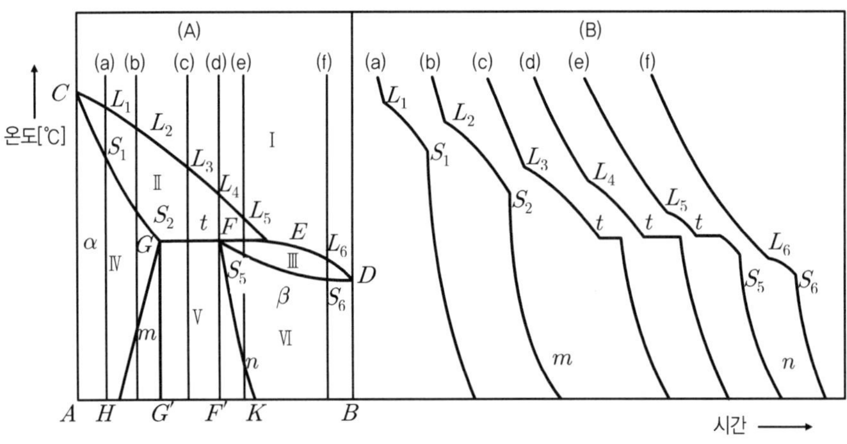

【그림 3-19】 포정계 합금 상태도

이와 같은 합금을 용융상태에서부터 냉각시키면 어떤 일정한 온도에서 정출(晶出)된 고용체와 동시에 이와 공존하는 용액이 서로 반응을 일으켜 새로운 다른 고용체를 형성한다. 이와 같은 반응을 포정반응(peritectic reaction)이라 하고, 이때 발생한 고체를 포정이라 한다. 그림 3-20은 포정 발생기구를 표시한 것이다.

(a)는 포정반응 초기, (b)는 반응이 상당히 진행된 상태, (c)는 포정반응을 완료하여 β고용체가 된 것이다. 포정반응을 하는 합금에는 Ag-Cd, Ag-Pt, Fe-Au, Ag-Sn, Al-Cu 등이 있다.

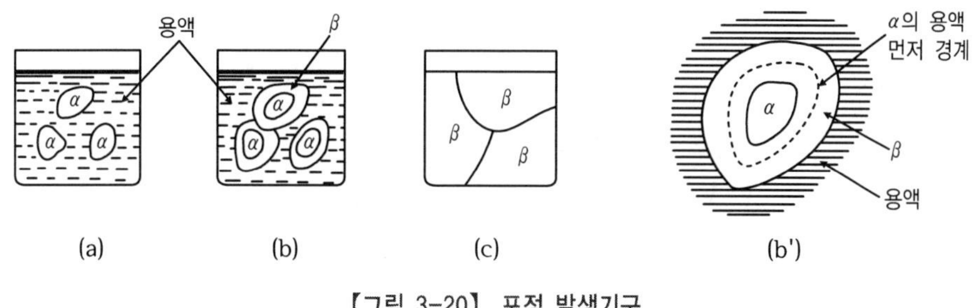

【그림 3-20】 포정 발생기구

[6] 편정 반응(monotechnic reaction)

그림 3-21의 II(GKF) 사이에는 완전히 융합되지 않은 2종류의 용융체가 공존하는 범위이다. 즉 2개의 액체상태로 분리되는 용액의 용해도 곡선을 표시한다. GF 사이의 농도의 합금은 온도 K와 GF의 중간에서는 반드시 2개의 액체상태로 구분된다. 그러나 온도가 K 이상이 되면 균일한 액체로 된다. 즉 K가 임계온도이다. 다음에 CG 곡선을 보면 CG선에서 용액으로부터 초정(初晶) A를 정출하기 때문에 CG 곡선은 A의 초정선이 된다. 용융상태에서 냉각하면 l_1 점에서 초정 A를 정출하고, 온도의 강하에 의해 용체는 CG선을 따라 온도 t_1에 도달하면 G점으로 이동한다. G점의 용체를 고려하면 G점은 CG 상의 1개의 점이므로 A를 초정하여 정출한다. A의 초정을 많이 낼수록 용체의 농도는 B 쪽을 향하여 이동한다. 즉

$$\text{용액}(G) \underset{\text{냉각}}{\overset{\text{가열}}{\rightleftarrows}} \text{초정}(A) + \text{용체}(F)$$

GF 사이에는 결정체가 없다. 이와 같은 한율가용 용체에 있어 $M_G \rightleftarrows A_H + M_F$의 반응이 일어난다. 이처럼 공액용체(共軛容體)의 한쪽이 결정을 정출하여 다른 쪽의 용체로 변화하는 반응을 편정반응이라 한다. 이때는 3상(相)이

공존하기 때문에 불변계(不變系)의 반응이며, 온도가 일정하게 된다. 따라서 편정반응이 완료될 때까지는 일정한 온도를 지속한다.

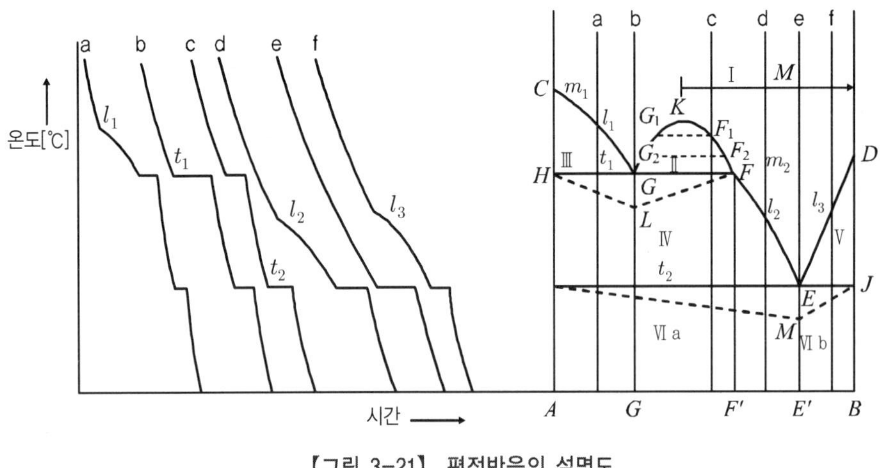

【그림 3-21】 편정반응의 설명도

[7] 2원 합금의 상태도의 예

2원 합금(二元 合金)의 기본형에 대한 냉각과정은 상태도를 이해하고 금속을 활용하는데 매우 중요하다. 여기서는 공업적으로 널리 사용되고 있는 Fe-C의 철 합금과 Cu-Zn의 구리합금을 기본형과 대조하여 설명하도록 한다.

(1) Fe-C 상태도

이것을 공업적으로 중요한 강철의 기본형으로 그림 3-18의 상태도 중 Ⅰ, Ⅱ의 원(圓) 안의 부분만을 표시한 것이 그림 3-18의 위쪽에 있는 2개의 부분이다. 그림 3-22의 (Ⅰ)는 δ+L(용액)→γ고용체의 포정반응이고, (Ⅱ)의 부분은 γ→α+Fe_3C(금속사이의 화합물의 공석반응)이다.

Ⅰ 및 Ⅱ의 부분에 대한 고성선, 액상선, 용해 한계선 등을 연장하면 그림 3-22의 아래 그림의 실선으로 되어 단순한 공정형(共晶型)으로 된다. 따라서 Fe 쪽에만 용해 한계선이 있는 경우가 된다. 즉, 공정에서 L(용액)→γ+Fe_3C로 된다. 이와 같이 기본형을 관찰하면 Fe-C계의 상태도를 쉽게 이해할 수 있다.

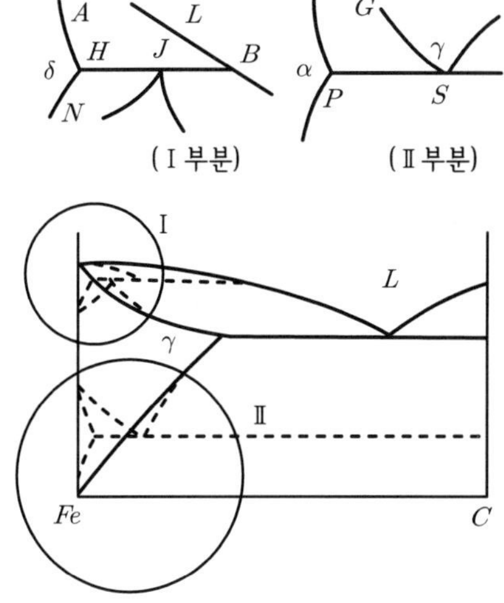

【그림 3-22】 Fe-C 상태도

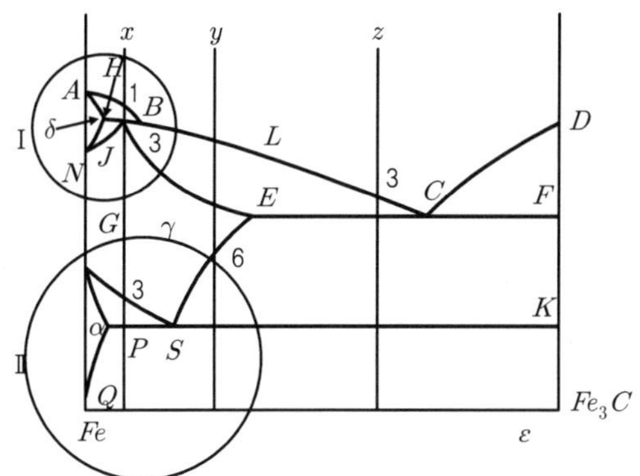

【그림 3-23】 Ⅰ, Ⅱ부분의 기본도

그림 3-23에서 x성분의 합금을 용융상태에서 냉각하면, 점 1에서 초정 δ를 정출한다. 온도가 내려감에 따라 용액 L에서 δ고용체를 정출하면서 액상선 AB에 따라 변화한다. 그 후 HB 온도에서 포정반응이 일어나고, x는 J점보다 바깥쪽에 있기 때문에 반응이 완료되면 δ는 모두 소진되어 γ고용체와 용액만 남는다. 더욱더 온도가 낮아지면 2점의 온도까지 γ를 정출하고, 2점에서는 모두 γ로 되어 응고가 완료된 후 3점까지 점차로 온도가 낮아지면 3점에서 초석 α를 석출한다. 더욱더 온도가 낮아지면 PSK선의 온도에서 $\gamma \rightarrow \alpha + Fe_3C$의 공

석반응에 의해 γ는 α+Fe_3C의 층상의 공석(共析)이 형성되고 펄라이트 조직으로 된다. 실온까지 오는 사이에 α는 용해도의 변화에 따라 Fe_3C를 석출한다. 같은 방법으로 y 및 z성분의 합금도 설명된다.

(2) Cu-Zn계 합금의 상태도

그림 3-24는 황동의 Cu-Zn의 상태도이다. 이 상태도는 매우 복잡하다. 그림 3-24 중의 Ⅰ, Ⅱ, Ⅲ, Ⅴ 및 Ⅵ 등은 각각 포정이고, Ⅳ는 공석이다.

① Ⅰ : 포정 --- α+L(용액) → β
② Ⅱ : 포정 --- β+L → γ
③ Ⅲ : 포정 --- γ+L → δ
④ Ⅳ : 공석 --- δ → γ+ε
⑤ Ⅴ : 포정 --- δ+L → ε
⑥ Ⅵ : ε+L → η

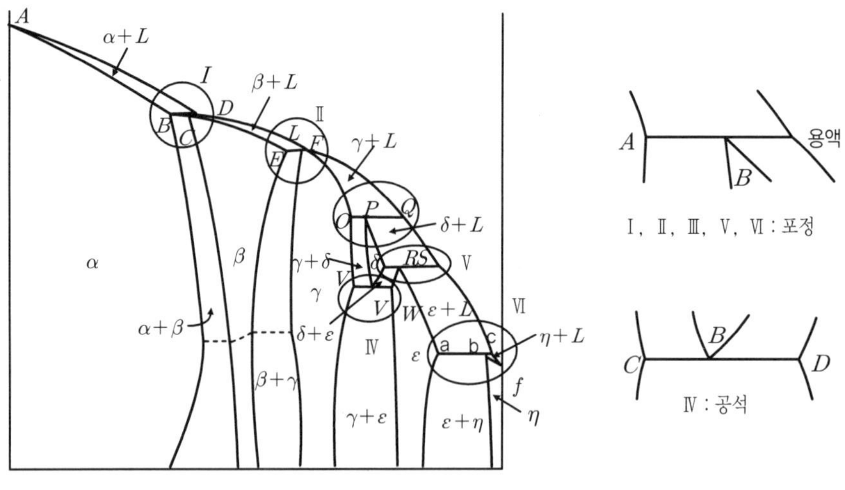

【그림 3-24】 Cu-Zn의 상태도

3-4 금속의 조직

어떤 물질을 구성하고 있는 원자가 규칙적으로 배열되어 있을 때 이것을 결정체라 한다. 일반적으로 금속은 매우 많은 크고 작은 결정의 집합체로 되어 있다. 금속을 구성하고 있는 결정들은 무질서하게 집합을 이루고 있으며, 이와 같은 결정집합을 다결정체라 하고, 그 1개 1개의 결정체를 결정입자(crystal grain)라 한다. 결정입자와 결정입자의 경계를 결정경계라 한다. 이와 같은 배열을 결정격자라 하며, 금속은 각각 고유의 결정격자를 지닌다.

1. 금속의 결정구조

금속의 결정격자는 단위세포(unit cell)로 구성되어 있으며, 금속의 단위세포 중에 있는 원자를 볼(ball)로 표시하고, 그 배열의 특징을 나타내는데 필요한 최소한도의 원자수로 표시하면, 그림 3-25에 나타낸 바와 같이 체심입방격자(B.C.C), 면심입방격자(F.C.C), 조밀육방격자(H.C.P) 등이 있다.

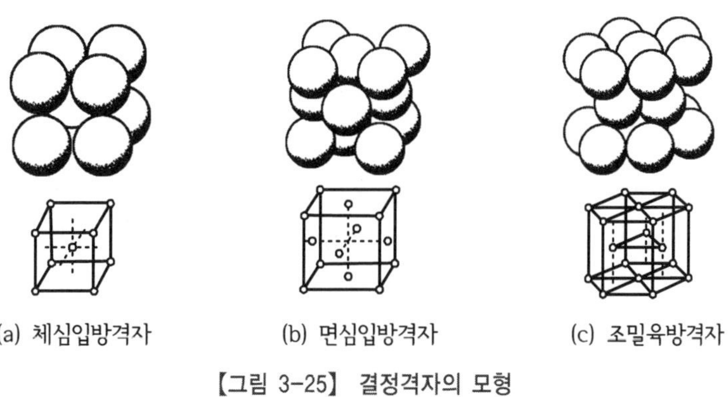

(a) 체심입방격자　(b) 면심입방격자　(c) 조밀육방격자

【그림 3-25】 결정격자의 모형

[1] 체심입방격자(Body Centered Cubic lattice)

입방체의 각 모서리와 입방체의 중심에 1개의 원자가 배열된 결정격자 구조이며, 순철의 경우 1400℃ 이상 910℃ 이하에서 이 구조를 갖는다. 체심입방격자의 금속에는 철(Fe), 크롬(Cr), 몰리브덴(Mo), 텅스텐(W) 등이 있다.

[2] 면심입방격자(Face Centered Cubic lattice)

입방체의 각 모서리와 면의 중심에 1개의 원자가 배열된 결정격자 구조이며, 순철에서는 900~1400℃에서 생긴다. 알루미늄(Al), 구리(Cu), 니켈(Ni) 등이 있다.

[3] 조밀육방격자(Hexagonal Close packed Cubic lattice)

6각기둥의 상·하 면의 각 모서리와 그 중심에 1개의 원자가 있고 6각기둥을 이루는 6개의 3각기둥 중 하나씩 거른 3각기둥의 중심에 1개의 원자배열을 갖는 결정격자이다. 조밀육방 격자의 금속에는 아연(Zn), 마그네슘(Mg), 티타늄(Ti) 등이 있다.

2. 금속의 변태

[1] 동소 변태

고체는 열을 가함에 따라 액체, 기체로 변화하는 것은 대부분의 금속원소에서 볼 수 있는 상태변화이며, 이것을 변태(變態)라 한다. 이때 변태하는 온도를 변태점이라 한다. 동소 변태는 고체 내에서의 결정격자의 형상이 변화하는 것이며, 철(Fe), 코발트(Co), 티탄(Ti), 주석(Sn) 등의 원소가 변태 된다. 예를 들면 순철(pure iron)에 α, γ, δ의 3개의 동소체가 있다. α철은 910℃ 이하에서는 체심입방격자이고, γ철은 910℃에서 1400℃ 사이에서 면심입방격자이며, δ철은 1400℃에서 1530℃ 사이에서는 체심입방격자이다. 이 두 변태를 각각 A_3, A_4 변태라 부른다. A_3변태점은 가열할 때의 변태 온도를 A_{C3}, 냉각될 때의 변태 온도를 Ar_3로 나타낸다. 순철의 변태점은 다음과 같다.

① A_0변태점 : 210℃
② A_1변태점 : 720℃(순철의 퀴리점이라고도 함)
③ A_2변태점(자기 변태점) : 768℃
④ A_3변태점(동소 변태점) : 910℃
⑤ A_4변태점 : 1400℃

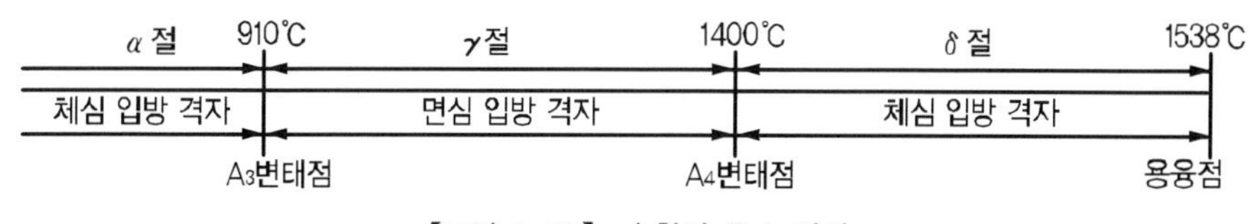

【그림 3-26】 순철의 동소 변태

[2] 자기변태

동소 변태에서는 결정격자의 배열에 변화가 발생한다. 그러나 원자 배열에는 변화가 일어나지 않고 원자 내부에 어떤 변화를 일으키는 경우가 있다. 예를 들면 어떤 자장에 놓인 순철의 자기 크기는 실제 온도에서 온도를 상승시킴에 따라 서서히 변화가 일어나며, 780℃ 부근에서는 급격히 자기의 크기에 변화를 일으킨다. 이를 자기변태라 하고 이변태 온도를 자기변태점(Curie point)이라 한다.

CHAPTER 04 철강(鐵鋼)의 재료

4-1 철과 강의 제조 방법

1. 철과 강의 분류

철과 강은 다른 금속보다 강도와 인성 등이 크고 열처리에 의해 기계적 성질이 개선되는 특징이 있기 때문에 공업적으로 매우 우수한 재료이다.

철과 강은 철광석으로부터 직접 또는 간접적으로 생산되나 이 중에는 광석 중의 원소 또는 제조 중에 흡수된 각종 원소들이 들어 있다. 이들 중에서 대표적인 원소는 탄소(C), 규소(Si), 망간(Mn), 인(P), 황(S) 등의 5원소이며, 특히 공업상 유용한 성질을 주는 것은 탄소이다.

따라서 탄소 함유량에 의해 철과 강을 구분하는 경우가 많다. 또 철광석으로부터 직접 제조한 것이 선철(pig iron)이며, 이것으로부터 다시 탄소를 산화 제거시켜 제조한 것이 강철이다.

일반적으로 철과 강은 철과 탄소를 합금 한 것으로 탄소의 함유량을 비교해 보면 순철은 0~0.03%C, 강철은 0.03~1.7%C이고, 선철은 1.7~6.67%C 정도이다. 그 밖에도 강철을 압연하여 만드는 압연강과 모래로 만든 거푸집에 주입하여 만든 주강이 있는데 주강의 탄소함유량은 0.1~0.5% 정도이다.

철과 강의 분류기준은 다음 표와 같다.

【표】 철과 강의 분류기준

구분	순철(pure iron)	강철(steel)	주철(cast iron)
제조 방법	전기분해 방법으로 제조	제강로에서 제조	큐폴라에서 제조
화학성분	0.03%C 이하	0.03~1.7%C	1.7~6.67%C
열처리 경화 방법	담금질 효과를 받지 않음	담금질 효과를 잘 받음	일반적으로 담금질하지 않음
가공성 및 용접성	연하고 우수함	소성 및 절삭이 가능하며, 용접도 가능	절삭은 가능하나 용접성은 불량
기계적 성질	연성이 큼	강도 및 경도가 큼	연신율이 작고, 취성이 큼

[1] 순철(純鐵)

순철은 탄소함유량이 0.03% 이하이며, 순도가 99.9% 이상이다. 특징은 강도가 낮으며, 매우 유연하므로 전성과 연성이 커 압연이 가능하고, 탄소함유량이 낮아 기계재료로는 부적당하지만 전기재료로는 적합하다.

[2] 강철(鋼鐵)

강철은 공업재료로 널리 사용되며, 탄소함유량, 경도 등에 따라 여러 가지로 분류된다.

[3] 주철(鑄鐵)

주철은 탄소를 1.7~6.67% 정도 함유하고 있어 경도와 취성이 크기 때문에 그대로 가공할 수 없다. 따라서 이를 용해하여 여러 가지 물품을 주조하는데 사용된다. 대체로 주조가 가능한 탄소함유량은 2.5~4.5%이다. 철과 강의 종류는 매우 많고, 분류 방법도 복잡하지만, 가장 기초적인 분류는 1879년 미국 필라델피아에서 개최된 세계 금속업자 대회에서 제정된 것으로 다음 표와 같다.

【표】 철강의 분류

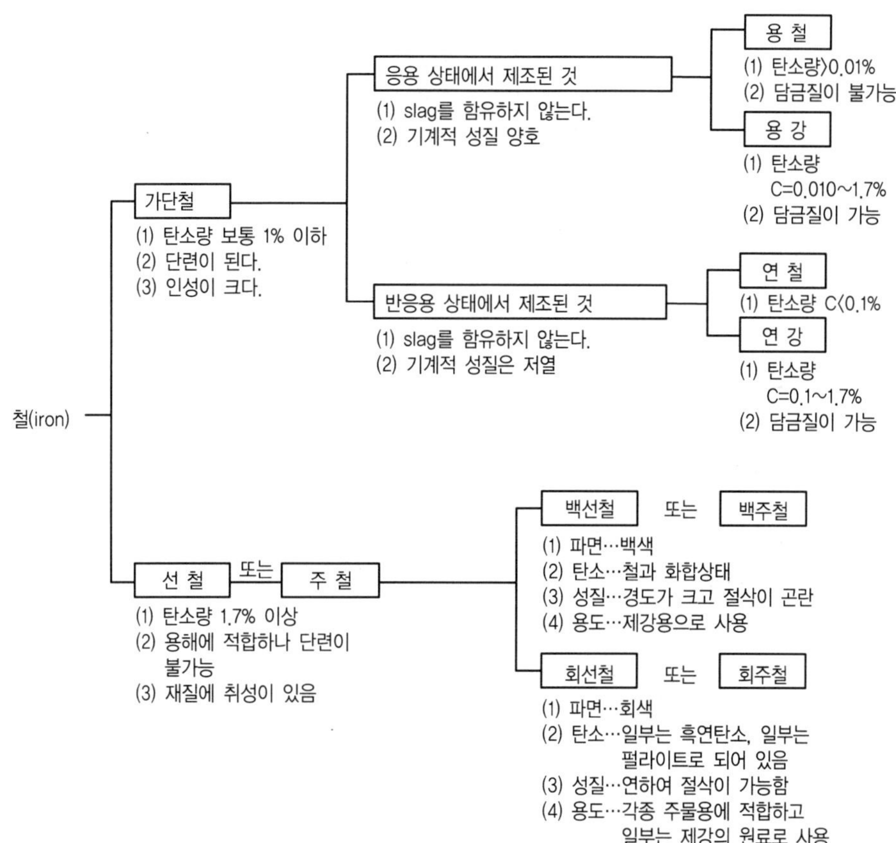

2. 제철(製鐵) 방법

[1] 철광석(iron ore)

철(Fe)은 지각(地殼) 중의 4.5%를 차지하며, 알루미늄(Al)과 규소(Si) 다음으로 많이 존재한다. 철광석이라 함은 40~60% 이상의 철을 함유하여야 하며, 특수한 경우에는 철 30~40% 이상이 이용되는 경우도 있다.

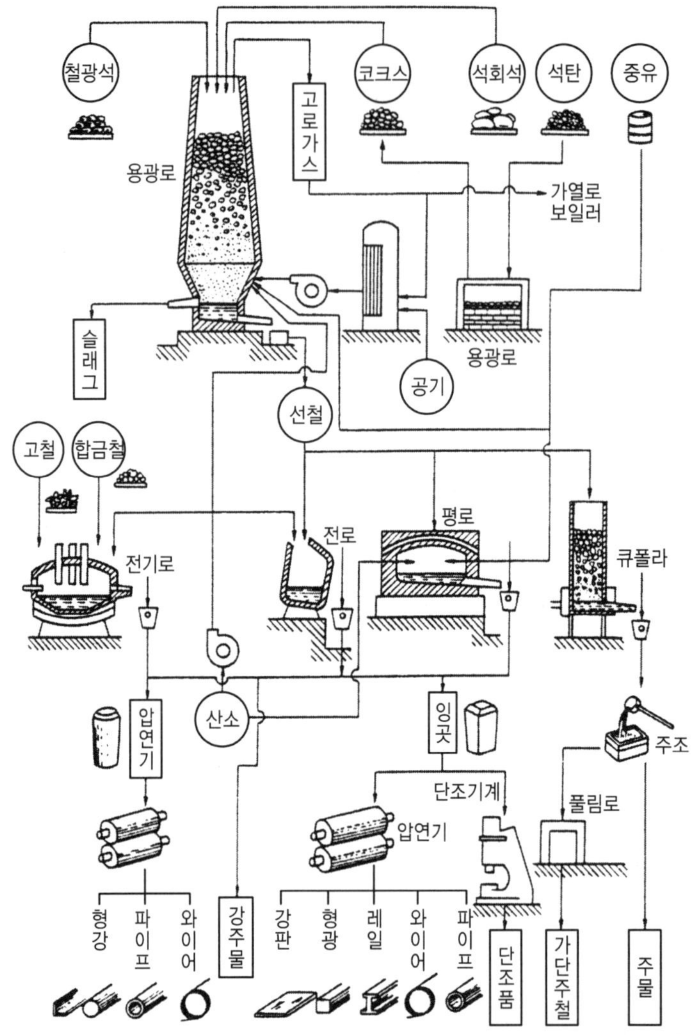

【그림 4-1】 철강의 제조 공정도

[2] 선철(銑鐵)의 제조 방법

초기에는 철광석 중에서 직접 철 또는 강철을 제조하였으나 최근에는 용광로(blast furnace)에서 철광석을 용해하여 선철(pig iron)을 생산하고, 이것을 다시 용해하여 사용한다. 생산된 선철의 10~15%는 용해로에서 용해하여 주철(cast iron)로 사용하고, 85~90%는 제강로에서 강철의 제조에 사용된다. 그림 4-2는 용광로의 구조를 나타내었다.

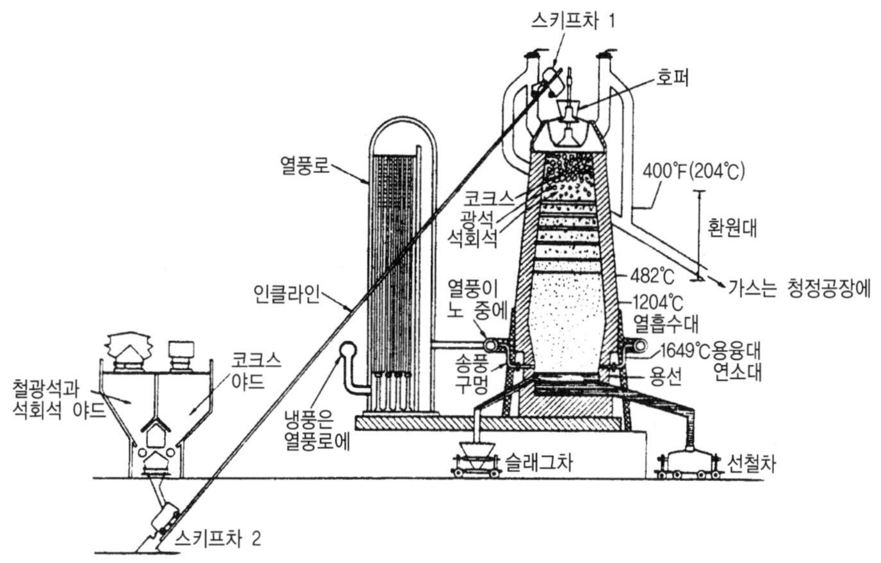

【그림 4-2】 용광로의 구조

철광석은 일반적으로 산화물이므로 산소를 제거하기 위해 탄소를 사용하여 환원한다. 철광석에 코크스(cokes)와 용제인 석회석을 적당량으로 하여 코크스, 철광석, 석회(lime)의 순서로 용광로에 넣고 용해한다. 용광로의 크기는 1일 24시간 생산량으로 정한다. 용광로 내의 반응을 화학반응 공식으로 표시하면 다음과 같다.

$$3Fe_2O_3 + CO \rightarrow 2Fe_2O_4 + CO_2$$
$$Fe_3O_4 + CO \rightarrow 3FeO + CO_2$$
$$FeO + CO \rightarrow Fe + CO_2$$

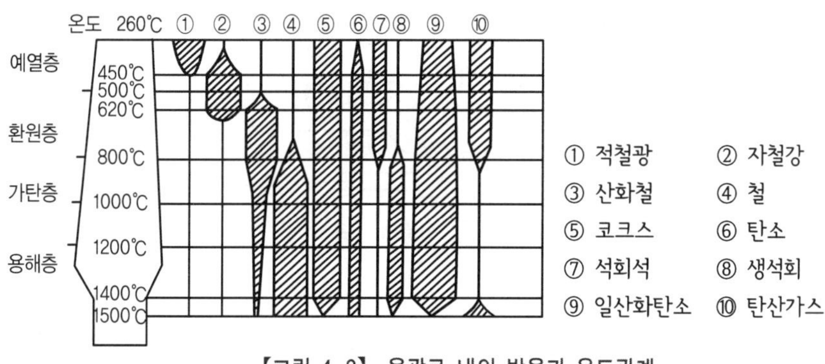

【그림 4-3】 용광로 내의 반응과 온도관계

그림 4-3은 용광로 내에 장입(裝入)된 재료들의 화학반응을 표시한 것이다. 선철은 그 파단면에 따라 회선철(gray pig iron)과 백선철(white pig iron)로 분류한다. 회선철은 함유탄소의 대부분이 흑연(graphite)으로 존재하므로 파단면이 회색을 띠고, 백선철은 탄소가 Fe_3C로 되어 존재하기 때문에 파단면이 백색을 표시한다. 회선철은 연하고 절삭이 쉽고, 주물을 만들기 쉽다. 그러나 백선철은 경도가 크고, 취성이 있어, 기계부품으로는 부적당하다.

[3] 제강(製鋼) 방법

선철은 탄소함유량이 많기 때문에 이것을 강철로 제조하기 위해서는 여러 가지의 제강방법이 사용되고 있다. 제강 방법에는 평로(平爐) 제강 방법, 전로(轉爐) 제강 방법, 전기로 제강 방법 및 고주파 제강 방법 등이 있다. 평로와 전로는 일반용의 강철을 제조할 때, 전기로와 고주파로는 특수강을 제조할 때 주로 사용된다.

(1) 평로 제강 방법(open hearth process)

평로 제강 방법은 대량생산에 가장 널리 사용되는 것이며 시멘스-마틴(Simens-Martin) 법이라고도 한다. 평로에는 염기성 평로와 산성 평로가 있으며, 강철은 대부분 염기성 평로에서 생산된다.

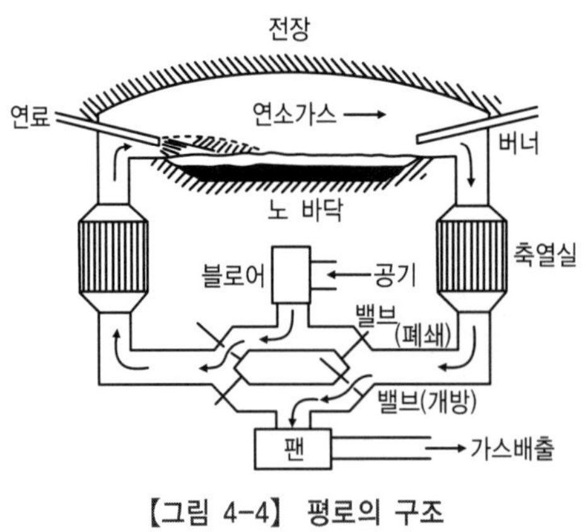

【그림 4-4】 평로의 구조

염기성 평로는 노(爐)바닥의 라이닝(lining)에 마그네시아(magnesia)내화물을 사용하고, 용철(熔鐵) 또는 용선(熔銑)과 고철(古鐵)을 장입하며, 산화철을 첨가하여 탄소와 그 밖의 불순물을 산화시키고, 석회석을 넣어 석회질의 염기성 슬래그를 만든다. 염기성 평로에서는 인(P) 및 황(S)을 정련에서 제거한다. 가탄(加炭)이 필요한 경우에는 목탄이나 코크스 분말을 첨가하며, 탈산제(脫酸劑)는 일반적으로 망간 철(Fe-Mn), 규소 철(Fe-Si) 또는 알루미늄 분말 등을 적당량 사용한다. 쇳물은 킬링(killing, 진정(鎭靜))한 후 이것을 잉곳(ingot)으로 주조한다. 정련 시간은 염기성 평로의 경우 6~8시간 정도 소요된다.

(2) 전로 제강 방법(converter process)

전로(轉爐)는 1855년 헨리 베세머(Henry Bessemer)가 발명한 것으로 노(爐) 내의 내화물로 산성재료를 사용하였으므로 산성 전로법(베세머 법)이라고도 한다. 그 후 1877년 토마스(Thomas)가 염기성 전로법을 발명하였으며, 이것을 염기성 전로법(토마스 법)이라 한다. 전로의 용량은 1회의 용해량으로 나타낸다.

산성인 베세머 제강 방법에서는 원료 선철 중의 규소(Si)와 망간(Mn)이 중요한 연료이므로 상당량이 포함되어 있어야 한다. 일반적으로 규소 0.8~2.0%, 망간 0.8~2.0%의 것이 사용되며, 인(P)과 황(S)은 제거하지 못하기 때문에 인(P)과 황(S)은 0.1% 이하의 저인(低燐) 선철을 사용하여야 한다.

염기성 전로법인 토마스 법에서는 규소(Si)가 다량 함유되면 노(爐)의 라이닝이 쉽게 침식되기 때문에 발열원료(發熱原料)로 인광석과 석회를 사용한다. 이 방법에서는 인(P)이 주원료이므로 인(P) 1.8~2.0%, 규소(Si) 0.5%이하, 망간(Mn) 1.0~2.0%의 토마스 선철을 사용한다. 토마스 법에서는 처음에 규소(Si)와 망간(Mn)을 연소시켜 제거하고 다음에 인(P)을 제거한다.

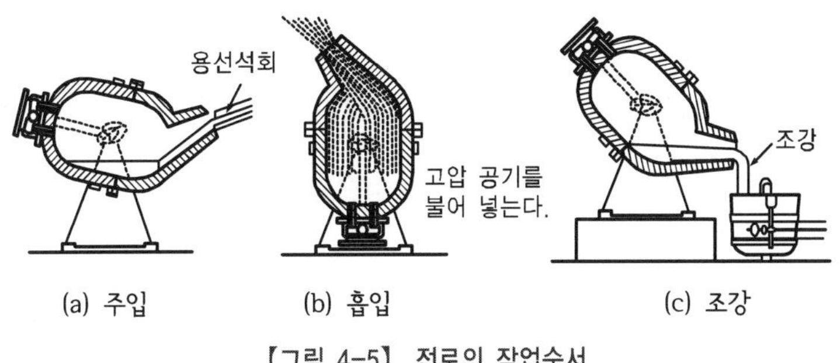

【그림 4-5】 전로의 작업순서

(3) 전기로 제강 방법(electric arc furnace process)

전기로의 종류에는 아크방식, 저항방식, 유도방식 등 3가지가 있으며, 전기로의 용량은 1회의 용해량으로 나타낸다. 전기로는 3상 교류를 사용하며, 3개의 탄소 전극봉을 위에서부터 넣고 전류는 한 탄소봉으로부터 아크를 날려 원료 중을 통하여 다른 탄소봉으로 들어간다. 이때 원료가 가열되고 용해되어 정련된다. 특징은 높은 온도를 얻을 수 있고, 용강(熔鋼)의 산화를 방지하며, 가스를 함유하는 경우가 적다. 또 탈산(脫酸)이나 탈류(脫硫)를 완전하게 할 수 있어 양질의 강철이나 공구강 및 특수강 제조에 사용된다. 그러나 전력비용이 많이 들고 탄소전극의 소모가 큰 결점이 있다.

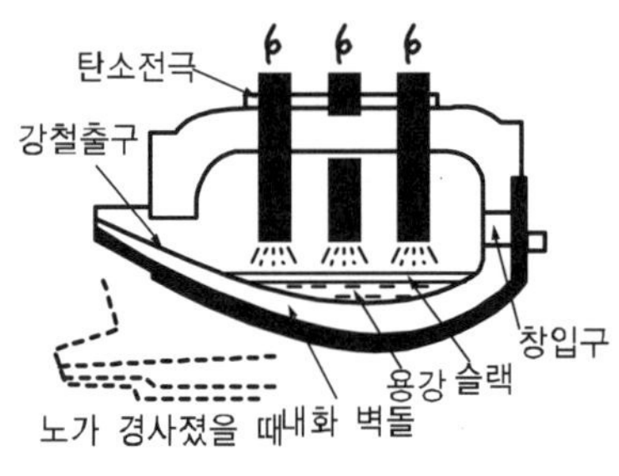

【그림 4-6】 전기로의 구조

(4) 유도로 제강 방법(induction furnace process)

유도로 제강 방법은 높은 순도의 특수강(합금강)을 제조하는데 쓰인다. 그림 4-7의 고주파로에서는 도가니의 주위를 둘러 싼 수랭식 코일을 통과하는 교류에 의해 자계(磁界)에 발생하는 고주파 유도전류로 장입된 금속자체에 열이 발생한다. 고주파 유도전류는 주파의 제곱에 비례하여 증가한다. 주파가 증가함에 따라 표면 유도전류는 장입물의 표면의 가까운 부분부터 내부 침투 작용의 효과가 발생하며, 열은 전류가 흐르는 단면적에 의해 결정된다. 유도전류에 의해 용융금속이 수직방향으로 자동적인 순환운동에 의해 성분의 균일화를 촉진시키며, 노(爐) 내의 금속은 가스 함유량이 적고, 효과적으로 용해할 수 있다. 고주파와 저주파로는 고속도강, 스테인리스강, 자석강(磁石鋼), 베어링강 등의 고급재질의 특수강을 생산할 수 있다.

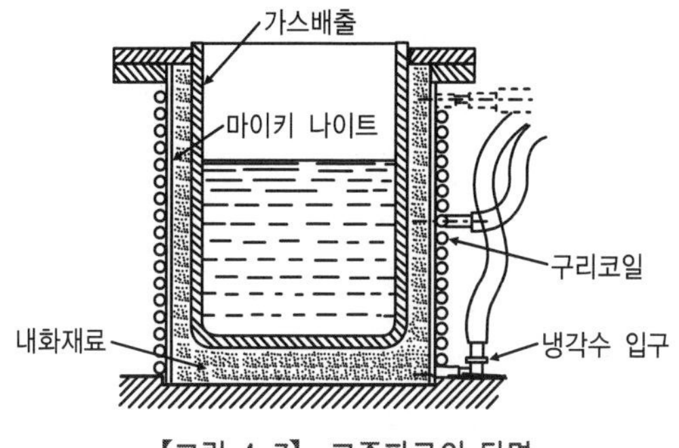

【그림 4-7】 고주파로의 단면

[4] 주철의 제조 방법

용광로에서 생산된 선철과 주철의 스크랩(scrap) 또는 강철의 스크랩 등을 원료로 사용하여 큐폴라(용선로, cupola)에서 코크스를 사용하여 용해한 것을 주철이라 한다. 실제로 사용하는 주철의 탄소함유량은 2.8~4.5% 정도이며, 주조 수축률은 0.5~1.0% 정도로 다른 금속에 비해 작다. 또 유동성이 좋아 주물을 제조하기 쉽다. 주조 온도는 1300~1450℃이며, 주철은 인장강도는 작으나 내압 강도가 커 각종 구조물에 사용되고, 강철에 비해 값이 싸다. 그러나 각종 용도에 따라 소요의 기계적 성질과 내부식성을 지니도록 제조 방법 및 성분 등의 조절이 필요하다.

[5] 잉곳(ingot, 강괴(鋼塊))의 제조 방법

제강에서 얻은 용강(熔鋼)을 레이들(ladle, 쇳물받개)에 넣고 주형(鑄型)에 주입하여 잉곳을 만든다. 강철의 잉곳은 탈산 방법에 따라 킬드 잉곳(killed ingot), 림드 잉곳(rimmed ingot)으로 분류한다. 잉곳은 지름에 비해 길이를 수배 길게 한다. 길이를 길게 하는 목적은 잉곳 내부와 외부의 냉각속도를 가능한 한 같게 하고, 편석 및 수축구멍을 적게 하기 위함이다.

강철의 쇳물은 용해할 때 첨가한 고철의 산화, 정련 중에 투입한 광석 및 첨가물과 정련 중에 흡수된 산소로 인하여 탄소가 산화되어 $2C+O_2 \rightarrow 2CO$의 작용이 활발하게 진행되면 끓는 것과 같이 보인다. 이 작용을 리밍 액션(rimming action)이라 한다. 이것을 그대로 주형에 주입하면 가스가 강철 중에 함유되어 이것이 굳어졌을 때 작은 기포로 되어 잉곳 표면에서 30~50㎜ 깊이에 많은 양의 기공(blow hole)이 존재한다. 저탄소강에서는 이와 같은 기공들은 압연을 할 때 압착되어 제품에는 그다지 영향을 주지 않아 제조비용을 줄이는 이점이 있다. 이것을 림드강이라 한다.

용강 중의 가스를 규소 철(Fe-Si), 망간 철(Fe-Mn) 또는 알루미늄(Al) 등으로 탈산하여 잉곳 중에 기공이 발생하지 않도록 진정시킨 것을 킬드강이라 한다. 탄소 함유량이 높은 강철(0.3%C 이상) 및 특수강은 반드시 킬드강으로 한다. 그리고 탈산을 적당히 하여 킬드강보다 수축구멍을 짧게 하고 절단 제거부분을 작게 한 킬드강과 림드강의 중간에 해당하는 것을 세미 킬드강이라 한다.

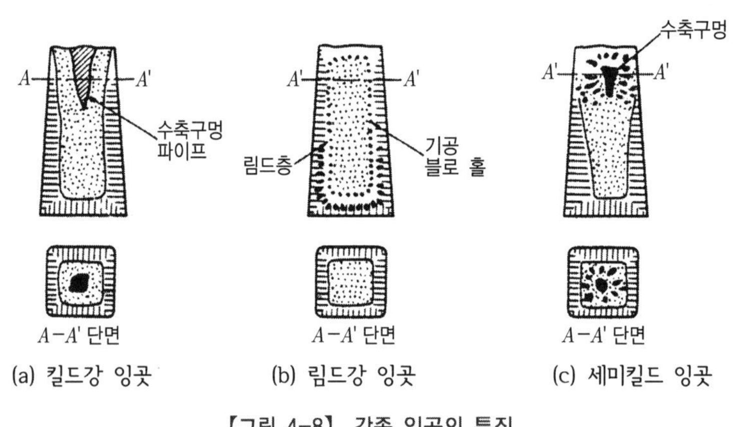

【그림 4-8】 각종 잉곳의 특징

(1) 킬드강(killed steel)-진정강

킬드강은 평로, 전기로에서 제조된 용강을 철-규소(Fe-Si), 철-망간(Fe-Mn), 알루미늄(Al) 등을 탈산제로 사용하여 완전히 탈산시킨 강이며 진정 강이라고도 부른다. 조용히 응고되며, 수축 관이 생기나 질이 양호하고 고탄소강, 합금강 제조에 사용되며, 값이 비싸다.

(2) 림드강(rimmed steel)

림드강은 평로나 전로에서 제조된 것을 철-망간(Fe-Mn)을 탄산제로 사용하여 불완전 탈산시킨 탄소 함유량 0.3% 이하인 일반적인 탄소강이다. 과잉 산소와 탄소가 반응하여 리밍 액션(rimming action)이 발생하며, 기공 및 편석이 생기고 질이 불량하다.

(3) 세미 킬드강(semi killed steel)

세미 킬드강은 알루미늄(Al)을 탈산제로 사용하여 거의 탈산시킨 저탄소강이다. 즉 림드와 킬드의 중간 정도로 탈산시켜 중간 성질을 유지시킨 것이며 용접 구조물에서 주로 사용되고 기포나 편석은 없다.

4-2 탄소강(carbon steel)

1. 탄소강의 개요

탄소강은 철과 탄소의 합금으로 탄소함유량은 0.03~1.7%가 포함되어 있으나 실용적으로는 0.05~1.7% 포함된 것이 많다. 탄소강은 탄소함유량이 많으므로 강도는 크나 연신율과 충격값이 낮다. 따라서 풀림, 불림, 담금질, 뜨임 등의 열처리에 의해 기계적 성질을 개선할 수 있다.

저탄소강은 연질이어서 가공이 쉬우나, 담금질 효과가 거의 없고, 고탄소강은 경질이어서 가공이 어려우나, 담금질 효과가 매우 좋다. 그리고 탄소함유량이 많아질수록 연신율이 감소하며, 경도 증가, 항복점 증가, 충격값 감소 등이 일어난다.

2. 순철(pure iron)

[1] 순철의 주요성분

순도가 높은 철의 소재는 전해 방법(electrolytic method), 카보닐 방법(carbonyl method) 등으로 제조한다. 순철은 1528℃에서 응고를 시작하여 상온까지로 냉각시키면 A_4, A_3, A_2의 3개의 변태점이 있다.

A_4 변태는 약 1400℃에서 발생하고, δ-Fe $\rightleftarrows$ γ-Fe의 변화이며, 원자배열은 체심입방격자 $\rightleftarrows$ 면심입방격자로 된다. A_3 변태는 δ-Fe $\rightleftarrows$ β-Fe의 변화이고 약 910℃ 발생하며, 면심입방격자 $\rightleftarrows$ 체심입방격자의 변화를 한다.

A_2 변태는 775℃에서 β-Fe ⇄ α-Fe로 변화한다. A_2는 자기변태(磁氣變態)이므로 동소변태(同素變態)와 같은 원자배열의 변화는 없다.

A_3, A_4 변태는 원자배열에 변화가 발생하기 때문에 상당한 시간을 필요로 한다. 가열할 때에는 높고, 냉각할 때에는 다소 낮은 온도에서 발생한다. 실제 작업상 가열할 때에는 c(chauffage, 가열)를 가열의 첨자로 사용하여 A_{C4}, A_{C3} 등으로 표시하고, 냉각할 경우에는 r(refroidissiement, 냉각)을 첨자로 사용하여 Ar_4, Ar_3 등으로 표시한다. 그러나 A_2일 때에는 Ac_2=Ar_2이다.

[2] 순철의 물리적 성질

변태점에서 철의 물리적 성질은 불연속으로 변화한다.

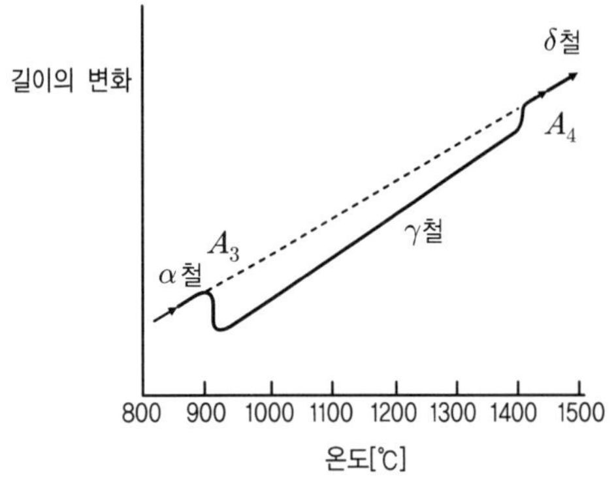

【그림 4-9】 순철의 열팽창

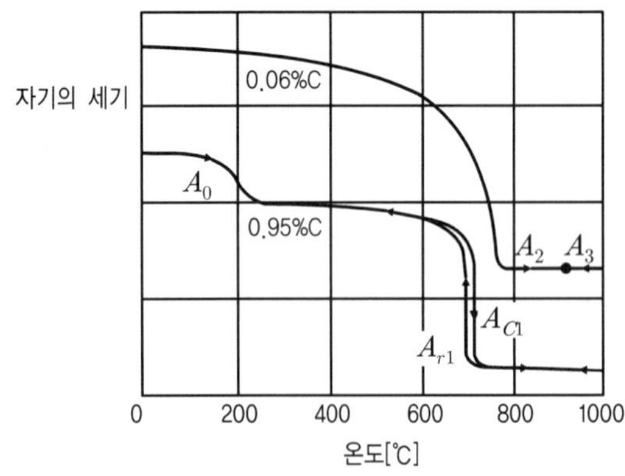

【그림 4-10】 강철의 자기변태 곡선

예를 들면 가열할 경우에는 Ac_2 점에서 자성(磁性)이 급격히 감소하며, Ac_3 점에서는 체적이 수축된다. 이것은 면심입방격자가 체심입방격자보다 원자배열이 조밀하기 때문이다. Ac_4에서는 Ac_3 점과는 반대로 체적이 팽창한다.

그림 4-9는 길이변화-온도곡선이며, 자기의 세기와 온도와의 관계는 그림 4-10과 같다. 온도가 상승함에 따라 자기(磁氣)의 강도는 그림 4-10과 같이 감소되어 780℃ 이상에서의 거의 소멸된다. 이 변화를 순철의 자기변태라 부른다.

[3] 순철의 화학적 성질

순철은 높은 온도에서는 산화작용이 심하며, 산화물의 두꺼운 표피가 탈락한다. 또 습기와 산소가 있으면 상온에서도 부식이 발생하며, 바닷물, 화학약품 등에 대해 내부식력이 적다. 또 산(酸)에는 침식되나 알칼리에서는 침식하지 않는다.

[4] 순철의 기계적 성질과 용도

열간 가공(hot working)은 600~800℃에서 하며, 작업에 제한이 따르므로 곤란하다. 이것은 온도가 900℃ 이상 되면 높은 온도에서 취약한 Fe-S, Fe-O와 Fe의 공정(共晶)을 남기고 이것이 원인이 되어 균열이 일어나기 쉽기 때문이다. 이것을 적열 취성(red shortness)이라 한다. 순철은 순도를 높이면 항자력(抗磁力)이 작아지고, 투자성(透磁性)이 현저하게 높아진다. 따라서 얇은 판으로 제작한 변압기나 발전기에서 많이 사용하며, 카보닐은 철분을 소결하여 철심(core)으로 만든다.

3. 탄소강의 상태도

[1] Fe-C 상태도

강철 속의 탄소는 Fe_3C(시멘타이트)의 형태로 존재한다. Fe_3C는 탄소 6.67%를 함유하는 백색 침상(白色 針狀)의 화합물이며, 매우 단단하고 상온에서는 강자성체이다. 순철에는 α, γ, δ의 3가지 형태가 있으나 이들은 각각 탄소를 흡수하여 α, γ, δ 고용체를 만든다.

α고용체의 탄소 용해도는 723℃에서 0.035%, 상온에서는 0.01%이므로 공업적으로 거의 순철에 속한다. 이것을 페라이트(ferrite)라 부른다. 그러나 γ고용체는 그림 4-11에서 E점으로 표시한 바와 같이 1.7%의 탄소를 포함한다.

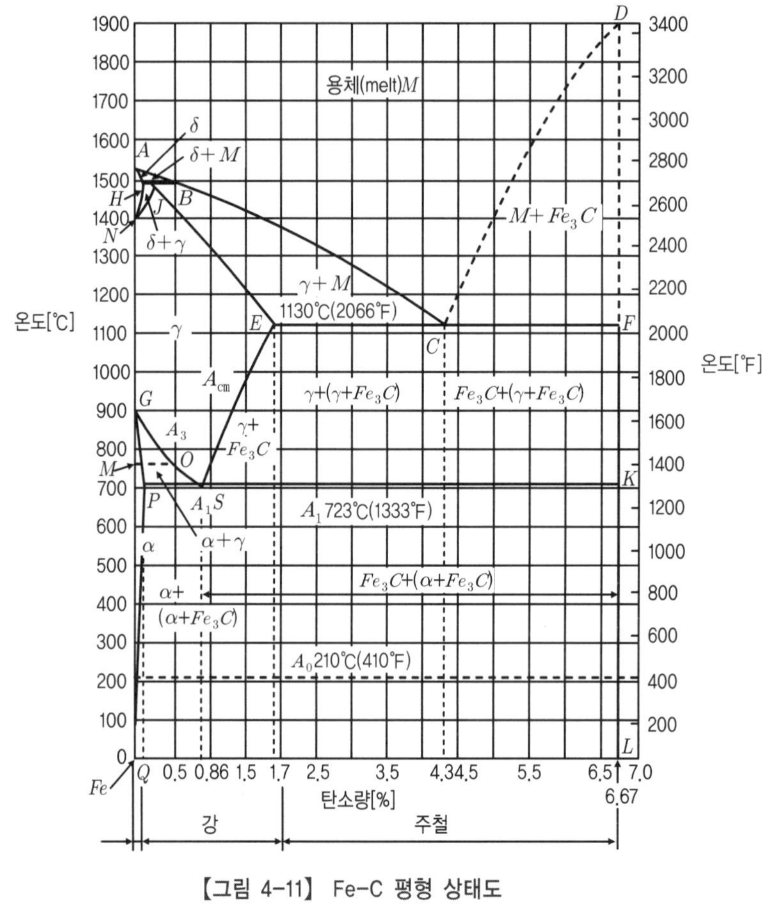

【그림 4-11】 Fe-C 평형 상태도

탄소가 1.7% 이하, 즉 그림에서 E점부터 왼쪽이 강철이고, 탄소 1.7% 이상, 즉 E점부터 오른쪽이 주철이다. 철의 동소체(同素體)중에서 γ-Fe가 가장 잘 탄소를 고용(固熔)한다. 이 고용체를 오스테나이트(austenite)라 한다. 즉 그림 4-11의 NJESG가 그 범위이다. γ-Fe에 탄소가 고용되면 A_3점은 탄소함유량과 함께 낮아진다. 그림에서 GS선이 강철의 A_3점이다. 금속 조직학적으로는 C점에 해당하는 γ-Fe+Fe_3C의 공정을 레데부라이트(Ledeburite), S점으로 표시되는 공석을 펄라이트(pearlite)라 한다.

탄소함유량 0.85%를 지닌 강철을 공석강, 탄소함유량 0.85% 이하인 강철을 아공석강, 탄소함유량 0.85% 이상인 강철을 과공석강이라 부른다.

(1) 아공석강(Hypo eutectoid steel)

탄소함유량이 0.85% 이하이고, 인장강도, 경도, 항복점 등은 탄소 함유량에 따라서 증가한다. 페라이트와 펄라이트의 공석강이다.

(2) 공석강(Eutectoid steel)

탄소 함유량이 0.85%이고, 이것을 경계로 하여 인장강도, 경도의 증가, 연신률, 단면 수축률, 충격값의 감소가 완만해 진다. 펄라이트 조직이다.

(3) 과공석강(Super eutectoid steel)

탄소 함유량 0.85% 이상이며, 인장강도가 점차 증가하여 탄소 함유량 1.2%에서 최대가 된다. 시멘타이트와 펄라이트의 공석강이다.

- A : 순철의 응고점(1538℃)
- AB : 액체상태의 선(δ-Fe에 탄소가 고용된 고용체, 여기서 B점은 탄소함유량 0.51%)
- AH : δ고용체의 고체상태의 선, 그리고 H점은 탄소함유량 0.07%
- HJB : 포정(peritectic) 온도선으로 1490℃에서 포정반응, J점은 탄소함유량 0.18%, H(δ고용체) + B(용체) $\rightleftarrows$ J(γ고용체
- BC : 액체상태의 선(γ-Fe에 탄소가 고용된 고용체)
- JE : 고체상태의 선, 액체상태로부터 γ고용체의 정출
- N : 순철의 A_4 변태점(1400℃에서 동소변태 δ-Fe → γ-Fe)
- HN : δ고용체에서 γ고용체를 석출하기 시작하는 온도선
- JN : δ고용체에서 γ고용체의 석출을 완료하는 온도선
- CD : 액체상태의 선 melt에서 Fe_3C의 초정이 정출하는 온도선
- E : γ고용체에 대한 탄소의 최대용해 한계점(탄소함유량 1.7%)
- C : 공정점으로 1130℃(탄소함유량 4.3%)에서 공정반응이 발생하는 점
- ECF : 공전 온도선 표시, F점은 탄소함유량 6.67%에서 시멘타이트(Fe_3C) 100%이다.

- ES : γ고용체에서 Fe_3C가 석출하기 시작하는 온도선으로 Acm 변태선이라고도 한다.
- G : 순철의 A_3변태점으로 907℃, 여기서 γ-Fe ⇄ α-Fe
- GOS : γ고용체에서 α고용체(α-Fe에 탄소가 고용된 고용체)를 석출하기 시작하는 온도선
- GP : γ고용체에서 α고용체가 석출을 완료하는 온도선
- M : 순철의 A_2 자기변태점이며 775℃
- MO : 강철의 A_2 자기변태선
- S : 공석점 723℃(탄소함유량 0.86%)
- P : α고용체에 대한 탄소의 최대용해 한계점(탄소함유량 0.036%)
- PSK : 공석 온도선, 공석반응 S[γ]⇄P[α]+K[Fe_3C]
- PQ : α고용체에 대한 Fe_3C의 용해도 곡선, 상온에서 탄소함유량 0.01%

[2] 공석강에서의 변태

A_1변태점은 순철에는 없고 강철에만 존재하는 특유한 변태이다. 그림 4-11의 Fe-C 평형 상태도에서 보는 바와 같이 탄소함유량 0.85%를 함유하는 공석강을 X선으로 분석하면 A_1점 이상에서는 면심입방격자, γ-Fe의 원자배열이며, A_1점 이하에서는 체심입방격자 α-Fe의 원자배열이다. 따라서 A_1점 이상의 γ-Fe로부터 공석강을 물속에서 급냉한 것과 A_1점 이상으로부터 서서히 냉각하여 A_1의 변태를 완료한 것을 화학 분석하여 보면 물속에서 급냉시킨 것은 탄소가 Fe 중에 고용되어 고용체로 존재하지만 서서히 냉각시킨 것은 탄소가 유리(遊離) 상태로 존재한다.

이상의 결과를 종합하면 A_1 이상에서는 γ-Fe에서 탄소는 고용체인 오스테나이트이며, A_1 이하에서 Fe은 α상태이고, 탄소는 유리상태의 Fe_3C로 존재하는 펄라이트이다. 따라서 A_1변태는 Fe이 γ로부터 α로 변화하는 것과 탄소가 고용체로부터 유리탄소로 되는 변화가 동시에 발생한다.

즉, 이때

① γ-Fe ⇄ α-Fe

② 고용체 상태의 탄소 ⇄ 유리상태의 탄소 Fe_3C
(오스테나이트 ⇄ 펄라이트)

의 변화가 동시에 발생하는 것인데 γ-Fe은 탄소를 고용하는 능력이 있으나 α-Fe은 탄소를 고용하는 능력이 매우 낮다. 따라서 ①의 변화가 완료된 후에 반드시 ②의 변화가 발생한다.

다음에 Ar_1 변태는 탄소함유량에 관계없이 항상 일정한 온도에서 발생한다. 그 이유는 탄소함유량 0.85% 이하의 아공석강을 γ고용체의 상태에서 냉각을 할 때에는 그림 4-11의 GS선에서 α-Fe의 석출을 시작하여 온도가 낮아짐에 따라 점차 α-Fe의 양이 증가한다.

따라서 이때 남아 있는 γ고용체에 탄소함유량이 증가하여 723℃, 즉 Ar_1점에 도달하면 탄소를 0.85%를 함유하며, 여기서 Ar_1변태(transformation)가 일어난다. 또 탄소함유량 0.85% 이상의 과공석강에서는 ES선의 γ로부터 Fe_3C를 석출하여 온도가 낮아지고, 723℃에서는 탄소함유량 0.85%에 도달하여 Ar_1이 발생한다. 이때 변태량은 탄소함유량의 증가에 따라 증가하여 탄소함유량 0.85%에서 펄라이트 100%로 최대가 되고, 다시 탄소함유량이 증가하여 시멘타이트의 양이 증가하면 펄라이트는 서서히 감소한다.

4. 탄소강의 성질

[1] 탄소강의 기계적 성질

(1) 강철의 상온에서의 기계적 성질

그림 4-12는 탄소함유량과 탄소강의 기계적 성질 및 현미경 조직관계를 나타낸 것이다. 아공석강에서 기계적 성질이 탄소함유량에 비례하여 대략 직선으로 변화한다. 즉 인장강도, 경도, 항복점 등은 탄소함유량의 증가와 함께 증가하고, 공석강에서 인장강도가 최대로 되며, 연신율 및 단면수축률은 탄소함유량의 증가와 함께 감소한다.

과공석강에서는 시멘타이트가 망(網) 모양으로 나타나므로 인장강도는 탄소가 증가하여도 감소되지만 경도는 조금 증가한다.

페라이트는 인장강도가 35kgf/㎟ 정도이고, 연신율 40%, 브리넬 경도 80이며, 강자성(强磁性)이고, 전기전도성은 좋으나 경화(硬化)능력이 없다. 그러나 펄라이트는 페라이트보다 훨씬 강하고 인장강도 90kgf/㎟, 연신율 10%, 브리넬 경도는 200이다. 즉 강인한 대신 잘 늘어나지 않으며, 자성을 지니며, 매우 큰 경화능력을 지니고 있다.

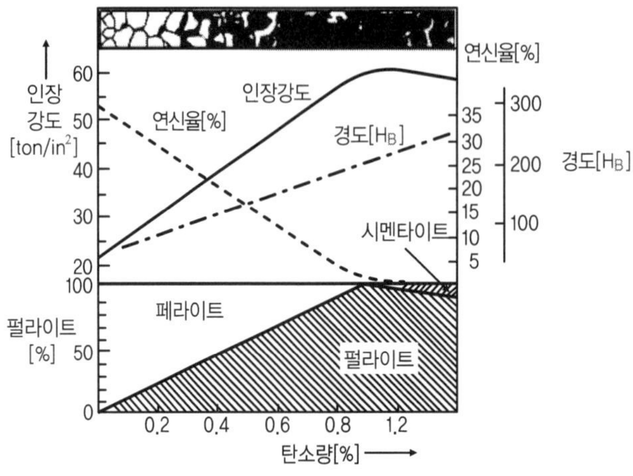

【그림 4-12】 탄소강의 기계적 성질 및 현미경 조직관계

시멘타이트는 인장강도가 작고 연신율이 거의 없으며, 취성이 매우 크다. 브리넬 경도가 800이며, 자성은 지니고 있으나 경화능력이 없다.

다음 표에 탄소강의 기본조직에 대한 기계적 성질을 나타내었다.

【표】 탄소강의 기본조직에 대한 기계적 성질

조직 / 성질	페라이트	펄라이트	시멘타이트
인장강도(kgf/㎟)	35	90	3.5
연신율(%)	40	10	0
브리넬 경도	80	200	800
결정구조	체심입방격자	α와 Fe_3C의 혼합	금속 사이의 화합물

(2) 강철의 높은 온도에서의 기계적 성질

그림 4-13은 탄소강(탄소함유량 0.25%)을 높은 온도에서 인장시험 결과를 나타낸 것이다. 여기서 인장강도 및 경도는 280~300℃ 부근에서 최댓값을 표

시하고, 연신율 및 단면수축률은 200~300℃ 부근에서 최솟값을 나타낸다.

또 충격값은 400℃ 부근에서 최솟값을 나타낸다. 연강은 일반적으로 200~300℃ 부근에서 상온보다 더욱더 취약한 성질을 지닌다. 이것을 청열취성(青熱脆性)이라 한다. 원인은 강철 중에 함유된 인(P)에 기인하는 것으로 알려져 있다. 따라서 이 온도부근의 가공은 위험하므로 피해야 한다. 300℃ 이상에서는 강도, 경도, 연신율 및 단면수축률 등이 모두 감소한다.

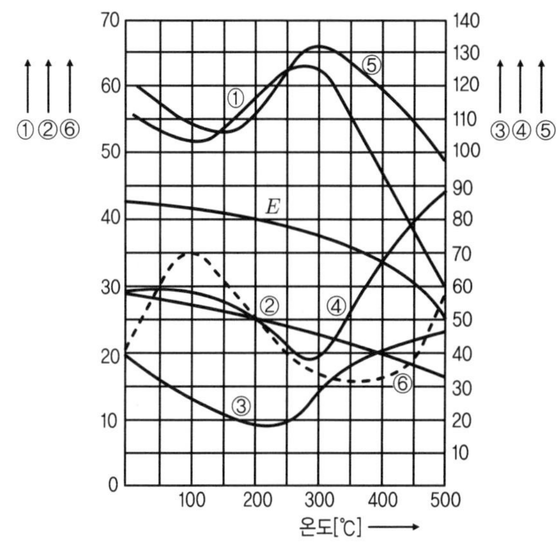

① 인장강도[kg/㎟] ② 항복점[kg/㎟] ③ 연신율[%]
④ 단면수축률[%] ⑤ 브리넬 경도[H_B] ⑥ 충격값[kg·m/㎠]

【그림 4-13】 탄소강의 높은 온도에서의 기계적 성질

(3) 강철의 낮은 온도에서의 기계적 성질

강철의 온도가 실온(室溫)보다 낮아지면 인장강도, 경도 등은 점차 증가하지만, 연신율은 감소하고 취성이 커진다. 그림 4-14는 충격시험 결과를 나타낸 것이다. 충격값은 온도저하와 함께 어떤 한계온도 즉 변환점(transition point)에 도달하면 급격히 감소하고, -70℃ 부근에서는 0에 접근한다. 변환온도는 재질, 열처리 조건 시험재료의 형성 및 충격속도 등에 영향을 받는다. 그림 4-14에서 같은 재질이라고 할지라도 a곡선은 열처리된 솔바이트(sorbite)조직을 갖

는 것이고, b곡선은 표준상태의 것이며, c곡선은 과열되어 매우 여린 성질을 지닌다. 따라서 200℃부근에서 가공된 재질의 충격곡선으로 취성이 크다.

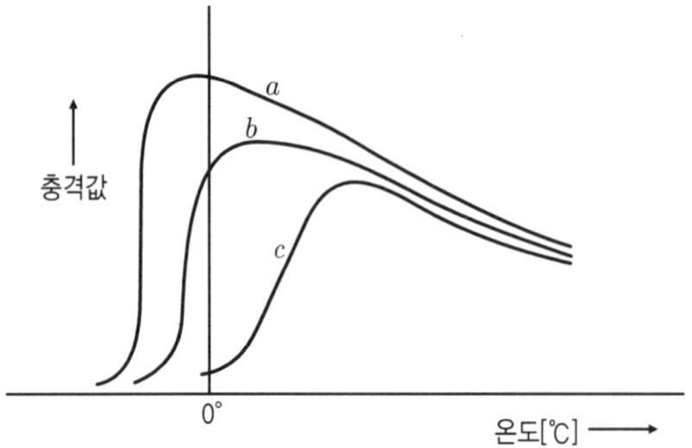

【그림 4-14】 탄소강의 낮은 온도에서의 충격값

그림 4-15는 탄소함유량이 서로 다른 탄소강을 상온이하에서의 충격값 변화를 표시한 것이다. 탄소함유량이 많을수록 저온취성이 큰 것을 알 수 있다.

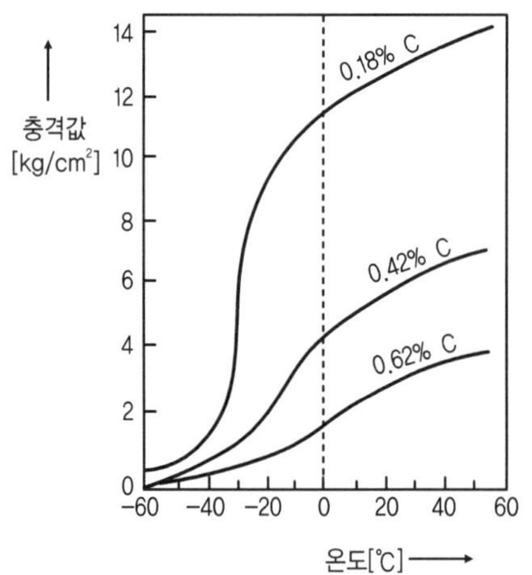

【그림 4-15】 탄소강의 시험온도와 충격값의 변화

[2] 탄소강의 가공성질

탄소강의 가공 방법에는 고온(高溫)가공과 상온(常溫)가공이 있다. 고온가공은 탄소함유량에 따라 1050~1200℃에서 시작하여 850~900℃에서 완료한다.

완료 온도가 이것보다 낮아지면 저온가공의 영향이 남게 되고 또 너무 높으면 변태점까지의 사이에서 재결정을 일으켜 입자의 성장이 발생하여 결정격자가 거칠어지고 재질이 약화된다.

일반적으로 높은 온도에서는 입자가 커지고 재질이 약화된다. 고온가공에서는 잉곳(ingot) 중의 기공이 압착되고, 재료의 편석에 의한 불균일한 부분이 균일한 재질로 되며, 결정은 미세화되어 강철의 성질이 개선되고, 상온가공에서보다 가공률을 크게 할 수 있어 작은 힘으로도 많은 가공을 할 수 있는 이점이 있다. 강철을 상온에서 가공하는 것은 매우 불경제적이지만 인발(drawing) 이외에는 정밀한 치수 및 평탄한 표면이 얻어진다.

상온가공을 한 조직은 섬유상으로 신연(伸延)되어 강도와 경도가 매우 증가되지만 취성이 있고, 연신율이 감소한다. 따라서 상온가공에서는 도중에 가끔 풀림(annealing)하여 연화시켜야 한다. 그림 4-16은 탄소함유량 0.1%의 강철을 상온가공 한 것의 기계적 성질을 나타낸 것이다. 인장강도와 경도는 상승하고, 연신율 및 단면수축률은 감소함을 알 수 있다.

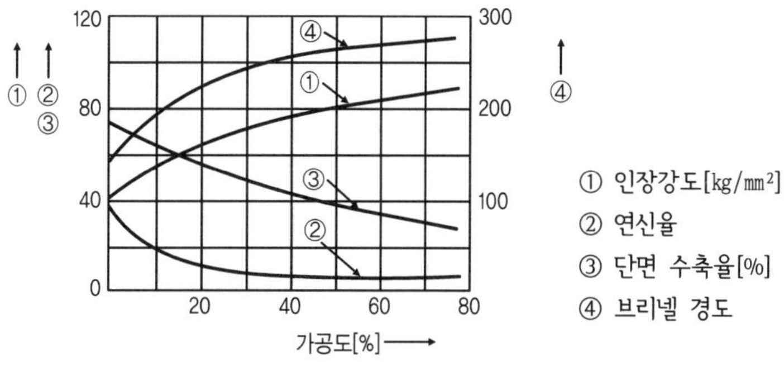

【그림 4-16】 상온가공 된 탄소함유량 0.1% 강철의 기계적 성질

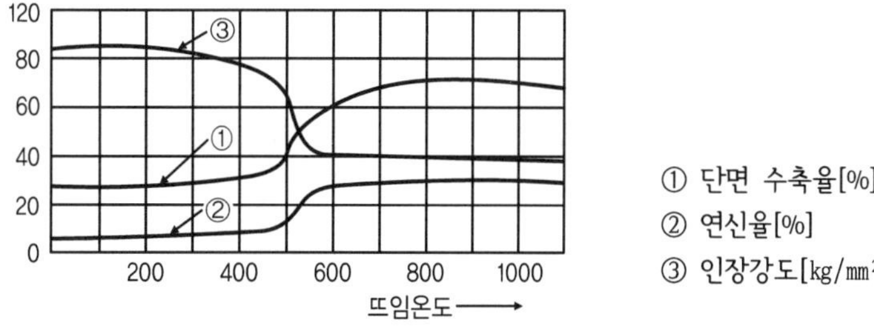

【그림 4-17】 상온가공 된 강철의 기계적 성질과 뜨임

그림 4-17은 상온 가공하여 경화된 탄소강을 뜨임(tempering)한 것의 기계적 성질의 변화를 나타낸 것이다. 단순히 연화를 목적으로 할 때 강철의 뜨임 온도는 500~600℃ 정도이면 충분한 것을 알 수 있다.

5. 탄소강에 함유된 성분과 영향

탄소강이라 하여도 이것은 순수한 탄소(C)와 철(Fe)의 합금이 아니라 규소(Si), 망간(Mn), 인(P), 황(S), 구리(Cu), 산소(O_2), 질소(N_2), 수소(H_2) 등이 함유되어 있다. 이중 일부는 필요상 첨가하는 것도 있으나 일부는 불순물로 강철 속에 들어온다. 규소(Si)와 망간(Mn) 등은 광석으로부터 들어오나 제련할 때 탈산제로도 첨가된다. 일반적으로 규소(Si)≦0.3%, 망간(Mn)≦0.2% 정도가 함유된다.

인(P), 황(S), 구리(Cu)등은 광석 중에 있는 불순물로서 강철 중에 잔류한다. 일반적으로 인(P)≦0.08%, 황(S)≦0.04%, 구리(Cu)≦0.4% 정도까지는 허용된다. 산소(O_2), 질소(N_2), 수소(H_2) 등은 제련 중에 공기의 공급에서 함유된다. 무게로 보면 적으나(0.01% 이상) 유해 작용이 크다.

(1) 인(P)

인(P)은 강철 중에 0.06%이하로 제한하며, 인(P)이 많으면 인화철(Fe_3P)이 형성되어 결정 경계에 석출한다. 인(P)이 적으면 강철 속에 고용(固溶)되고 경도와 강도는 다소 증가하나 연신율이 감소한다.

강철 속의 인(P)은 상온취성(냉간취성)의 원인이 된다. 일반적으로 강철 속에 인(P)이 0.06% 이하일 때 균일하게 분포되어 있다면 별로 피해를 주지 않으나 인(P)은 편석(偏析)이 발생하기 쉽고, 충격값을 감소시키는 경향을 지니고 있기 때문에 함유량을 제한한다.

인(P)에 의한 유해작용은 탄소함유량이 많을수록 현저하므로 공구강에서는 0.025% 이하, 반경강에서는 0.04%이하, 그리고 연강에서는 0.06% 이하가 되도록 하여야 한다.

(2) 황(S)

황(S)은 적열(고온) 취성을 일으키며, 인장강도, 연신율, 충격값을 저하시키고, 강철의 유동성을 방해하여 용접성을 저하시킨다. 또 기공이 발생하지만 망간(Mn)과 화합하여 절삭성능을 개선한다.

(3) 망간(Mn)

망간(Mn)은 황(S)의 피해를 제거하며, 고온 가공을 쉽게 하고, 강도, 경도, 인성을 증가시키며, 고온에서 결정입자의 성장을 방해한다. 또 소성을 증가시키고 주조성능을 향상시키며, 담금질 효과를 크게 한다. 연성을 약간 감소시키나 제강할 때 망간을 첨가하면 황, 산소, 질소 등과 화합하여 슬래그를 만들어 제거시킨다. 그리고 탄소의 흑연화를 방지한다.

(4) 규소(Si)

규소(Si)는 선철 중에 존재하는 것, 또는 탈산제의 일부로 남아 있는 것이 강철 속에 남아서 이것이 페라이트 중에 고용되어 강철의 인장강도, 탄성한계, 경도 등을 크게 한다. 그러나 연신율 및 충격값은 감소시킨다. 또 결정을 거칠게 하고 단접 성능을 떨어뜨린다.

(5) 가스(gas)

가스에는 산소, 질소, 수소 등이 있으며, 산소는 적열 취성을 일으키고 질소는 경도와 강도를 증가시키며, 수소는 헤어 크랙(hair clack, 균열)의 원인이 된다.

05

철강의 열처리

5-1 강철의 표준조직

1. 페라이트(Ferrite)

페라이트는 강철의 현미경 조직에 나타나는 것으로, 탄소를 고용한 α고용체이며, 상온에서는 강자성체인 체심입방격자이나, 768℃에서 자기 변태를 일으킨다. 가장 순철에 가까운 조직으로 매우 연하다.

2. 펄라이트(Pearlite)

726℃에서 오스테나이트가 페라이트와 시멘타이트(α고용체와 Fe_3C)의 층상이 공석정으로 변태한 것이며 탄소함유량은 0.85%이고, 강도와 경도는 페라이트보다 크고 자성이 있다.

3. 시멘타이트(Cementite)

고용한계 이상으로 탄소가 고용되면 탄소와 철이 화합하여 탄화철(Fe_3C)이 된다. 즉 고온의 강철 중에서 생성되며, 경도가 높고, 취성이 크며 상온에서 강자성체이다.

5-2 열처리 조직

금속이나 합금은 일반적으로 고체상태에 있으면서 어느 일정한 온도에 도달하면 갑자기 성질이나 조직이 변화하는 경우가 있다. 특히 강철은 가열하여 일정한 온도로 유지하다가 냉각하는 방법에 따라 여러 가지 성질을 지니게 할 수 있다. 즉 강철을 가열과 냉각 방법으로 확산이나 변태를 일으켜 조작을 조정하거나 내부의 변형을 제거할 수 있으며, 그 밖에 변태의 일부를 방지하고, 적당한 조직으로 만들어 목적하는 성질이나 상태를 얻을 수 있는데 이 조작을 열처리(heat treatment)라 한다.

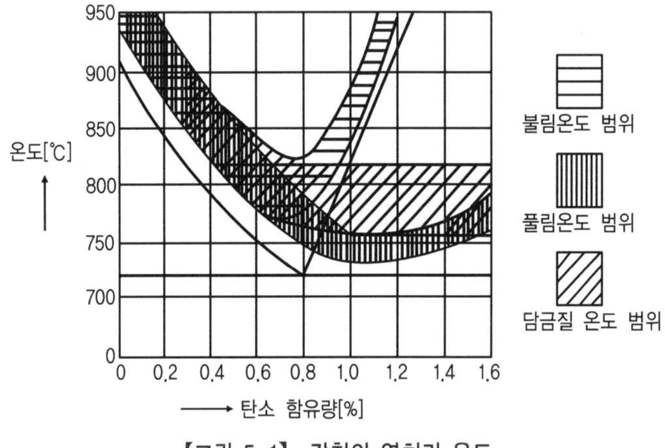

【그림 5-1】 강철의 열처리 온도

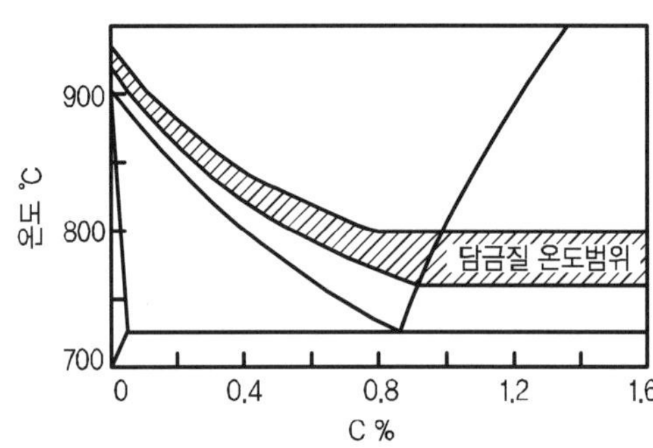

【그림 5-2】 탄소강의 담금질 온도

강철은 열처리를 하면 기계적 성질의 개선이 뚜렷해진다. 탄소강을 변태점 이상의 높은 온도로 가열하면 조직이 오스테나이트가 되고 이것을 서서히 노속에서 냉각하면 펄라이트가 되며, 물 속에서 급냉시키면 마르텐사이트가 된다. 담금질 조직에는 다음과 같은 것들이 있다.

1. 오스테나이트(Austenite)

강철을 가열하였을 때 나타내는 조직으로, γ-Fe에 1.7% 이하의 탄소를 고용(금속의 결정격자 사이에 다른 금속의 원자가 침투하는 현상)한 것이다.

2. 마르텐사이트(Martensite)

탄소강을 물 속(水中)에서 급냉시켰을 때 금속의 중앙에 발생하는 조직이며, 담금질 조직 중 경도가 가장 높고, 부식에 강하다.

마르텐사이트가 얻어지는 변태를 Ar″ 변태라 한다.

3. 트루스타이트(Troostite)

마르텐사이트보다 냉각속도가 느린 경우에 생긴다. 기름 속(油中)이나 온탕에서 급냉할 때 재료 중앙에 발생하며, α-Fe과 시멘타이트가 혼재된 조직이다. 마르텐사이트보다 경도는 낮으나 강인성 있으며, 부식에 약하다. 트루스타이트가 얻어지는 변태를 Ar′ 변태라 한다.

4. 솔바이트(Sorbite)

트루스타이트보다 냉각속도가 느린 경우에 생긴다. 트루스타이트보다 경도는 낮으나 강인성과 탄성이 요구되는 스프링 등에 사용된다.

각 조직의 경도순서

시멘타이트 > 마르텐사이트 > 트루스타이트 > 솔바이트 > 펄라이트 > 오스테나이트 > 페라이트

5-3 열처리의 종류

금속을 적당한 온도에서 가열과 냉각 등의 각종 조작을 통하여, 특별한 성질을 부여하는 것을 열처리(heat treatment)라 하며, 열처리의 종류에는 다음과 같은 것들이 있다.

① 계단 열처리(interrupted heat treatment)
② 항온 열처리(isothermal heat treatment)
③ 연속냉각 열처리(continuous cooling heat treatment)
④ 표면경화 열처리(surface heat treatment)

1. 계단 열처리

계단 열처리에는 다음과 같은 여러 가지 기본 방법이 있다.

① 담금질(Quenching) : 급냉시켜 재질을 경화시킨다.
② 뜨임(Tempering) : 담금질한 것에 인성을 부여한다.
③ 불림(Normalizing) : 재료를 일정온도에서 가열한 후 공랭시켜 표준화한다.
④ 풀림(Annealing) : 재질을 연하게 하고 균일하게 한다.

[1] 담금질(Quenching)

담금질은 재질을 단단하게 하거나 강하게 하기 위해 높은 온도로 가열하여 급속히 냉각하는 조작을 말한다. 즉 고탄소강을 A_1변태점 이상으로 가열하여 균일한 오스테나이트 조직으로 만든다. 오스테나이트 조직을 매우 천천히 냉각시키면 펄라이트가 되지만, 급냉시켜 냉각속도가 빠르면 A_1변태가 완전히 끝나지 못하고 중간조직으로 된다. 이것은 천천히 냉각시켜 얻은 펄라이트보다 경도가 크고 강하며 질이 여리다. 이와 같이 급냉으로 강철재료를 경화하고, 기계적 성질과 조직을 조정하는 작업을 말한다.

또 0.85%C(공석강)를 경계로 하여 이보다 탄소함유량이 적은 강철(아공석강)은 A_3변태점 이상 30~50℃ 또는 이보다 탄소함유량이 많은 강철(과공석강)에서는 723℃(A_1 변태점)이상 30~50℃로 가열하여 이것을 물 속이나 기름 속에서 급냉시키면, 도중의 변태가 정상적으로 이루어지지 않아 표준상태와 다른 매우 단단한 성질의 탄소강이 된다.

탄소강에서 담금질 효과가 좋은 것은 0.6~1.5%의 탄소를 함유한 경우이다. 담금질의 냉각속도와 변태관계를 그림 5-3의 냉각속도의 영향과 그림 5-4의 조직 및 경도변화를 설명하면 다음과 같다.

그림 5-3은 공석강 시험재료를 상온에서 A_{C1} 이상까지 천천히 가열한 후 냉각 방법과 각종 냉각속도에서의 변태점 차이를 열팽창으로 나타낸 것이다.

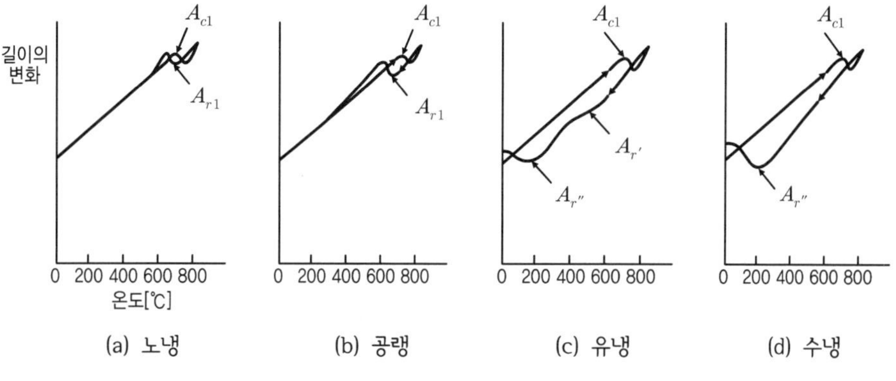

【그림 5-3】 공석강의 냉각속도 따른 변태점

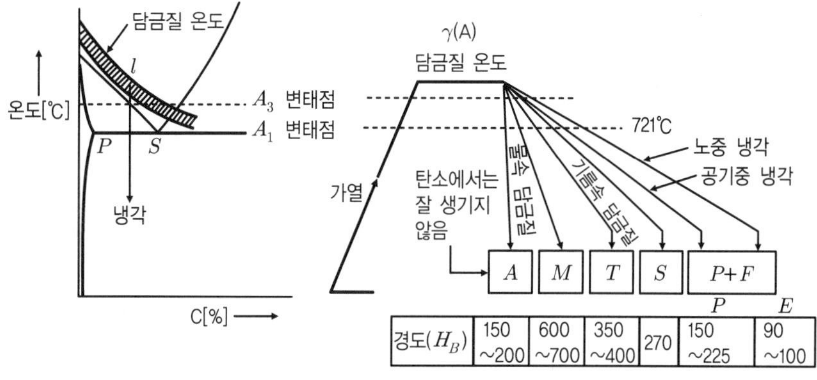

【그림 5-4】 열처리 조직의 변화

그림 5-4의 (a), (b)는 A_{C1}변태 이상의 온도에서는 조직이 오스테나이트이고, A_{C1}변태온도 이하에서는 펄라이트가 되어 본래의 상태까지 회복되었으나 그림

(c)에서는 A_{C1}변태가 완료되기 전에 상온이 되어 Ar′와 Ar″의 2개의 과도적인 변태가 일어난다. 따라서 그림 (c)의 Ar′변태에서는 오스테나이트에서 과포화 상태의 시멘타이트가 입자 상태로 석출된 조직이 생긴다.

이것을 트루스타이트(troostite)라 부른다. 또 그림 (c)와 (d)에서 Ar″ 변태에서는 오스테나이트 입자 사이에 시멘타이트가 침상(針狀)으로 석출된 조직으로 마르텐사이트가 나타난다. 마르텐사이트는 강철에서 가장 경도가 큰 열처리 조직이다.

[2] 뜨임(Tempering)

담금질한 강철은 경도가 증가되는 반면 취성(여린 성질, 메짐)을 지니게 되므로 다소 경도가 감소되더라도 인성(질긴 성질)을 증가시키기 위해 담금질한 강철을 변태점 이하의 적당한 온도로 가열하여 알맞은 속도로 급냉시켜 인성을 지니도록 하는 열처리를 뜨임이라 한다. 즉 담금질한 강철을 적당한 온도로 A_1변태점 이하에서 가열하여 인성을 증가시키는 것을 말한다.

뜨임을 하면 담금질할 때 발생한 내부응력이 감소 또는 제거되고, 불안정한 조직이 온도에 따라 비교적 균일하고 안정된 조직으로 변화한다. 탄소강의 뜨임 온도는 공구강에서 150~250℃, 구조용 탄소강에서는 450~600℃ 정도이다.

[3] 불림(Normalizing)

용해상태에서 응고시켜 높은 온도로 장시간 유지한 것이나 가공을 한 후 높은 온도로 장시간 유지한 것 등의 재료는 오스테나이트 입자가 크게 성장되어 조직이 거칠어지거나 내부 응력이 축적되어 기계적 성질이 좋지 못하게 된다. 이에 따라 적당한 강도와 경도로 만들기 위해 재료를 A_3 변태점 이상에서 40~60℃의 온도로 가열한 후 대기 중에서 서서히 냉각시켜 조직을 미세화하고 내부 응력을 제거하는 것을 불림이라 한다.

[4] 풀림(Annealing)

재료를 단조·주조 및 기계가공을 하면 가공 경화나 내부 응력이 발생하게 되는데 이를 제거하기 위해 A_3, A_1 이상에서 20~50℃의 온도로 가열한 후 노

(爐) 속에서 서서히 냉각시키는 열처리를 풀림이라 한다. 풀림의 목적은 다음과 같다.

① 열처리로 가공된 재료를 연화시킨다.
② 가공 경화된 재료를 연화시킨다.
② 가공 중의 내부 응력을 제거시킨다.

또 풀림 중 재결정 풀림은 냉간 가공한 재료를 가열하면 600℃ 정도에서 응력이 감소하며 재결정이 발생하며, 재결정은 결정 입자의 크기, 가공 정도, 석출물, 순도 등에 큰 영향을 받는다.

[5] 서브 제로(sub-zero, 심냉) 처리

담금질 직후 경도를 증가시키고, 시효변형을 방지할 목적으로 0℃ 이하의 온도에서 처리하는 것을 말한다. 즉 Mf(전체가 마르텐사이트 조직으로 되는 온도)가 상온 이하의 재료에서는 상온에서 담금질하여도 매우 많은 잔류 오스테나이트가 잔존하게 된다. 이것을 Mf점 이하의 낮은 온도까지 냉각하면 잔류 오스테나이트는 마르텐사이트화 되기 때문에 경도가 증가하고, 시효변형을 방지할 수 있으며, 액체 질소나 드라이아이스로 -80℃까지 냉각한다.

2. 항온 열처리(恒溫 熱處理)

[1] 항온 열처리와 조직

그림 5-5는 항온 열처리 방법의 설명도이다. AB 사이에서 오스테나이트까지 천천히 가열하고, BC 사이에서는 전체 가열이 균일하게 되도록 일정한 시간을 유지한 후 D에서 소금물 통(salt bath)에서 급냉시키고, DE 사이에서는 일정한 시간 동안 일정한 온도에서 항온 뜨임을 한 다음 EF에서는 공기 중에서 냉각시킨다. 담금질과 뜨임 2종류의 공정을 함께 할 수 있고, 또 담금질에서 오는 파손을 방지할 수 있는 열처리 방법이다.

항온 열처리는 온도·시간 및 변태 등 3종류의 변화를 선도로 표시하여 목적한 열처리 조직을 얻을 수 있기 때문에 대량생산에 적합하다. 즉 열처리할 재료가 결정되면 이것에 대한 온도·시간 및 변태곡선(일반적으로 S곡선이라 부름)을 만든다. 이것을 이용하여 그 재료를 오스테나이트 상태로 가열한 것을 일정한 온도의 소금물 통이나 연조(鉛槽) 또는 오일을 200℃ 이하에서 가열한 오일 통 속에 넣고 일정한 시간 동안 담금질 및 뜨임을 하여 그 재료가 필요한 조직으로 변태가 완료되었을 때 꺼내면 요구하는 경도와 조직을 얻을 수 있다.

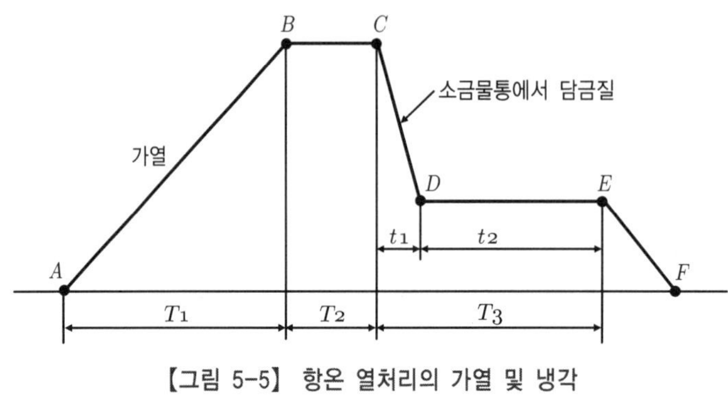

【그림 5-5】 항온 열처리의 가열 및 냉각

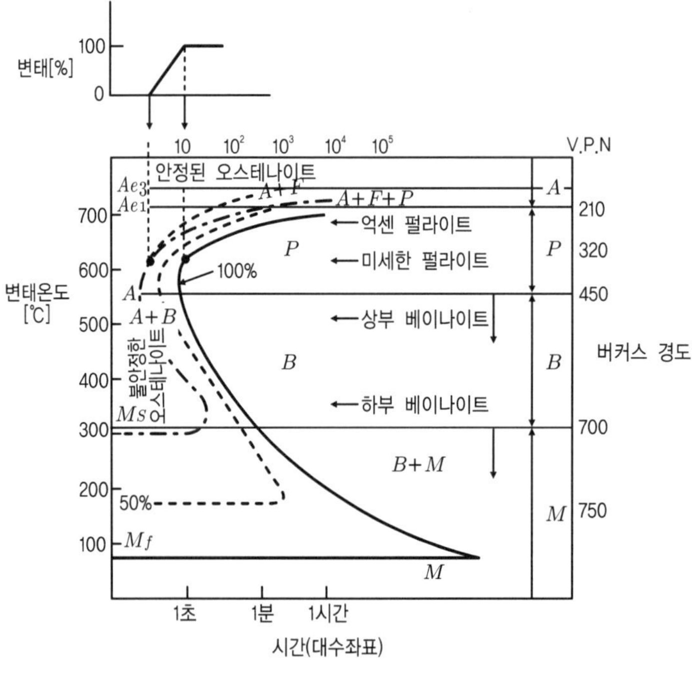

【그림 5-6】 항온 열처리 곡선

항온 변태를 진행시킬 때 변태온도를 변화시킨 것과 열처리 조직과의 관계를 나타내는 그림 5-6의 선도를 항온 변태도 또는 TTT 곡선(time temperature transformation curve) 및 S 곡선(S-curve)이라고도 한다.

항온 열처리의 특징은 다음과 같다.

① 계단 열처리보다 균열 및 변형감소와 인성이 향상된다.
② 니켈(Ni), 크롬(Cr) 등을 함유하는 특수강이나 공구강에 좋다.
③ 고속도강의 경우 1250~1300℃에서 580℃의 소금물(鹽浴)에서 담금질하여 일정시간 유지 후 공랭시킨다.

[2] 항온 열처리의 종류

① 오스템퍼(austemper) : 소금물에서 담금질을 하여 점성이 큰 조직을 얻고, 뜨임이 필요 없으며, 담금질 균열과 변형이 없다.
② 마르템퍼(martemper) : 항온 변태 후 열처리하여 혼합조직을 얻으며, 충격에 견디는 힘이 커진다.
③ 마르퀜칭(marquenching) : 항온 열처리 한 후 뜨임을 하여 담금질 균열과 변형이 적은 조직으로 하는 것이다.

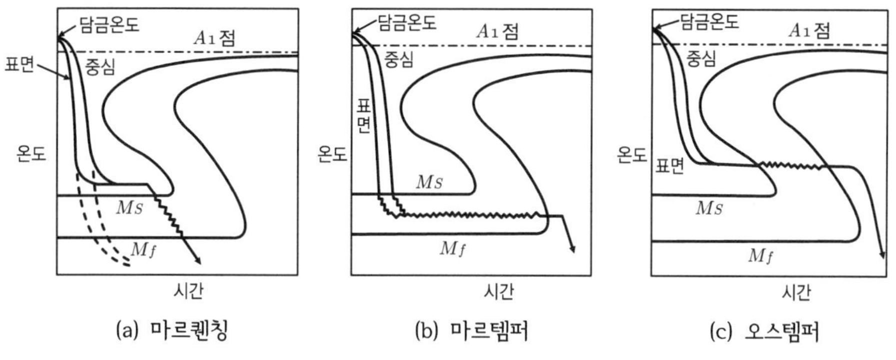

【그림 5-7】 항온 열처리의 종류

5-4 강철의 표면경화(surface hardening)

기계의 축이나 기어 등은 충격에 대해 강인한 성질을 지녀야 하고, 베어링은 마멸에 견딜 수 있어야 하므로 표면만 단단하게 하고 내부는 강인한 성질을 지니도록 하는 열처리를 말한다. 즉 마멸되기 쉬운 재료 표면은 경도가 높은 것이 요구되는데, 고탄소강을 표면의 경도를 높이기 위하여 담금질을 하면 재료 전체가 단단해져서 파손되기 쉽다. 이때 재질이 강인한 강재(鋼材)에 표면경화 방법을 이용하여 표면을 경화하면 표면은 마멸에 강해지고 내부에는 원재료의 재질대로 있으므로 충격에 견딜 수 있다. 강철의 표면경화 방법에는 다음과 같은 것들이 있다.

(1) 화학적 방법

① 침탄법(carburizing)
- ㉮ 고체 침탄법
- ㉯ 가스 침탄법

② 청화법(cyaniding)

③ 질화법(nitriding)

④ 시멘테이션(cementation)
- ㉮ 크로마이징(chromizing)
- ㉯ 칼로라이징(calorizing)
- ㉰ 실리코나이징(siliconizing)
- ㉱ 보론나이징(boronizing)

(2) 물리적 방법

① 특수 표면경화
- ㉮ 고주파 표면경화 방법
- ㉯ 화염 경화 방법

② 방전 경화 방법

1. 침탄법(carburizing)

탄소강은 탄소함유량이 많을수록 경도는 커지나 취성이 있어 충격에 약하다. 마모와 충격을 동시에 받는 기계부품 등은 재료내부는 탄소함유량이 적고 인성이 큰 성질이 필요하고, 표면은 탄소함유량이 높아 내마모성이 큰 것이 바람직하다. 이를 위해 탄소를 0.1~0.2% 정도 함유한 연한 강철의 표면에 탄소를 침투시켜 표면을 고탄소강의 조직으로 만들고 이것을 담금질하면 표면만 경화시킨 강철이 된다. 이와 같이 표면에 탄소를 침투시키는 것을 침탄법이라 하고, 이것을 담금질하는 두 작업을 합쳐서 침탄 경화라 부른다. 즉 탄소함유량이 적은 저탄소강의 표면에 탄소 또는 탄소를 많이 함유하는 침탄재료(목탄, 골탄, 혁탄)로 표면을 감싼 후에 노(爐) 속에 넣고 밀폐시키고 800~900℃ 정도에서 3~4시간 가열하면 탄소가 표면경화 할 재료 표면에서 0.5~2.0㎜ 정도까지 침투하여 표면은 탄소함유량이 많고 내부로 들어감에 따라 적어진다. 이에 따라 표면은 단단한 강철이 되고, 내부는 연한 강철이 된다. 이것을 다시 담금질하면 표면은 고탄소강이므로 열처리가 되고, 내부는 저탄소강이므로 그대로 연한 강철이 된다.

침탄법에는 고체 침탄법, 액체 침탄법, 가스 침탄법 등이 있으며, 액체 침탄법은 청화물(靑化物 CN)을 사용하는 경우가 많기 때문에 청화법에서 설명하도록 한다.

[1] 고체 침탄법

고체 침탄 재료에는 목탄(木炭), 코크스, 골탄(骨炭) 등과 촉진제로 $BaCO_3$, Na_2Co_3, NaCl 등을 사용한다. 침탄 상자는 4~10㎜의 강철판이나 주철로 제작하며, 표면경화 할 재료와 침탄 재료를 넣고, 내화 점토로 가스가 누출되지 않도록 바른다. 이것을 침탄로 속에서 900~950℃로 가열하여 여러 시간 동안 같은 온도가 유지되도록 한다.

침탄 재료는 높은 온도에서 가열하면 일산화탄소 또는 시안가스(CN)가 발생하며, 이것이 강철과 작용하여 γ-Fe에 침투한다. 이 반응에서 탄소는 일산화탄소 가스상태에서 γ-Fe 속에 고용된다.

즉

$$2C + O_2 \rightarrow 2CO$$
$$2CO + Fe \rightarrow [Fe - C] + CO_2$$
$$CO_2 + C \rightarrow 2CO$$

침탄 깊이와 침탄 시간은 그림 5-8과 같이 변화하며, 시간이 길면 깊게 침탄이 된다. 또 가열온도가 높으면 침탄속도가 빠르고, 침탄이 깊게 되지만 1000℃ 이상의 온도에서는 강철의 재질이 불량하게 될 우려가 있다. 따라서 침탄을 깊게 하려면 그 정도에 따라서 여러 번 반복하여야 한다. 가열시간은 표면경화 할 재료의 구조, 침탄 재료의 종류 및 침탄 상자의 크기 등에 영향을 받으며, 또 침탄할 깊이에 따라서 다르다.

침탄이 완료된 강철은 담금질하여 표면을 경화시켜 내마모성을 높이는 것이 목적이지만 침탄 온도가 높기 때문에 높은 온도에서 장시간 가열된 강철은 결정이 매우 억세고 또 성장되어 있으므로 침탄 후 상온까지 냉각시킨 후 열처리를 하여야 한다.

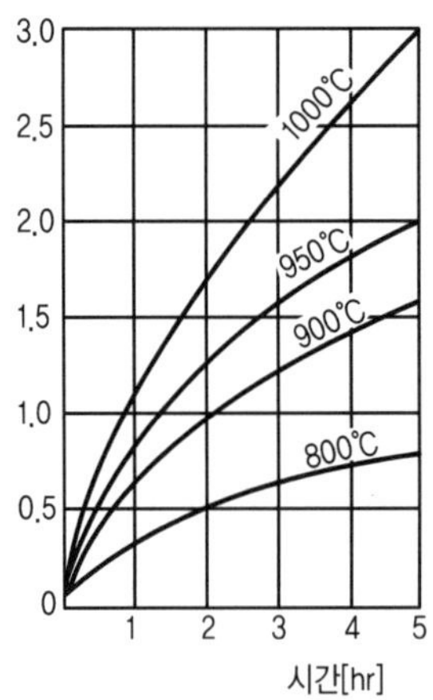

【그림 5-8】 침탄 깊이와 침탄 시간

1차 담금질은 A_{321}변태보다 높은 온도 850~900℃에서 가열하고 이것을 물 또는 오일에서 담금질하여 표면경화 할 재료의 중심조직을 미세화시킨다. 이때 표면도 경화되지만 이 온도는 표면 담금질 온도보다 높기 때문에 표면조직이 억세진다. 2차 담금질은 A_1변태점보다 다소 높은 770~800℃로 가열하고, 물 또는 오일 속에서 급냉시켜 전체를 치밀한 조직으로 만든다. 이와 같이 2단계로 열처리를 하면 표면 경화된 강철은 목적에 적합한 재질이 된다.

[2] 가스 침탄법

침탄 재료로 사용하는 가스는 이산화탄소(CO_2), 일산화탄소(CO), 메탄가스(CH_4), 에탄가스(C_2H_6), 프로판 가스(C_3H_8) 등이며, 이 가스들이 높은 온도에서 표면경화 할 재료와의 사이에서 활성화되면 탄소를 석출하고 이것이 γ-Fe 속에 고용된다. 가스 침탄은 다음과 같이 작업한다.

밀폐 상자형 전기로에 표면경화 할 재료를 넣고 높은 온도에서 침탄가스를 유동시키면서 연속적으로 보내고, 폐(廢) 가스는 노(爐) 밖에서 연소시킨다. 가스 침탄은 고체 침탄에 비해 가열이 빠르고 노(爐)속의 온도도 균일하게 할 수 있다.

침탄 온도는 930℃이고 침탄이 완료되고, 침탄가스의 공급을 중지하면 확산이 진행되어 과잉 침탄층이 없어지고 경화층이 깊어진다. 노(爐)의 온도를 낮춰 담금질 온도에 도달하였을 때 담금질한다.

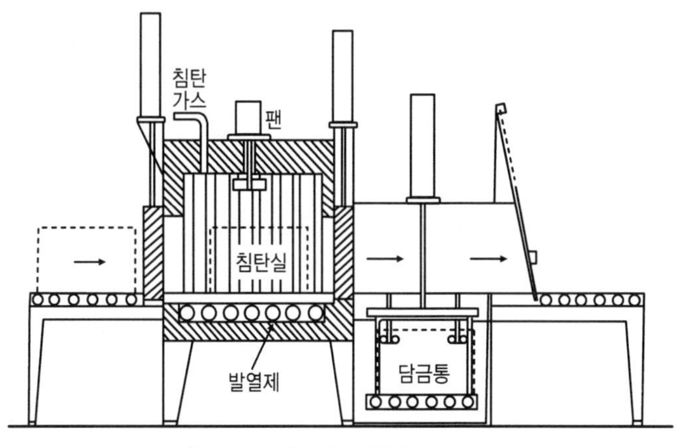

【그림 5-9】 가스 침탄로의 구조

2. 질화법(nitriding)

질소는 높은 온도에서 철이나 강철에 작용하여 질화철을 만든다. 이 질화물은 경도가 크고, 취성이 있다. 그러나 표면에만 작용시키면 내마모성과 경도가 높은 재질이 된다. 즉 철 또는 강철을 암모니아 가스 속에서 500~550℃로 50~100시간 가열하면 철과 질소가 작용하여 강철의 표면을 질화철이 되도록 하는 방법이다.

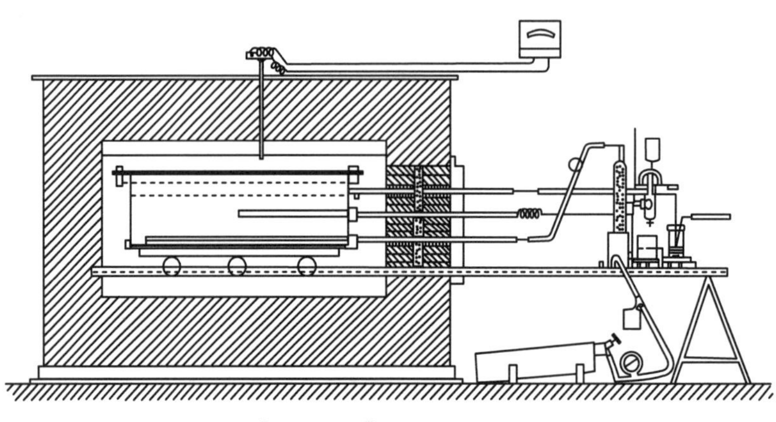

【그림 5-10】 질화로의 구조

침탄법에 비해 경화층이 얇고 조작시간이 길다. 질화법에 적합한 합금강은 합금원소로서 알루미늄(Al), 크롬(Cr), 몰리브덴(Mo), 바나듐(V) 등을 함유한 것이다. 크랭크축, 피스톤 핀 등에 이용된다.

침탄법과 질화법의 비교

침탄법	질화법
경도가 낮다.	경도가 높다.
침탄 한 후의 열처리가 필요하다.	열처리가 필요 없다.
경화에 의한 변형이 발생한다.	경화에 의한 변형이 적다.
질화층보다 여리지 않다.	질화층이 여리다.
수정이 가능하다.	수정이 불가능하다.
높은 온도로 가열할 때 뜨임이 되고 경도가 낮아진다.	높은 온도로 가열을 하여도 경도가 낮아지지 않는다.

3. 청화법(cyaniding)

청화법은 강철을 황혈염(黃血鹽) 등의 CN 화물물을 주성분으로 한 청산소다(NaCN)나 청산칼리(KCN)와 유동성을 향상시키고 용융점을 낮추기 위해 NaCl, KC1, Na_2Co_3, K_2CO_3, $BaCl_2$ 등을 첨가한 액체 속에 넣어 금속 표면에 질소와 탄소가 동시에 침투되게 하는 방법이다. 청화법은 청화물(CN)이 철과 작용하여 침탄과 질화가 동시에 진행되는 장점이 있다.

4. 시멘테이션에 의한 경화

강철 표면에 다른 금속[크롬(Cr), 알루미늄(Al), 티탄(Ti), 코발트(Co)] 또는 규소(Si)를 삼투(滲透)시켜 그 표면에 합금층 및 금속피복을 만드는 것을 시멘테이션(cementation)이라 한다.

일반적으로 금속보다 증기압력이 높고 금속표면에서 쉽게 분해될 수 있는 가스상태의 금속 화합물을 사용한다. 이 가스가 침투할 물질을 금속표면으로 운반하고 여기서 분해되어 활성기체상태가 되고 금속표면에 흡착 침투한다.

[1] 크로마이징(chromizing) - 크롬(Cr) 침투 처리

크롬은 내부식성, 내산성, 내마모성이 크기 때문에 금속표면에 크롬(Cr)을 침투시키는 것이며, 크로마이징에는 고체분말 방법과 가스 크로마이징이 있다.

고체분말 방법은 강철의 표면을 깨끗이 한 후에 Fe-Cr 분말 60%, Al_2O_3 30%, NH_4Cl 3%를 혼합한 분말 속에 넣고 980~1050℃로 10~15시간 가열한다. 이 처리에 의해 크롬은 강철 속으로 침투하여 0.05~0.15㎜ 정도의 크롬 침투층이 얻어진다. 크롬 침투층은 매우 단단하고 내마모성이 커 다이스(dies), 게이지(gauge), 절삭공구 등에서 사용된다.

[2] 칼로라이징(calorizing) - 알루미늄(Al) 침투 처리

칼로라이징은 강철의 표면에 알루미늄(Al)을 침투시키는 것이며, 스케일(scale)에 견디는 성질을 증가시킬 때 사용한다. 강철을 알루미늄 분말 49%, Al_2O_3 분말 49%, NH_4Cl 2%의 혼합분말 속에 넣고 노(爐) 속에 넣어 950~1050℃로 가열한다. 가열시간은 일반적으로 3~15시간 정도이며, 0.3~0.5㎜의 두께가 형성된다. 칼로라이징 된 제품은 900℃까지의 고온산화에 견디는 성질이 있으며, 이보다 높은 온도에서는 약간의 산화가 발생한다.

[3] 실리코나이징(siliconizing) - 규소(Si) 침투 처리

실리코나이징은 내부식성을 향상시키는 것이며, 강철표면에 규소(Si)를 침투 확산시키는 처리로서, 고체분말 방법과 가스 방법이 있다. 고체분말 방법은 규소분말, Fe-Si, Si-C 등의 혼합물 속에 넣고 회전로(回轉爐) 또는 침탄로(浸炭爐)에서 950~1050℃로 되었을 때 Cl_2 가스를 통과시킨다.

Cl_2 가스는 용기 내의 실리콘 카바이드(silicon carbide) 또는 Fe-Si와 작용하여 강철 속으로 침투 확산된다. 950~1050℃에서 2~4시간 처리로 0.5~1.0㎜의 규소 침투층이 얻어진다.

가장 바깥쪽의 규소함유량은 14% 정도이며, 펌프의 축, 실린더 라이너, 나사 등의 부식, 열 및 마모가 일어나기 쉬운 부품에 효과적이다.

[4] 보론나이징(boronizing) - 붕소(B) 침투 처리

강철표면에 붕소(B)를 침투 확산시켜 경도가 높은 보론화된 층을 형성시키는 표면경화 방법이다. 이 방법은 붕소의 용해 및 전해에 의해 얻어지며, 붕소 처리에서 경화 깊이는 약 0.15㎜이다. 이 방법은 처리 후 담금질이 필요 없으며, 각종 강철에 적용이 가능하다.

5. 물리적 표면경화 방법

[1] 고주파 경화 방법(induction hardening)

일반적인 열처리에서 사용하는 가열 방법은 열에너지가 전도 및 복사의 형식으로 가열하는 금속에 도달하는 방식을 사용하고 있으나 고주파 경화 방법에서는 전자 에너지의 형식으로 금속에 전달되고, 금속의 표면에 도달하면 도전성(導電性) 금속에는 유도 2차 전류가 발생한다. 주파수가 높을수록 효과적이며, 10~200kHz 정도를 사용한다. 금속표면에 표피효과가 크기 때문에 맴돌이 전류라고도 한다. 즉 고주파 경화 방법은 고주파 전류를 이용하여 일정한 두께의 표면만을 가열 한 후 급냉시키는 방법이다. 이 방법의 장점은 다음과 같다.

① 기어 또는 복잡한 형상의 부품들을 부분적으로 경화시킬 수 있다.
② 경화시간이 짧고 탄화물을 고용하기 쉬우며, 주로 대량생산에서 이용된다.
③ 금속표면에 에너지가 집중되기 때문에 가열시간을 단축시킬 수 있다.
④ 금속의 스트레인(strain)을 최대한 억제시킬 수 있다.
⑤ 가열시간이 짧아 산화 및 탈탄의 우려가 적다.
⑥ 값이 싸므로 경제적이다.

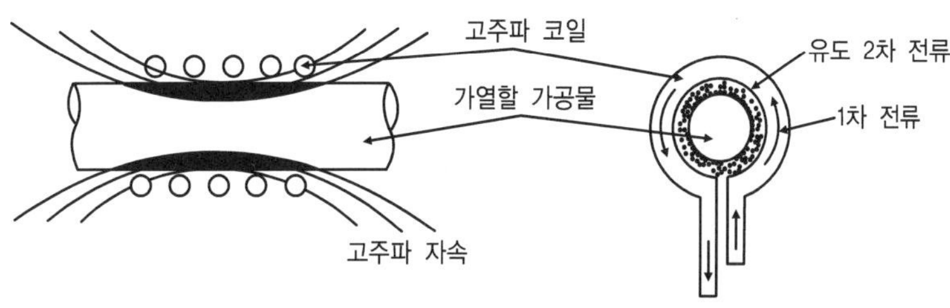

【그림 5-11】 고주파 경화 방법

[2] 화염 경화 방법(flame hardening)

탄소함유량 0.4% 정도의 강철을 산소-아세틸렌 불꽃으로 표면만 담금질 온도로 가열한 다음 급냉시켜 표면만 담금질하는 것으로 경화층 깊이는 불꽃의 온도, 불꽃의 이동시간으로 결정한다.

6. 강철의 탈탄

강철을 높은 온도로 가열하여 열처리할 때 또는 고온가공을 하기 위하여 장시간 가열하면 산화(oxidation)가 일어나 산화막을 형성한다. 이때 강철 속의 탄소도 산화하여 이산화탄소, 일산화탄소 가스로 되어 제거된다. 이것을 탈탄(脫炭)이라 한다. 강철표면이 탈탄되면 표면에는 연한 페라이트층이 형성된다. 이것은 공구강이나 스프링강 등에서는 제품의 성능을 떨어뜨린다.

강철의 탈탄은 공기, 수증기, 이산화탄소와 같은 산화성 가스 또는 수소, 암모니아와 같은 환원성 가스 및 용융염(熔融鹽), 산화철 중의 슬래그 등에 의해서도 발생한다.

강철의 탈탄은 니켈(Ni), 망간(Mn), 크롬(Cr) 등을 첨가하면 감소하고, 규소(Si), 인(P) 등을 첨가하면 증가한다. 그리고 결정격자가 거친 강철은 미세한 경우보다 더욱더 탈탄되기 쉽다.

CHAPTER

06 특수강(합금강)

특수강(special steel)이란 탄소강에 다른 원소를 1개 또는 2개 이상을 첨가한 것으로 합금강(alloy steel)이라고도 부른다. 첨가되는 원소에는 니켈(Ni), 크롬(Cr), 망간(Mn), 규소(Si), 텅스텐(W), 몰리브덴(Mo), 바나듐(V), 티탄(Ti), 코발트(Co), 붕소(B), 황(S), 알루미늄(Al) 등이 있다.

6-1 특수강의 분류와 합금원소의 영향

1. 특수강의 분류

특수강이란 우수한 기계적 성질을 지닌 강철을 필요로 할 때 그 목적에 따라 합금원소를 넣은 것을 말한다. 합금원소의 함유량에 따라 고특수강과 저특수강, 성분에 따라서 니켈강, 망간강, 텅스텐강, 몰리브덴강 등으로 분류하기도 하며, 용도에 따라서 구조용 특수강, 공구용 특수강, 내부식-내열용 특수강, 특수용도용 특수강으로 나누기도 한다.

2. 합금원소의 영향

탄소강에 여러 가지 목적으로 합금원소를 첨가하는데 그 중에서 중요한 목적은 다음과 같다.

① 강철을 경화시킬 수 있는 깊이를 증가시켜 기계적 성질을 개선하기 위해
② 높은 강도와 연성을 유지하기 위해

③ 높은 온도와 낮은 온도에서의 기계적 성질을 개선하기 위해
④ 내부식성, 내고온성, 내산화성 등을 개선하기 위해
⑤ 내마모성 및 피로 특성 등의 특수한 성질을 개선하기 위해

그리고 특수강에 첨가되는 원소의 특성은 다음과 같다.

① 니켈(Ni) : 강성과 인성, 내부식성, 내산성, 저온 충격값을 증가시킨다.
② 크롬(Cr) : 함유량이 적어도 강도와 경도를 증가시키며, 함유량이 많아지면 내부식성, 내마모성 및 자경성을 크게 증가시키는 것 이외에, 탄화물의 생성을 쉽게 하여 내마모성도 증가시킨다.
③ 텅스텐(W) : 함유량이 적으면 크롬과 거의 비슷한 작용을 하지만, 함유량이 많아지면 탄화물 생성을 쉽게 하여 경도와 내마모성을 크게 증가시킨다. 특히, 고온 강도와 경도를 증가시킨다.
④ 몰리브덴(Mo) : 담금질 깊이를 크게 하고, 크리프 저항과 내부식성을 증가시킨다. 또 뜨임 취성을 방지한다.
⑤ 규소(Si) : 함유량이 적으면 강도와 경도를 조금 향상시키나, 함유량이 많아지면 내마모성을 크게 증가시키고, 전자기적 성질도 개선시킨다.

자경성

자경성이란 특수원소를 첨가하여 가열 후 공기 중에서 냉각시켜도 자연히 경화하여 담금질 효과를 얻는 것으로 크롬(Cr), 니켈(Ni), 망간(Mn), 텅스텐(W), 몰리브덴(Mo) 등이 있다.

6-2 구조용 특수강

구조용 특수강은 기계를 구성하는 주요부품 또는 구조물을 제작하는데 사용하는 강철 재료이며, 인장강도, 탄성 한도, 연신율, 단면수축률, 충격값, 피로한도 등의 기계적 성질이 우수하여야 한다. 또, 주조성, 단조성, 절삭성 등의 가공성도 좋아야 한다.

1. 강인강(强靭鋼)

강인강은 탄소강에서 얻을 수 없는 강성과 인성을 지니는 재료를 얻기 위해 탄소강에 니켈(Ni), 크롬(Cr), 텅스텐(W), 망간(Mn), 티탄(Ti), 몰리브덴(Mo), 규소(Si) 등을 첨가한 것이다. 이 중에는 합금된 상태 그대로 사용하는 경우도 있으나 적당히 담금질, 뜨임 등의 열처리를 하여 그 성질을 개선시켜 사용하는 경우가 많다. 강인강은 볼트, 너트, 축, 기어 등에 사용되며 탄소 함유량은 0.28~0.48% 정도이다.

[1] 니켈강(Ni steel)

강성과 인성, 열처리성, 내마모성, 내부식성 등을 향상시키기 위해 탄소강에 니켈을 첨가시킨 것이다. 니켈강을 적절히 열처리하면 인성이 탄소강의 5~6배 정도 증가되고, 내부식성과 내마모성도 개선된다. 용도는 기어, 스핀들, 크랭크축, 추진축 등에서 사용된다.

[2] 크롬강(Cr steel)

크롬은 Fe_3C 중에 녹아 들어가 $(Fe \cdot Cr)_3C$를 형성하여 경도를 증가시켜 내마모성을 향상시킨다. 결정입자는 인장강도, 항복점을 증가시키며, 인성이 크다. 또, 임계 냉각속도를 느리게 하여 공기 중에서 냉각하여도 경화되는 자경성이 있다. 크롬 2% 이하의 저탄소 크롬강은 침탄용 강으로, 고탄소 크롬강은 베어링, 줄, 다이스 등으로 이용된다. 크롬 12% 이상의 저탄소인 것은 매우 안정된 피막을 형성하므로 내부식강, 내열강으로 이용된다.

[3] 니켈-크롬강(Ni-Cr steel, SNC)

니켈-크롬강은 탄소강에 니켈과 크롬을 첨가하여 각각의 효과를 이용한 것이다. 니켈은 페라이트 기지의 인성 증가를, 크롬은 탄화물에 의한 경도를 증가시킨다. 따라서 강성과 인성이 있고 연신율 및 단면수축률이 크게 감소되지 않고 강도가 큰 특성이 있어 대표적인 구조용 강철로 사용된다. 구조용 강철로 사용되고 있는 것은 펄라이트 조직이지만 내마모성과 내부식성이 우수하고 또 높은 온도에서 장시간 가열하여도 결정립이 거칠어지지 않는다. 그러나 이 합금은 열전도성이 불량하기 때문에 서서히 가열하여야 한다. 또, 뜨임을 할 경우에는 600℃에서 물 또는 기름에 급냉한다.

[4] 크롬-몰리브덴강(Cr-Mo steel)

니켈-크롬강에서 니켈 대신 몰리브덴을 적은 양 첨가하여 성질을 향상시킨 것이다. 기계적 성질, 질량효과도 니켈-크롬강에 비해 큰 차이가 없으며, 용접성이 우수하다. 크롬 이외에 몰리브덴을 함유하면 강철의 경화성능이 커지고, 뜨임 취성도 적어지므로 고온 가공성이 좋고, 가공 면이 깨끗하여 얇은 강철판이나 파이프 제조에 많이 사용된다. 각종 축(shaft), 기어, 강력 볼트 등에도 사용된다.

[5] 니켈-크롬-몰리브덴강(Ni-Cr-Mo steel)

구조용 니켈-크롬강에 0.3% 정도의 몰리브덴을 첨가하면 강성과 인성을 증가시킬 뿐만 아니라, 담금질한 경우에는 질량 효과를 감소시키고, 뜨임 취성을 방지하는 효과가 크다. 몰리브덴은 높은 온도에서 점성이 좋으므로 단조 및 압연이 쉽고, 스케일(scale)분리가 잘되므로 표면이 매끈하다. 이 강철은 엔진의 크랭크축, 강력 볼트, 기어 등에 사용된다.

[6] 망간강(Mn steel)

망간은 탄소강에 자경성을 주며, 많은 양을 첨가한 망간강은 공기 중에서 냉각하여도 쉽게 마르텐사이트나 오스테나이트 조직으로 된다.

(1) 저망간강

일반적으로 사용되는 저망간강은 탄소 0.2~0.2%, 망간 1.2~2%, 저탄소, 저망간강으로 듀콜(ducol)강이라 한다. 강하고 연신율도 양호하므로 선박, 차량, 건축, 교량 등 일반 구조용 강철로 사용한다.

(2) 고망간강

망간 10~14%, 탄소 0.9~1.3%의 고탄소, 고망간강으로 하드필드(hard field)강 또는 상온에서 오스테나이트 조직을 지니고 있어 오스테나이트 망간강이라고도 한다.

완전한 오스테나이트 조직은 공랭에 의해서는 얻을 수 없으므로 1000~1100℃에서 수중 냉각하는 방법을 사용한다. 이 강철은 내마모성과 내충격성이 크고, 특히 인성이 크다.

6-3 공구용 특수강

공구는 금속가공에서 절삭, 전단 등에 사용되는 칼 또는 측정에 사용하는 기구를 말한다. 공구재료로서의 구비조건은 용도에 따라서 다르나 대략 다음과 같다.

① 상온과 높은 온도에서 경도가 높을 것
② 내마모성, 강성과 인성이 클 것
③ 열처리와 공작이 쉬울 것
④ 값이 쌀 것

따라서 각종 공구재료로 사용되는 특수강은 탄소 공구강보다 강도, 경도, 인성, 내마모성이 커야 한다.

공구용 특수강은 높은 탄소함유량 이외에 크롬, 텅스텐, 니켈, 망간 등의 1종류 또는 그 이상 첨가되며 고급 특수강에서는 성질을 개선하기 위해 몰리브덴, 바나듐(V), 코발트(Co) 등이 더 첨가된다.

1. 합금 공구강(STS)

탄소강은 높은 온도에서의 경도가 낮고, 고속절삭과 강력 절삭공구 또는 단조, 주조 등에 부적당하다. 이와 같은 결점을 보완하기 위해 탄소 공구강에 특수원소로서 크롬, 텅스텐, 망간, 니켈, 바나듐 등을 1종류 또는 2종류 이상 첨가하여 성능을 개선한 것을 합금 공구강이라 한다.

2. 고속도강(SKH)

고속도강은 절삭 공구강의 일종이며, 500~600℃까지 가열하여도 뜨임에 의해서 연화하지 않고, 또 높은 온도에서도 경도의 감소가 적은 것이 특징이다.

텅스텐(W) 18%, 크롬(Cr) 4%, 바나듐(V) 1% 형과 텅스텐(W) 14%, 크롬(Cr) 4%, 바나듐(V) 1% 형이다.

3. 소결 초경합금

소결 초경합금은 WC, TiC, Tac 등의 금속 탄화물을 코발트(Co)로 소결한 비철 합금이며, 소결 탄화물 공구라고도 한다. 이 소결 초경합금은 크게 WC-Co 계열과 WC-TiC-Co 계열의 2종류로 나누어진다.

WC-Co 계열의 공구재료는 인성이 적어 충격을 받는 부분에는 부적당하다. 그러나 주철, 강철, 황동 및 경합금용의 공구로 사용하면 고속도강의 2배 이상의 속도로 절삭할 수 있다. 또 높은 온도에서 내구력이 커 석재, 유리, 도자기 등과 같이 고속도강으로 절삭하기 어려운 재료도 절삭할 수 있고, 공구수명도 길다.

WC-Co 계열에 Tic 또는 TaC을 첨가한 것은 고탄소강, 니켈-크롬강, 망간강 등 강한 재질의 절삭용으로 사용한다. TiC은 내마모성과 높은 온도의 경도가 커 공구수명을 증가시킨다.

4. 스텔라이트(stellite, 주조합금 공구재료)

경질주조 합금 공구재료로서, 주조한 상태 그대로 연삭하여 사용하는 비철 합금이다. 또, 열처리를 하지 않아도 충분한 경도를 지닌다. 코발트(Co)를 주성분으로 한 코발트(Co)-크롬(Cr)-텅스텐(W)-탄소(C) 계열의 이 합금은 단조가 불가능하므로 금형 주조에 의해 소정의 모양으로 만들어 사용한다.

상온에서는 담금질한 고속도강보다 다소 연하나 600℃ 이상에서는 고속도강보다 단단하므로, 절삭능력이 고속도강의 1.5~2.0배 정도 크다. 그러나 취약하여 충격에 의해 쉽게 파손되는 큰 결점이 있다.

5. 세라믹스(ceramics)

세라믹스는 알루미나(Al_2O_3)를 주성분으로 결합제를 사용하지 않고 소결시킨 공구이다. 제조 방법은 알루미나를 1600℃ 이상에서 소결 성형시키며, 특성은 내열성이 가장 높고, 고온경도 및 내마모성은 크나 비자성, 비전도체이며 충격에 약하다. 용도는 고온절삭, 고속 정밀가공, 강자성 재료 가공용이다.

6-4 내부식 및 내열 특수강

1. 내부식강

내부식강은 금속의 부식을 방지하기 위해 합금원소를 첨가하여 부식이 어려운 조직으로 하거나 또는 특수 표면처리를 하여 진행을 저지한다.

스테인리스강은 합금원소 첨가에 의한 방법을 이용한 대표적인 것이다. 철(Fe)에 크롬(Cr)을 첨가하면 결정격자 내에서 철(Fe)원자가 크롬(Cr)원자에 의해 보호되어 화학작용을 발생하지 않아 부식이 방지된다.

[1] 페라이트계열 스테인리스강(고 크롬계열)

크롬 13%인 것과 크롬 18%인 것이 대표적이지만, 최고 25% 크롬인 것도 제조되고 있다. 탄소함유량을 가능한 한 적게 하여 페라이트 조직으로 한 것으로 내부식성이 크다. 탄소함유량이 많아지면 철(Fe), 코발트(Co), 크롬(Cr)의 복합 탄화물을 형성하여 내부식성과 가공성이 낮아진다.

[2] 오스테나이트계열 스테인리스강(고 크롬, 고 니켈계열)

고 크롬(Cr)계열 스테인리스강에 니켈(Ni)을 10% 정도 첨가한 것으로 크롬 18%, 니켈 8%인 것이 가장 대표적인 성분으로 18-8강이라고도 부른다.

고 크롬계열보다도 내부식성과 내산화성이 크다. 상온에서 오스테나이트 조직으로 연하여 가공성이 좋다. 그러나 400℃ 이상에서는 $Cr_{23}C_6$ 등의 탄화물이 결정 입계(粒界)에 석출하기 쉽다. 그 때문에 입계 부식을 일으켜 내부식성을 저하시키고 입간(粒間) 균열을 일으키게 된다. 이를 방지하기 위해 높은 온도에서 담금질하여 탄화물을 고용시키면 좋다. 용접을 하면 용접부분에 석출이 일어나 균열이 일어나기 쉽고, 또 절삭성도 나빠진다.

[3] 마르텐사이트계열 스테인리스강(고 크롬, 고 탄소계열)

12~17%의 크롬(Cr)과 충분한 탄소(C)를 함유하므로 담금질하였을 때 마르텐사이트 조직을 형성한다. 이 합금의 조성은 높은 강도와 경도를 목적으로 조정하였으므로 내부식성은 고 크롬 및 고 크롬-고 니켈계열에 비해 불량하다.

2. 내열강(耐熱鋼)

내열재료는 단지 높은 온도에서 경도, 강도가 유지되는 것만 아니라 조직이 안정되어 산화가스 등의 침식에도 견딜 수 있어야 한다.

내열성을 증대시키기 위해 첨가하는 대표적인 성분은 크롬(Cr)이지만 규소(Si), 알루미늄(Al), 니켈(Ni), 몰리브덴(Mo), 텅스텐(W), 티탄(Ti) 등도 강도를 증대시킬 목적으로 첨가한다.

크롬계열 내열강은 페라이트 조직이지만 이것의 사용 온도는 650℃ 정도이다. 온도를 초과하면 급격히 강도가 감소하기 때문에 이 이상의 온도에 견딜 수 있는 것은 많은 양의 니켈과 망간을 첨가하여 오스테나이트 조직으로 한 것이 있다.

6-5 특수 목적 특수강

1. 쾌삭강(快削鋼)

강철에 황(S), 납(Pb) 등의 특수원소를 첨가하여 절삭할 때, 칩(chip)을 잘게 하고, 피삭 성능을 향상시킨 것을 쾌삭강(free cutting steel)이라 한다.

2. 스프링강

스프링 재료는 탄성 한도와 항복점이 높고 충격이나 반복 응력에 대해 잘 견딜 수 있는 것이 필요하다. 따라서 고탄소강을 사용하기도 하지만 대부분은 망간강, 규소-망간강, 크롬강, 크롬-바나듐강 등의 특수강을 사용한다.

3. 불변강(不變鋼)

주위의 온도변화에 따라 선팽창 계수나 탄성률 등의 특정한 성질이 변화하지 않는 강을 말하며, 불변강(invariable steel)은 비자성강으로 니켈(Ni) 26%에서 오스테나이트 조직을 갖는다.

불변강의 종류는 다음과 같다.

[1] 인바(invar)강

인바강은 탄소함유량 0.2% 이하, 니켈(Ni) 35~36%, 망간(Mn) 0.4%가 함유된 철(Fe)합금이며, 200℃ 이하에서의 선팽창 계수가 매우 작다. 20℃에서의 선팽창 계수가 1.2×10^{-6} 정도이며, 줄자, 표준 자, 시계 추 등의 재료로 사용된다.

[2] 슈퍼 인바(super invar, 초인바)강

니켈(Ni) 30.5~32.5%, 코발트(Co) 4.0~6.0%가 함유된 철(Fe)합금이며, 20℃에서의 선팽창 계수가 0.1×10^{-6} 정도로 인바의 1/12밖에 되지 않으며, 정밀기계 부품 재료로 사용된다.

[3] 엘린바(elinvar)

니켈(Ni) 36%, 크롬(Cr) 12%가 함유된 철(Fe)합금이며, 온도변화에 따른 탄성률 변화가 거의 없다. 20℃에서는 선팽창 계수가 8.0×10^{-6} 정도이다.

[4] 코엘린바(coelinvar)

니켈(Ni) 16.5%, 크롬(Cr) 10~11%, 코발트(Co) 26~58%가 함유된 철(Fe)합금이며, 온도변화에 따른 탄성률 변화가 매우 작고, 공기나 물 속에서 부식되지 않는 특성이 있다.

그밖에 니켈(Ni)을 75~80% 함유한 퍼멀로이(permalloy)와 철(Fe)-니켈(Ni) 42~46%, 코발트(Co) 18%를 함유한 플래티나이트(platinite)가 있다.

07

주철(Cast Iron)

7-1 주철의 개요

주철은 강철보다 탄소함유량이 높기 때문에 강철에 비해 인장강도는 낮고, 취성이 크며, 소성변형이 되지 않는 단점이 있으나 주조성능이 우수해 복잡한 형상을 쉽게 주조할 수 있고 값이 싸 널리 사용된다.

주철의 주조성능은 탄소함유량과 그 밖의 성분의 양에 따라 달라지며, 실용되는 주철의 성분은 탄소(C) 2.5~4.5%, 규소(Si), 0.5~3.0%, 망간(Mn) 0.5~1.5%, 인(P) 0.05~1.0%, 황(S) 0.05~0.15% 범위이다.

주철 중의 탄소의 일부가 유리(遊離)되어 흑연화(graphite)된 것을 회주철(grey cast iron)이라 한다. 탄소를 흑연화하기 위한 인자로 탄소 함유량과 규소(Si) 함유량이 매우 큰 영향을 미친다.

회주철은 주조 및 절삭성능이 좋기 때문에 기계 구조재료로 각종 공작기계의 베드(bed), 내연기관의 실린더 블록, 실린더 헤드, 주철 파이프, 난방기구, 농기구, 펌프, 내수압 용기, 기어 등에서 사용한다.

주철 중의 탄소가 탄화철(Fe_3C)의 화합상태로 존재하는 것을 백주철(white cast iron)이라 한다. 주철 중의 탄소가 화합탄소 또는 흑연으로 되는 데에는 함유원소 및 냉각속도의 영향이 크게 좌우한다. 그리고 회주철과 백주철의 중간 상태인 것을 반주철(mottled cast iron)이라 한다.

백주철은 규소(Si)의 양이 적고 냉각속도를 빠르게 한 칠드주철(chilled cast iron, 냉간주철)이며, 경도와 내마모성이 크기 때문에 압연기(rolling mill)의 롤러, 기차와 전차의 바퀴, 브레이크 슈, 파쇄기의 이(jaw), 볼 밀(ball mill)의 볼, 다이스(dies) 등에서 사용한다. 또 사형(砂型)에서 주조한 후 열처리한 가단주철이 있다. 주철의 기계적 성질은 제품의 두께, 성분, 조직에 따라서 다르다.

일반적으로 인장강도는 15~20kgf/㎜²로 비교적 낮다. 그러나 강도, 내열성, 내마모성을 증가시키기 위해 니켈(Ni), 크롬(Cr), 몰리브덴(Mo) 등을 첨가하는 경우가 있는데 이것을 합금주철이라 한다.

주철의 분류는 다음과 같다.

[주철의 분류]

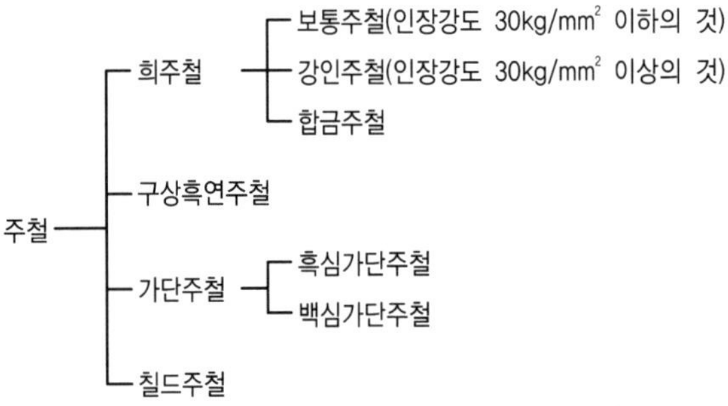

7-2 주철의 조직

주철은 탄소함유량이 1.7~6.67%인 철(Fe)과 탄소(C)의 합금이다. 인장강도가 강(steel)에 비해 작고 취성이 크며 높은 온도에서도 소성 변형이 되지 않는 결점이 있으나 주조성능이 우수하여 복잡한 형상도 쉽게 주조되며, 값이 싸기 때문에 널리 사용된다.

주철 중에 함유된 탄소함유량은 일반적으로 2.5~4.5% 정도인데 그 일부분은 유리상태로 존재하는 유리탄소(free carbon)또는 흑연(graphite)이며, 다른 일부분은 화합상태로 펄라이트 또는 시멘타이트로 존재하는 화합탄소로 되어 있다.

주철에 함유되는 탄소량은 흑연과 화합탄소를 합한 전체 탄소로 나타내며, 주철의 특성은 다음과 같다.

① 용융점이 낮고, 유동성이 좋다.
② 압축강도는 크나 인장강도가 부족하다.
③ 가단성·전성 및 연성이 적고, 취성이 크다.
④ 마찰저항이 크며, 값이 싸다.
⑤ 녹이 잘생기지 않는다.
⑥ 내마모성이 크고, 절삭성능이 좋다.
⑦ 가공은 가능하나, 용접성이 불량하다.

주철 중의 탄소는 용융상태에서는 모두 균일하게 용융되어 있으나, 응고될 때 급냉하면 시멘타이트로, 서서히 냉각시키면 흑연으로 석출된다. 흑연이 석출될 때를 안정 평형상태라 하고, 시멘타이트가 나올 때를 준안정 평형상태라 한다.

주철 조직을 크게 지배하는 것은 철(Fe)의 고용체와 흑연 및 시멘타이트이다. 그리고 주철의 조직을 지배하는 중요한 요소는 탄소(C), 규소(Si)의 양과 속도이며, 이들의 요소와 조직의 관계를 나타낸 것이 마울러 조직도(Maurer's diagram)이다.

1. Fe-C 평형 상태도

그림 7-1의 평형 상태도에서 C점은 공정점(eutectic point)이며, 탄소함유량 4.3%를 포함한다. C점 왼쪽 탄소 함유량 1.7~4.3%를 포함한 주철을 아공정 주철(hypo eutectic cast iron)이라 부르고, C점 오른쪽 탄소함유량 4.3% 이상의 주철을 과공정 주철(hyper eutectic cast iron)이라 한다. 그리고 탄소함유량 4.3%에 해당되는 것을 공정주철(eutectic cast iron)이라 한다.

용융된 주철은 철과 시멘타이트(Fe_3C)로 되어 있다. 액체상태의 선 BC로 표시되는 온도가 되면 오스테나이트의 결정을 나타낸다. 과공정의 범위에서는 흑연의 결정(G)이 정출된다.

공정온도 EF 이하의 온도에서 오스테나이트(γ)와 흑연(G)이 되며, A_1점(PK) 이하에서는 오스테나이트는 페라이트(α)와 시멘타이트가 되고, 페라이트와 흑연이 혼합된다.

- 안정계 : L(용체)+δ(고용체) ⇄ γ(고용체)+G(흑연)
- 불안정계 : L(용체)+δ(고용체) ⇄ γ(고용체)+Fe_3C

규소(Si)가 많은 회주철은 Fe-C-Si계의 3성분 평형도로 표시되며, 규소(Si) 함유량이 증가함에 따라 공정점 C는 저탄소 쪽으로 이동한다.

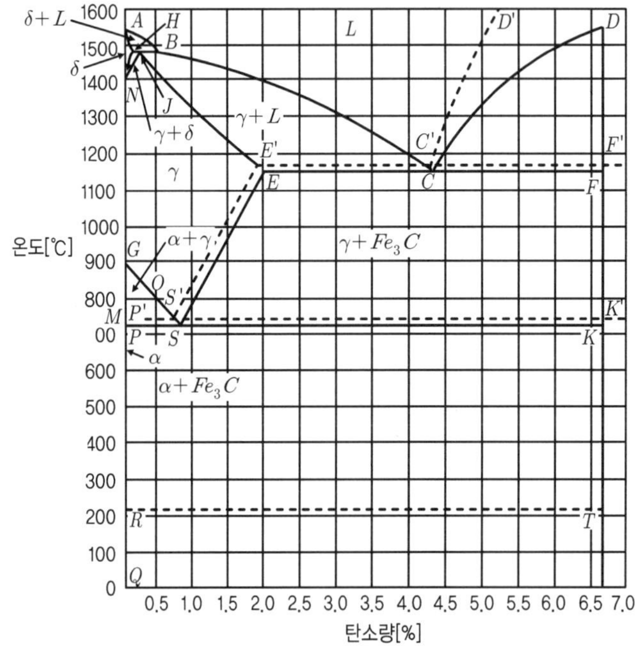

【그림 7-1】 Fe-C계 평형 상태도

2. 주철의 조직선도

주철 중의 조직은 탄소(C)와 규소(Si)의 함유량에 많은 영향을 받는다. 그림 7-2는 마울러(Maurer)의 조직도이다. 이때 사용한 시험재료는 1400℃에서 용융된 주철을 1250℃에서 75㎜의 건조 사형(乾燥 砂型)에 주입한 것으로부터 제작한 조직도이다. Ⅰ은 백주철이고, Ⅱ의 범위는 펄라이트 주철이다. 탄소와 규소가 많은 Ⅲ의 범위에서의 바탕은 페라이트 만이며, 이때 주철은 연하고 약해진다.

망간(Mn)은 다소 탄소의 흑연화를 방해하며, 바탕을 펄라이트화 시키므로 고급주철에는 망간의 함유량이 많다. 인(P)과 황(S)도 탄소의 흑연화를 방지하며, 특히 황(S)은 그 경향이 크다. 인(P)이 많으면 인화철(Fe_3P)의 화합물을 만들고 Fe, Fe_3P, 및 Fe_3C의 3성분의 3원공정(三元共晶)인 스테다이트(steadite)를 석출한다.

조직은 주물의 두께에 따라서도 변화하며, 두꺼운 것은 냉각속도가 늦으며, 탄소가 흑연화될 시간이 있어 바탕이 흑연화가 되고, 흑연은 편상(片相)모양으로 커진다. 두께가 얇은 주물은 급냉되며, 시멘타이트가 많아지고 백주철이 된다. 그림 7-2와 7-3의 각 구역 조직과 특성을 종합하면 다음 표와 같다.

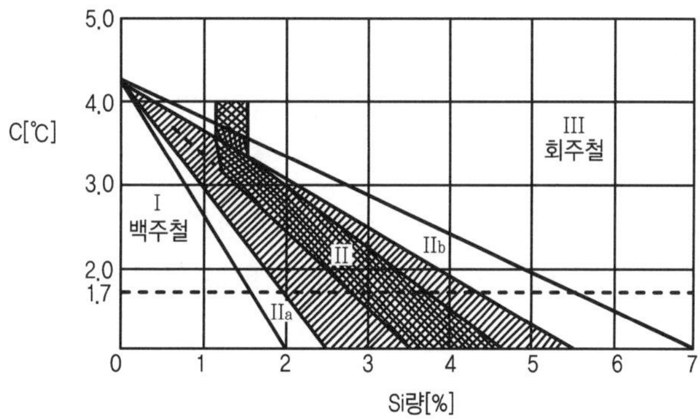

【그림 7-2】 마울러의 조직도

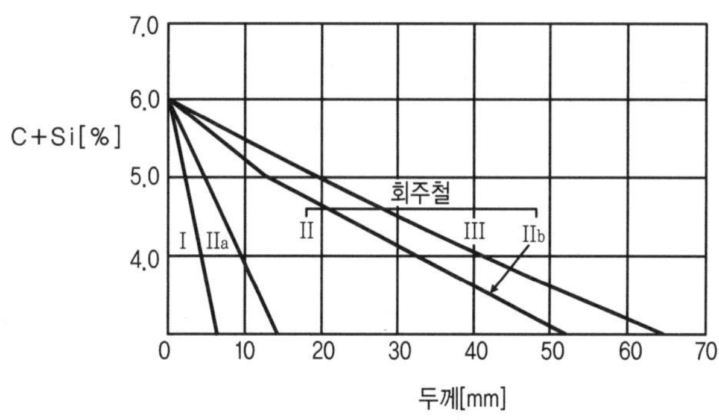

【그림 7-3】 주철의 조직선도

【표】 주철의 종류와 조직

구역	조직	주철의 종류	
Ⅰ	펄라이트+ 시멘타이트	백주철-극경(極硬)주철	
Ⅱa	펄라이트+ 시멘타이트+ 흑연	반주철-(경질(硬質)주철	
Ⅱ	펄라이트+ 흑연	회주철	강력주철
Ⅱb	펄라이트+ 페라이트+ 흑연		보통주철
Ⅲ	페라이트+ 흑연		연질주철

3. 주철의 흑연형상

주철의 조직과 흑연형상은 매우 밀접한 관계를 지니며, 화학성분, 주철의 종류, 주입온도, 냉각속도 등의 차이에 따라서 다르다.

탄소(C)와 규소(Si)가 많으면 흑연이 정출하기 쉽고, 파단면은 회색을 띤다. 회주철은 페라이트, 흑연, Fe_3C는 펄라이트 형상을 하며, 때에 따라 인(P)이 Fe_3P를 만들어 α-Fe과 Fe_3C와의 인(P)을 함유하는 3원 공정을 형성하는 경우가 있다. 이것을 스테다이트(steadite, 함인 공정)라 부른다. 주철 중의 그래파이트(graphite)는 형상에 따라 그림 7-4와 같이 6종류로 나누어진다.

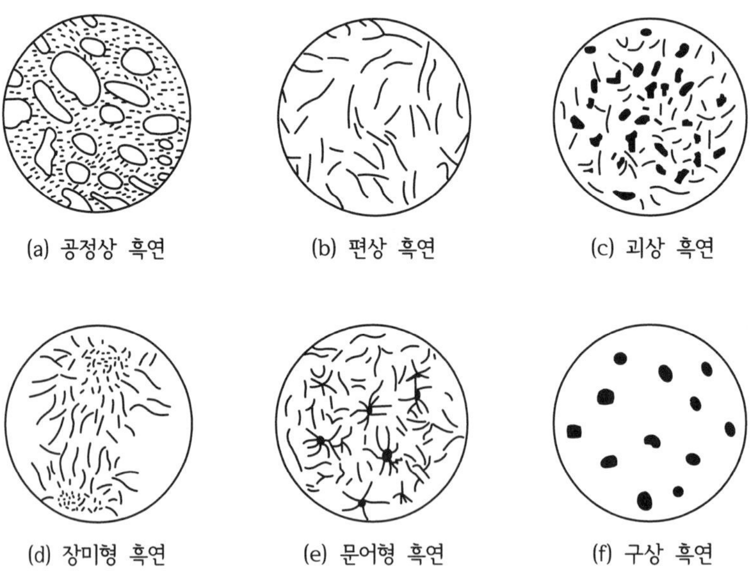

【그림 7-4】 흑연형상의 모형도

7-3 주철의 기계적 성질

회주철의 브리넬 경도는 페라이트가 많은 것이 80~120 정도이며, 기지(基地)가 모두 펄라이트이고 그 중에 흑연이 미세하게 분포되어 있는 펄라이트 주물은 170~220, 열처리하거나 합금 주철의 경우는 250~300 정도, 백주철은 420 정도이다.

회주철의 인장강도는 10~25kgf/㎟이며, 압축강도는 약 56~110kgf/㎟이다. 주철의 강도는 성분, 조직, 열처리에 따라서 다르며, 탄성계수는 인장강도가 큰 것이 크다.

굽힘 강도는 1.5~2.0, 연신율은 1% 이하이며, 충격값은 0.3~0.6kgf·m/㎠이다. 충격값은 탄소와 규소함유량이 많고 또 흑연이 크고 거칠수록 작아진다.

7-4 주철의 종류

1. 보통주철

보통주철은 회주철이 대표적이며, 인장강도가 98~196MPa(10~20kgf/㎟) 정도이며, 성분은 탄소 3.2~3.8%, 규소 1.4~2.5%, 망간 0.4~1,0%, 인 0.3~0.8%, 황 0.01~0.12% 정도이다.

조직은 주로 편상 흑연과 페라이트로 되어 있는데, 약간의 펄라이트를 함유하고 있다. 기계 가공성이 좋고 값이 싸다.

2. 고급주철

편상 흑연 주철 중에서 인장강도가 245MPa(25kgf/㎟) 정도 이상인 주철을 말한다. 이 주철의 조직은 흑연이 미세하고 활 모양으로 구부러져 고르게 분포되어 있고, 그 바탕이 펄라이트 조직이므로 이를 펄라이트 주철이라고도 한다.

가장 널리 알려진 고급주철에는 미하나이트 주철(meehanite cast iron)이 있다. 미하나이트 주철은 연성과 인성이 매우 크고, 두께 차이에 의한 성질 변화가 매우 작은 특징을 지니고 있으며, 피스톤 링에 가장 적합하다.

3. 특수주철

보통 주철이나 합금 주철에 비해 기계적 성질이나 기능성이 우수한 주철을 얻기 위해 배합성분이나 주조 처리 및 열처리 등의 특별한 방법으로 제조되는 주철을 특수주철이라 한다.

[1] 가단주철(malleable cast iron)

가단주철은 탄소 2.0~3.2%, 규소 0.1~1.5% 범위의 것으로, 백주철을 열처리 노(爐)에 넣고 가열하여 탈탄 또는 흑연화 방법으로 제조한 것이다. 이 주철의 흑연은 뜨임 탄소라 하는 불규칙한 덩어리(lump) 상태로 강도, 인성 및 내부식성 등이 우수하다.

(1) 흑심 가단주철

저탄소, 저규소의 백주철을 풀림 상자 속에서 열처리하여 시멘타이트를 분해시켜 흑연을 입상(粒狀)으로 석출시킨 것이다.

백주철을 850~950℃로 30~40시간 가열하는 제1단계의 흑연화와, A_1 변태점에서 오스테나이트가 많은 양의 펄라이트로 변화하고, 이 펄라이트를 680~720℃에서 30~40시간 유지하여 흑연을 분해시키는 제2단계의 흑연화로 이루어진다. 이와 같은 2단계의 흑연화에 의해 응집된 덩어리 상태의 뜨임 탄소가 혼합된 조직으로 된다.

(2) 백심 가단주철

백주철을 적철광 및 산화철 분말과 함께 풀림 상자에 넣고 900~1000℃에서 40~100시간 가열하여 시멘타이트를 탈탄시켜 주철에 가단성을 부여한 것이다.

두꺼운 주물에는 부적합하며, 표준 조성은 탄소 2.8~3.2%, 규소 0.6~1.1%, 망간 0.5% 이하이다.

(3) 펄라이트 가단주철

펄라이트 가단주철은 흑심 가단주철 공정에서 제1단계의 흑연화 처리만 한 후 955℃ 정도까지 가열하여 뜨임 탄소를 구상화하고, 시멘타이트가 오스테나이트 내에 용해되도록 7시간 정도 유지하며, 2시간 안에 900℃로 노(爐) 속에서 냉각시킨 후 급속히 공기 중에 냉각한다.

높은 탄소의 오스테나이트는 급냉되는 동안 펄라이트로 변태한다. 펄라이트를 구상화하여 필요한 기계적 성질을 얻기 위해 일정한 온도에서 뜨임 하거나, 공랭(空冷)하여 870℃까지 다시 가열한 후 기름 속에서 냉각시키거나 뜨임 한다.

[2] 구상 흑연주철(nodular cast iron)

구상 흑연주철은 주조성능, 가공성능 및 내마모성이 우수할 뿐만 아니라 인장강도가 주철의 종류 중에서 가장 높고 인성, 연성, 가공성능 및 경화성능이 강철의 성질과 비슷하다.

구상 흑연주철의 경우에는 인(P)과 황(S)의 양을 회주철보다 약 10% 정도 낮게 하여야 하고, 다른 흑연 구상화 방해 원소도 낮아야 한다. 이 주철은 황(S)이 적은 선철을 용해하여 주입 전에 마그네슘(Mg), 세륨(Ce), 칼슘(Ca) 등을 첨가하여 제조한다. 그리고 조직은 주조된 상태에서 시멘타이트형, 펄라이트형 및 페라이트형 등으로 구분된다.

구상 흑연주철은 열처리에 의해 조직을 개선하거나 니켈, 크롬, 몰리브덴, 구리 등을 첨가하여 강도, 내마모성, 내열성, 내부식성 등을 향상시켜 재질을 개선한다.

[3] 칠드 주철(chilled cast iron, 냉경 주철)

보통주철보다 규소 함유량을 적게 하고, 적당한 양의 망간 쇳물을 금형이나 칠 메탈(chill metal)이 붙어 있는 모래형에 주입하여 필요한 부분만 급냉시킨다. 이에 따라 표면만 단단하게 되고 내부는 회주철이 되므로 강인한 성질을 지니게 된다.

칠드(chill)된 부분은 내마모성이 크고, 내열성이 좋으며, 높은 온도에서 오랫동안 사용하여도 경도가 크게 저하되지 않는다.

4. 합금원소의 영향

탄소(C), 규소(Si), 망간(Mn), 인(P) 및 황(S) 등의 5가지 원소 이외의 합금 원소를 첨가하여 강력한 주철 또는 특수한 성질을 지닌 주철로 제작할 수 있다. 즉 니켈(Ni), 크롬(Cr), 구리(Cu), 몰리브덴(Mo), 바나듐(V), 티탄(Ti), 알루미늄(Al), 텅스텐(W), 마그네슘(Mg) 등의 원소를 단독 또는 함께 첨가하거나 또는 규소(Si), 망간(Mn), 인(P)을 많이 넣어서 강도, 내열성, 내부식성, 내마모성 등을 개선한다. 첨가되는 원소의 영향은 다음과 같다.

[1] 구리(Cu)

주철에 구리를 0.25~2.5% 정도를 첨가하면 경도가 증가하고, 내마모성이 개선되며, 내부식성이 향상된다. 내부식성은 구리 0.4~0.5%를 첨가하였을 때 가장 좋으며, 특히 염산, 초산, 황산 등에 대해 매우 효과적이다.

[2] 크롬(Cr)

크롬은 흑연화를 방지하여 탄화물을 안정시킨다. 크롬은 0.2~1.5% 정도 첨가하며, 이 정도 첨가시키면 펄라이트 조직을 미세화하며, 경도가 증가하고, 내열성과 내부식성도 향상된다. 또 크롬을 많이 첨가하면 높은 온도에서의 내열성이 높아진다.

[3] 니켈(Ni)

니켈은 흑연화를 촉진하며, 0.1~1.0%를 첨가하여도 조직이 미세화된다. 니켈의 흑연화 능력은 규소의 1/2~1/3 정도이다. 니켈은 주물의 두꺼운 부분의 조직이 거칠어지는 것을 방지하며, 얇은 부분에서 칠(chill)이 발생하는 것도 방지한다. 내열성, 내산화성, 내알칼리성이 있으며, 비자성인 오스테나이트 주물을 만들 경우에는 니켈을 14~38% 첨가한다.

[4] 몰리브덴(Mo)

몰리브덴은 0.25~1.25% 첨가하면 흑연을 미세화하고 강도와 경도 및 내마모성이 증가한다. 또 두꺼운 주물의 조직을 균일화한다.

08

비철금속 및 그 합금

8-1 알루미늄 및 그 합금

1. 알루미늄의 개요

알루미늄(aluminium Al)은 규소(Si) 다음으로 지구상에 다량으로 존재하는 원소이며, 비중은 2.7이고, 공업용 금속 중 마그네슘(Mg) 다음으로 가벼운 금속이다. 주조가 쉽고, 다른 금속과 합금이 잘되며, 또 상온 및 고온가공이 쉽다. 대기 중에서 내부식성이 크고 전기 및 열의 양도체이다.

알루미늄은 광석 보크사이트(bauxite)로부터 제련한다. 보크사이트는 Al_2O_3 이외에 SiO_2, Fe_2O_3도 포함하기 때문에 보크사이트로 만든 Al_2O_3를 용융한 빙정석(氷晶石) 중에서 가열 및 전기 분해하여 얻은 알루미늄 중에는 철(Fe), 규소(Si) 등의 불순물을 함유한다. 이와 같이 1차 전해로 얻은 지금(地金)을 1번 지금, 부스러기로 만든 재생 지금을 2번 지금이라 한다.

알루미늄 및 알루미늄 합금의 특징은 다음과 같다.

① 비중이 2.7g/㎤로 작고, 용융점은 600℃ 정도이다.
② 전성과 연성이 좋다.
③ 표면에 산화 막이 형성되어 있어 내부식성이 우수하다.
④ 열전도성 및 전기 전도성이 구리 다음으로 좋다.
⑤ 두랄루민은 비강도가 연강의 약 3배 정도이다.

2. 알루미늄의 성질

[1] 알루미늄의 물리적 성질

알루미늄의 전기 전도성은 구리(Cu)의 65% 정도이며, 불순물의 함유량에 따라서 달라진다. 가장 유해한 원소는 티탄(Ti)이고, 다음은 망간(Mn), 아연(Zn), 구리(Cu), 규소(Si), 철(Fe)의 순서이다.

[2] 알루미늄의 기계적 성질

알루미늄의 기계적 성질도 불순물의 함유량 및 열처리에 의해 변화한다. 알루미늄은 상온에서 판(板)과 선(線)으로 압연가공을 하면 경도와 인장강도가 증가하고 연신율은 감소한다.

상온가공에 의해 경화된 것을 가열하면 150℃에서 연화되기 시작하여 300~350℃에서 완전히 연화되며, 연신율은 400~500℃에서 매우 증가한다. 따라서 압연이나 압축 등의 가공은 이 온도 범위에서 한다. 또 알루미늄은 산화막이 생겨 그 이상 산화가 진행되지 않는 내부식성이 있으며, 맑은 물에서는 안정하나 소금물에서는 부식된다.

[3] 알루미늄의 주조성능 및 용접성능

알루미늄은 유동성이 적고 수축률이 크고, 가스의 흡수나 발산이 많기 때문에 순수한 알루미늄은 주조가 어렵다. 따라서 주조성능을 향상시키기 위하여 구리(Cu)나 아연(Zn)의 합금으로 주조한다. 또 알루미늄은 가스나 전기용접을 한다. 특히 용융금속의 표면에 알루미늄의 산화물이 발생하므로 용제(LiCl의 혼합물 사용)로 방지하여야 한다.

3. 주조용 알루미늄 합금

주조용 알루미늄 합금의 종류에는 Al-Cu계 합금, Al-Si계 합금, Al-Mg계 합금, Al-Cu-Si계 합금, 피스톤용 Al합금 등이 있다.

[1] Al-Cu계 합금

Al-Cu계 평형 상태도는 그림 8-1과 같다. 구리(Cu)는 알루미늄(Al) 548℃에서 최대 5.65% 고용하나, 온도가 낮아짐에 따라 점차 감소하여 300℃ 정도에서는 0.45%로 된다.

구리와 알루미늄은 구리 54%에서 $CuAl_2$라는 금속사이의 화합물이 있어 이것과 고용체가 구리 33%, 548℃에서 공정점을 지닌다. 따라서 고용체 범위로부터 급냉시키면 과포화 고용체가 되었다가 시간의 경과에 따라 미세한 화합물을 석출하여 경화되는데 이것을 시효경화(age hardening)라 한다. 또 150~200℃에서 여러 시간 가열하여 이 현상을 촉진시키는 것을 인공시효라 부른다.

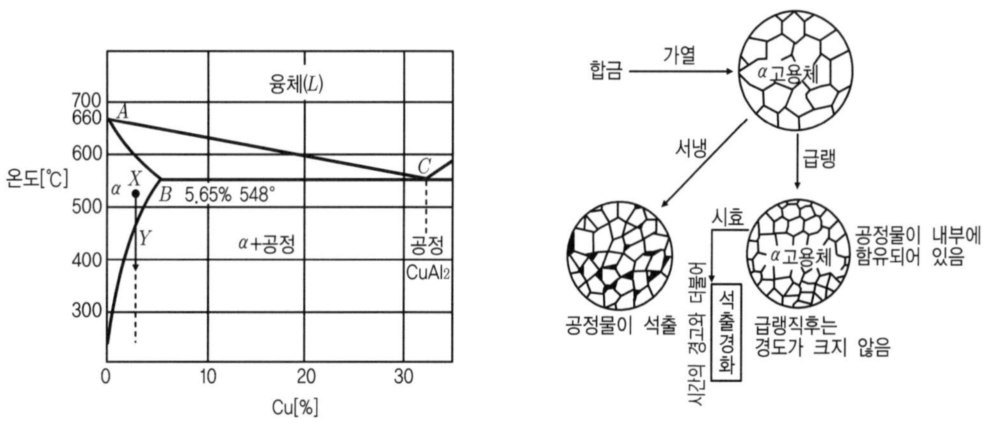

【그림 8-1】 Al-Cu계 합금의 평형 상태도

[2] Al-Si계 합금

(1) 실루민(silumin)

Al-Si계 합금의 평형 상태도는 그림 8-2와 같다. 공정점 부근의 조직이 기계적 성질이 우수하고 용융점이 낮기 때문에 많이 사용되며, 알루미늄과 규소의 공정점은 11.6%, 규소 577℃이지만, 여기에 매우 적은 양의 나트륨(Na, 0.05~0.1%) 등 알칼리 금속이나 염류를 첨가하면 조직이 미세화되어 강력해지며, 공정점도 그림 점선과 같이 이동한다. 이것을 개질 합금(改質合金)이라 한다.

개질 방법에는 불화물을 사용하는 방법, 금속 나트륨을 사용하는 방법, 탄산 나트륨을 사용하는 방법 등이 있으나 금속 나트륨을 가장 많이 사용한다. 또 규소를 11~14%를 함유하는 합금을 실루민 또는 알팩스(alpax)라 부른다.

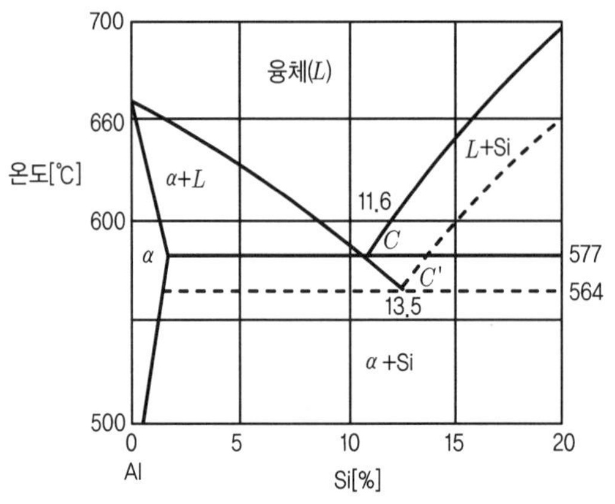

【그림 8-2】 Al-Si계 합금의 평형 상태도

(2) Al-Si-Mg계 합금

Al-Si계 합금을 더욱더 강력하게 하기 위하여 마그네슘(Mg)를 첨가한 것을 감마 실루민(γ-silumin)이라 부르며, 기계적 성질이 향상된다. 같은 목적으로 구리(Cu)를 첨가한 것을 구리 실루민이라 한다.

[3] Al-Mg계 합금

마그네슘을 함유하는 알루미늄 합금을 마그날륨(magnalium) 또는 하이드로날륨(hydronalium)이라 부르며, 내부식성 알루미늄 합금의 대표적인 것이다.

단조용(鍛造用)재료로도 사용되며, 주조용으로는 마그네슘이 12% 이하의 것을 사용한다. 이 합금은 균일한 조직을 얻기 힘들고, 또 주조한 것은 편석이 생겨 불균일하므로 마그네슘의 불균일성을 제거하기 위해 400℃까지 가열하여 균질화 처리를 하여야 한다.

[4] 주조용 Al-Cu-Si계 합금

Al-Si계 합금에서 규소(Si) 함유량의 1/2 정도를 구리(Cu)로 대치한 것과 같은 것으로 라우탈(lautal)이라고 부른다. 라우탈은 실루민의 단점인 가공표면의 거칠기를 제거한 것으로 구리(Cu) 3.0~4.5%, 규소(Si) 5~6%를 함유한 것을 주로 사용하며, 강력한 것이 요구될 경우에는 규소 함유량을 늘리고, 표면이 매끈한 것이 요구될 때에는 구리의 함유량을 늘린다.

압축재료와 단조재료 및 주조용으로도 사용된다.

[5] 피스톤용 알루미늄 합금

알루미늄 합금은 내연기관의 왕복 운동부분의 무게를 감소시킬 수 있기 때문에 진동이 감소하고 기관의 효율을 12% 정도 높일 수 있으며, 마력 당 연료 소비량을 8% 정도 감소시킨다. 또 주철 피스톤에서는 온도가 400℃ 정도인데 비해 알루미늄 합금 피스톤에서는 240℃ 정도이다. 그러나 주철보다 불리한 점은 열 팽창계수가 크지만 온도가 낮기 때문에 큰 문제는 없다.

Y합금, Al-Cu 합금, Al-Si 합금 등이 높은 온도에서의 온도 특성이 우수하여 각종 기관의 피스톤으로 널리 사용된다.

[6] 다이캐스팅용 알루미늄 합금

다이캐스팅(die casting)을 하는 데에는 유동성이 좋은 재료가 필요하므로 Al-Si 또는 Al-Cu계의 합금이 사용된다. 마그네슘(Mg)을 함유하면 유성이 불량해 지며, 철(Fe)은 불순물로 최고 1%까지 함유되어도 상관없다.

4. 단조용 알루미늄 합금

[1] 두랄루민(duralumin)

단조용 알루미늄의 대표적인 것으로 알루미늄(Al)-구리(Cu)-마그네슘(Mg)-망간(Mn)계 합금인 두랄루민이 있다. 표준성분은 구리(Cu) 3.5~4.5%, 마그네슘(Mg) 1.0~1.5%, 규소(Si) 0.5~1.0%, 망간(Mn) 0.5~1.0%, 나머지는 알루미늄으로 되어 있다.

두랄루민은 주조로는 제작하기 어렵고, 기계적 성질도 이것을 단조(forging) 하여 열처리 한 것에 비하면 매우 불량하다. 따라서 이 합금의 특성은 주물의 결정조직을 고온가공으로 완전히 파괴시키고, 다음에 이것을 높은 온도로 한 후 물 속에서 급냉시킨 후 시효 경화를 일으켜 얻는다.

두랄루민의 성분 중 시효 경화에 필요한 성분은 구리(Cu), 마그네슘(Mg), 규소(Si)이며, 규소는 알루미늄 지금(地金) 중에 불순물로 포함되어 있기 때문에 실제로 첨가할 성분은 구리와 마그네슘이다.

두랄루민의 기계적 성질은 풀림 한 상태에서 인장강도 18~25kgf/㎟, 연신율 10~14%, 브리넬 경도 40~60 정도이나 이것을 500℃에서 물 속에서 담금질한 후 상온에서 2~4일 정도 시효 경화시킨 것은 인장강도 30~45kgf/㎟, 연신율 20~25%, 브리넬 경도 90~120으로 되어 탄소함유량 0.2%의 탄소강의 기계적 성질과 비슷하다.

[2] 강력 알루미늄 합금

강력 알루미늄 합금에는 두랄루민 이외에 초두랄루민(super duralumin), 고력(高力) 알루미늄 합금, 초초 두랄루민(extra super duralumin) 등이 있다. 초두랄루민은 두랄루민에서 마그네슘 함유량을 0.5%에서 1.5%로 높인 것이며, 열처리하여 시효 경화를 완료시키면 인장강도가 최고 50kgf/㎟에 달한다. 단조 가공성능은 두랄루민보다 약간 떨어진다. 용도는 주로 항공기의 구조용 재료이며, 그밖에 리벳, 일반 구조용 재료로도 많이 사용된다.

최초 두랄루민은 Al-$MgZn_2$계를 주체로 하는 합금에서 자연균열을 방지할 목적으로 망간(Mn)을 첨가한 것이다. 알루미늄에 아연(Zn) 8~10%, 구리(Cu) 2%를 첨가한 합금에다가 마그네슘(Mg)을 2~3% 첨가하면 시효 경화에 의해 최고 인장강도가 54kgf/㎟ 정도 된다.

[3] 단련용(鍛錬用) 라우탈

Al-Cu-Si계 합금 중에서 구리(Cu) 6%, 규소(Si) 2~5%, 나머지가 알루미늄이 합금을 말한다. 단련용 합금은 440~480℃에서 단련(鍛錬)한 후 상온 가공하여 봉(棒), 판(板)으로 만든다. 열처리 온도는 490~510℃에서 경화시키고,

120~140℃에서 16~48시간 뜨임하여 인공(人工) 시효 경화를 완료한다.

[4] 단련용(鍛鍊用) Y합금

Y합금은 Al-Cu-Ni계의 내열 합금이며, 구리(Cu) 4%, 니켈(Ni) 2%, 마그네슘(Mg) 1.5%가 표준이고, 그 밖에 구리(Cu) 3~6%, 니켈(Ni) 0.5~1.0%, 망간(Mn) 0.3~0.5%, 마그네슘(Mg) 0.1~1%의 것도 있다.

Y합금은 내열성이 매우 우수하여 250℃에서 상온의 90% 정도의 높은 강도를 유지하지 때문에 금형 주물로 하여 내연기관의 피스톤이나 실린더헤드의 재료로 많이 사용한다.

Y합금은 구리(Cu), 마그네슘(Mg)을 함유하기 때문에 시효 경화성이 있고 니켈(Ni)를 함유하고 있어 300℃ 이상에서 점성이 있기 때문에 300~450℃에서 단조를 할 수 있으며, 460~480℃에서 압연이 가능하다.

5. 내부식성 알루미늄 합금

내부식성 알루미늄 합금의 종류에는 Al-Mg계 하이드로날륨(hydronalium), Al-Mn계의 알민(almin), Al-Mg-Si계의 알드레이(aldrey) 등이 있다.

하이드로날륨은 바닷물과 알칼리성에 대한 내부식성이 크고, 용접도 쉬우며, 인장강도와 피로한계의 온도에 따른 영향도 적기 때문에 매우 우수한 재료이다. 단조용 Al-Mg계 합금에는 마그네슘 6% 이하가 일반적이나 특수한 목적용은 10%의 것도 사용된다.

하이드로날륨은 두랄루민의 내부식성을 개선할 목적으로 발명된 것이며, 약 7%의 마그네슘을 함유하면 두랄루민과 같이 열처리할 필요가 없고, 가공 경화에 의해 단단하고 강한 것이 된다.

알드레이는 강도와 인성이 있고 고도의 가공 변형에도 잘 견디며, 내부식성이 우수하다. 마그네슘과 규소는 화합물 Mg_2Si를 만드는 비율 1~2% 정도 첨가한 합금에서 열처리에 의해 기계적 성질이 현저하게 개선된다.

담금질은 500℃까지는 온도가 높을수록 효과적이나 560℃를 넘으면 부분적으로 용해가 일어나 산화하여 약해진다. 담금질 후 120~200℃로 수십 시간 저온 가열하여 인공시효 경화를 완성시킨다.

8-2 구리 및 그 합금

1. 구리의 제조 방법 및 성질

[1] 구리의 제조 방법

구리(Cu)는 철(Fe)과 함께 많이 사용되는 금속이며, 구리는 은(Ag) 다음으로 전기 전도성이 높고, 내부식성이 우수하며, 가공하기 쉬워 전기공업을 비롯하여 차량, 선박 그 밖의 기계와 기구 등에서 널리 사용된다.

구리광석(銅鑛石)에는 적동광, 황동광, 휘동광, 자연동 등이 사용되며, 용광로에서 광석을 용해시켜 황화구리(Cu_2S)와 황화철(FeS)의 혼합물로 제조하며, 이 혼합물은 구리 20~40%를 함유한다. 이것을 다시 전로(轉爐)에서 산화 정련하여 순도 98~99.5%의 조동(粗銅)으로 제조한다. 이 조동은 반사로나 전기로에서 정련시킨다.

전기 정련은 그림 8-3과 같이 조동을 양(+)극으로, 순구리판을 음(-)극으로 하여 황산구리 용액 속에서 전기 분해시킨 것이 전기동(電氣銅)이다. 구리의 특성은 다음과 같다.

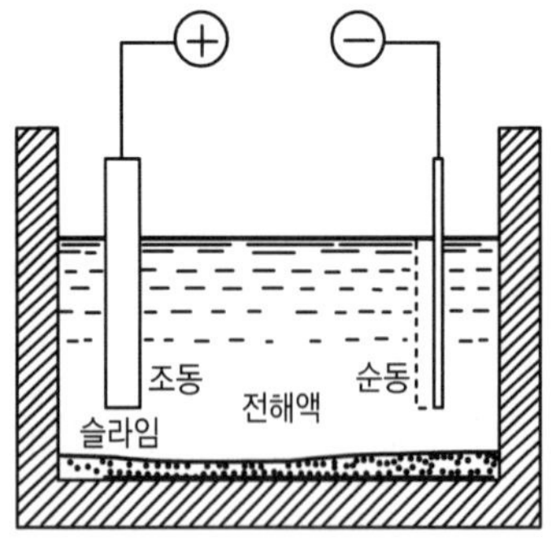

【그림 8-3】 구리의 전해 정련 방법

① 전기 및 열의 전도성이 매우 우수하다.
② 아연(Zn), 주석(Sn), 니켈(Ni), 은(Ag) 등과 쉽게 합금을 만들 수 있다.
③ 아름다운 광택과 귀금속 적인 성질이 우수하다.

④ 표면에 녹색의 염기성 탄산 구리의 녹이 생겨 보호 피막의 역할로 내부식성이 크다.

⑤ 유연하고 전성과 연성이 커 가공이 쉽다.

[2] 구리의 성질

(1) 구리의 물리적 성질

구리의 고유 색깔은 담적색(淡赤色)이지만, 공기 중에서 표면이 산화되어 암적색(暗赤色)으로 된다. 구리는 비자성체이며, 전기전도율은 은(Ag) 다음으로 크다. 그러나 구리 속에 인(P), 망간(Mn), 알루미늄(Al), 철(Fe), 안티몬(Sb), 아연(Zn) 등이 함유되면 전기전도율이 낮아진다.

(2) 구리의 화학적 성질

구리는 건조한 공기 중에서는 산화하지 않으나, 이산화탄소 또는 습기가 있으면 염기성 탄산구리, 즉 구리 녹이 발생한다. 맑은 물에는 변화하지 않으나 소금물에는 부식되며, 묽은 황산에는 다소 저항이 있으나 질산 및 진한 유산에서는 쉽게 용해된다.

(3) 구리의 기계적 성질

구리는 질이 연하고 가공성능이 풍부하기 때문에 구리판이나 선, 봉 등으로 만들기 쉽다. 또 냉간 가공으로 적당한 강도로 할 수 있다.

2. 황동(Cu-Zn계 구리합금)

황동(brass, 黃銅)은 구리(Cu)와 아연(Zn)으로 구성된 황색의 구리합금이며, 실용되고 있는 것은 아연(Zn) 50% 이하를 함유하는 구리합금이다. 또 황동 중에서 가장 널리 알려진 것이 7-3 황동과 6-4 황동이다.

황동의 특징은 다음과 같다.

① 아연(Zn)이 5% 함유된 황동은 예로부터 화폐, 메달 등에 사용되었기 때문에 도금용 금속(gilding metal)이라 한다.

② 아연(Zn)이 10% 정도의 황동은 색깔이 청동과 비슷하므로 청동 대용으로도 사용되었다.

③ 아연(Zn) 20%의 황동은 황금색의 아름다운 색깔을 띠게 되므로 순금의 모조품, 장식용 제품, 악기 등에 사용된다.

또 황동은 주물 또는 봉(棒), 각재(角材), 파이프, 각종 기계기구, 일상용품, 공예품 등으로 주로 사용된다. 공업용으로 사용되는 아연(Zn)의 함유량은 8~50% 범위이며, 주물용 및 압연용 황동의 성분은 같으나 주물에는 불순물이 다소 있고, 압연용은 압연작업을 쉽게 하기 위해 순도가 높은 원료를 사용한다.

[1] 톰백(tombac)

톰백은 아연(Zn)의 함유량이 8~20% 정도이며, 색깔이 황금색에 가깝고, 소량의 납(Pb)을 첨가한 것은 더욱더 황금색을 띤다. α고용체만으로 구성되어 있기 때문에 냉간 가공이 쉬워 금박(金箔), 금 모조품, 장식용구, 청동 대용품 등으로 사용된다. 기계적 성질은 순수한 구리와 큰 차이가 없어 기계재료로 사용되는 경우는 적다.

[2] 7-3 황동(cartridge brass)

7-3 황동은 아연(Zn)의 함유량이 30% 정도이며, 연신율이 크고, 인장강도를 지니고 있어 각종 봉(棒), 선, 파이프, 전구의 소켓, 탄피(彈皮)와 같은 복잡한 가공물에서 주로 사용된다. 또 냉간 가공성능이 우수하며, 풀림 온도는 420~750℃가 좋다. 그리고 열간 가공을 할 경우에는 가공온도를 720~850℃로 한다.

[3] 하이 브라스(high brass or yellow brass)

하이 브라스는 아연(Zn)의 함유량이 33~35% 정도이며, 7-3황동과 같은 α 황동이다. 용도는 7-3 황동과 거의 같으나 구리(Cu)의 함유량이 많은 만큼 재료비용이 비싸진다.

높은 온도에서는 $\alpha+\beta$ 조직이지만, 과냉하면 β가 나와 굳어져 전성과 연성이 낮아지므로 냉각 가공을 하기 전에 400~500℃의 풀림으로 β를 소멸시켜야 한다.

[4] 6-4 황동

6-4 황동은 아연(Zn)의 함유량이 35~45% 정도이며, 문츠 메탈(muntz metal)이라고도 부른다. 이것은 상온 조직은 $\alpha+\beta$ 황동이나 높은 온도에서는 β가 많기 때문에 단조성능이 좋아지고, 고온가공이 쉬워진다. 황동으로서는 강하기 때문에 강도를 요구하는 부분에는 모두 이것을 사용한다. 또 가공이 쉽기 때문에 판재, 봉재, 선재, 건축재료, 볼트와 너트, 콘덴서, 파이프, 밸브 등에서 사용된다.

[5] 주조용 황동

주조용 황동의 아연(Zn) 함유량은 30~40% 정도이며, 주로 아연 함유량 35%를 가장 많이 사용한다. 아연의 함유량이 많기 때문에 쇳물의 유동성이 좋아 정밀한 주물을 제작할 수 있고, 청동에 비해 값도 싸다.

[6] 델타 메탈(delta metal)

델타 메탈은 구리(Cu) 54~58%, 아연(Zn) 40~43%, 철(Fe) 1% 정도의 합금이며, 인(P) 또는 망간(Mn)으로 탈산하고, 니켈(Ni)이나 납(Pb)을 첨가하기도 한다. 주물 또는 단조재료로 적합하며, 또 높은 온도에서 압연 및 단조성능이 좋고, 상온에서도 가공이 가능하다. 델타 메탈은 주로 기계재료로 기어, 볼트, 너트, 베어링 등에서 사용한다.

3. 청동(Cu-Sn계 구리합금)

[1] 청동의 개요

청동(靑銅)은 Cu-Sn계 합금 또는 주석(Sn)의 일부를 다른 원소로 바꾼 것을 의미하나, 주석(Sn)을 함유하지 아니하고 구리(Cu)에 알루미늄(Al), 규소(Si) 등을 첨가한 합금도 알루미늄 청동, 규소 청동이라 부르며, 또 황동에 작은 양의 망간(Mn), 니켈(Ni) 등을 첨가한 것도 망간 청동, 니켈 청동이라 부른다. 따라서 넓은 의미에서 청동이라 함은 구리(Cu)를 주요성분으로 하며 Cu-Zn계 이외의 것으로 강하고 단단하며, 녹슬지 않는 합금을 말한다.

청동의 용도는 순수한 구리나 황동에 비해 주조성능이 좋고, 내부식성이 크기 때문에 예전부터 화폐, 종, 미술 공예품, 동상, 일상용품을 비롯하여 무기나 기계의 부품, 베어링 재료 등으로 널리 사용되고 있다.

[2] 청동의 성질

(1) 청동의 물리적 성질

주석(Sn)은 구리에 비해 착색(着色)이 잘 되기 때문에 작은 양의 주석(Sn)을 함유하여도 구리(Cu)의 색깔이 변화한다. 특히 백색의 결정이 생기면 색깔이 희게 된다. 색깔은 용해온도의 높고 낮음, 냉각속도의 크기에 따라서 차이가 있으며, 제3의 성분에 의해서도 변화한다. 즉 납(Pb)은 구리의 색깔을 조장하고, 아연(Zn)은 백색을 강하게 한다. 비중은 주석(Sn)의 첨가에 따라 점차 낮아지다가 δ상이 나타나면서부터 증가되어 주석(Sn) 30~40%에서 최대가 되고 점차 직선적으로 감소한다.

(2) 청동의 기계적 성질

주석(Sn) 함유량 10%의 α 청동은 상온에서 압연 가공을 하며, 주석(Sn) 함유량이 많은 것은 500~700℃에서 가공한 후 마지막에 상온 압연을 한다. 상온 가공을 할 때에는 가공도 10~40% 마다 1번씩 풀림을 하여야 한다. 황동과 마찬가지로 200~300℃에서 재결정이 일어나며, 400~600℃가 적당한 풀림 온도이다.

[3] 청동의 종류와 용도

(1) 포금(gun metal)

주석(Sn) 8~12%를 함유하는 청동을 12세기 이후에 대포의 포신 재료로 사용하였기 때문에 포금이라는 이름이 생겼다. 청동은 기계재료로 강력하고, 내부식성이 요구되는 부품에서 사용된다. 주석(Sn) 함유량 10%의 것을 망간 구리로 탈산시킨 것이 기계적 성질이 가장 우수하다. 포금에는 1% 정도의 아연(Zn)을 첨가하며, 아연(Zn)을 첨가하면 쇳물의 유동성이 향상되고, 다소 재질이 연해지므로 절삭가공이 쉬워진다.

애드미럴티 포금(admiralty gun metal)은 구리(Cu) 88%, 주석(Sn) 10%, 아연(Zn) 2%를 함유하며, 주조한 것은 단조에 부적합하나 풀림하면 높은 수압에 견디고 단조가 가능하다. 포금은 일반 기계부품, 밸브, 기어 등에서 사용된다.

(2) 베어링용 청동(bearing bronze)

베어링용 청동은 주석(Sn)을 10~14% 함유하는 것으로 연성은 감소하나 경도와 내마모성이 크다. 따라서 베어링과 차축 등의 마모가 큰 부분에서 사용한다. 특히 납(Pb)을 첨가한 것은 철도차량, 공작기계, 압연기계 등의 고압용 베어링으로 적당하다.

[4] 특수청동의 종류와 용도

(1) 인청동(Cu–Sn–P계 청동)

인(P)은 청동 중에 포함되는 산화물, 주로 Sn_2O를 제거하며, 쇳물의 유동성을 향상시키고, 강도와 인성을 증가시키며, 바닷물과 황산 등에 대한 내부식성을 증가시킨다.

(2) 알루미늄 청동(Cu–Al계 청동)

알루미늄(Al)을 15% 이하로 함유하는 구리합금을 알루미늄 청동이라 하며, 내부식성, 내열성, 내마모성 등이 우수하다. 일루미늄 청동은 황동이나 청동에 비해 공업용 기계, 선박, 항공기, 차량 부품으로 우수하나, 주조, 단조 및 용접이 곤란한 결점이 있다.

(3) 니켈 청동(Cu–Ni계 청동)

Cu–Ni의 2원 합금으로 공업용 재료보다도 알루미늄(Al), 규소(Si), 아연(Zn), 망간(Mn) 등을 첨가하여 뜨임 경화성 합금으로 주로 사용한다.

① 쿠니얼 브론즈(Kunial bronze) : 니켈(Ni) 4~16%, 알루미늄(Al) 1.5~7%, 그밖에 철(Fe), 망강(Mn), 아연(Zn) 등을 적은 양 첨가한 구리합금으로, 담금질하여 뜨임을 하면 뜨임 경화성을 보인다.

② 콜슨 합금(Colson alloy) : Cu-Ni-Si계 구리합금이며, C합금이라고도 부른다. 인장강도가 105kgf/㎟ 정도이며, 니켈(Ni)과 규소(Si)는 Ni_2Si를 만들고, 이것이 구리(Cu)와 2성분계의 상태도를 지닌다. 실용범위는 Ni_2Si 2~5%이다.

Cu-Ni-Si계에 알루미늄(Al)을 조금 첨가한 구리합금은 기계적 강도가 크고, 내열성과 내피로성이 커 항공기, 선박 등에서 사용하여 여기에 아연(Zn)을 더 첨가하면 바닷물에 매우 강하다.

③ 양은(洋銀, german silver) : Cu-Ni-Zn계를 양은 또는 백동(白銅)이라고도 부르며, 니켈(Ni) 16~20%를 함유하는 니켈 황동이라 할 수 있다. 니켈(Ni)은 황동의 내부식성을 향상시키며, 니켈(Ni)의 함유량이 많으면 내열성, 기계적 강도, 특히 스프링 특성이 우수해 지며, 전기저항의 온도계수는 매우 낮아진다. 따라서 장식품, 식기, 가구, 스프링, 전류 조정용 저항, 내열성 전기접점, 온도조절용 바이메탈 등에서 사용된다.

8-3 니켈과 니켈 합금

1. 니켈(Ni)의 개요

니켈 재료로 판매되고 있는 것은 전해(電解) 니켈과 몬드(Mond) 니켈이며, 니켈(Ni)은 내부식성과 내열성이 크기 때문에 화학 공업용, 식품 공업용, 진공 파이프용, 화폐, 도금용으로 널리 사용된다. 또 니켈(Ni)은 합금원소로도 그 효과가 크기 때문에 강철에 니켈(Ni)을 첨가한 구조용 Ni-Cr강, 스테인리스강 및 내열강에도 사용되며, Ni-Cu 합금으로 전기 저항용, 니켈 청동 등도 제조한다.

2. 니켈합금

[1] 모넬 메탈(monel metal, Ni 60~70% 합금)

모넬 메탈은 니켈(Ni), 구리(Cu), 철(Fe)의 합금이며, 용도는 식염수, 중성염류, 암모니아수, 탄산소다, 휘발유 등에는 부식되지 않으며, 황산, 인산, 청산,

불화수소산, 빙초산, 건조된 염소가스 등에도 매우 잘 견디기 때문에 화학 공업용 또는 펌프, 디젤기관의 밸브와 시트, 증기터빈의 날개 등에서 주로 사용된다.

[2] 양은(Ni-Cu-Zn계 합금)

양은은 구리(Cu), 아연(Zn), 니켈(Ni)의 합금이며, Cu-Ni계의 니켈(Ni)의 일부를 아연(Zn)으로 치환한 것으로 실용되고 있는 Cu-Ni의 성분은 구리(Cu) 45~65%, 니켈(Ni) 16~20%, 아연(Zn) 15~35%이다.

니켈(Ni)은 양은의 내부식성과 경도를 크게 하지만 값이 비싸고 용해하였을 때 가스를 흡수하여 주조성능과 단조성능을 떨어뜨린다. 아연(Zn)의 함유량이 많아지면 값이 싸지고, 용융점이 낮아지며, 주조성능이 향상된다. 양은은 내열성, 내부식성, 가공성능이 우수하다.

[3] 콘스탄탄(constantan, Ni 45%의 합금)

콘스탄탄은 40~50% 정도의 니켈(Ni)을 함유한 Ni-Cu계 합금으로 전기저항이 크고, 온도계수가 작아서 전기 저항선이나 열전대로 많이 사용된다.

8-4 베어링 합금

베어링 합금재료에는 화이트 메탈, 배빗 메탈, 켈밋 합금, 인청동, 연청동 등이 있으며, 구비조건은 다음과 같다.

① 마찰계수가 적을 것
② 내마모성이 클 것
③ 내부식성이 클 것
④ 열전도성이 클 것

CHAPTER

09 합성수지

9-1 합성수지의 개요

천연 유기물(有機物) 재료는 동물이나 식물의 몸체 중에서 큰 분자들로 만들어지나, 합성 고분자 재료는 분자량이 작은 분자를 인위적으로 결합시켜 제조한다. 이와 같이 합성 고분자 재료를 총칭하는 것이 플라스틱(plastic)이다.

외부에 힘을 가하면 그 형상을 변화시킬 수 있는 성질을 가소성(可塑性)이라 하며, 유기물질로 합성된 가소성이 큰 물질을 플라스틱 중에서 좁은 의미의 합성수지(synthetic resin)라 한다.

합성수지는 기계적 성질, 내열성 등은 금속재료보다 떨어지지만, 비중이 작고 탄성, 소성, 화학적 저항, 전기절연 특성, 가공성 등은 금속재료보다 우수하다.

합성수지의 공통성질은 다음과 같다.

① 가볍고 튼튼하며, 가공성이 크고, 성형이 간단하다.
② 전기 절연성이 크며, 산, 알칼리, 오일, 약품 등에 강하다.
③ 단단하지만 열에 약하다.
④ 투명한 것이 많으며, 착색이 자유롭다.
⑤ 비중과 강도의 비율인 비강도가 비교적 높다.

9-2 합성수지의 분류

비정질 재료에 있어서 원자 배열은 크게 두 가지 형태로 나누어 생각할 수 있는데 그 중의 한 예가 유리같이 3차원적 그물 구조를 갖는 것이고, 또 다른 예로는 고분자(polymer) 재료들같이 긴 사슬 모양의 분자들이 꼬여있는 형태의 구조를 갖고 있는 것이다.

분자란 서로 같거나 다른 종류의 원자가 두 개 이상이 결합한 것을 말하는데 일반적으로 알고 있는 것처럼 몇 개나 몇 십 개의 원자들이 결합한 정도가 아니라, 몇 천개 이상 심지어는 몇 만개에 이르는 원자들이 길게 결합하여 분자를 이루기 때문에 고분자(large molecules)라고 한다. 이들은 mer라고 불리는 반복되는 기본단위(repeating units)들이 길게 연결되어서 사슬 모양을 이루고 있으며, 따라서 poly(많은)+mer→polymer라고 한다.

단백질이나 핵산과 같은 것은 생체 고분자이고 면, 고무, 셀룰로즈 등은 천연적으로 존재하는 고분자이며 인조섬유나 플라스틱은 합성 고분자들이다. 한때 유명했던 나일론(nylon)은 최초의 인공합성 고분자 섬유로서 이것의 인공합성을 계기로 여러 가지 합성 섬유들이 태어날 실용화가 되었다. 합성 고분자는 섬유뿐만 아니라 폴리에틸렌(poly propylene), PVC(Poly Vinyl Chloride) 등과 같은 값싸고 성형하기 쉬우며 대량 생산이 가능한 플라스틱(plastic) 수지의 개발로, 일반용품이나 공업용 부품, 생활용품, 구조재, 전기 절연재 등에서 금속을 대신하는 새로운 재료로서 사용되어 왔다. 최근에는 내열성이나 기계적 강도 등의 기능이 일반 플라스틱보다 더 우수한 엔지니어링 플라스틱(engineering plastics)의 개발, 어떤 특정한 물질만을 통과시킬 수 있는 특성을 지닌 고효율 고분자 분리막의 개발, 그리고 광학적이나 전기적으로 새로운 기능을 갖는 여러 가지 고기능성 고분자들의 탄생으로 바야흐로 고분자 신소재 시대가 열리고 있다.

1. 엔지니어링 플라스틱(Engineering Plastic)

고분자 플라스틱의 결합특성을 보면 긴 사슬 모양의 분자를 이루고 있는 원자들 간에는 강한 공유결합을 하고 있지만 분자 사슬과 사슬 사이에는 약 한

Van der Waals 결합을 하고 있다. 이러한 플라스틱의 특이한 구조가 금속이나 세라믹 등 다른 재료와는 다른 여러 가지 특성을 주고 있다. 고분자는 탄소(C) 원자와 수소(H), 산소(O), 질소(N), 불소(F), 실리콘(Si), 황(S), 염소(Cl) 같은 원소들 간의 결합으로 이루어져 있으며, 이들 총 8개의 원소들만을 가지고도 수천 가지의 서로 다른 플라스틱을 만들 수도 있다.

메탄가스(CH_4)를 보면 한 개의 탄소와 4개의 수소가 공유결합을 하고 있으며, 에탄가스(C_2H_6)는 CH_4에 비해 탄소 한 개와 수소 두 개가 더 많다. 이런 식으로 탄소와 수소의 수가 증가하여 프로판(C_3H_8), 부탄(C_4H_{10}), 파라핀($C_{18}H_{38}$) …… 순으로 계속해서 분자 체인이 길어지고 분자량이 증가하게 됨에 따라 기체, 액체를 거쳐 점점 고체의 특성을 갖게 되는데 $C_{100}H_{202}$이 되면 플라스틱의 특성에 가까워지기 시작한다. 계속해서 CH_2 그룹의 수가 점점 증가하면 강도나 인성이 증가하고 그리하여 백만 개 이상의 CH_2가 결합을 하게 되면 폴리에틸렌이라고 불리는 플라스틱이 된다.

중합

폴리에틸렌(polyethylene)은 그림 9-1 (a)와 같은 기본 단위인 단량체(monomer) 에틸렌들이 중합(polymerization)하여 길게 연결되어 이루어진 고분자 화합물이다. 그리고 실제 구조는 그림 9-1(a)에서 보는 바와 같이 탄소원자 사슬이 일직선상으로 길게 연결된 것이 아니라 109°의 각도를 두고 교차하고 있다.

```
H  H     H  H          H  H  H  H
|  |     |  |          |  |  |  |
C==C  +  C==C  ──→  ~~~C──C──C──C~~~
|  |     |  |          |  |  |  |
H  H     H  H          H  H  H  H
```

(a)

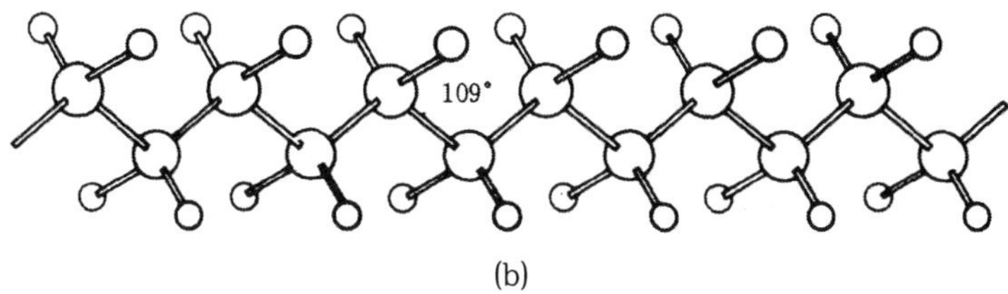

(b)

【그림 9-1】 폴리에틸렌의 중합(polymerization)

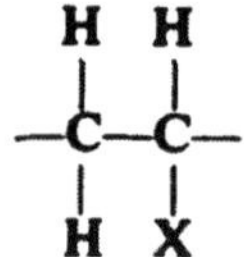

【그림 9-2】 Side group(X)

만일 그림 9-2에서 X로 표시된 부분이 H 대신 Cl이 결합하면 PVC(Poly Vinyl Chloride)가 되며, 이것들을 side group이라 하며 H나 Cl 이외에도 여러 가지 종류가 있다. 이 side group의 크기나 분자 구조의 복잡성 그리고 배열 방법에 따라 고분자의 특성이 크게 달라진다. 플라스틱은 아니지만 고분자 물질인 고무는 당기면 길게 늘어나고 힘을 제거하면 원래대로 돌아가는 성질이 있는데 이것은 크고 다소 복잡한 side group 때문에 긴 고분자 사슬이 똑바로 길게 늘어나 있지 못하고 구부러져 있거나 서로 꼬여 있다가 고무줄을 당기면 이것들이 펴지면서 전체적으로 길게 늘어났다 힘이 제거되면 원래 상태로 되돌아가게 되기 때문이다.

합성수지는 가소성과 온도와의 관계에 기준을 둔 분류 방법으로 열경화성수지와 열가소성수지로 나눈다. 열경화성 수지는 열고정성 수지라고도 하며, 가열하면서 가압 및 성형을 하면 다시 가열하여도 연하게 되거나 용융되지 않는다.

열가소성 수지는 열연화성 수지라고도 하며, 성형 후에도 가열하면 연해지고, 냉각하면 다시 본래의 상태로 굳어진다. 일반적으로 열경화성 수지는 페놀수지, 요소수지 등이 있으며, 가열하면 화학적 변화가 발생하고 유동성을 상실하게 되나, 강하게 가열하면 용융되지 않고 분해된다.

한편, 열가소성 수지는 가열하면 작은 힘으로도 유동하고 화학적 변화가 발생하지 않으며, 가열과 냉각을 반복하여도 상온에서 물리적 성질변화를 볼 수 없다. 열가소성 수지에는 스티렌 수지, 염화비닐 수지, 아크릴 수지, 폴리에스테르 등이 있다.

2. 열경화성(熱硬化性) 수지

열경화성 수지는 기계적 강도가 크고, 내열성이 좋아서 기계재료로서 기어, 베어링 하우징, 핸들 등이 사용된다.

[1] 페놀수지(Phenol resin)

페놀수지는 페놀, 크레졸 등과 포르마린을 반응시켜 제조한 것으로 베이클라이트(bakelite)라는 상품명으로 널리 알려져 있다.

페놀수지는 기계적 성질이 우수하고 비교적 값이 싸며, 전기 절연성이 좋다. 착색은 자유롭지 않으며, 성형한 후 선반가공이나 드릴가공 등도 쉽지 않다.

용도는 전기 절연물, 전화기, 핸들, 기어, 가재도구, 프로펠러, 광고 간판 등이며, 액체상태의 것은 페인트 또는 접착제로도 사용된다.

[2] 요소수지(尿素樹脂, Urea resin)

요소수지는 우레아 수지라고도 하며, 강도, 내수성, 내열성, 전기 절연성 등에서는 다소 떨어지나, 가공성 및 착색이 쉽고 아름다운 상품을 제작하는데 적당하다.

내수성과 내열성은 멜라민을 첨가하면 성질이 많이 개선된다.

[3] 멜라민 수지(melamine resin)

멜라민은 석회질소로 만드는 백색 결정질 화합물이며, 무색의 가벼운 침상(針狀)결정이다. 요소수지보다 강도, 내수성, 내열성이 우수하다.

멜라민 수지는 사용목적에 따라 멜라민과 포르말린, 석탄산, 요소 등을 합성하여 각종 성형부품, 접착제, 페인트, 섬유조제에 사용된다.

[4] 실리콘 수지(silicon resin)

실리콘 수지는 내열성과 내수성이 우수하고, 전기 절연성이 좋다. 일반 합성수지보다 내열성이 100℃이상 우수하며, 기계 가공성도 좋다.

3. 열가소성(熱可塑性) 수지

[1] 염화비닐(vinyl chloride)

염화비닐은 석회석, 석탄, 소금 등을 원료로 하기 때문에 원료를 구하기 쉽다. PVC라고도 하며, 내산성, 내알칼리성이 풍부하며, 황산·염산·수산화나트륨 등의 약품이나 바닷물에 녹거나 부식되는 경우가 없으며, 오일이나 흙에 파묻혀도 침식되지 않는다. 제품은 내·외부의 면이 모두 매끈하다.

[2] 스티렌 수지styrene resin)

스티렌의 중합(重合)물체이며, 스트롤 수지라고도 부른다. 비중이 1.05~1.07로서 합성수지 중에서 가벼운 편이다. 성형이 쉽고, 화학약품에 대하여 안정하므로 전기재료, 장식품 등으로 사용되는 대표적인 열가소성 수지이다. 일반적으로 폴리스티렌(polystrene)은 150℃에서 연화하고, 250℃ 이상에서는 분해중합되어 단일체(單一體)의 스티렌으로 된다.

[3] 폴리에틸렌(polyethylene)

폴리에틸렌은 무색 투명하며, 내수성과 전기 절연성이 크고, 산과 알칼리에도 강하다. 또 120~180℃로 가열하면 끈끈한 액체가 되기 때문에 사출성형이 쉽다. 비중이 0.92~0.96으로 연화비닐보다 가볍고, 유연성이 있으며 -60℃에서도 경화되지 않는다. 충격에도 강하여 해머로 때려도 파손되지 않고 내화성도 고무나 염화비닐보다 좋다.

[4] 아크릴 수지(acrylic resin)

아크릴 수지는 중합물체로서 투명성이 좋고, 탄성이 크며, 햇빛에 노출되어도 변색이 잘 되지 않으므로 안전유리의 중간층 재료, 케이블의 피복재료, 페인트 등에 사용된다. 벤젠, 아세톤, 유기산 등에는 용해되나 알코올, 물, 사염화탄소 등에는 용해되지 않는다.

4. 합성고무

고무에는 천연고무 이외에 합성고무가 있다. 고무의 특성은 변형이 매우 쉽고, 외부의 힘을 제거하면 변형이 회복되어 본래의 형상으로 돌아가는데 있다. 이와 같은 고무의 탄성은 천연고무에서는 가유(加硫)처리를 하여 분자 사이의 가교(架橋)로 얻어진다.

합성고무의 제조는 분자사이의 힘이 약한 실 모양의 분자를 가능한 한 결정화시키지 않고 성형하여 그 상태로 분자사이의 가교가 형성되도록 화학반응을 시킨다. 합성고무는 천연고무보다도 노화 내구성능과 내마모성이 큰 것이 많다. 또 가교방식으로 경화의 정도가 더욱 진행되면 고무에서 플라스틱에 가까운 성질로 되어 화학적인 안정성도 증가되어 내고온성, 내유성, 내열성 등이 천연고무보다 우수하다.

그 밖에 새로운 고무로 우레탄 고무가 있다. 우레탄 고무는 합성고무에 발포제(發泡劑)를 첨가하여 제조한 기포성 고무이며, 탄성이 큰 가벼운 재질이므로 패킹재료, 시트, 쿠션, 단열재료, 흡음재료 등에서 사용한다. 우레탄은 산화 프로필렌을 주성분으로 하는 플라스틱이며, 우레탄 고무는 석유화학의 산물이다. 우레탄 고무는 내열성이 이 떨어지며, 연속 사용은 80℃ 정도이다.

CHAPTER

10

신소재(新素材)

현대 인류 문명은 금속이 주도해 왔다고 해도 과언이 아닐 것이다. 산업혁명 이후 금속은 공업재료 등으로서 현대 문명 건설의 핵심 재료로서의 역할을 담당해 왔다. 그런데 근래에 이르러 플라스틱과 같은 고분자 재료에 의해 그 영역이 잠식되기 시작하더니 최근에는 파인 세라믹스 등과 같은 신요업 소재에 의해 그 역할이 많은 부분에서 대체된 전망으로 보인다.

기존의 재료보다 우수한 특성을 지녔거나 새로운 기능, 성질을 가진 재료를 신소재라 하며, 파인 세라믹, 섬유강화 복합재료, 형상기억합금, 초전도 합금, 초탄성합금, 방지합금, 초내열 합금, 아모르파스 합금 등이 있다.

10-1 파인 세라믹(fine ceramic)

순도를 높게 정제하고 곱게 분쇄한 알루미나, 탄화규소 등을 가압 소결한 자기재료이며, 반도체 IC회로, 내열 재료, 세라믹 축전기, 각종 절삭공구와 전자, 기계 등 산업용 기능 소재로 사용된다. 경도가 높고, 내열, 내부식성 등은 우수하나 충격 저항성이 약하다.

몇 년 전부터인가 도자기로 자동차 엔진을 만드는 연구가 진행되고 있다는 이야기가 매스컴을 통해서 가끔 나오곤 하였다. 떨어뜨리기만 하여도 깨져버리는 것으로 알고 있는 도자기로 엔진을 만들다니 일반인들에게나 심지어는 재료 분야의 전공학자들에게조차도 터무니없는 이야기로 틀렸겠지만 그럼에도 불구하고 선진 각국의 관련 기업체와 연구소, 대학의 연구실, 그리고 정부에서까지 나서서 도자기 엔진에 관한 연구와 개발에 막대한 투자를 하고 있으며 치열한 개발 경쟁까지 벌이고 있는 중이다. 그런데 놀랍게도 도자기 엔진을 적재한 차가 시험 주행에 성공한지도 벌써 몇 년이나 지났다는 사실이다.

도자기로 만든 엔진이라고 하지만 실제로는 일반적으로 알고 있는 그러한 도자기가 아니라 앞에서 이야기한 새로운 세라믹스로 엔진을 만들자는 것이다. 도자기나 새로운 세라믹스나 그 재질이 다 같은 비금속 무기재료의 부류이기 때문에 알기 쉽도록 도자기란 표현을 써서 소개한 것뿐이다.

그러면 왜 충격을 받으면 깨지기 쉬운 세라믹스를 가지고 자동차 엔진을 만들려고 하는 것일까? 현재 금속 합금으로 만들어진 자동차 엔진은 아무리 우수한 초내열 합금으로 만든다고 할지라도 1,100℃ 이상의 온도에서는 사용할 수가 없다. 따라서 냉각수를 돌려서 엔진 부분의 온도 상승을 막고 있는 실정이므로 이로 말미암은 에너지 손실이 클 뿐만 아니라 연료가 완전 연소가 되지 않으므로 공해 문제 등도 발생되고 있다.

세라믹 엔진의 장점

열역학적으로 볼 대 열 기관은 작동 온도가 높아질수록 열효율이 증가하게 된다. 따라서 높은 온도에서도 충분히 견디어내는 새로운 세라믹스를 가지고 엔진을 만들어서 작동 온도를 1,400℃까지만 올려준다 하더라도 열효율이 30%나 증가하게 되어 그만큼 비싼 연료를 절약할 수 있을 뿐만 아니라 완전 연소에 보다 가깝게 되므로 공해 문제도 해결할 수 있게 된다. 또한 냉각 시스템이 불필요하게 되므로 구조가 훨씬 간단해지고 차체가 가벼워진다는 점도 매우 경제적이다. 세라믹스는 금속에 비해 훨씬 가벼우므로 엔진 자체의 무게도 합금을 사용했을 때에 비해 절반 이하로 떨어지게 되므로 자동차 전체의 무게가 그만큼 가벼워져서 더욱 더 경제적이 된다는 것도 알 수 있다. 뿐만 아니라 세라믹스는 자체 윤활 특성도 가지고 있으므로 피스톤과 실린더 간에 윤활유가 필요치 않으며, 세라믹스의 뛰어난 내마모성, 내부식 및 내산화성 때문에 엔진의 수명이 그만큼 연장된다는 점 등을 비롯하여 많은 이점들이 있다.

그렇다면 왜 진작부터 자동차 엔진을 세라믹스로 만들 생각을 하지 않았을까 하는 의문이 다시 생기게 될 것이다. 그것은 당시에는 에너지 문제에 대한 대책의 절실한 필요성을 느끼지 않았을 뿐만 아니라 비록 필요성을 느꼈다 하더라도, 세라믹스가 고온에서 견디는 특성은 금속보다 월등히 뛰어나지만 충격을 받았을 때 깨지기 쉬우며 열을 갑자기 가하거나 뜨거운 상태에서 갑자기 식혀도 깨지기 쉬운 단점 등을 가지고 있었기 때문이다. 그러므로 인명과 직접 관계되는 자동차의 엔진 재료로서 세라믹스를 사용한다는 생각은 엄두도 내지 못하였다. 그러나 몇 차례에 걸친 석유 위기와 앞으로 닥쳐올 에너지 문제, 그리고 자동차 배기가스에 의한 심각한 공해 문제 등의 대두는 효율이 높은 엔진의 개발에 대한 필요성을 절실하게 만들었다. 이를 위해서는 무엇보다도 새로운 고온 소재의 개발이 선행되어야 하였으며, 결국은 고온 특성이 좋은 세라믹스만이 그 단점에도 불구하고 현재로서는 가장 가능성이 큰 소재라는 것이 판명되었기 때문이다. 따라서 세라믹 엔진에 있어서 문제점은 어떤 방법으로 열이나 기계적 충격에 약한 세라믹스의 단점을 해결하고 고온 강도 등을 더욱 더 개선시키느냐 하는 것이다. 엔진용 세라믹스 소재로서 강력한 후보로 Si_3N_4, SiC, PSZ(Partially Stabilized ZrO_2, 부분 안정화 지르코니아) 등이 있는데 이들은 각기 장단점을 가지고 있다.

10-2 형상기억 합금(shape memory alloy)

자기의 본래 모양을 기억하고 있어서 형태를 변형시켜도 일정한 온도가 되면 다시 원래의 모양으로 되돌아가는 획기적으로 놀라운 기능을 갖고 있는 소위 형상기억합금이라고 불리는 신금속이 있다. 사람이나 동물에게만 기억이라는 것이 있는 것으로 알고 있었으나, 근래에 들어서는 컴퓨터라는 기계도 기억 능력을 갖게 되더니 급기야는 금속이라는 무기물질도 기억 능력을 갖게 된 것이다.

형상기억합금으로 용수철을 만들었다고 하자.

실온에서 이 용수철을 탄성 한계 이상으로 잡아 늘리게 되면 용수철이라 할지라도 원래 모양으로 돌아가지 않는다. 그러나 변형된 이 용수철을 어떤 온도 이상으로 가열하거나 뜨거운 물속에 담그면 원래의 자기 모양대로 돌아간다. 용수철 모양뿐만 아니라 훨씬 더 복잡한 모양도 기억하고 있다가 전혀 딴판으로 모양이 바뀌었어도 일정한 온도가 되면 원래의 형상으로 복원된다(물론 복원될 수 있는 변형 정도에는 한계가 있다).

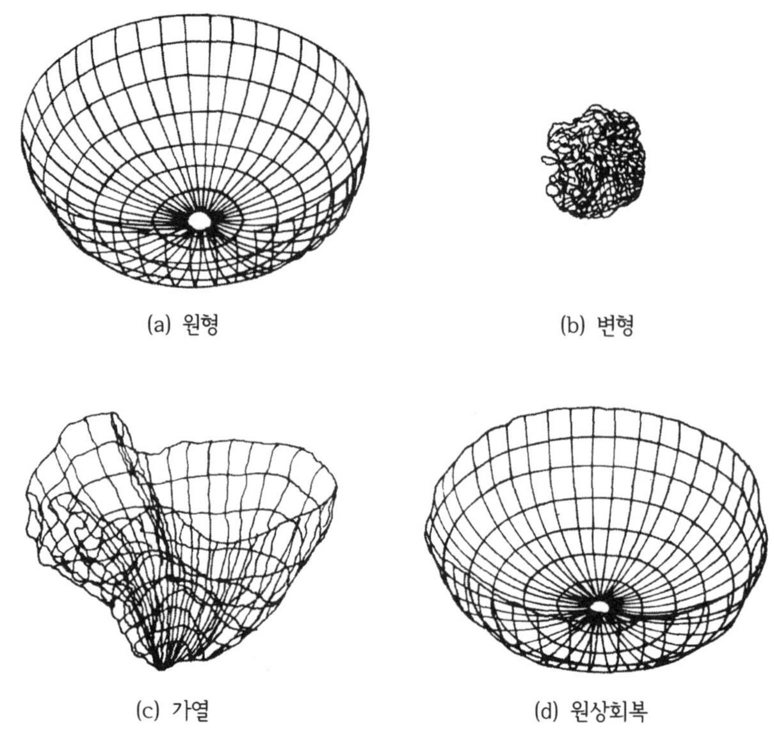

【그림 10-1】 형상기억 합금을 이용한 안테나

티탄(Ti)-니켈(Ni)합금, 구리(Cu)-아연(Zn)-알루미늄(Al)합금, 구리(Cu)-아연(Zn)-규소(Si)합금 등이 이에 속한다.

10-3 초전도 재료(super conducting materials)

오랫동안 연구실에 틀어박혀 연구에만 몰두하던 어떤 과학자가 드디어 연구실 문을 박차고 뛰어나오면서 큰소리로 외쳤다. "나는 드디어 세상에 있는 어떤 물질도 녹일 수 있는 물질을 발명했다. 이 용기 안에 들어있는 것이 바로 그것이다." 그러나 그 물질을 담을 수 있는 용기가 있다는 것은 모순이므로, 사람들은 그 과학자가 오랜 연구 끝에 미쳤던지 거짓말을 하고 있다고 생각했다는 우스개 소리가 있다. 그런데 오늘날에는 어떤 물질도 녹여버릴 수 있는 물질이 정말로 있으며 그것을 담을 수 있는 용기도 개발 중에 있으니 이제 그것을 우스개 소리라고 하는 것 자체가 우습게 되어버렸다.

플라즈마라고 하는 물질이 바로 그러한 물질인데 이것은 전기를 띤 입자나 이온, 전자로 구성된 가스로서 그 온도가 무려 1억~2억 도나 된다. 따라서 이와 같은 극초고온의 물질을 직접 담을 수 있는 용기는 생각조차 할 수도 없었으나, 초전도 재료라는 새로운 소재의 개발에 의해 그것마저도 가능하게 되었다. 초전도 재료의 강자장을 이용하여 플라즈마를 공중에 뜨게 해서 폐쇄시킴으로써 용기의 벽과 직접 닿지 않게 해주는 것이다. 그러면 무엇 때문에 그와 같은 노력을 하고 있는 것일까? 그것은 미래의 꿈의 에너지라고 불리는 핵 융합 반응로의 실현을 위해서이다.

핵 융합

융합 반응을 시킬 때 방출되는 막대한 에너지(이것은 수소폭탄의 원리로서 연료기체 1g이 완전히 융합하면 석유 8톤에 해당하는 에너지를 낸다)를 이용하여 전기를 만들고자 하는 것으로, 우라늄과 같은 무거운 원소의 핵 분열(원자폭탄의 원리)에 의해 방출되는 에너지를 이용하는 기존의 원자력 발전과 비교할 때 원료가 무한정일 뿐만 아니라 방사능에 의한 위험 등의 문제가 전혀 없으므로 미래의 에너지로서 크게 각광을 받고 있는 것이다.

핵 융합 반응을 일으키기 위해서는 원자핵들끼리 서로 접근을 시켜야 하는데 원자핵이란 +전하를 띠고 있어 서로 강하게 반발을 하므로 좀처럼 접근시키기가 힘들다. 그래서 연료기체를 초고온으로 가열하여 원자핵과 전자를 분리시켜 플라즈마 상태를 만들어 주면 구성 입자들의 열 운동이 극도로 격렬해지게 되므로 핵끼리 충돌을 하게 되어 핵 융합 반응이 가능하게 된다. 핵 융합에서는 극초고온의 플라즈마를 어떻게 안전하게 보관하느냐가 바로 가장 큰 문제가 되고 있는데, 도넛 형태의 자장을 만들어 주어 플라즈마를 그 속에 가두어 두는 방법을 쓰고 있다. 강자장을 만들기 위해 값싸고 전기전도가 좋은 구리선을 이용한 전자석을 사용한다고 하더라도 전기 저항열로 인해 소비되는 전력이 출력을 상회하게 되어 경제적이 되지 못하므로 핵 융합에 의한 발전의 실용화를 막고 있다. 따라서 전력 손실을 막아 아까운 에너지를 절약하고 꿈의 핵 융합 발전을 가능케 하기 위해서는 될 수 있는 대로 값싸고 전기 저항이 낮은 재료를 개발해 내는 것이 급선무라고 할 수 있다. 가능하면 전기 저항이 완전히 제로인 초전도 재료를 만들어낼 수만 있다면 가장 유리하다 하겠다. 그러나 보통 온도에서는 그러한 재료가 아직은 없으며 다만 절대영도(-273℃)에 가까운 극저온에서 초전도 현상을 일으키는 물질들이 발견되고 있다.

초전도 현상

1911년 4°K(-269℃)의 극저온에서 초전도 현상을 보이는 수은(Hg)이 발견된 후 지금까지 단위 원소로는 약 25종, 합금 및 금속 화합물로는 천여 종이 발견되었다.

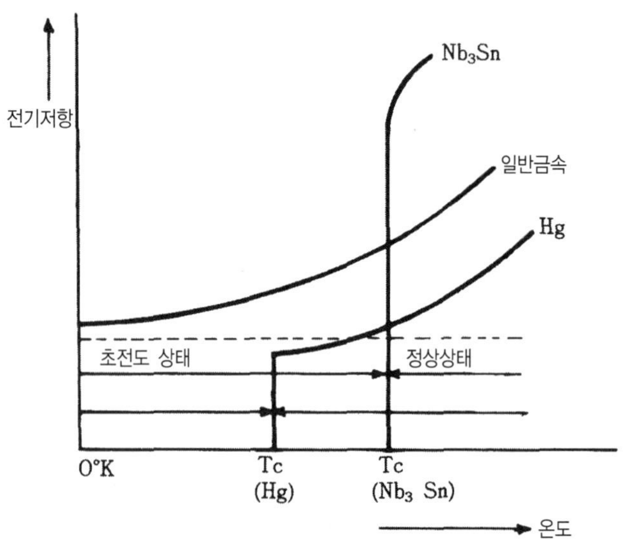

【그림 10-2】 온도변화에 따른 전기저항

그림 10-2를 보면 일반 금속과 초전도 현상이 있는 수은과 Nb_3Sn의 전기 전항치가 온도에 따라 변하는 모습이 나타나 있다. 일반 금속의 경우를 보면 온도가 감소함에 따라 전기 저항이 감소하는데 이것은 원자들의 열 진동이 저하됨으로 전류가 점점 잘 흐르게 된다고 볼 수 있지만 그렇다고 해서 절대 영도가 되더라도 완전히 제로가 되지는 않는다. 그러나 초전도 물질들의 경우는 어떤 온도가 되면 갑자기 전기 저항이 사라지면서 아예 제로가 되어 버리는 것을 알 수 있다. 이 온도를 임계온도라고 한다.

11 복합재료(複合材料)

11-1 복합재료의 개요

단일재료(單一材料)는 그 개발에 한계가 따르기 때문에 아무리 좋은 재료라도 내열성, 내산성, 고경도성 등 모든 면에서 좋은 재료가 될 수 없다.

복합재료는 이와 같은 재료의 단점을 보완하고 장점을 살리는 방향으로 2개 이상의 단일재료를 결합하여 보다 성능이 우수하고, 경제성이 좋은 재료를 얻기 위해 시도된 것이다.

복합재료에는 최근에 개발된 섬유강화 플라스틱(FRP; Fiber Reinforced Plastic), 예전부터 사용하던 철근-콘크리트, 구조물 재료의 샌드위치(sand witch) 재료나 층상(層狀)재료가 있다.

복합재료는 1960년 이후 플라스틱 계열의 복합재료와 금속접합 계열의 복합재료들이 개발되어 고강도, 내부식성, 내산성, 내충격성, 외관, 무게, 피로수명, 열전도성, 방음 등의 성질을 향상시켜 항공기. 우주개발, 기계 구조물, 군사장비, 가정용품 등에서 많이 사용되고 있다.

11-2 복합재료의 종류

복합재료는 서로 질이 다르거나 형태가 다른 재료를 조합하여 물리적 또는 화학적 처리에 의해 단독으로 소유하지 않는 우수한 성질을 지닌 재료들이다.

복합재료는 주로 입자(粒子) 또는 섬유로 된 복합재료가 중점 대상으로 되어 있기 때문에 복합재료의 재질은 모재(母材)와 분산재료로 구성되고 분산재료의 형태에는 입자, 섬유, 얇은 판(flake) 등이 있다.

복합재료를 분산재료의 형태에 따라 분류하면 다음과 같다.

① 분산강화 복합재료(dispersion strengthened composite)
② 입자강화 복합재료(partical reinforced composite)
③ 섬유강화 복합재료(fiber reinforced composite)

등이 있으며, 섬유강화 매트릭스에 의해 분류하면 다음과 같다.

① 섬유강화 플라스틱(FRP; fiber reinforced plastic)
② 섬유강화 고무(FRR; fiber reinforced rubber)
③ 섬유강화 금속(FRM; fiber reinforced metal)
④ 섬유강화 세라믹(FRC; fiber reinforced ceramic)

11-3 복합재료의 용도

1. 섬유강화 플라스틱(FRP)

섬유강화 플라스틱은 우수한 경량 강도재료로 많이 사용되고 있으며, 강화섬유는 유리섬유를 주로 사용하지만 탄소섬유, 붕소섬유, 케블라섬유 등도 사용된다.

강화섬유는 비강도와 비강성이 강철에 비해 크다. 그리고 플라스틱은 금속에 비해 가볍고, 내부식성이 크지만 구조용 재료로서는 강도와 탄성계수가 작고, 열팽창 계수가 큰 결점이 있다. 또 기계적 성질이 우수한 플라스틱은 값이 비싸기 때문에 그 용도가 제한된다. 구조용 재료로 이와 같은 결점을 다른 재료로 보충하기 위한 각종 강화 플라스틱이 사용된다. 섬유강화 플라스틱은 성형성능이 좋고, 강도와 내구성이 우수한 장점이 있다.

플라스틱 재료들의 주요한 특성을 정리해 보면 결정구조는 본질적으로 비정질이라는 것과, 전기적으로 부도체이며 열전도율이 낮고, 예외가 있긴 하지만 화학적 부식에 대한 저항이 크며 연화 온도(softening temperature)가 낮다는 것, 그리고 복잡한 모양으로 성형하기가 쉽다는 점 등을 들 수 있다.

특별히 플라스틱 중에서도 내열성이나 기계적 강도 등의 기능이 기존의 플라스틱보다 우수하고 가혹한 화학적·물리적 조건하에서도 오랜 시간 동안 물성이 변화하지 않고 사용할 수 있는 플라스틱을 엔지니어링 플라스틱(engineering plastics)이라 한다.

폴리에틸렌, 폴리스틸렌, 염화비닐 등과 같이 종래의 플라스틱하면 대개가 열에 약하고 무르던가 아니면 잘 부러지기 쉬운 재료로서 생각되지만, 엔지니어링 플라스틱은 금속처럼 단단하며 내열성이 우수하고 충격에도 강하면서 성형이 쉽고 가볍기 때문에 구조재료나 기능부품 분야에서 그 수요를 확대해 가고 있다. 특히 금속을 대체할 수 있는 새로운 경량 소재로서 각광을 받고 있다. 철의 비중이 7.8, 알루미늄이 2.7에 비해 엔지니어링 플라스틱은 1.0~1.4이므로 자동차의 경량화를 위한 신소재로서 뿐만 아니라, TV 수상기 등 가전기구, VTR 등을 비롯한 전자기기 등에 이용이 더욱 확대되고 있다. 최근에는 체인, 기어, 브레이크 등을 제외하고는 모두 엔지니어링 플라스틱을 사용한 총 무게 13kg짜리 경량 자전거가 개발되기도 하였다. 가볍다는 특성 이외에도 금속이라면 여러 개의 부품들을 따로따로 만들어서 조립해야 하는 것을 플라스틱은 부품을 일체화할 수 있으므로, 즉 한 번에 하나로 성형할 수 있으므로, 금속처럼 2차 가공이 필요하지 않은 이점이 있어 더욱 금속의 대체 소재로서 이용되고 있는 것이다.

엔지니어링 플라스틱은 섬유강화플라스틱(FRP; Fiver Reinforced Plastics)이라 해서 유리섬유나 탄소섬유와 섞어서 복합재료(CM; Composite Materials)를 만들면 기계적 특성이 크게 강화되고 정밀도와 강도가 향상되어 자동차뿐만 아니라 항공기나 로켓의 경량 소재로까지 각광을 받고 있다.

엔지니어링 플라스틱의 역사는 1958년 미국의 듀퐁사가 철에 대한 도전으로서 종래의 플라스틱에 없는 기계적 성질을 갖는 폴리에스터(polyester)를 개발하여 공업용으로 사용한 것이 그 시초가 되었다.

오늘날 5대 엔지니어링 플라스틱으로는 폴리아미드(polyamid), 폴리에스터(polyester), 폴리카보네이트(polycarbonate), PBT(Poly Butylene Terephthalate), 변성 PPO(Poly Phenylene Oxide) 등이 있다.

[1] 유리 섬유강화 플라스틱

유리섬유를 사용한 섬유강화 플라스틱은 FRP라고 하며, 대표적인 불포화 폴리에스테르 수지, 에폭시 수지, 페놀수지에 지름 5~8μ의 유리섬유를 보강재료로 첨가하여 성형한 것이다. 유리섬유는 지름이 가늘어지면 인장강도가 증가하고, 지름이 5~8μ의 유리섬유의 인장강도는 100~300kgf/㎜² 정도이다.

유리섬유는 원료를 용해하여 마블형상 덩어리를 만들고 이것에 전기를 통하여 가열한 백금(Pt) 포트에서 다시 용융하여 작은 구멍에서 실을 뽑는다. 이와 같이 만든 실을 합사(合糸)하여 드럼(drum)에 감는다. 이때 합사한 것을 스트랜드(strand)라 부르며, 스트랜드를 몇 개 합사한 얀(yarn)을 직조(織造)한 것을 크로스(cloth)라 하고, 이것은 여러 가지로 직조할 수 있다. 그리고 스트랜드를 꼬지 않고 수십 개를 한한 것을 로빙(roving)이라 하고, 필라멘트 와인딩에는 이것을 사용한다. 로빙으로 직조한 것을 로빙 크로스(roving cloth)라 한다. 그리고 유리섬유는 스트랜드, 얀, 크로스, 로빙 등으로 플라스틱의 보강재료로 사용된다. 성형 가압을 할 경우에는 공기가압, 기계 가압의 방법을 사용하며, 사출 방법에는 주입방법, 금형 방법, 연속 압출 방법 등이 있다.

유리를 특별한 공정에 의해 직경이 0.01㎝ 이하의 실처럼 뽑아낸 것을 유리섬유라고 한다. 이것은 상당히 질겨서 여러 가닥을 모아놓으면 어지간한 힘에 의해서도 끊어지지 않는 높은 강도를 갖고 있다. 그러나 부서지기 쉽다는 단점 때문에 그 자체로서는 구조용 재료로 사용할 수 없다.

열가소성 수지나 열 강화성 수지 모두 다 유리섬유강화 재료로서 사용될 수 있는데 가장 많이 사용되고 있는 것이 폴리에스터 수지로서 이에 유리섬유를 복합하면 부식 저항, 치수 안정성, 기계적·전기적 특성 등이 적절히 개선된 복합재료가 된다. 열경화성 수지로는 GFRP phenolics와 epoxies가 있는데 전자는 전기 저항성이 좋고 수분 흡수율도 낮으며 가격도 비교적 저렴하여 전기부품 재료로서 많이 사용된다. 후자는 다소 비싸기는 하지만 뛰어난 강도, 열적 안정성, 화학적 저항성, 유전성 때문에 고기능성이 요구되는 분야에 사용된다.

폴리스티렌, 폴리아미드, 폴리카보네이트, 폴리우레탄, 폴리프로필렌 등 많은 엔지니어링 플라스틱을 유리섬유로 강화시킴으로써 기계적·전기적 특성, 부식 저항 등의 개선 이외에도 열적 안정성, 기계적 충격에 대한 저항성 등이 좋아지므로 소형의 전자부품으로부터 기어, 베어링 그리고 자동차나 비행기의 경량화를 위한 새로운 재료로서 각광을 받고 있다.

[2] 탄소 섬유강화 플라스틱(CFRP)

몇 년 전까지만 하더라도 유리섬유강화 플라스틱은 특수재료로서 간주되었으나 오늘날에는 흔히 쓰이는 복합재료 중의 하나가 되었다. 현재 개발 중에 있는 섬유강화 복합재료에는 유리섬유보다 더 강하고 가벼운 탄소섬유를 사용한 탄소섬유강화 플라스틱(Carbon Fiber Reinforced Plastics)이 있다.

탄소섬유에는 아크릴 섬유를 태워 탄소화해서 만든 PAN(Poly-AcroNitrile)계와 콜타르에서 피치를 뽑아 탄화시킨 피치계가 있는데 고장력강의 네 배가 되는 인장강도(5×10^5psi)와 유리섬유의 네 배가 되는 고탄성률(70×10^6psi)을 가지고 있는데다가 가볍다는 이점이 있어서 강철보다 강하고 알루미늄보다 가벼운 섬유재료로서 각광을 받고 있다.

그러나 탄소섬유도 고온에서 산화가 되기 쉽다는 단점과 섬유 자체만 가지고는 형태를 만들 수가 없으므로 구조재료로서 사용할 수가 없다. 따라서 에폭시 수지 등과 같은 열경화성 수지를 탄소섬유 다발 사이에 침투시켜 고강도, 고탄성에다 우수한 내충격성을 갖는 CFRP를 만들어서 사용하는데 고급 낚싯대, 안전 헬멧, 골프채, 테니스 라켓, 스키 등에 실용화되고 있다. 특히 자동차, 비행기 그리고 우주항공 분야 등에 있어서 소형 경량화를 달성하기 위한 가볍고 강인한 구조재료와 부품으로서 사용되고 있으며, 그 응용 분야를 더욱 넓히기 위한 연구 개발이 진행되고 있다.

예를 들어 탄소섬유는 고온에서 산화 소모하기 때문에 표면을 탄화붕소(B_4C: 보론 카바이드)나 탄화규소(SiC: 실리콘 카바이드)로 피복을 하여 사용하고자 하는 시도가 행해진다.

[3] 플라스틱 적층판

플라스틱 적층판은 플라스틱을 삼투(滲透)한 판(plate)을 겹쳐놓고 가열·압착시킨 것이며, 나무를 기초 판으로 하여 베니어 판 모양으로 적층한 것과 금속판을 기초 판으로 한 적층판이 구조용 재료로 사용된다. 베이클라이트 적층 재료는 페놀수지를 면포(綿布) 또는 그라프트지로 보강한 것이다. 면포 적층 재료는 기어재료로 사용된다. 또 화장판(化粧板)에는 멜라민 수지의 축합물(縮合物)을 삼투시킨 종이를 압축한 것이나 폴리에스테르 수지를 이용한 것 등이 있다.

그리고 금속을 기초 판으로 한 적층 재료에는 염화비닐 금속판 등이 있다. 또 최근에는 플라스틱 라이닝(plastic lining)이 각광을 받고 있는데 이것은 강철의 결점인 물 또는 약품에 대한 내부식성을 높이기 위해 사용한다.

라이닝 방법은 페인트용 솔, 스프레이용 롤러, 분말 스프레이 또는 플라스틱 시트의 접착제를 이용한 접합 등이 쓰인다. 라이닝에는 열가소성 플라스틱, 열경화성 플라스틱 및 강화 플라스틱 등이 사용된다.

2. 금속강화 복합재료와 세라믹 복합재료

높은 온도에서 제조를 하거나 사용할 때에는 세라믹(ceramic)과 금속과의 고용체가 필요하다. 탄화물(TiC, WC)은 고용성이 크기 때문에 금속이 용융된 상태일 때 탄화물로 용해되지만 상온에서 냉각시키면 석출(析出)된다. Al_2O_3(알루미나)와 철(Fe)또는 크롬(Cr)과 서멧(cermet)에서는 철(Fe)과 크롬(Cr)은 산소가 용해되어 Al_2O_3에 FeO 또는 Cr_2O_3가 용해되므로 서로 친화성이 발생한다. 이를 위해 제조할 때 산소의 분압(分壓)을 조정하는 것이 중요하다.

3. 금속접합 복합재료

한 가지 금속으로 사용목적에 적합한 성질을 얻을 수 없는 경우에는 금속과 금속을 접합한 복합재료를 사용한다. 이 금속 복합재료는 복합(composite), 피복(coated) 및 접합(clad) 등의 3가지를 포함한 말이며, 2종류 이상의 금속을 결합하여 목적에 적합한 재료를 얻는 것이다. 이때는 단접이나 납땜으로 접합하는 작업 이외에 표면을 전기도금, 스프레이, 세라다이징, 칼로다이징 등을 사용하는 방법과 클래드(clad) 방법이 있다.

금속접합 복합재료의 제조 방법에는 냉간압접 압연 방법, 열간압접 압연 방법 등이 널리 사용되며, 그 밖에 폭발 압접 방법이 있다.

4. 섬유강화 플라스틱의 자동차 스프링에의 응용

섬유강화 플라스틱 코일스프링은 성형의 어려움, 일관되지 않은 응력분포에 알맞은 섬유배열의 어려움 등으로 아직까지는 연구단계에 있다. 섬유강화 플라스틱의 성형 방법에는 여러 가지가 있으며, 판스프링 생산에는 매치드 다이(matched die) 방법, 필라멘트 와인딩(filament winding) 방법, 연속인발 방법 등이 사용되고 있다.

매치드 다이 방법과 필라멘트 와인딩 방법은 소량생산에 적합하고, 연속인발 방법은 연속작업이 가능하기 때문에 생산성이 높으며, 대표적인 방법이 펄트루션 방법이다. 섬유강화 플라스틱을 스프링 재료로 사용할 때 다음과 같은 장점이 있다.

① 가볍다-섬유강화 플라스틱의 비중은 강철의 약 1/3~1/4 정도이다.
② 비탄성 에너지가 크다-유리섬유 강화 플라스틱이나 탄소섬유 강화 플라스틱의 비탄성 에너지는 강철의 약 6배 정도이다.
③ 내부식성이 크다.
④ 설계의 자유도가 크다-섬유 함유율과 섬유배열 방향을 변화시켜 가로탄성계수 등의 특성을 변화시킬 수 있다. 또 성형성능이 우수하기 때문에 희망하는 모양으로의 설계가 가능하다.

이에 비해 다음과 같은 단점을 지니고 있다.

① 이방성이다-섬유로 강화되므로 섬유방향만 강화된다. 따라서 한쪽 방향으로만 강화된 판 스프링의 경우 세로방향의 강성이 약해진다.
② 피로강도가 낮다.
③ 층간 전단강도가 낮다.
④ 가로탄성계수가 낮다.
⑤ 내열강도가 낮다.

CHAPTER 12

재료역학

재료역학(strength of materials)은 기계나 구조물에 외력(外力)이 가해진 경우에 그 구성부품에 미치는 인장, 압축, 휨, 비틀림 등의 작용과 이로 이해 부품내부에 발생하는 응력 및 변형을 연구하는 분야이다.

기계 및 구조물의 강도 설계에 기초가 되며 기계의 어느 부분이 사용 중에 파괴되거나 또는 과도한 변형을 일으키지 않고 또 파괴를 우려하여 비경제적으로 치수를 너무 크게 하는 일없이 기능에 따라 적합한 치수를 결정하는데 필요하다. 즉 기계나 구조물의 설계를 가장 합리적이고 경제적으로 하기 위한 것이다.

재료역학은 실험적인 면과 이론적인 면이 있으며, 또 후크의 법칙에 따르는 재료를 다루는 경우와 그렇지 않은 재료를 다루는 경우가 있다.

12-1 응력 및 변형률

1. 하중의 종류

기계부품에 외부에서 작용하는 힘, 즉 외력을 재료역학에서는 하중(load)이라 한다. 하중에는 힘이 작용하는 방법이나 양상에 따라 다음과 같다.

[1] 하중의 작용상태에 따른 분류

(1) 인장 하중(tensile load)

그림 12-1 (a)의 Pt와 같이 재료를 축선(軸線)을 따라 잡아당기는 작용을 하는 하중이다.

(2) 압축 하중(compressive load)

그림 12-1 (b)의 Pc와 같이 재료를 축선을 따라 눌러서 압축하는 것처럼 작용하는 하중이다.

(3) 전단하중(shearing load)

그림 12-1 (c)의 Ps와 같이 재료를 가로방향으로 밀어내면서 가위로 자르는 것과 같이 작용하는 하중이다.

(4) 비틀림 하중(torsional load)

그림 12-1 (d)의 Ptw와 같이 재료를 비트는 것과 같이 작용하는 하중이다.

(5) 휨 하중(bending load)

그림 12-1 (e)의 P_B와 같이 재료를 구부리는 것과 같은 작용을 하는 하중이다.

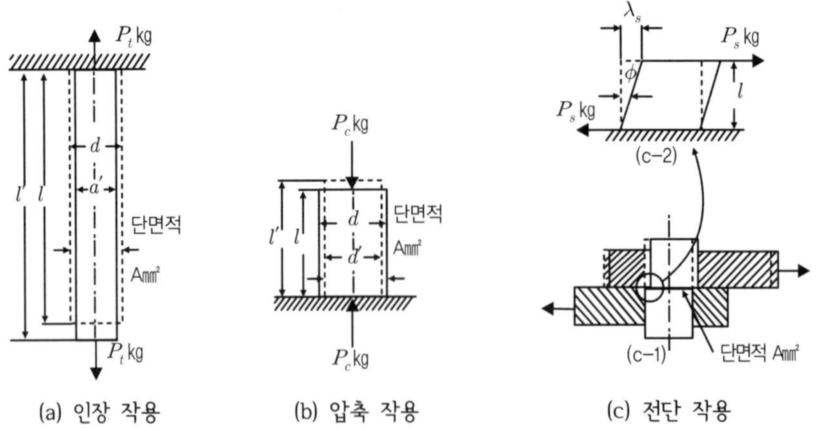

(a) 인장 작용 (b) 압축 작용 (c) 전단 작용

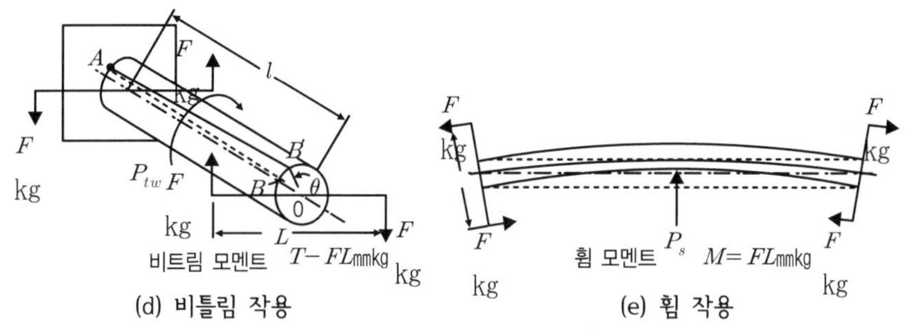

【그림 12-1】 하중이 부품에 가하는 작용

[2] 하중 분포상태에 따른 분류

(1) 집중하중(concentrated load)

하중이 작용하는 장소가 좁아 점이나 선에 가까운 경우의 하중이다.

(2) 분포하중(distributed load)

하중이 넓은 범위(장소)에 걸쳐 작용하는 하중이다.

[3] 하중의 값이 시간적으로 변화하는 상황에 따른 분류

(1) 정하중(static load or dead load)

하중의 크기와 방향이 시간과 더불어 변화하지 않거나 또는 변화가 매우 완만한 하중이다.

(2) 동하중(dynamic load or live load)

하중의 크기나 방향이 시간과 더불어 변화하는 하중이며, 그 상태에 따라 다음과 같이 분류한다.

① 충격하중(impact load) : 시간에 대한 하중의 크기 변화가 매우 극단적으로 큰 하중이다.

② 반복하중(repeated load) : 하중의 크기는 끊임없이 변화하나 방향은 변화하지 않고 연속적으로 반복되는 하중이다.

③ 교번(交番)하중(alternated load) : 하중의 방향이 끊임없이 변화하는 하중, 즉 인장, 압축 등이 번갈아 작용하는 하중이다.

④ 이동하중(traveling load) : 물체 위를 이동하면서 작용하는 하중이다.

12-2 응력(stress)

기계부품에 인장, 압축 등의 외력(하중)이 작용할 때 부품의 내부에 발생하는 저항력을 내력(內力, internal force) 또는 응력이라 한다. 외력이 작용하면 이에 따라 부품은 약간의 변형을 일으킴과 동시에 내부에는 저항력이 발생하여 외력에 저항한다. 이때 어느 정도의 외력에 대해서는 부품이 파단되거나 변형이 심하게 되지 않으나 외력이 커지면 변형이 커지고, 내부의 저항력보다 다 큰 외력을 가하면 부품의 일부에 균열이 발생하거나 또는 부품이 파단하게 된다.

실제로 중요한 것은 운전 중에 기계부품이 어느 정도의 저항력(응력)으로 일을 하느냐를 알아야 하며, 이것은 단위 면적에 대한 내부 저항력의 값을 가지고 나타내는데, 이것을 응력이라 하며 다음 공식으로 나타낸다.

$$\sigma = \frac{P}{A}[\text{kgf/cm}^2]$$

여기서, σ : 응력

P : 외력[kgf]

A : 단면적[cm^2]

응력은 작용하는 하중의 종류에 따라 분류하면 다음과 같다.

(1) 인장 응력(tensile stress)

그림 12-2 (a)와 같이 막대의 양끝에 인장 하중이 작용할 때 발생하는 응력이다.

(2) 압축 응력(compressive stress)

그림 12-2 (b)와 같이 막대의 양끝에 압축 하중이 작용할 때 발생하는 응력이다.

(3) 전단 응력(shearing stress)

그림 12-2 (c)와 같이 전단 하중이 재료를 어느 단면을 따라 미끄러지도록 작용하는 경우에 발생하는 응력이다. 단면 안에 전단 응력이 균일하게 분포한다고 생각하면 그 값은 다음 공식으로 나타낸다.

$$\tau = \frac{F}{A}$$

여기서, τ : 전단 응력

F : 전단 하중

A : 단면적

(4) 휨 응력(bending stress)

그림 12-2 (d)와 같이 양끝을 지지한 막대의 중앙에 축선과 직각으로 하중이 작용할 때 발생하는 하중이다. 이때 인장 응력과 압축 응력이 동시에 발생한다.

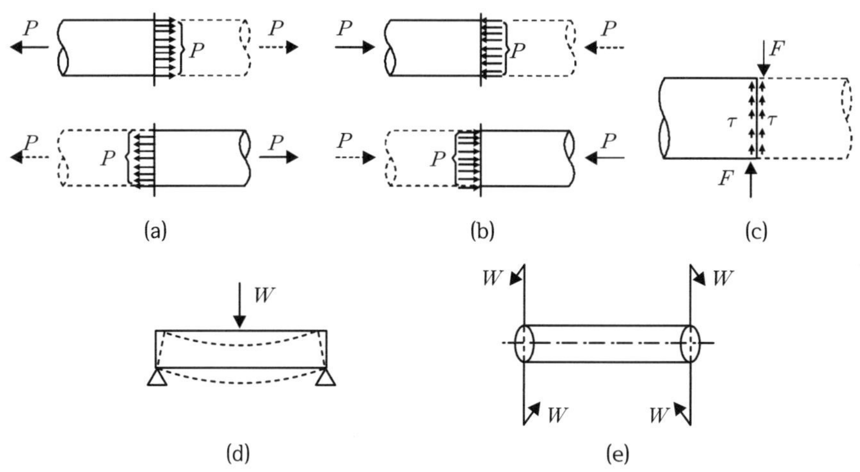

【그림 12-2】 응력의 종류

(5) 비틀림 응력(torsional stress)

막대 모양의 부품에 비틀림 모멘트의 작용으로 발생하는 응력이다. 이것은 전단 응력과 같이 나란히 발생하는 응력이다.

(6) 허용 응력과 안전율

기계를 설계할 때 그 사용 상태를 잘 생각하여 생기는 응력이 안전한 값 이하로 되게 설계하여야 한다. 이와 같은 일정한 한도의 응력을 허용 응력(allowable stress)이라 한다. 재료가 파괴될 때까지의 최대 응력, 즉 극한 강도를 허용 응력으로 나눈 값을 안전율이라 한다.

$$\text{안전율} = \frac{\text{극한강도}}{\text{허용응력}}$$

그리고 재료가 반복하중을 받는 경우의 안전율은 다음 공식으로 나타낸다.

$$\text{안전율} = \frac{\text{크리프한도}}{\text{허용응력}}$$

① 탄소강 재료를 사용하는 경우의 사용 응력, 허용 응력, 탄성 한도의 관계는 탄성 한도>허용 응력≧사용 응력이다.
② 안전율을 결정하는 요소에는 재료의 품질, 하중과 응력 계산의 정확성, 하중의 종류에 따른 응력의 성질 등이 있다.
③ 탄성 한도 내에서 인장 하중을 받는 봉의 허용 응력이 2배가 되면 안전율은 처음에 비해 1/2배가 된다.

12-3 변형률(變形率)

완전한 강체(剛體, rigid body)는 존재하지 않으며, 공업용으로 사용하는 재료는 하중을 받으면 변형한다. 이 변형의 정도는 내력을 단위·면적에 대해 나타낸 것과 같이 단위치수에 대한 변형량으로 나타낸다. 이 변형량(늘어나거나 줄어든 길이)과 처음 길이와의 비율을 변형률(strain)이라 한다.

그림 12-3 (a)와 같이 길이가 l, 지름이 d인 막대가 인장 하중을 받아 길이가 $l' = l + \Delta l$로 되었다면 변형률은 다음 공식으로 나타낸다.

$$\epsilon = \frac{\Delta l}{l}$$

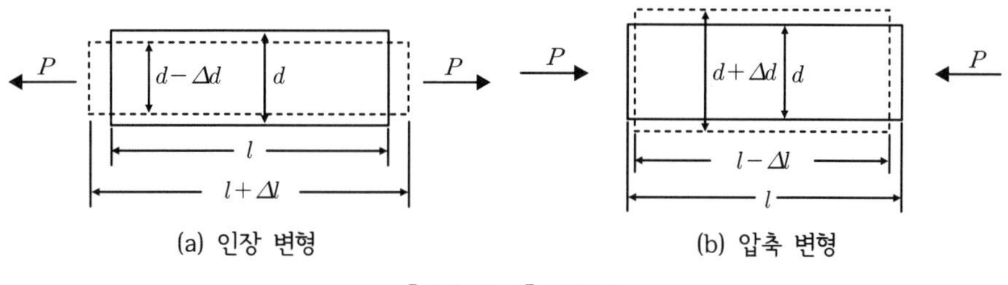

(a) 인장 변형 (b) 압축 변형

【그림 12-3】 변형률

막대가 늘어나므로, 이것을 인장 변형률(tensile strain)이라 하고, 그림 12-2 (b)와 같이 압축 하중이 작용하면 변형은 그림 12-2 (a)의 반대방향으로 생겨 막대는 줄어들므로 이것을 압축 변형률(compressive strain)이라 하고 위 공식으로 나타낸다.

인장 하중이나 압축 하중을 받아 발생하는 변형률은 모두 재료의 축선 방향의 변형이므로 이것을 통틀어 세로 변형률(longitudinal strain)이라 하고 계산에서는 인장 변형률을 (+), 압축 변형률을 (-)로 나타낸다. 그림 12-3과 같이 축 방향의 하중을 가하면, 막대에는 세로 변형과 동시에 지름의 변화 $\Delta d = d - d'$가 발생하므로 이 방향의 변형률을 가로 변형률(lateral strain)이라 하고 다음 공식으로 나타낸다.

$$\epsilon' = \frac{\Delta d}{d}$$

전단 응력에 의해 발생하는 변형률을 전단 변형률(shearing strain)이라 하고, 그림 12-4와 같이 그림 12-2 (c)의 전단 부분을 확대하여 고려하면 전단력 F에 의해 물체 안의 l만큼 떨어진 평행한 2평면 AB, CD의 CD면이 AB면에 대해 e만큼 어긋난다고 하면 다음 공식으로 전단 변형률을 나타낸다.

$$r = \frac{e}{l}$$

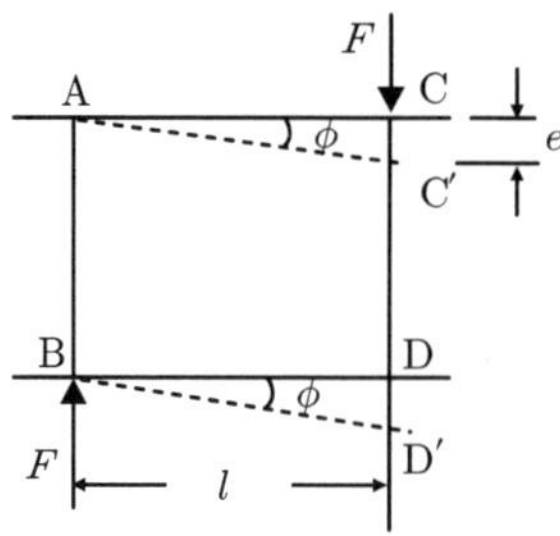

【그림 12-4】 전단 변형률

그림 12-4에서 $\frac{e}{l} = \frac{CC'}{AC} = \tan\Phi$이고 재료역학에서 다루는 변형률은 일반적으로 매우 작기 때문에 다음 공식으로 해도 된다.

$$r = \tan\Phi \fallingdotseq \Phi$$

부피의 변형률을 고려하면 물체의 부피 V가 응력의 작용을 받아 ΔV의 체적변화가 발생한 경우에, 부피의 변형량과 하중을 받기 전의 원래 부피와의 비율을 부피 변형률(volumetric strain or bulk strain)이라 하며 다음 공식으로 나타낸다.

$$\epsilon_V = \frac{\Delta V}{V}$$

그림 12-5에서 한 변이 l인 입방체가 각 면에 σ_1, σ_2, σ_3의 수직 응력을 받아 각 변의 길이가 직각 $l(1+\epsilon_1)$, $l(1+\epsilon_2)$, $l(1+\epsilon_3)$로 늘어났다고 하면, 처음의 부피는 $V = l^3$이므로 다음 공식이 된다.

$$\epsilon_V = \frac{\Delta V}{V} = \frac{l^3(1+\epsilon_1)(1+\epsilon_2)(1+\epsilon_3) - l^3}{l^3}$$

$$\fallingdotseq \epsilon_1 + \epsilon_2 + \epsilon_3$$

부피 변형률은 세로 변형률을 합한 값과 같다.

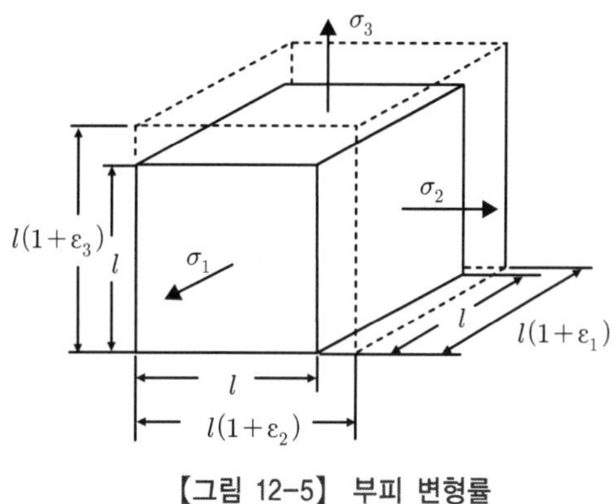

【그림 12-5】 부피 변형률

12-4 후크의 법칙과 복합 원리

재료의 "응력 값은 어느 한도(비례한도) 이내에서는, 응력과 이로 인해 발생하는 변형률은 비례한다."는 후크의 법칙(Hook's law)은 다음 공식으로 나타낸다. 이것은 영국인 로버트 후크(Robert Hooke)가 1678년에 스프링 실험에서 발견한 것이다.

$$\frac{\sigma}{\epsilon} = C$$

여기서, σ : 응력
ε : 변형률
C : 비례상수

그림 12-6과 같이 세로축에 ε를 나타내고, 가로축에 σ를 나타내면 이 관계는 경사가 C인 직선이 된다. 이 법칙은 간단하나 중요한 것으로 재료역학의 탄성 계산은 거의 이 법칙이 적용된다.

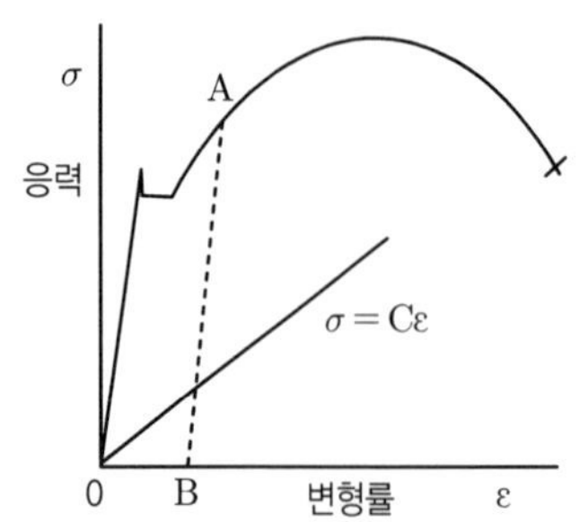

【그림 12-6】 응력-변형률 선도

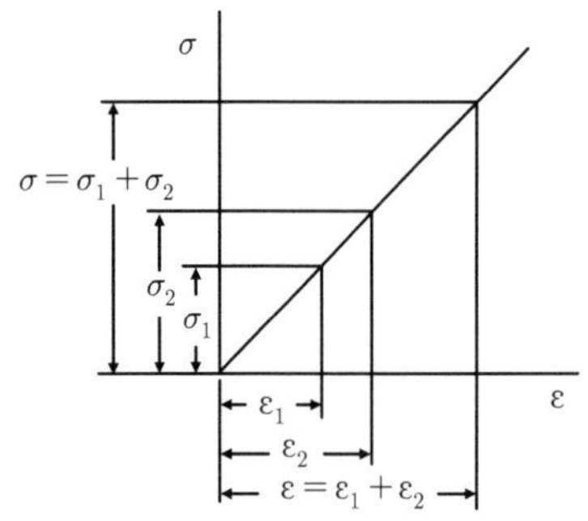

【그림 12-7】 복합의 원리

그림 12-6에서 곡선 OA는 연강(鍊鋼)의 응력-변형의 관계를 나타내고 직선 부분은 처음의 일부분이기는 하나 이 부분에서는($\frac{\sigma}{\epsilon} = C$)를 적용할 수 있고 또 실제의 구조에서는 대부분의 경우에 이 부분을 사용한다.

그림 12-6의 점선 AB는 점 A에서 하중을 제거한 경우의 응력-변형 관계를 나타내며, 하중을 가할 때의 OA와는 다른 경로를 거치는데 이 현상을 히스테리시스(hysteresis)라 한다. 이것은 탄성 범위에서는 일반적으로 문제가 되지 않는다.

응력-변형률 관계가 후크의 법칙에 따라 직선 관계를 유지한다면 계산하는데 매우 유용한 원리를 적용할 수 있다. 이것은 복합의 원리(principle of superposition)이며 그림 12-7과 같이 어느 물체에 응력 σ_1, σ_2가 작용하여 각각 변형률 ϵ_1, ϵ_2가 발생한다면 $\sigma = \sigma_1 + \sigma_2$가 작용한 경우는 변형률은 $\epsilon = \epsilon_1 + \epsilon_2$로 되어 각각 계산한 값을 합하면 된다. 여러 가지 하중이 작용하여 계산이 복잡한 경우에는 이 원리를 적용한다.

12-5 허용 응력과 안전계수

기계나 구조물을 안전하게 사용하기 위해 각 부품이나 또는 부재(部材)에 발생하는 응력이 안전함 범위 내에 있어야 한다. 이와 같이 안전 상 허용할 수 있는 응력을 허용 응력(allowable stress)이라 한다. 허용 응력은 각 재료에 대해 여러 가지 시험에서 구한 기준 강도의 몇 분의 1로 잡고, 이 몇 분의 1을 나타내는 수치를 안전계수 또는 안전율(safety factor)이라 하며 다음 공식으로 나타낸다.

$$\text{허용응력} = \frac{\text{기준강도}}{\text{안전계수}}$$

안전계수를 정하는 방법은 기계나 구조물의 사용 상태, 하중의 상태, 마모, 부식 등 많은 조건을 고려하여야 한다.

12-6 탄성계수

탄성계수(탄성률)에는 응력과 변형률의 종류에 따라 다음과 같은 것이 있다.

1. 세로 탄성계수

막대의 단순한 수직 응력과 세로 변형률 관계에서 공식($\frac{\sigma}{\epsilon} = C$)의 후크의 법칙을 적용한 경우의 비례상수($C$)를 세로 탄성계수(또는 탄성률, modules of longitudinal elasticity) 또는 영계수(또는 영률, Young's modulus)라 하고, 일반적으로 E로 나타낸다.

길이가 l인 막대에 가하는 축하중을 P로 하고, 막대의 가로 단면적을 A, 막대의 신축량을 Δl로 하면 E는 다음 공식으로 나타낸다.

E의 단위는 kgf/㎠를 사용하고, 강철은 2.1×10^6kgf/㎠이다.

$$E=\frac{\sigma}{\epsilon}=\frac{Pl}{A\Delta l}$$

2. 전단 탄성계수

단순한 전단 응력과 이에 따른 전단 변형률에 관한 후크의 법칙의 비례상수를 전단 탄성계수(modules of shearing elasticity, modules of rigidity) 또는 가로 탄성계수(modules of transverse elasticity)라 하며, 일반적으로 G로 나타낸다.

$$G=\frac{\tau}{\gamma}$$

여기서, G : 전단(가로) 탄성계수
τ : 전단 응력[kgf/㎠]
γ : 전단 변형률

3. 체적 탄성계수

물체가 예를 들어 정수압(靜水壓) 속에 있는 경우와 같이 전체 표면에 작용하는 균일한 압력 P에 의해, 공식0($\epsilon_V=\frac{\Delta V}{V}$)로 나타낸 체적 변형률이 발생한다고 하면 P와 체적변화 ΔV의 관계에서 체적 탄성계수(modules of volumetric elasticity, bulk modules) K는 다음 공식으로 나타낸다.

$$K=\frac{P}{\varepsilon_V}=\frac{PV}{\Delta V}$$

4. 프와송 비(比)

그림 12-3에 나타낸 단순 인장에서 세로 변형률 ϵ와 가로 변형률 ϵ'는 각각 공식 $\epsilon=\frac{\Delta l}{l}$, $\epsilon'=\frac{\Delta d}{d}$로 나타내는데, 이 세로 변형률과 가로 변형률과의 비

율은 동일한 재료에서는 일정하다. 이를 프와송 비(poisson's ratio)라 하고 다음 공식으로 나타낸다.

$$\mu = \frac{1}{m} = \frac{\epsilon'}{\epsilon} = \frac{\text{가로 변형률}}{\text{세로 변형률}}$$

여기서, μ : 프와송 비

이 프와송 비 $\frac{1}{m}$은 항상 1보다 작은 값을 지니며, 이 역수(逆數) m을 프와송 수(poisson's number)라 한다.

금속재료는 프와송 비가 약 0.3 정도이다. m의 값은 일반적으로 2~4 정도이다.

12-7 열 응력

물체는 일반적으로 온도의 변화를 받으면 팽창 또는 수축한다. 그 정도는 재료에 따라서 다르나 선팽창 계수(coefficient of linear expansion) α에 따라, 즉 온도 1℃의 변화로 발생하는 물체의 단위 길이에 대한 신축량으로 나타낸다.

물체의 온도 변화에 따른 변형이 저지되면, 그 저지된 변형량만큼 하중을 받아 변형한 것과 같게 되어 이에 상당한 응력이 물체 내에 발생한다. 이 응력을 열 응력(thermal stress)이라 한다. 예를 들면 양끝이 벽에 고정된 길이 l의 막대가 온도 t_1℃에서 t_2℃로 가열되면 자유로운 상태에서는 막대의 길이는 $\alpha(t_2 - t_1)l$로 변화하므로 변형률은 다음과 같이 된다.

$$\epsilon = \frac{\alpha(t_2 - t_1)l}{l} = \alpha(t_2 - t_1)$$

이 변형률이 발생한 만큼 막대는 벽에 의해 압축된다고 생각하면 발생하는 응력은 E를 세로 탄성계수로 하면 다음 공식이 된다.

$$\sigma = E\alpha(t_2 - t_1)$$

12-8 충격 응력

물체에 충격적으로 하중이 작용하면 조용히 작용하는 경우보다 큰 응력이 순간적으로 발생한다. 이 순간적인 응력의 최댓값을 충격 응력(impact stress)이라 한다.

충격 응력을 구하는 방법은 충돌하는 물체가 충돌하기 전에 지니고 있는 에너지가 피충돌 물체에 변형 에너지로 모두 흡수된 것으로 생각하고 구하는 것이 일반적이다.

충격 응력에는 여러 가지가 있으나 여기서는 인장 충격에 대해 설명한다. 그림 12-8과 같이 길이가 l이고, 단면적이 A인 막대의 위 끝은 고정하고 아래 끝에 받침을 대고 무게가 W인 추를 h의 높이서 낙하시키면 순간적으로 막대에 충격 응력이 발생함과 동시에 연신 Δl이 발생한다.

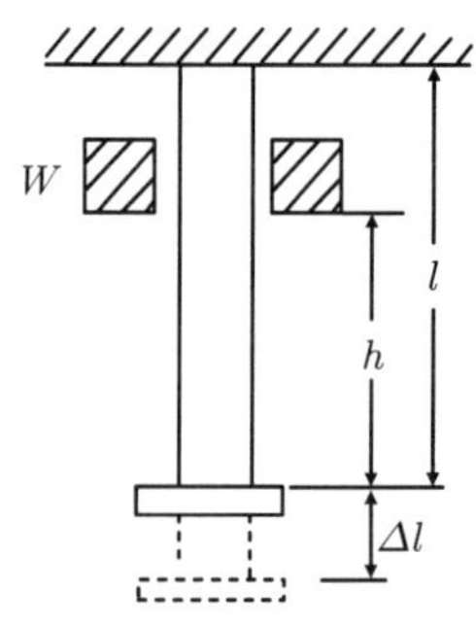

【그림 12-8】 충격 응력

막대 및 받침의 무게를 무시하고 추 W가 한 일 $W(h+\Delta l)$이 막대의 변형 에너지로 흡수되었다면, $W=(h+\Delta l)=\dfrac{\sigma A \Delta l}{2}$가 된다. 여기서 $\Delta l=\dfrac{\sigma l}{E}$이므로 $W=\dfrac{(h+\sigma l)}{E}=\dfrac{\sigma^2 Al}{2E}$가 되고 따라서 다음 공식이 된다.

$$\sigma^2 - Al - 2\sigma Wl - 2EWh = 0$$

$$\therefore \sigma = \frac{W}{A}\left(1+\sqrt{1+\frac{2EAh}{Wl}}\right)$$

이 공식에서 정적(靜的)으로 W를 가한 경우의 막대의 응력 $\sigma o = \frac{W}{A}$ 및 연신 $\Delta lo = \frac{Wl}{AE}$를 대입하면 다음과 같다.

$$\sigma = \sigma o\left(1 + \sqrt{\frac{1+2h}{\Delta lo}}\right)$$

$$\Delta l = \frac{\sigma l}{E} = \Delta lo\left(1 + \sqrt{\frac{1+2h}{\Delta lo}}\right)$$

이 두 공식에서 $h=0$으로 하면 $\sigma = 2\sigma o$, $\Delta l = 2\Delta lo$가 된다. 즉 추를 받침에 매우 가까운 위치에서 낙하시켜도 정적으로 하중을 가한 경우보다 2배의 응력 및 연신이 발생한다.

12-9 응력 집중

기계부품에는 기능상 홈, 구멍, 단(段) 등의 노치(notch) 부분을 만들게 되며, 이 때문에 단면이 급격하게 변화하는 경우가 있다. 또 단면 모양이 다른 부분을 둥글게(rounding)하는 경우가 있다. 하중이 작용하면 이러한 모양으로 된 부분에는 다른 부분에 비해 큰 응력이 발생하며, 이것을 응력 집중(stress concentration)이라 한다. 이것은 때로는 파손이나 균열의 원인이 된다. 응력 집중에 대한 최대 탄성 응력과 외견상의 평균 응력과의 비율을 응력 집중 계수(stress concentration factor) 또는 형상 계수라 한다.

취성 재료의 경우에는 응력 집중이 있으면 하중이 정적이든 동적이든 응력 집중이 없는 경우보다 약해지나, 연성(延性)재료는 정적 하중에 대해 응력 집중이 있는 편이 없는 경우보다 강해진다. 그러나 동적 하중에는 약해진다. 이 응력 집중은 광(光)탄성 실험(photoelastic experiment)이나 변형률 측정기(strain gauge) 등으로 변형률을 측정하거나 그 밖의 실험 방법 및 탄성 계산을 하여 구한다.

12-10 보(beam)

막대 모양의 물체를 적당한 방법으로 지지하고 그 길이 방향에 대해 직각으로 하중을 가하면 물체는 휘어진다. 이와 같이 휨 작용을 받는 막대나 길이가 긴 판 등을 보(beam)라 한다.

보의 길이 방향(세로 축선)이 곧은 것을 곧은 보(straight beam)라 하고, 곡선으로 된 것을 굽은 보(curved beam)이라 한다.

1. 보의 종류

보의 종류는 그림 12-9와 같이 그 지지 방법이나 작용하는 하중에 따라 분류하는 다음과 같다.

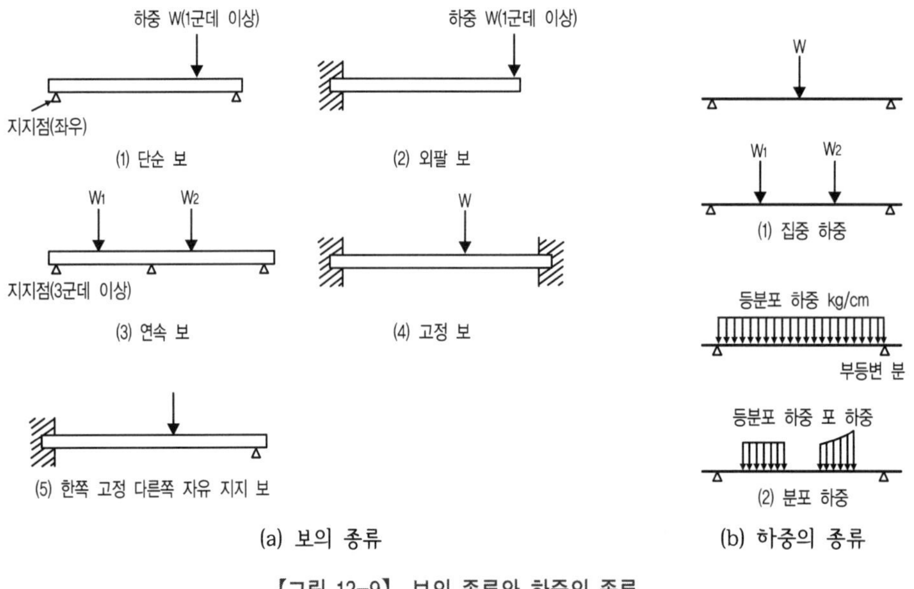

【그림 12-9】 보의 종류와 하중의 종류

[1] 외팔보(cantilever)

보의 한 끝이 고정되고 다른 끝이 자유롭게 되어 있는 보를 말한다.

[2] 단순보(simple beam, 양단 지지보)

양끝을 자유롭게 지지한 보를 말한다.

[3] 고정보(fixed beam)

양끝이 고정된 보이며, 이 보는 하중이 작용하여도 양끝의 방향이 변화하지 않는다.

[4] 내다지보(overhang beam)

보의 일부가 지지점의 바깥으로 나와 있는 보를 말한다.

[5] 연속보(continuous beam)

3곳 이상의 점에 지지된 보를 말한다.

보에 작용하는 하중은 그림 12-9 (b)와 같이 집중 하중(concentrated load)과 분포 하중(distributed load)으로 크게 나눈다. 그 밖에 모멘트 하중 및 충격 하중이 있다. 보는 수평으로 설치하여 사용하는 경우가 많으며, 이때 보의 자체 중량도 하중이 되나 영향이 적기 때문에 무시한다. 만약 필요한 경우에는 분포 하중으로 취급한다. 그리고 보를 지지한 점을 지지점(support)이라 하고, 지지점과 지지점 사이의 거리를 스팬(span)이라 한다.

2. 지지점의 반력

보에 하중이 작용하면 지지점에는 이에 대한 반력(反力, reaction)이 작용하여 하중과 균형을 이룬다. 즉 지지점을 눌러 내리려고 하는 하중과 균형을 이루기 위해 지지점에 작용하는 밀어 올리는 힘(지지력)을 반력이라 한다. 그림 12-10 (a)와 같이 외팔보의 경우는 반력 R은 하중 W와 같고 그림 (b)의 양끝을 지지한 보는 $R_1 + R_2 = W$이고, 모멘트 균형 관계에서 $R_1 l = Wb$ 또는 $R_2 l = Wa$로 되어 다음과 같이 된다.

$$R_1 = \frac{b}{l}W, \quad R_2 = \frac{a}{l}W$$

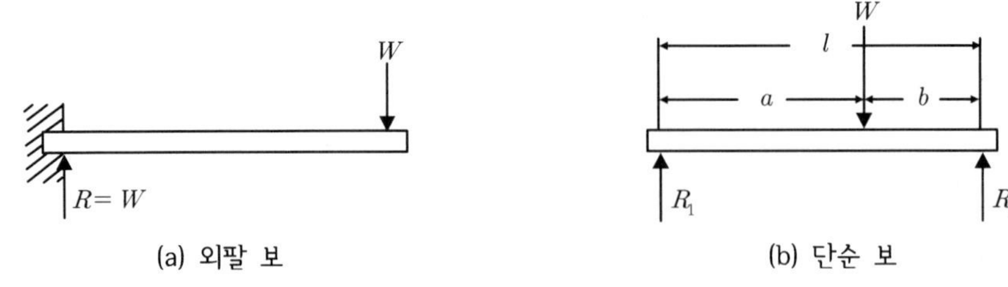

(a) 외팔 보　　(b) 단순 보

【그림 12-10】 보의 지지점에서의 반력

3. 보의 휨 모멘트

그림 12-11 (a)에서 지지점 A로부터 임의의 거리 x에 있는 점에 대해 생각하면 이 점의 오른쪽에 있는 힘에 의해 한쪽으로 굽히려고 하는 모멘트가 작용하고, 동시에 왼쪽에 있는 힘에 의해 이것과 같은 크기로 반대방향으로 굽히려고 하는 모멘트가 작용하여 균형을 유지한다(그림 b). 이와 같이 보에 작용하여 굽히려고 하는 모멘트를 휨 모멘트(bending moment)라 한다. 계산을 할 때에는 보의 위쪽이 볼록하게 되도록 작용하는 휨 모멘트를 (+)로 하고, 위쪽을 오목하게 하는 휨 모멘트를 (-)로 한다.

그림 12-11의 AC 사이에 있는 임의의 점에서의 휨 모멘트를 계산하면, 이 점의 왼쪽에 있는 반력 $R_1 = \frac{b}{l}W$에 의해 다음 휨 모멘트를 받는다.

$$Mx = -R_1 x = -\frac{b_x}{l}W$$

이 공식에서 $x=0$ 즉 A점에서는 휨 모멘트가 0이고, $x=a$, 즉 하중이 작용하는 점에서 $Mc = -\frac{ab}{l}W$로 되며, A에서 C로 향해 Mx는 직선적으로 증가한다. 또 CB 사이의 임의의 점에 대한 휨 모멘트를 생각하면, 위와 같은 방법으로 다음 공식이 된다.

$$Mx = -R_1 x + W(x-a)$$

하중이 작용하는 점에서 $x = a$이므로 $Mc = -\frac{ab}{l}W$, $x = l$에서 $M_B = 0$이 된다. 이 구간의 휨 모멘트는 C점에서 B점으로 향하여 직선적으로 감소하는 것을 알 수 있다.

따라서 이 보에서는 하중이 작용하는 점이 휨 모멘트가 가장 크고, 보가 이 점에서 가장 크게 굽는 것을 알 수 있으며, 보의 단면 모양이 균일하면 이 점이 가장 위험을 받는다.

위에서 설명한 휨 모멘트의 분포를 그림으로 나타내면 그림 12-11 (c)와 같이 되며, 이것을 휨 모멘트 선도(bending moment diagram)라 한다. 하중이 1개 이상 또는 분포 하중인 경우에도 같은 방법으로 휨 모멘트 선도를 만들 수 있다.

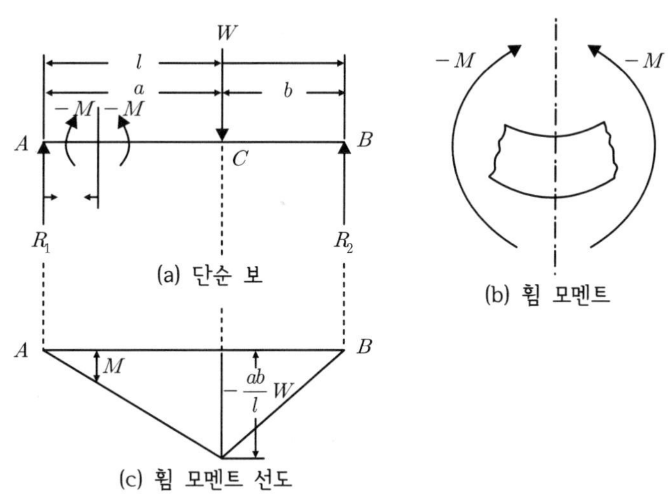

【그림 12-11】 보의 휨 모멘트

4. 보의 굽힘 응력

그림 12-12와 같은 보에 굽힘 모멘트를 작용시키면 ac 쪽은 인장을 받고, bd 쪽은 압축되어 굽힘 응력이 발생한다. 그러나 중립면은 아무런 변화가 없으며, 이 면을 기준으로 하여 거리 y에 비례하여 응력이 커진다.

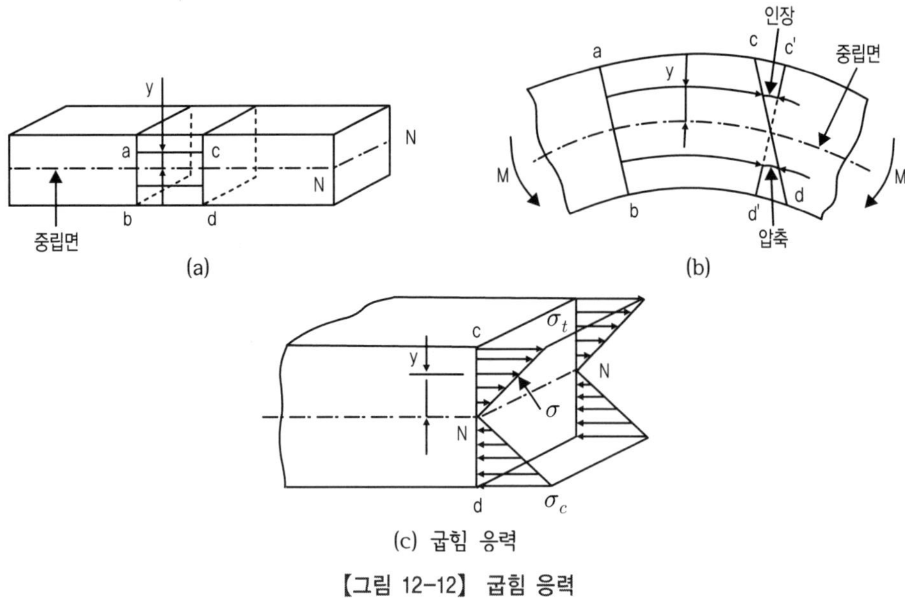

(c) 굽힘 응력

【그림 12-12】 굽힘 응력

인장 쪽의 최대 응력은 그 바깥의 응력 σ_t이며, 압축 쪽의 최대 응력은 그 바깥쪽 응력 σ_c이다. 단면의 모양이 중립축에 대해 대칭이면 σ_t와 σ_c의 크기가 같아지므로 이것을 σ_b로 하면

$$\sigma_c = \frac{M}{Z}$$

여기서, Z는 단면 계수라 하고, 그 값은 단면의 모양과 치수에 따라 결정되며, 길이의 3승 단위를 쓴다. 위 공식에서 바깥 응력 σ_b는 단면계수 Z에 반비례하므로 Z가 큰 보(beam)일수록 굽힘 작용에 대해 강해진다.

번호	1	2	3	4
단면	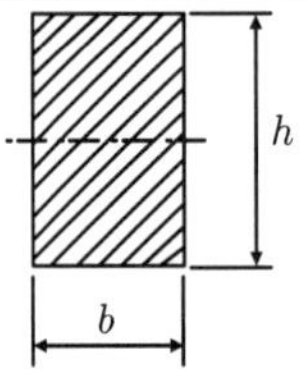 b, h	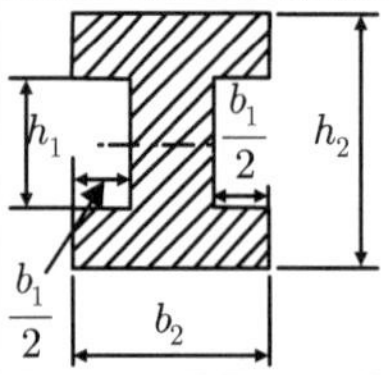 b_2, h_2, h_1, $\frac{b_1}{2}$, $\frac{b_1}{2}$	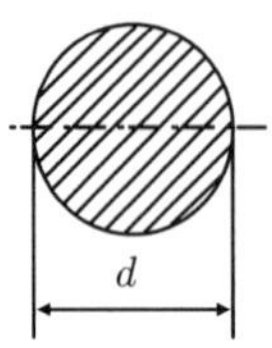 d	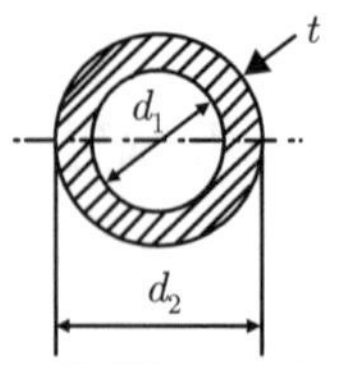 t, d_1, d_2
Z	$\frac{1}{6}bh^2$	$\frac{1}{6} \cdot \frac{b_2h_2^{\ 3} - b_1h_1^{\ 3}}{h_2}$	$\frac{\pi}{32}d^3$	$\frac{\pi}{32} \cdot \frac{d_2^{\ 4} - d_1^{\ 4}}{d_3}$

【그림 12-13】 단면계수 Z

5. 보의 전단력

그림 12-14 (a)와 같이 보에서 임의의 단면 X에 대해 생각하면 X의 오른쪽에 있는 모든 힘을 합한 것은 1방향(위 또는 아래)으로 향하고 왼쪽에서는 같은 크기로 반대로 향하고 있어 전체는 균형을 이루나 X단면에서는 이러한 힘에 전달 작용을 받게 된다. 이 전단력의 분포를 나타내면 그림 (b)와 같이 되며 이것을 전단력 선도(shearing force diagram)라 한다.

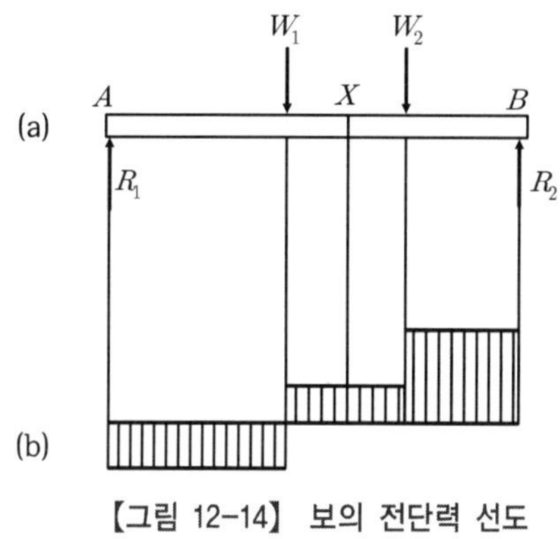

【그림 12-14】 보의 전단력 선도

Supplement

자동차 정비·검사산업기사 출제예상문제 및 기출문제

출제예상문제 (기사편)

01. 다음 중에서 비중이 작은 순서 것부터 차례대로 나열된 것은?

㉮ Fe<Cu<Pb ㉯ Cu<Mg<Pb
㉰ Mg<Pb<Fe ㉱ Fe<Pb<Mg

해설 금속재료의 비중
Mg:1.74 < Fe:7.8 < Cu:8.94 < Pb:11.34

정답 : ㉮

02. 다음 금속 중 용융점이 가장 높은 것은?

㉮ Al ㉯ Cu
㉰ Pt ㉱ Fe

해설 Pt:1774℃ > Fe:1538℃ > Cu:1084℃ > Al:660℃

정답 : ㉰

03. 금속에 외력이 가해질 때, 결정격자가 불안전하거나 결함이 있으면 이동이 발생하는데, 이러한 현상을 무엇이라 하는가?

㉮ 전위 ㉯ 트윈
㉰ 변태 ㉱ 응력

해설 금속에 외력이 가해질 때, 결정격자가 불안전하거나 결함이 있으면 이동이 발생하는 현상을 전위라 한다.

정답 : ㉮

04. 피로한도에 영향을 미치는 인자와 가장 관계가 적은 것은?

㉮ 노치효과
㉯ 마모효과
㉰ 치수효과
㉱ 표면상황 및 부식작용

해설 피로한도에 영향을 미치는 인자에는 노치효과, 치수효과, 표면상황 및 부식작용 등이 관계된다.

정답 : ㉯

05. 금속 중 고체상태에서 어떤 온도에 도달하면 원자배열이 변화를 일으키고 변태가 생기는데, 이것을 의미하는 용어로 가장 적합한 것은?

㉮ 고체 변태 ㉯ 동소 변태
㉰ 자기 변태 ㉱ 등온 변태

해설 금속 중 고체상태에서 어떤 온도에 도달하면 원자배열이 변화를 일으키고 변태가 생기는 것을 동소변태라 한다.

정답 : ㉯

06. 압축하여 눌렀을 때 넓게 퍼져 늘어나는 금속재료의 기계적 성질을 의미하는 용어는?

㉮ 강도 ㉯ 인성
㉰ 전성 ㉱ 취성

해설 압축하여 눌렀을 때에 넓게 퍼져 늘어나는 금속재료의 기계적 성질을 전성이라 한다.

정답 : ㉰

07. 강(鋼) 재료의 200~300℃에서 나타나는 취성인 것은?

㉮ 적열 취성 ㉯ 청열 취성
㉰ 고온 취성 ㉱ 크리프 취성

해설 ① 청열 취성 : 200~300℃에서 나타나는 취성이다.
② 적열 취성 : 900℃ 이상에서 나타나는 취성이다.
③ 저온 취성 : 상온 이하에서 나타나는 취성이다.

정답 : ㉯

08. 다음 기계재료를 열팽창 계수가 큰 것부터 순서대로 나열한 것은?

㉮ Al>Cu>탄소강 ㉯ Al>탄소강>Cu
㉰ Cu>Al>탄소강 ㉱ 탄소강>Al>Cu

정답 : ㉮

09. 탄소강에 포함된 원소 중 인장강도, 연신율, 충격값 등을 저하시키는 대표적인 성분인 것은?

㉮ Mn　　㉯ Si
㉰ P　　㉱ S

해설 탄소강에 함유된 성분의 영향
① Mn : 강도, 경도, 인성이 증가된다.
② Si : 강의 경도, 탄성한계, 인장강도가 증가된다. 연신율, 충격값은 저하된다.
③ P : 편석을 만드는 경향이 크고 일반적으로 충격저항을 감소시키며, 가공 균열 및 상온 취성이 발생된다.
④ S : 적열 취성이 발생되며, 흑연화의 방해, 유동성의 저하, 재질의 경화 등을 일으키기 때문에 주물에 가장 유해한 원소이다.

정답 : ㉱

10. 다음 성분 중 고온에서 강을 여리게 하는 것으로 가장 대표적인 것은?

㉮ Mn　　㉯ Si
㉰ P　　㉱ S

정답 : ㉱

11. 주철에 함유된 원소 중에서 가장 유해한 원소이며, 흑연화의 방해, 유동성 저하, 재질 경화 등의 영향을 끼치는 것은?

㉮ 탄소(C)　　㉯ 규소(Si)
㉰ 망간(Mn)　　㉱ 황(S)

정답 : ㉱

12. 가공재료의 피절삭성 등을 좋게 하기 위하여 탄소강에 황, 납을 첨가한 합금강은?

㉮ 질화강　　㉯ 황주강
㉰ 쾌삭강　　㉱ 강인강

해설 쾌삭강은 가공재료의 피절삭성 등을 좋게 하기 위하여 탄소강에 황, 납을 첨가한 합금강이다.

정답 : ㉰

13. 보통주철과 고급주철에서 보통 주철에 대한 설명으로 틀린 것은?

㉮ 보통주철의 탄소 함유량은 3.2~3.8% 정도이다.
㉯ 보통주철은 인장강도 25kgf/㎟ 이상인 회주철이다.
㉰ 주철은 강에 비하여 인장강도는 약하나 압축강도가 크다.
㉱ 기계 구조물의 몸체 등에 많이 사용된다.

해설 보통주철의 인장강도는 20kgf/㎟ 미만이다.

정답 : ㉯

14. 다음 중 인장강도가 가장 높은 것은 어느 것인가?

㉮ 고급주철　　㉯ 구상흑연주철
㉰ 흑심가단주철　　㉱ 백심가단주철

해설 구상흑연주철이 인장강도가 가장 높다.

정답 : ㉯

15. 주물의 필요한 부분만 금형에 접촉시켜 급냉한 표면에서 어느 깊이까지는 매우 단단하고 내부는 서냉되어 연하며 강인한 성질을 갖는 주철은?

㉮ 칠드주철　　㉯ 합금주철
㉰ 가단주철　　㉱ 구상흑연주철

해설 칠드주철은 규소가 적은 용선에 적당량의 망간을 가하여 금형에 주입하면 금형에 접촉된 부분은 급냉되기 때문에 아주 가벼운 백주철로 되어 표면은 단단하고 내부는 연한 성질을 갖는 주철이다.

정답 : ㉮

16. 일반적인 탄소강에 대한 다음 설명 중 틀린 것은?

㉮ 실용되는 탄소강의 탄소 함유량은 0.05~1.7%까지가 일반적이다.
㉯ 저탄소강은 연질이어서 가공이 용이하나, 담금질효과가 거의 없다.

㉰ 고탄소강은 경질이어서 가공이 어려우나, 담금질효과가 매우 좋다.
㉱ 30℃ 이하에서 가공하는 것을 상온가공이라 하고, 0℃ 이하에서 가공하는 것을 저온가공이라 한다.

해설 탄소강의 특징
① 실용되는 탄소강의 탄소 함유량은 0.05~1.7%까지가 일반적이다.
② 저탄소강은 연질이어서 가공이 용이하나, 담금질 효과가 거의 없다.
③ 고탄소강은 경질이어서 가공이 어려우나, 담금질 효과가 매우 좋다.

정답 : ㉱

17. 강의 펄라이트의 조직을 설명한 것으로 가장 알맞은 것은?

㉮ 침상조직을 형성하며 경도가 가장 높다.
㉯ γ철과 탄화철이 혼합된 조직이다.
㉰ 탄소를 함유하지 않은 철로 백색이며, 강의 조직에 비하여 강도와 경도가 적다.
㉱ 페라이트와 탄화철이 서로 층상으로 배치된 조직이며, 현미경 조직은 흑.백색이고 강하고 질긴 성질이 있다.

해설 펄라이트 조직은 페라이트와 탄화철이 서로 층상으로 배치된 조직이며, 현미경 조직은 흑·백색이고 강하고 질긴 성질이 있다.

정답 : ㉱

18. 다음 중 담금질한 강(鋼)에서 경도가 가장 높은 조직은?

㉮ 페라이트 ㉯ 마르텐사이트
㉰ 투르스타이트 ㉱ 솔바이트

해설 담금질한 강(鋼)에서 경도가 가장 높은 조직은 마르텐자이트이다.

정답 : ㉯

19. 다음 재료 중 온도변화에 따른 열팽창 계수의 변화량이 가장 작은 불변강인 것은?

㉮ 실루민(silumin)
㉯ 스테인리스 강
㉰ 초인바(super invar)
㉱ 초두랄루민(super duralumin)

해설 대표적인 불변강에는 인바, 초인바 등이 있다.

정답 : ㉰

20. 강의 경도를 높이기 위한 방법으로 730~800℃로 가열한 후 물이나 기름 속에서 급냉시키는 조작은?

㉮ 담금질 ㉯ 뜨임
㉰ 풀림 ㉱ 불림

해설 담금질이란 강의 경도 또는 강도를 증가시키기 위하여 A_1 또는 A_3 변태점보다 30~50℃ 높게 가열한 후 급냉하여 재료를 경화시키는 열처리이다.

정답 : ㉮

21. 탄소강의 담금질에 관한 설명으로 올바른 것은?

㉮ A_1 변태점 이상 가열 후 물 등에 급냉시켜 경도를 높이는 조작을 의미한다.
㉯ 잔류응력을 제거하는 작업으로 어닐링이라고도 한다.
㉰ 노멀라이징이라고 하며 경도를 낮추고 인성을 부여하는 작업이다.
㉱ 서냉 처리 또는 서브제로 처리와 같은 의미이며 인성을 부여하는 것이 주목적이다.

정답 : ㉮

22. 기계재료의 담금질 성(Harden ability) 설명으로 가장 적합한 것은?

㉮ 필요온도까지 급냉하는 성질
㉯ 재료가 변태점에서 급냉하는 성질
㉰ 재료가 담금질에 의해 연화되는 성질

㉱ 재료가 담금질에 의해 경화되는 성질

정답 : ㉱

23. 담금질 후 시간이 경과함에 따라 경도가 커지는 현상을 의미하는 용어는?

㉮ 표면경화　　㉯ 가공경화
㉰ 담금질경화　　㉱ 시효경화

해설 시효경화란 담금질 후 시간이 경과됨에 따라 단단해지는(경도가 커지는) 성질이다.

정답 : ㉱

24. 풀림 열처리(annealing)의 목적에 해당되지 않는 것은?

㉮ 재질의 경화
㉯ 재질의 균일화
㉰ 잔류응력 제거
㉱ 재질의 피삭성의 개선

해설 풀림의 목적
① 열처리로 경화된 재료의 연화
② 가공 경화된 재료의 연화
③ 잔류 응력의 제거
④ 재질의 균일화

정답 : ㉮

25. 풀림(annealing) 열처리에 관한 설명 중 틀린 것은?

㉮ 고순도 금속일수록 저온 풀림으로 재결정이 일어난다.
㉯ 재결정은 결정립 크기에 영향을 준다.
㉰ 재결정 핵의 성장은 석출물과 무관하다.
㉱ 재결정은 가공도에 영향을 받는다.

해설 재결정 풀림이란 냉간 가공한 재료를 가열할 때 600℃부근에서 응력이 감소하고 재결정은 결정입자, 가공도, 석출물, 순도 등에 큰 영향을 받는다.

정답 : ㉰

26. 담금질(quenching)한 강을 A_1 변태점 이하 온도로 가열하여 공냉 등을 하여 인성을 증가시키는 열처리는?

㉮ 풀림(annealing)
㉯ 불림(normalizing)
㉰ 뜨임(tempering)
㉱ 서브제로(subzero)처리

해설 뜨임(tempering)이란 담금질(quenching)한 강을 A_1 변태점 이하 온도로 가열하여 공냉 등을 하여 인성을 증가시키는 열처리를 말한다.

정답 : ㉰

27. 열간 및 냉간가공 후의 불균질한 조직과 결정입자를 조정하기 위하여 A_3 변태점 이상 가열 후 대기 중에서 공랭하여 균일하게 하는 열처리 방법은?

㉮ 담금질　　㉯ 불림
㉰ 뜨임　　㉱ 오스템퍼

해설 불림이란 열간 및 냉간 가공 후의 불균질한 조직과 결정 입자를 조정하기 위하여 A_3 변태점 이상 가열 후 대기 중에서 공랭하여 균일하게 하는 열처리 방법을 말한다.

정답 : ㉯

28. 다음 중 강의 표면 경화법이 아닌 것은?

㉮ 침탄법　　㉯ 화염경화법
㉰ 질화법　　㉱ 방사선 탐상법

해설 강의 표면 경화법에는 침탄법, 질화법, 화염경화법, 청화법, 고주파 경화법 등이 있다.

정답 : ㉱

29. 탄소강 표면에 질소를 침투시켜 경화하는 방법으로 이 방법을 사용하면 담금질 조작을 하지 않아도 되는 특징이 있는 것은?

㉮ 질화법　　㉯ 화염경화법

㉰ 침탄법 ㉱ 방전경화법

해설 질화법은 탄소강 표면에 질소를 침투시켜 경화하는 방법으로 이 방법을 사용하면 담금질 조작을 하지 않아도 되는 특징이 있다.

정답 : ㉮

30. 일정 하중을 고온에서 장시간에 걸쳐서 받은 경우 서서히 변형하는 현상과 가장 관계가 깊은 용어는?

㉮ 어닐링 ㉯ 크리프
㉰ 솔바이트 ㉱ 염욕

해설 크리프란 일정 하중을 고온에서 장시간에 걸쳐서 받은 경우 서서히 변형하는 현상을 말한다.

정답 : ㉯

31. 온도가 변화하여도 열팽창계수와 탄성계수의 변화가 적은 불변강(不變鋼)인 것은?

㉮ 인바 ㉯ 두랄미늄
㉰ 콘스탄탄 ㉱ 로우엑스

해설 불변강의 종류에는 인바, 초인바, 엘린바, 플래티나이트 등이 있다.

정답 : ㉮

32. 스테인리스강의 일반적인 특성 설명으로 틀린 것은?

㉮ 내식성이 있다.
㉯ 내수성이 있다.
㉰ 내산화성이 있다.
㉱ 자성이 매우 강하다.

해설 스테인리스강은 내부식성, 내수성, 내산화성이 강하기 때문에 대기중이나 수중에서 거의 녹이 생기지 않는다.

정답 : ㉱

33. 다음 철강재료 중 수중에서의 내식성이 가장 좋은 것은?

㉮ 열간압연 강판
㉯ 일반구조용 압연강재
㉰ 스테인리스강
㉱ 기계구조용 압연강재

정답 : ㉰

34. 18-8 스테인리스강의 주성분으로 적합한 것은?

㉮ Fe, Cr, Zn ㉯ Fe, Ni, Al
㉰ Fe, Cr, Ni ㉱ Fe, Sn, Ni

해설 18−8 스테인리스강 : 철(Fe)에 크롬(Cr) 18%, 니켈(Ni) 8%를 첨가한 것으로, 오스테나이트 스테인리스강이라고도 하며, 내부식성과 내열성이 좋고 비자성체이며, 질이 연하고 연성이 커 용접성능과 기계적 성질이 좋아 화학 공업장치, 가정용품, 내부식 강판 등에 주로 사용된다.

정답 : ㉰

35. 다음 기계재료 중 경금속에 속하는 것은?

㉮ 합금 주철 ㉯ 황동
㉰ 규소 강판 ㉱ 알루미늄

해설 경금속이란 비중 5 이하인 금속을 말한다.

정답 : ㉱

36. 제련 방법에 따른 동의 종류 가운데 순도가 가장 높은 것은?

㉮ 전기동 ㉯ 정련동
㉰ 탈산동 ㉱ 무산소동

정답 : ㉮

37. 고탄성이 요구되는 판, 선 등의 가공재료로 쓰이며, 내식성, 내마모성이 필요한 펌프 부품, 선박용 부품에 쓰이는 구리합금은?

㉮ 인청동 ㉯ 연청동

㉰ 알루미늄 청동 ㉱ 규소청동

해설 인청동은 높은 탄성이 요구되는 판, 선 등의 가공재료로 쓰이며, 내식성, 내마모성이 필요한 펌프 부품, 선박용 부품으로 사용되는 구리합금이다.

정답 : ㉮

38. 내식성, 내마모성이 우수하며, 고탄성을 이용하는 판, 선 및 스프링의 재료로 사용이 가능한 동합금인 것은?

㉮ 6·4 황동 ㉯ 인청동
㉰ 배빗 메탈 ㉱ 두랄루민

정답 : ㉯

39. 동합금 중에서 가장 높은 강도와 경도를 얻을 수 있는 합금은?

㉮ Cu-Sn ㉯ Cu-Al
㉰ Cu-Si ㉱ Cu-Be

해설 동합금 중에서 가장 높은 강도와 경도를 얻을 수 있는 합금은 Cu-Be이다.

정답 : ㉱

40. 다음은 황동에 대한 설명이다. 이들 중에 잘못 설명한 것은 어느 것인가?

㉮ Zn이 5% 함유된 황동은 예로부터 화폐, 메달 등에 사용되었기 때문에 gilding metal이라고 하였다.
㉯ Zn이 10% 정도의 황동은 색이 청동과 비슷하므로 청동 대용으로도 사용되었다.
㉰ Zn 15%의 황동은 red brass라고도 하며 강하고 내열성이 좋다.
㉱ Zn 20%의 황동은 황금색의 아름다운 색을 띠게 되므로 순금의 모조품, 장식용 제품, 악기 등에 사용된다.

해설 황동의 특성
① Zn이 5% 함유된 황동은 화폐, 메달 등에 사용되었기 때문에 gilding metal이라 한다.
② Zn이 10% 정도의 황동은 색이 청동과 비슷하므로 청동 대용으로도 사용되었다.
③ Zn 20%의 황동은 황금색의 아름다운 색을 띠게 되므로 순금의 모조품, 장식용 제품, 악기 등에 사용된다.

정답 : ㉰

41. 다음 중 청동(bronze)의 주성분인 것은?

㉮ Cu-Zn ㉯ Cu-Sb
㉰ Cu-Sn ㉱ Cu-Pb

해설 청동은 구리(Cu)에 주석(Sn)을 합금 한 것으로 강도가 크고 내마멸성 및 주조성이 우수하여 주조용 합금으로 양호하다.

정답 : ㉰

42. 다음 기계재료 중 경금속에 속하는 것은?

㉮ 주철 ㉯ 황동
㉰ 납 ㉱ 알루미늄

정답 : ㉱

43. 알루미늄 및 알루미늄 합금의 특징 설명으로 틀린 것은?

㉮ 두랄루민은 비강도가 연강의 약 3배 정도이다.
㉯ 비중이 2.7로 작고, 용융점이 600℃ 정도이다.
㉰ 열전도성, 전기 전도성이 좋다.
㉱ 표면에 산화 막이 형성되지 않아 부식이 쉽게 된다.

해설 알루미늄 및 알루미늄 합금의 특징
① 비중이 2.7로 작고, 용융점이 600℃ 정도이다.
② 열전도성 및 전기전도성이 구리 다음으로 좋다.
③ 두랄루민은 비강도가 연강의 약 3배 정도이다.
④ 표면에 산화 막이 형성되어 있어 내부식성이 우수하다.
⑤ 전성과 연성이 좋다.

정답 : ㉱

44. 다음 중 알루미늄(Al)의 특성이 아닌 것은?

㉮ 비중 2.7로 강보다 가볍다.
㉯ 은백색의 전연성이 좋은 금속이다.
㉰ 주조가 용이하다.
㉱ 전기 및 열의 전도성이 구리보다 높다.

정답 : ㉱

45. 다음 중 온도변화에 대한 길이의 변화(열팽창계수)가 가장 큰 재료는?

㉮ 합금강 ㉯ 초경합금
㉰ 구리 ㉱ 알루미늄

정답 : ㉱

46. 다음 중 고강도(高强度) 알루미늄 합금인 것은?

㉮ 두랄루민(duralumin)
㉯ 바이메탈(bimetal)
㉰ 플래스티나이트(plaztinite)
㉱ 엘린바(elinvar)

해설 고강도 알루미늄 합금에는 두랄루민과 슈퍼 두랄루민이 있다.

정답 : ㉮

47. 두랄루민(duralumin)을 설명한 것 중 틀린 것은?

㉮ 담금질 시효경화 처리에 의하여 기계적 성질을 개선하여 강도가 크고 성형성이 좋다.
㉯ 알루미늄 합금 중에서도 열처리에 의해 재질 개선이 가능한 합금이다.
㉰ Al-Si-Ni-Mg 합금으로 고온강도가 커서 피스톤 재료로 주로 쓰인다.
㉱ Al-Cu-Mg-Mn 합금으로 항공기, 자동차 등의 재료로 널리 사용된다.

해설 두랄루민의 특징
① 담금질 시효경화 처리에 의하여 기계적 성질을 개선하여 강도가 크고 성형성이 좋다.
② 알루미늄 합금 중에서도 열처리에 의해 재질 개선이 가능한 합금이다.
③ Al-Cu-Mg-Mn 합금으로 항공기, 자동차 등의 재료로 널리 사용된다.

정답 : ㉰

48. Al+Cu(4%)+Mg(0.5~1.0%)로 구성된 대표적인 고강도 알루미늄 합금인 것은?

㉮ 로엑스(Lo-ex) ㉯ Y합금
㉰ 두랄루민 ㉱ 실루민

해설 두랄루민은 Al+Cu(4%)+Mg(0.5~1.0%)로 구성된 대표적인 고강도 알루미늄 합금이다.

정답 : ㉰

49. 알루미늄 합금인 두랄루민의 표준성분에 해당하지 않는 원소는?

㉮ Cu ㉯ Co
㉰ Mg ㉱ Mn

해설 두랄루민의 표준성분은 알루미늄, 구리, 아연(또는 마그네슘)이다.

정답 : ㉯

50. Y 합금에 대한 다음의 설명 중 틀린 것은?

㉮ Al+Cu+Mg+Ni의 합금이다.
㉯ 내열성이 큰 알루미늄 합금이다.
㉰ 실린더헤드에 사용된다.
㉱ 높은 온도에서 열전도율이 작다.

해설 Y 합금의 특징
① Al+Cu+Mg+Ni의 합금이다.
② 내열성이 큰 알루미늄 합금이다.
③ 실린더헤드 또는 피스톤 재료로 사용된다.
④ 높은 온도에서 열전도율이 크다.

정답 : ㉱

51. Al-Si계 대표적인 합금으로 자동차, 선박기구, 계기의 하우징 등으로 많이 쓰이는 알팩스라고도 하는 합금은?

㉮ 듀랄루민 ㉯ 로엑스
㉰ Y합금 ㉱ 실루민

해설 실루민은 Al-Si계 대표적인 합금으로 자동차, 선박기구, 계기의 하우징 등으로 많이 쓰이는 알팩스라고도 한다.

정답 : ㉱

52. 40~50% 정도의 니켈을 함유한 니켈-구리계 합금으로 전기저항이 크고, 온도계수가 작아서 전기저항선이나 열전대로 많이 사용되는 것은?

㉮ 인바 ㉯ 모넬메탈
㉰ 엘린바 ㉱ 콘스탄탄

해설 콘스탄탄은 40~50% 정도의 니켈을 함유한 니켈-구리계 합금으로 전기 저항이 크고, 온도계수가 작아서 전기 저항선이나 열전대로 많이 사용된다.

정답 : ㉱

53. 세라믹스의 성질에 대한 설명이다. 맞지 않는 것은?

㉮ 단단하고 취성이 있다.
㉯ 융점이 낮다.
㉰ 내열성, 내산화성이 좋다.
㉱ 열전도율이 낮다.

해설 세라믹스의 성질
① 단단하고 취성이 있다.
② 융점이 높다.
③ 내열성, 내산화성이 좋다.
④ 열전도율이 낮다.

정답 : ㉯

54. 다음 중 베어링 메탈로서 가장 많이 사용되는 것은?

㉮ 침탄강 ㉯ 화이트 메탈
㉰ Ni -Cr강 ㉱ 구상흑연 주철

정답 : ㉯

55. 청동이나 인청동의 베어링 합금에 비하여 우수한 성질을 가지고 있으며, 납과 주석을 주성분으로 하는 베어링 합금의 총칭은?

㉮ 알루미나 ㉯ 화이트 메탈
㉰ 다우 메탈 ㉱ Y 합금

해설 화이트 메탈은 Al, Pb, Cu, Sb 등의 합금으로 백색의 금속, 주석계열의 화이트 메탈과 납 계열의 화이트 메탈 등이 있다. 주석계열의 화이트 메탈을 배빗 메탈이라 하며, 우수한 베어링 합금이다.

정답 : ㉯

56. 주석, 안티몬, 구리를 주성분으로 하며, 고속·고하중용 베어링 합금으로 사용되는 것은?

㉮ 알루미나 ㉯ 배빗메탈
㉰ 두랄루민 ㉱ 델타메탈

정답 : ㉯

57. 합성수지에 대한 일반적인 성질 설명 중 틀린 것은?

㉮ 전기 절연성이 좋다.
㉯ 가공성이 낮고 성형이 어렵다.
㉰ 일반적으로 플라스틱이라 한다.
㉱ 열경화성 수지와 열가소성 수지로 분류한다.

정답 : ㉯

58. 플라스틱의 특징으로 외력을 가하면 어느 정도의 저항력으로 그 형태를 유지하는 성질은?

㉮ 소성 ㉯ 탄성
㉰ 가소성 ㉱ 내성

해설 플라스틱의 특징으로 외력을 가하면 어느 정도의 저항력으로 그 형태를 유지하는 성질을 가소성이라 한다.

정답 : ㉰

59. 합성수지의 일반적인 특성 중 금속재료보다 우수하여 널리 활용되는 특성은?

㉮ 인장강도 ㉯ 열전도성
㉰ 절연성 ㉱ 내구성

해설 합성수지의 일반적인 특성 중에서 금속재료보다 우수한 특성은 절연성이다.

정답 : ㉰

60. 다음의 재료 중 페놀계 수지로 종이, 면, 석면 등의 적층품은 베어링 재료나 기어재료 등으로 사용되는 것은?

㉮ 두랄루민 ㉯ 염화 비닐
㉰ 배빗메탈 ㉱ 베이클라이트

해설 베이클라이트는 페놀수지 회사의 상품명으로 기계적으로 강하고 내열성이 좋은 열경화성 수지의 대표적인 것이며, 전기부품의 기판, 절연체, 캠축 기어 등에 사용된다.

정답 : ㉱

61. 다음 중 가열하면 분자간의 결합력이 약해져서 연해지나 냉각시키면 결합력이 강해져서 굳는 열가소성 수지에 해당하지 않는 것은?

㉮ 폴리염화 비닐 ㉯ 폴리에스테르
㉰ 폴리아미드 ㉱ 폴리염화비닐 수지

해설 열가소성 수지의 종류에는 폴리염화 비닐, 폴리아미드, 폴리염화비닐 수지, 폴리에틸렌 등이 있다.

정답 : ㉯

62. 합성수지에서 성형 후 다시 가열하면 연하여지고 냉각하면 다시 본래 상태로 굳어지는 성질을 가지고 있는 열가소성 플라스틱인 것은?

㉮ 폴리에틸렌 ㉯ 페놀수지
㉰ 멜라민 수지 ㉱ 폴리우레탄폼

해설 폴리에틸렌은 합성수지에서 성형 후 다시 가열하면 연하여지고 냉각하면 다시 본래 상태로 굳어지는 성질을 가지고 있는 열가소성 플라스틱이다.

정답 : ㉮

63. 비금속 기계재료로 투명성이 좋고 탄성이 크며, 햇빛에 노출되어도 변색이 잘되지 않으므로 안전유리의 중간층 재료로 사용되는 열가소성 수지는?

㉮ 폴리 에칠렌 ㉯ 아크릴 수지
㉰ 베이클라이트 ㉱ 폴리에스테르 수지

해설 아크릴 수지는 비금속 기계재료로 투명성이 좋고 탄성이 크며, 햇빛에 노출되어도 변색이 잘되지 않으므로 안전유리의 중간층 재료로 사용되는 열가소성 수지이다.

정답 : ㉯

64. 자동차용 판 스프링을 생산하는 성형법 중 섬유 강화플라스틱 성형법에 속하지 않는 것은?

㉮ 매치드 다이법(matched die)
㉯ 필라멘트 와인딩법(filament winding)
㉰ 연속 인발법(連續 引拔法)
㉱ 폭발압접법

해설 자동차용 판 스프링을 생산에는 매치드 다이법(matched die), 필라멘트 와인딩법(filament winding), 연속 인발법(連續 引拔法) 등이 사용된다.

정답 : ㉱

65. 경도시험기 중 해머를 시료에 낙하시켜, 해머가 튀어 올라간 높이에 비례하여 경도를 측정하는 것은?

㉮ 브리넬 경도 ㉯ 로크웰 경도
㉰ 쇼어 경도 ㉱ 비커스 경도

해설 쇼어 경도시험기는 작은 다이아몬드를 선단에 고정시킨 낙하물체를 일정한 높이에서 시험 면 위에 낙하시켰을 때 반발하여 올라간 높이로 경도를 나타낸다.

정답 : ㉰

66. 시험편의 경도를 알아내는 시험 중 해머를 일정 높이에서 시편 위에 떨어뜨려 반발높이에 의한 경도를 측정하는 시험방법은?

㉮ 로크웰 경도시험
㉯ 브리넬 경도시험
㉰ 비커스 경도시험
㉱ 쇼어 경도시험

해설 쇼어 경도시험은 시험편의 경도를 알아내는 시험 중 해머를 일정 높이에서 시편 위에 떨어뜨려 반발높이에 의한 경도를 측정하는 시험방법이다.

정답 : ㉱

67. 다음 중 비파괴(非破壞) 시험에 해당하지 않는 것은?

㉮ 초음파 탐상 시험법
㉯ 형광침투 탐상법
㉰ 샤르피 충격 시험법
㉱ 자기결함 탐상법

정답 : ㉰

68. 다음 중 비자성 재료의 표면에 작은 구멍이나 틈을 검출하는 비파괴 시험법으로 가장 적합한 것은?

㉮ 충격시험　　㉯ 임프란트 시험
㉰ 자기검사　　㉱ 침투 탐상 시험

해설 침투 탐상 시험(penetration inspection)은 비자성 재료의 표면에 작은 구멍이나 틈을 검출하는 비파괴 시험법으로 가장 적합하다.

정답 : ㉱

69. 기계재료의 시험방법 중 동적 시험인 것은?

㉮ 인장시험　　㉯ 압축시험
㉰ 충격시험　　㉱ 굽힘시험

정답 : ㉰

재료역학 출제예상문제

01. 다음 그림은 연강의 응력 변형율 선도이다. 이 그림에서 C점은 무엇을 나타내는가?

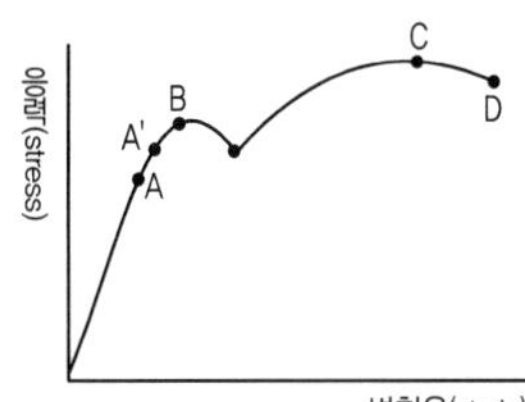

㉮ 비례한도　　㉯ 하 항복점
㉰ 상 항복　　㉱ 극한강도

해설 응력-변율 선도
= A : 비례한계, A' : 탄성한계, B : 상항복점, C : 극한강도(인장강도), D : 파괴점

정답 : ㉱

02. 탄소강의 인장강도, 항복점, 피로한도, 크리프 한도, 탄성 한도, 허용 응력에서 안전율을 구하는 식으로 다음 중 가장 적합한 것은?

㉮ $\frac{허용응력}{탄성한도}$　　㉯ $\frac{피로한도}{인장강도}$
㉰ $\frac{탄성한도}{크리이프한도}$　　㉱ $\frac{인장강도}{허용응력}$

해설 안전율 = $\frac{인장강도}{허용응력}$

정답 : ㉱

03. 사용재료의 최대응력과 항복응력 및 허용 응력을 적용하여 일반적인 안전율을 나타내는 식으로 가장 적합한 것은?

㉮ 안전율 = $\frac{허용응력}{항복응력}$
㉯ 안전율 = $\frac{최대응력}{항복응력}$
㉰ 안전율 = $\frac{항복응력}{허용응력}$
㉱ 안전율 = $\frac{항복응력}{최대응력}$

정답 : ㉰

04. 일반적인 탄소강 재료를 사용하는 경우의 사용 응력, 허용 응력, 탄성 한도의 관계로 다음 중 가장 적합한 것은?

㉮ 허용 응력≧사용 응력>탄성 한도
㉯ 허용 응력>탄성 한도>사용 응력
㉰ 탄성 한도>사용 응력>허용 응력
㉱ 탄성 한도>허용 응력≧사용 응력

해설 탄소강 재료를 사용하는 경우의 사용 응력, 허용 응력, 탄성 한도의 관계는 탄성 한도>허용 응력≧사용 응력이다.

정답 : ㉱

05. 기계재료에서 사용 응력, 항복점, 허용 응력 값의 일반적인 관계로 가장 적합한 것은?

㉮ 항복점>사용 응력≧허용 응력
㉯ 사용 응력≧허용 응력>항복점
㉰ 허용 응력>항복점>사용 응력
㉱ 항복점>허용 응력≧사용 응력

해설 기계재료에서 사용 응력, 항복점, 허용 응력 값의 일반적인 관계는 항복점>허용 응력≧사용 응력이다.

정답 : ㉱

06. 재료가 반복 하중을 받는 경우 안전율에 관한 공식으로 가장 적합한 것은?

㉮ $\frac{항복점}{허용응력}$　　㉯ $\frac{크리프한도}{허용응력}$
㉰ $\frac{피로한도}{허용응력}$　　㉱ $\frac{사용응력}{허용응력}$

해설 재료가 반복 하중을 받는 경우 안전율

$= \frac{\text{크리프 한도}}{\text{허용 응력}}$

정답 : ㉯

07. 지름 10㎜의 원형단면 축에 길이 방향으로 785kgf의 인장 하중이 걸릴 때 하중방향에 수직인 단면에 생기는 응력은 약 몇 kgf/㎟인가?

㉮ 7.85　　㉯ 10
㉰ 78.5　　㉱ 100

해설
$\sigma = \frac{P}{A}$ $\therefore \sigma = \frac{4 \times 785}{3.14 \times 10^2} = 10\text{kgf/mm}^2$
여기서, σ : 응력(kgf/㎟), P : 하중(kgf),
A : 단면적(㎟)

정답 : ㉯

08. 단면적 60㎠인 기둥이 5000kgf의 하중을 받고 있다면 기둥재료의 극한 강도를 550kgf/㎠라 할 때 안전율은?

㉮ 3.9　　㉯ 6.6
㉰ 8.3　　㉱ 9

해설
$S = \frac{\sigma u}{\sigma a}, \sigma a = \frac{W}{A}$ $\therefore S = \frac{550 \times 60}{5000} = 6.6$
여기서, S : 안전율
σu : 인장강도(극한강도 kgf/㎠)
σa : 허용 응력(kgf/㎠)
W : 하중(kgf)
A : 단면적(㎠)

정답 : ㉯

09. 단면 6㎝×8㎝의 목재가 3000kgf의 압축 하중을 받고 있다. 안전율을 7로 하면 사용 응력은 허용 응력의 몇 %가 되는가?(단, 목재의 인장강도는 550kgf/㎠이다.)

㉮ 79.6%　　㉯ 78.6%
㉰ 62.5%　　㉱ 60.5%

해설
① 허용응력 $= \frac{\text{인장강도}}{\text{안전율}} = \frac{550}{7} = 78.57\text{kgf/cm}^2$
② 사용응력 $= \frac{\text{하중}}{\text{단면적}} = \frac{3000}{6 \times 8} = 62.5\text{kgf/cm}^2$
③ 비율 $= \frac{\text{사용응력}}{\text{허용응력}} = \frac{62.5}{78.57} \times 100 = 79.6\%$

정답 : ㉮

10. 단면적 600㎟인 봉에 600kgf의 추를 달았더니 허용 인장 응력에 도달하였다. 이 봉의 인장강도가 500kgf/㎠이라고 하면 인장강도에 대한 안전계수는 얼마인가?

㉮ 5　　㉯ 6
㉰ 50　　㉱ 60

해설
① 허용응력 $= \frac{600\text{kgf}}{600\text{mm}^2} = 1\text{kgf/mm}^2$
$\therefore 1\text{kgf/mm}^2 = 100\text{kgf/cm}^2$
② 안전률 $= \frac{500\text{kgf/cm}^2}{100\text{kgf/cm}^2} = 5$

정답 : ㉮

11. 비틀림만 받는 지름이 32㎜ 차축에 고정된 타이어 지름이 830㎜일 때, 최대 1.6ton의 하중이 차축에 가해진다. 이 축에 차륜이 노면에 미끄러지도록 토크를 가할 경우에 생기는 응력은 몇 kgf/㎟인가?(단, 타이어와 노면의 마찰계수 μ= 0.5로 한다.)

㉮ 23.7　　㉯ 24.5
㉰ 25.8　　㉱ 26.3

해설
$\tau a = \frac{16T}{\pi d^3} = \frac{16 \times 1600 \times 415 \times 0.5}{3.14 \times 32^2 \times 2} = 25.8\text{kgf/mm}^2$
여기서, T : 비틀림 모먼트(kgf-㎜)
τa : 허용 비틀림 응력(kgf/㎟)
d : 축의 지름(㎜)

정답 : ㉰

12. 250kgf의 인장 하중을 받은 연강봉 직경은 최소 몇 ㎜가 적합한가?(단, 재료의 극한강도는 36kgf/㎣, 안전율은 3이다.)

㉮ 5.2　　㉯ 6.1
㉰ 6.7　　㉱ 7.7

해설

$\sigma t = \frac{\sigma u}{A}$, $\sigma a = \frac{\sigma u}{S}$, $S = \frac{\sigma u}{\sigma a}$

여기서, σt: 인장 응력(kgf/㎟)

σu : 인장 하중(kgf)

A: 단면적(㎟)

S: 안전율

σa : 허용 응력(kgf/㎟)]

① $\sigma a = \frac{\sigma u}{S} = \frac{36}{6} = 12\text{kgf/mm}^2$

② $A = \frac{\sigma u}{\sigma t} = \frac{250}{12} = 20.83\text{mm}^2$

③ $d = \sqrt{\frac{4A}{\pi}} = \sqrt{\frac{4 \times 20.83}{3.14}} = 5.2\text{mm}$

정답 : ㉮

13. 지름 80㎜인 축에 20000kgf-㎝의 굽힘 모멘트가 걸린다면 이 축에 생기는 굽힘 응력은 약 몇 kgf/㎠인가?

㉮ 398 ㉯ 452
㉰ 562 ㉱ 626

해설

$M = \sigma_a \times Z = \frac{\pi \times d^3 \times \sigma_a}{32}$

$\therefore \sigma_a = \frac{32 \times 20000\text{kgf} - \text{cm}}{\pi \times 8^3} = 398\text{kgf/cm}^2$

여기서, M : 축의 굽힘 모멘트(kgf－㎝)

σ_a : 축의 허용 굽힘 응력(kgf/㎠)

Z : 단면계수(㎠)

d : 축의 지름(㎝)

정답 : ㉮

14. 원통형 보일러용 리벳이음에서 축 방향의 응력은 원주방향 응력의 몇 배가 되는가?

㉮ $\frac{1}{2}$배 ㉯ $\frac{1}{4}$배
㉰ 같다. ㉱ 2배

해설 보일러용 리벳 이음의 응력

① 축 방향 응력 : $\sigma t = \frac{PD}{4t}$

② 원주방향 응력 : $\sigma t = \frac{PD}{2t}$

따라서 축 방향의 응력은 원주 방향 응력의 1/2이다.

정답 : ㉮

15. 그림과 같은 타원 단면을 갖는 봉이 하중 200kgf의 인장 하중을 받는다. 이 봉에 작용한 인장 응력은 몇 kgf/㎠인가?

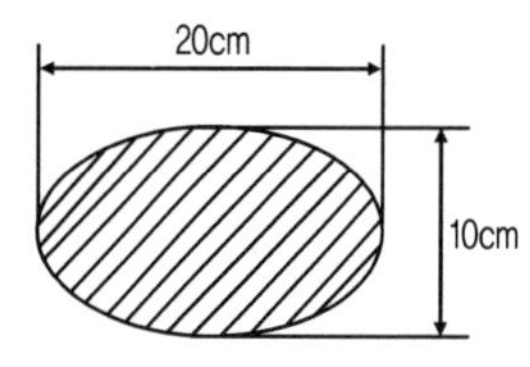

㉮ 1.27 ㉯ 12.7
㉰ 127 ㉱ 1270

해설

$\sigma = \frac{W}{A} = \frac{200}{0.785 \times 20 \times 10} = 1.273\text{kgf/cm}^2$

정답 : ㉮

16. 다음 중 양끝을 받치고 있는 보로, 양단 지지보라고도 하는 보는?

㉮ 단순보 ㉯ 외팔보
㉰ 고정보 ㉱ 연속보

해설

① 단순보 : 양끝을 받치고 있는 보로, 양단 지지보라고도 한다.

② 외팔보 : 보의 한쪽 끝만을 고정한 것이다.

③ 고정보 : 양끝을 모두 고정한 보이며, 가장 튼튼하다.

④ 연속보 : 3개 이상의 지점, 즉 2개 이상의 스팬을 가진 보를 말한다.

정답 : ㉮

17. 폭×높이(30㎝×40㎝)의 단면을 가진 다음 단순보의 최대 굽힘응력은 몇 kgf/㎠인가?(단, 보의 자중은 무시한다.)

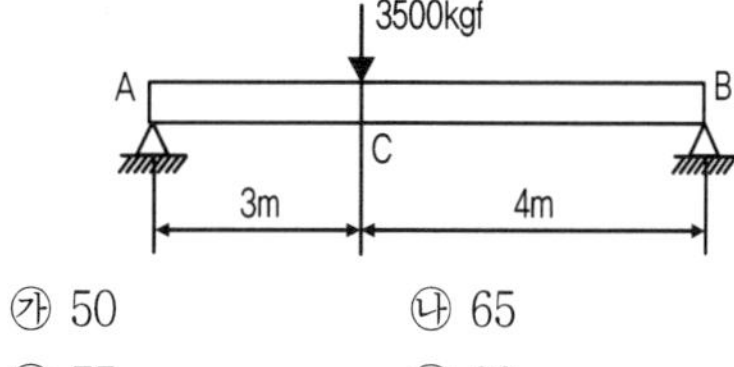

㉮ 50 ㉯ 65
㉰ 75 ㉱ 80

해설

$$M=\sigma\cdot Z=\sigma\cdot\frac{bh^2}{6}=P\frac{\ell_1\ell_2}{\ell}$$

$$\therefore \sigma=\frac{6P\ell_1\ell_2}{bh^2\ell}$$

$$=\frac{6\times3500\times300\times400}{30\times40^2\times700}=75\,\text{kgf/cm}^2$$

정답 : ㉰

18. 보기와 같은 길이 ℓ인 외팔보 AB가 자유단 B에 집중 하중 P를 받고 있다. 하중 끝단 B에서의 최대 처짐량 δ는?(단, E는 세로 탄성계수이고 I는 관성모멘트이다.)

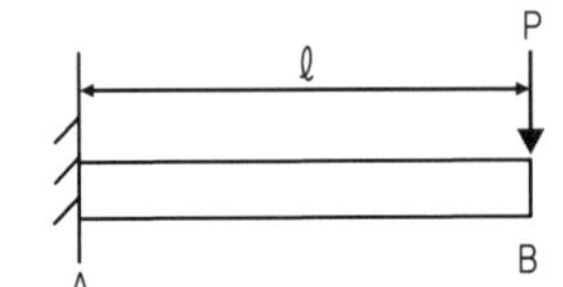

㉮ $\delta=\frac{P\ell^2}{6EI}$ ㉯ $\delta=\frac{P\ell^3}{6EI}$

㉰ $\delta=\frac{P\ell^2}{3EI}$ ㉱ $\delta=\frac{P\ell^3}{3EI}$

정답 : ㉱

19. 지름이 40㎜인 연강제 실축에 200rpm으로 10PS를 전달할 때 생기는 전단 응력은 약 몇 kgf/cm²인가?

㉮ 90 ㉯ 142

㉰ 180 ㉱ 285

해설

$$T=\frac{71620\times H}{N}=\frac{\pi\times d^3\times\tau a}{16}\text{에서}$$

$$\tau a=\frac{16\times71620\times H}{\pi\times d^3\times N}=\frac{16\times71620\times10}{3.14\times4^3\times200}$$

$$=284.9\,\text{kgf/cm}^2$$

여기서, H : 마력, N : 회전속도,
d : 축지름, τa : 전단 응력

정답 : ㉱

20. 지름이 40㎜인 연강제 실축에 200rpm으로 7.5kW를 전달할 때 생기는 전단 응력은 약 몇 kgf/cm²인가?

㉮ 90 ㉯ 145

㉰ 180 ㉱ 291

해설

$$T=\frac{97400\times kW}{N}=\frac{\pi d^3\tau a}{16}\text{에서}$$

$$\tau a=\frac{16\times97400\times kW}{\pi d^3 N}$$

$$\therefore\frac{16\times97400\times7.5}{3.14\times4^3\times200}=291\,\text{kgf/cm}^2$$

정답 : ㉱

21. 비틀림 모멘트를 받는 원형 단면축에 발생되는 최대 전단 응력에 대한 설명으로 옳은 것은?

㉮ 축 제동이 증가하면 감소한다.
㉯ 가해지는 토크가 증가하면 감소한다.
㉰ 단면의 극관성 모멘트가 증가하면 증가한다.
㉱ 극단면계수가 감소하면 감소한다.

정답 : ㉮

22. 후크의 법칙이 적용될 때 변형량 공식으로 옳은 것은?(단, A = 단면적, E = 세로탄성계수, ℓ = 길이, P = 하중이다.)

㉮ $\frac{P\ell}{AE}$ ㉯ $\frac{AE}{P\ell}$

㉰ $\frac{AP\ell}{E}$ ㉱ $\frac{E}{AP\ell}$

정답 : ㉮

23. 단면적 1㎠, 길이 4m인 강선(鋼線)에 2톤의 인장 하중을 작용시키면 신장(㎝)은?(단, 연강(鍊鋼)의 E=2×10⁶kgf/㎠이다.)

㉮ 4 ㉯ 6

㉰ 0.6 ㉱ 0.4

해설

$$\lambda=\frac{p\ell}{AE}=\frac{2000\times40}{1\times2\times10^6}=0.4$$

여기서, p : 인장 하중, ℓ: 길이,
A : 단면적, E : 세로탄성계수

정답 : ㉱

24. 알루미늄 원형 단면봉이 축하중 P=70kN를 받고 있고, 봉의 길이 l=2m, 직경 d=20㎜, 탄성계수 E=70GPa이다. 포아송의 비 v=1/3일 때 신장량(δ)은?

㉮ 5.23㎜ ㉯ 6.38㎜
㉰ 7.12㎜ ㉱ 8.26㎜

해설
$$\delta = \frac{P \times l}{A \times E}$$
$$\therefore \delta = \frac{4 \times 70 \times 2000}{3.14 \times 20^2 \times 70} = 6.37\,㎜$$
여기서, δ : 신장량(㎜), P : 하중(KN), l : 길이(㎜),
A : 단면적(㎟), E : 탄성계수(kgf/㎟)

정답 : ㉯

25. 길이 2m, 지름 10㎜인 원형 봉이 2000kgf의 축방향 인장 하중을 받고 2㎜ 늘어났다면 재료의 종 탄성계수의 값은 약 몇 kgf/㎠인가?

㉮ 8.10×10^4 ㉯ 2.55×10^6
㉰ 1.61×10^5 ㉱ 3.15×10^6

해설
$$E = \frac{W\ell}{A\lambda} = \frac{2000 \times 200}{0.785 \times 1^2 \times 0.2} = 2.55 \times 10^6$$

정답 : ㉯

26. 길이 50㎝인 연강재의 환봉에 인장력이 작용하여 길이가 60㎝로 늘어났을 때 이 재료의 연신율은 얼마인가?

㉮ 10% ㉯ 20%
㉰ 23% ㉱ 40%

해설
$$연신률 = \frac{변형후\ 길이 - 처음길이}{처음\ 길이} \times 100$$
$$= \frac{60 - 50}{50} \times 100 = 20\%$$

정답 : ㉯

27. 길이 50㎝인 연강재의 환봉에 인장력이 작용하여 길이가 50㎝로 늘어났을 때 이 재료의 연신율은 얼마인가?

㉮ 10% ㉯ 20%
㉰ 23% ㉱ 40%

해설
$$\epsilon = \frac{l' - l}{l} \times 100 = \frac{60 - 50}{50} \times 100 = 20\%$$

정답 : ㉯

28. 단면적 450㎟, 길이 50㎜의 연강봉에 39.5kN의 인장 하중이 작용했을 때, 늘어난 길이가 0.20㎜이었다면 발생한 변형률은?

㉮ 0.0008 ㉯ 0.008
㉰ 0.0004 ㉱ 0.004

해설
$$변형률 = \frac{0.2}{50} = 0.004$$

정답 : ㉱

29. 봉이 인장 하중을 받을 때 탄성 한도 영역 내에서 종 변형률에 대한 횡 변형률의 비를 무엇이라 하는가?

㉮ 횡 탄성계수 ㉯ 탄성 한도
㉰ 체적 탄성계수 ㉱ 포와송비

해설 포와송비란 봉이 인장 하중을 받을 때 탄성 한도 영역 내에서 종 변형률에 대한 횡 변형률의 비를 말한다.

정답 : ㉱

30. 포와송의 비(poisson's ratio)에 대하여 옳게 설명한 것은?

㉮ 종 변형률과 횡 변형률의 곱이다.
㉯ 수직응력과 종 탄성계수를 곱한 값이다.
㉰ 횡 변형률을 종 변형률로 나눈 값이다.
㉱ 전단 응력과 횡 탄성계수의 곱이다.

해설 포와송의 비(poisson's ratio)란 횡 변형률을 종 변형률로 나눈 값이다. 즉,
$$포와송\ 비 = \frac{가로\ 변형률}{세로\ 변형률}$$

정답 : ㉰

31. 축에 있어서 직경을 d, 축 재료의 전단 응력을 τ 라 하면, 비틀림 모멘트 T의 관계식으로 올바른 것은?

㉮ $T = \frac{\pi d^2}{16} \times \tau$　㉯ $T = \frac{\pi d^3}{16} \times \tau$

㉰ $T = \frac{\pi d^2}{32} \times \tau$　㉱ $T = \frac{\pi d^3}{32} \times \tau$

정답 : ㉯

32. 비틀림 응력은 단면의 어느 곳에서 가장 크게 생기는가?

㉮ 중심
㉯ 중립축
㉰ 원주 가장자리
㉱ 중심과 원주 가장자리와의 중간점

해설 비틀림 응력은 단면의 원주 가장자리에서 가장 크게 생긴다.

정답 : ㉰

33. 원형 단면 축을 비틀 때 다음 중에서 가장 비틀기 어려운 것은?(단, G는 재료의 가로 탄성계수를 나타낸다.)

㉮ 지름이 크고, G의 값이 작을수록 어렵다.
㉯ 지름이 크고, G의 값이 클수록 어렵다.
㉰ 지름이 작고, G의 값이 클수록 어렵다.
㉱ 지름이 작고, G의 값이 작을수록 어렵다.

해설 지름이 크고, G의 값이 클수록 비틀기 어렵다.

정답 : ㉯

34. 곡률 반경에 대한 설명 중 맞는 것은 어느 것인가?

㉮ 휘어진 보의 각 부는 곡률반경이 모두 같다.
㉯ 탄성계수에 반비례한다.
㉰ 굽힘 모멘트가 클수록 곡률반경이 작게 된다.
㉱ 하중에 비례한다.

해설 굽힘 모멘트가 클수록 곡률반경이 작아진다.

정답 : ㉰

35. 굽힘 모멘트 1.5×10⁶kgf-㎜와 비틀림 모멘트 2×10⁶kgf-㎜를 동시에 받는 축의 지름으로 다음 중 가장 적합한 것은?(단, 축 재료 허용 굽힘 응력은 6kgf-㎜이다.)

㉮ 150　㉯ 200
㉰ 225　㉱ 250

해설

$$M_e = M + \frac{\sqrt{M^2 + T^2}}{2}$$

$$= 1.5 \times 10^6 + \frac{\sqrt{(1.5 \times 10^6)^2 + (2 \times 10^6)^2}}{2}$$

$$= 2 \times 10^6 kgf - mm$$

$$d = \sqrt[3]{\frac{32 \times Me}{\sigma a \times \pi}} = \sqrt[3]{\frac{10.2 \times 2 \times 10^6}{6}}$$

$$= 150.4mm$$

정답 : ㉮

36. 길이가 2m인 원형인 단순 지지 보의 지름이 25 ㎜일 때 보 중앙에 집중하중 400kgf이 작용하면 최대 굽힘 응력은 몇 kgf/㎟인가?

㉮ 65.22　㉯ 100.38
㉰ 117.22　㉱ 130.38

해설

$\sigma = \frac{M}{Z}$, $M = \frac{P\ell}{4}$, $Z = \frac{\pi d^3}{32}$에서

$$\sigma = \frac{P \times \ell \times 32}{\pi \times d^3 \times 4} = \frac{400 \times 2000 \times 32}{3.14 \times 25^3 \times 4}$$

$$= 130.38 kgf/mm^2$$

정답 : ㉱

37. 지름이 d인 원형 단면의 중심점의 극점을 통과하는 극관성 모멘트는?

㉮ $\frac{\pi d^4}{32}$　㉯ $\frac{\pi d^4}{64}$

㉰ $\frac{\pi d^3}{32}$　㉱ $\frac{\pi d^3}{64}$

정답 : ㉮

38. 그림과 같은 내측이 비어 있는 단면의 보에서 X-X'축에 대한 단면 2차 모멘트는 약 몇 cm^4인가?(단, 직사각형 외측높이는 25㎝, 폭은 20㎝이고, 내측의 높이는 15㎝, 폭은 10㎝임)

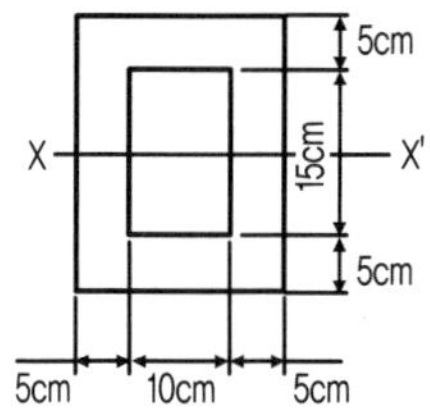

㉮ 16715　　　㉯ 18645

㉰ 19375　　　㉱ 23229

해설

$$I = \frac{1}{12}(B \times H^3 - b \times h^3)$$

$$\therefore I = \frac{1}{12}(20 \times 25^3 - 10 \times 15^3) = 23229cm^4$$

여기서, I : 2차 모멘트, B : 외측의 폭(㎝)
H : 외측의 높이(㎝), b : 내측의 폭(㎝)
h : 내측의 높이(㎝)

정답 : ㉱

39. 그림과 같은 삼각형 단면의 밑변인 B-C축에 대한 단면 2차 모멘트는?

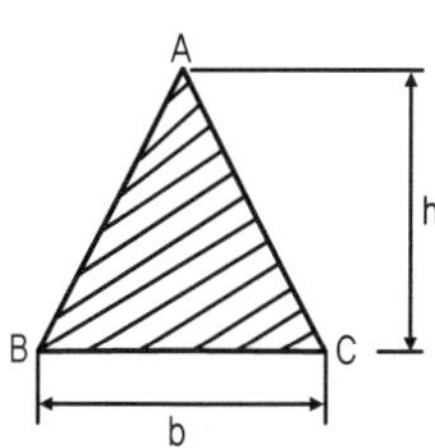

㉮ $\frac{bh^3}{36}$　　　㉯ $\frac{bh^3}{24}$

㉰ $\frac{bh^3}{12}$　　　㉱ $\frac{bh^3}{4}$

해설

① $\frac{bh^3}{36}$: 단면 관성모멘트

② $\frac{bh^3}{24}$: 단면 1차 모멘트

③ $\frac{bh^3}{12}$: 단면 2차 모멘트

정답 : ㉰

40. 동일 재료로 단면의 크기(치수)가 일정한 보에 대한 설명으로 틀린 것은?

㉮ 단면의 크기가 일정하여도 탄성계수는 변화한다.

㉯ 단면의 크기가 일정하면 단면 2차 모멘트(I)는 변화하지 아니 한다.

㉰ 굽힘 모멘트가 클수록 곡률 반지름(ρ)은 작아진다.

㉱ 보의 굽힘응력은 보에 작용하는 굽힘 모멘트에 비례한다.

해설 동일 재료로 단면의 크기(치수)가 일정한 보
① 단면의 크기가 일정하면 단면 2차 모멘트(I)는 변화하지 아니 한다.
② 굽힘 모멘트가 클수록 곡률 반지름(ρ)은 작아진다.
③ 보의 굽힘 응력은 보에 작용하는 굽힘 모멘트에 비례한다.

정답 : ㉮

41. 다음 중 비틀림 강성계수를 나타내는 것은 어느 것인가?(단, G는 횡탄성계수, Ip 는 극관성 모멘트이다.)

㉮ $G + I_P$　　　㉯ $G - I_P$

㉰ $\frac{G}{I_P}$　　　㉱ $G \times I_P$

정답 : ㉱

42. 단면의 형상과 길이가 같은 기둥 형상의 구조물에서 처짐량이 가장 많은 것은?

㉮ 일단 고정 타단 자유

㉯ 양단 회전

㉰ 일단 고정 타단 회전

㉱ 양단 고정

해설 단면의 형상과 길이가 같은 기둥 형상의 구조물에서 처짐량이 가장 많은 것은 일단 고정 타단 자유이다.

정답 : ㉮

43. 그림과 같은 외팔보에서 폭 x 높이 = b x h일 때, 최대 굽힘응력(σmax)을 구하는 공식은?

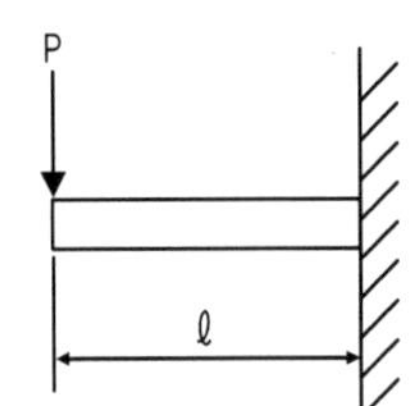

㉮ $\sigma_{\max} = \frac{6P\ell}{bh^2}$ ㉯ $\sigma_{\max} = \frac{12P\ell}{bh^2}$

㉰ $\sigma_{\max} = \frac{6P\ell}{b^2h}$ ㉱ $\sigma_{\max} = \frac{12P\ell}{b^2h}$

정답 : ㉮

출제예상문제(산업기사편)

01. 다음 중 질긴 성질, 즉 충격에 대한 재료의 저항을 나타내는 성질은?

㉮ 인성　　㉯ 전성
㉰ 연성　　㉱ 탄성

해설 ① 인성 : 금속재료의 질긴 성질, 즉 충격에 대한 재료의 저항을 나타내는 성질을 말한다.
② 전성 : 금속재료를 얇은 판으로 만들 수 있는 성질을 말한다.
③ 연성 : 금속재료를 가느다란 선으로 늘릴 수 있는 성질을 말한다.
④ 탄성 : 금속재료에 힘을 가하면 변형되며, 이 힘을 제거하였을 때 원래의 상태로 되돌아오는 성질을 말한다.

정답 : ㉮

02. 다음 금속 중 열전도성이 가장 우수한 것은?

㉮ 주철　　㉯ 알루미늄
㉰ 구리　　㉱ 연강

해설 열전도성 : 은(Ag)→구리(Cu)→금(Au)→알루미늄(Al)→니켈(Ni)→철(Fe) 순서이다 .

정답 : ㉰

03. 금속재료의 물리적 성질이 아닌 것은?

㉮ 비중　　㉯ 열전도율
㉰ 취성　　㉱ 선팽창계수

해설 금속재료의 물리적 성질에는 색깔, 비중, 비열, 열전도율, 선팽창 계수, 전기 전도율, 자성 등이 있다.

정답 : ㉰

04. 철(Fe)이 상온에서 나타나는 결정격자는?

㉮ 조밀육방격자　　㉯ 체심입방격자
㉰ 면심입방격자　　㉱ 사방입방격자

해설 철(Fe)이 상온에서 나타나는 결정격자는 체심입방격자이다.

정답 : ㉯

05. 온도변화에 의해 금속의 결정격자가 다른 결정격자로 변하는 현상은?

㉮ 동형변태　　㉯ 동소변태
㉰ 자기변태　　㉱ 소성변형

해설 동소 변태란 온도변화에 의해 금속의 결정격자가 다른 결정격자로 변화하는 현상을 말한다.

정답 : ㉯

06. 탄소강의 A_1 변태점은 몇 도인가?

㉮ 684℃　　㉯ 723℃
㉰ 768℃　　㉱ 941℃

해설 순철의 변태점
① A_0 변태점 : 210℃
② A_1 변태점 : 723℃
③ A_2 변태점(자기 변태점) : 768℃
④ A_3 변태점(동소 변태점) : 910℃
⑤ A_4 변태점 : 1400℃

정답 : ㉯

07. 탄소강에 첨가되어 있는 원소 중에서 선철 및 탈산제에 첨가되며 강의 경도, 탄성 한계, 인장력을 높여주지만 신도(伸度)와 충격값을 감소시키는 원소는?

㉮ 망간　　㉯ 규소
㉰ 인　　㉱ 황

해설 규소(Si)의 성질
① 강의 경도, 탄성 한도, 강도, 경도를 증대시킨다.
② 연신율과 충격값을 감소시킨다.

③ 결정입자의 크기를 증대시켜 가단성이나 전성을 감소시킨다.
④ 규소 함유량이 0.3% 이하일 경우에는 큰 영향은 없다.

정답 : ㉯

08. 탄소강에서 적열취성을 일으키는 원소는?

㉮ 탄소(C) ㉯ 실리콘(Si)
㉰ 인(P) ㉱ 황(S)

해설 황(S)의 성질
① 적열(고온) 취성을 일으킨다.
② 인장강도, 연신율, 충격값이 저하된다.
③ 절삭성능을 향상시킨다.

정답 : ㉱

09. 탄소강에서 황(S)으로 인하여 발생되는 취성은?

㉮ 적열취성 ㉯ 고온취성
㉰ 뜨임취성 ㉱ 풀림취성

정답 : ㉮

10. 탄소강에 어떤 성분을 결합하면 연신율을 그다지 감소시키지 않고 강도 및 소성을 증가시키고, 황에 의한 취성을 방지하는가?

㉮ P ㉯ Mn
㉰ Si ㉱ S

해설 망간(Mn)의 성질
① 연신율을 그다지 감소시키지 않고 강도, 경도, 인성 및 소성을 증가시킨다.
② 황에 의한 취성을 방지한다.
③ 높은 온도에서 결정이 거칠어지는 것을 방지한다.
④ 강의 점성을 증가시키고 고온가공을 쉽게 한다.

정답 : ㉯

11. 강철 재료를 순철, 강 및 주철의 3종류로 분류할 때 순철로 구분되는 재료의 탄소 함유량으로 적합한 것은?

㉮ 0.01% 이하 ㉯ 0.1% 이하
㉰ 0.02% 이하 ㉱ 0.2% 이하

해설 순철의 탄소 함유량은 0~0.02% 이하이며, 전성과 연성이 풍부하여 기계재료로서는 적당하지 못하나 전기재료로는 적합하다.

정답 : ㉰

12. 주철 중에서 유리(遊離)된 탄소와 Fe_3C가 혼재하고 있는 주철은 어느 것인가?

㉮ 백주철 ㉯ 회주철
㉰ 반주철 ㉱ 적주철

해설 회주철은 유리된 탄소와 Fe_3C가 혼재하고 있는 주철이며, 흑연을 많이 석출하여 파단면이 회색이며 질이 무르다.

정답 : ㉯

13. 다음 주철 중 인장강도가 높아 차량의 프레임이나 캠 및 기어용 부품 등에 적합한 것은?

㉮ 회주철 ㉯ 칠드주철
㉰ 백주철 ㉱ 가단주철

해설 가단주철은 백주철을 풀림 처리하여 탈탄 또는 흑연화에 의해 가단성을 준 것이며 인장강도가 높아 차량의 프레임이나 캠 및 기어용 부품 등에 적합하다.

정답 : ㉱

14. 다음 중 인장강도가 가장 높은 주철은?

㉮ 합금 주철 ㉯ 가단 주철
㉰ 고급 주철 ㉱ 구상흑연 주철

해설 구상흑연 주철의 인장강도가 가장 높다.

정답 : ㉱

15. 탄소량 0.85%에서 생기는 펄라이트 조직만의 탄소강을 무엇이라 부르는가?

㉮ 공석강 ㉯ 아공석강
㉰ 과공석강 ㉱ 시멘타이트

해설 ① 아공석강 : 0.85%C 이하인 페라이트와 펄라이트의 공석강
② 공 석 강 : 0.85%C인 펄라이트 조직
③ 과공석강 : 0.85%C 이상의 시멘타이트와 펄라이트의 공석강

정답 : ㉮

16. 탄소강에 하나 또는 여러 종류의 합금 원소를 첨가하여 여러 가지의 목적에 적합하도록 성질을 개선한 강을 무엇이라 하는가?

㉮ 과공석강 ㉯ 고탄소강
㉰ 합금강 ㉱ 중금속

해설 탄소강에 하나 또는 여러 종류의 합금원소를 첨가하여 여러 가지의 목적에 적합하도록 성질을 개선한 강을 합금강 또는 특수강이라 부른다.

정답 : ㉰

17. 절삭, 단조, 주조 및 용접 등이 용이하며 열처리로 재질을 개선시킬 수 있어 볼트, 너트, 축계 및 치차류의 용도로 다양하게 사용할 수 있는 강으로 가장 적합한 것은?

㉮ 연강 ㉯ 반연강
㉰ 경강 ㉱ 고탄소강

해설 반연강은 절삭, 단조, 주조 및 용접 등이 용이하며 열처리로 재질을 개선시킬 수 있어 볼트, 너트, 축계통 및 기어(치차)의 용도로 다양하게 사용할 수 있다.

정답 : ㉯

18. 다음 재료 중 수중에서의 내식성이 가장 좋은 것은?

㉮ 일반 구조용 압연 강재
㉯ 열간 압연 강판
㉰ 기계 구조용 압연 강재
㉱ 스테인리스강

해설 스테인리스강이 수중(水中)에서 내식성이 가장 좋다.

정답 : ㉱

19. 18-8 스테인리스강에서 18-8의 표준 성분은?

㉮ 규소 18%, 니켈 8%
㉯ 니켈 18%, 크롬 8%
㉰ 규소 18%, 크롬 8%
㉱ 크롬 18%, 니켈 8%

해설 18−8 스테인리스강은 크롬 18%, 니켈 8%를 함유한 것이다.

정답 : ㉱

20. 다음 중 열처리 방법으로 급냉시켜 재질을 경화시키는 방법은?

㉮ 불림 ㉯ 풀림
㉰ 담금질 ㉱ 뜨임

해설 담금질은 강의 경도 또는 강도를 증가시키기 위하여 A_1 또는 A_3변태점보다 30~50℃ 높게 가열한 후 급냉하여 재료를 경화시키는 열처리이다.

정답 : ㉰

21. 강의 경도를 높이기 위한 방법으로 730~800℃로 가열한 후 물이나 기름 속에서 급냉시키는 열처리는?

㉮ 풀림 ㉯ 불림
㉰ 담금질 ㉱ 뜨임

정답 : ㉰

22. 경도가 큰 재료에 인성만 부여할 목적으로 A_1 변태점 이하로 가열하여 서냉하는 열처리법은?

㉮ 담금질 ㉯ 고온 풀림
㉰ 뜨임 ㉱ 저온 풀림

해설 뜨임은 경도가 큰 재료에 인성만 부여할 목적으로 A_1 변태점 이하로 가열하여 서서히 냉각하는 열처리 방법이다.

정답 : ㉰

23. 뜨임이란 열처리의 용어 설명으로 가장 적합한 것은?

㉮ 담금질한 것을 풀림 하기 위해 가열하여 서냉한 것을 뜻한다.
㉯ 경도를 높게 하기 위하여 가열 냉각하는 조작을 말한다.
㉰ 담금질한 강철에 인성이 필요할 때 A_1점 이하의 적당한 온도로 가열하여 인성을 증가시키는 것이다.
㉱ 경도는 약간 후퇴시키더라도 취성을 주기 위하여 가열처리한 것이다.

정답 : ㉰

24. 강을 열처리하는 방법 중에서 풀림의 일반적인 목적이 아닌 것은?

㉮ 가공에서 생긴 내부 응력을 저하시킨다.
㉯ 조직을 균일화, 미세화 한다.
㉰ 담금질한 강을 강화시킨다.
㉱ 열처리로 인하여 경화된 재료를 연화시킨다.

해설 풀림의 목적
① 가공에서 생긴 내부 응력을 저하시킨다.
② 조직을 균일화, 미세화 한다.
③ 열처리로 인하여 경화된 재료를 연화시킨다.

정답 : ㉰

25. 마찰부분이 많아 내마모성과 인성이 풍부한 강을 만들기 위한 열처리 방법에 속하지 않는 것은?

㉮ 침탄법 ㉯ 산화법
㉰ 화염 경화법 ㉱ 고주파 경화법

해설 강의 표면경화 방법에는 침탄법(탄소 침투), 질화법(질소 침투), 청화법(탄소와 질소를 동시에 침투), 화염 경화법, 고주파 경화법 등이 있다.

정답 : ㉯

26. 열처리 방법에서 일반적인 표면경화법이 아닌 것은?

㉮ 저주파 경화법 ㉯ 청화법
㉰ 고체 침탄법 ㉱ 질화법

해설 표면경화법에는 침탄법, 질화법, 고주파 경화법, 청화법 등이 있다.

정답 : ㉮

27. 강의 표면 경화하는 침탄법과 질화법의 특징 설명으로 틀린 것은?

㉮ 질화법은 담금질할 필요가 없다.
㉯ 경화층이 얇으나 경도는 침탄한 것보다 크다.
㉰ 질화법은 마모 및 부식에 대한 저항이 작다.
㉱ 질화법은 변형이 적으나 경화시간이 많이 걸린다.

해설 질화법의 특징
① 침탄법보다 경도가 높다.
② 질화 한 후의 열처리가 필요 없다.
③ 경화에 의한 변형이 적다.
④ 질화층이 여리다.
⑤ 질화 후 수정이 불가능하다.
⑥ 고온으로 가열을 해도 경도가 낮아지지 않는다.

정답 : ㉰

28. 강을 가열했을 때 나타나는 조직으로 910~1,400℃ 사이 γ철에 탄소를 잘 고용하는 γ고용체는?

㉮ 오스테나이트 ㉯ 페라이트
㉰ 펄라이트 ㉱ 시멘타이트

해설 오스테나이트는 강을 가열했을 때 나타나는 조직으로 910~1,400℃ 사이 γ철에 탄소를 잘 고용하는 γ고용체이다.

정답 : ㉮

29. 오스테나이트(austenite)를 상온 가공하였을 때 얻어지며 강의 담금질 조직 중 가장 경하며 자성이 강하고 상온에서 불안정한 조직인 것은?

㉮ 베나이트(banite)
㉯ 펄라이트(pearlite)
㉰ 트루스타이트(troostite)
㉱ 마르텐사이트(martensite)

해설 마르텐사이트(martensite는 오스테나이트(austenite)를 상온 가공하였을 때 얻어지며 강의 담금질 조직 중 가장 경도가 높으며 자성이 강하고 상온에서 불안정한 조직이다.

정답 : ㉱

30. 탄소강의 담금질조직에서 경도가 가장 높은 것은?

㉮ 오스테나이트 ㉯ 마르텐사이트
㉰ 트루스타이트 ㉱ 솔바이트

해설 각 조직의 경도 순서
시멘타이트>마르텐사이트>트루스타이트>솔바이트>펄라이트>오스테나이트>페라이트

정답 : ㉯

31. 강의 조직 둥 경도가 가장 낮은 것은?

㉮ 오스테나이트 ㉯ 시멘타이트
㉰ 마르텐자이트 ㉱ 펄라이트

정답 : ㉮

32. 고용한계 이상으로 탄소가 고용되면 탄소와 철이 화합하여 탄화철(Fe_3C)이 되며, 특징은 백색이고 매우 단단하며 여린 결정이고, 210℃에서 자기변태를 일으키는 탄소강의 조직은?

㉮ 페라이트 ㉯ 펄라이트
㉰ 시멘타이트 ㉱ 오스테나이트

해설 시멘타이트 조직의 특징
① 고용한계 이상으로 탄소가 고용되면 탄소와 철이 화합하여 탄화철(Fe_3C)이 된다.
② 백색이고 매우 단단하며 여린 결정이다.
③ 210℃에서 자기변태를 일으킨다.
④ Fe-C 상태도에서 탄소가 약 6.67% 함유되었을 때 나타나는 조직이다.
⑤ 강(鋼)조직 중에서 경도가 가장 크다.

정답 : ㉰

33. 다음 중 Fe-C 상태도에서 탄소가 약 6.67% 함유되었을 때 나타나는 조직은?

㉮ 시멘타이트 ㉯ 페라이트
㉰ 오스테나이트 ㉱ 펄라이트

정답 : ㉮

34. 담금질 강의 냉각조건에 따른 변화 조직이 아닌 것은?

㉮ 마텐자이트 ㉯ 트루스타이트
㉰ 소르바이트 ㉱ 시멘타이트

정답 : ㉱

35. 다음 강(鋼)조직 중에서 경도가 가장 큰 것은?

㉮ 페라이트 ㉯ 오스테나이트
㉰ 시멘타이트 ㉱ 펄라이트

정답 : ㉰

36. 동 및 동 합금에 대한 다음 설명 중 올바른 것은?

㉮ 황동은 구리와 주석의 합금이다.
㉯ 전기 전도율이 은(Ag)다음으로 크다.
㉰ 청동은 구리와 아연의 합금이다.
㉱ 인 청동은 내마멸성이 나쁘며, 베어링으로 사용할 수 없다.

해설 동과 동합금의 특징
① 황동은 구리(Cu)와 아연(Zn)의 합금이다.
② 전기 전도율이 은(Ag) 다음으로 크다.
③ 청동은 구리(Cu)와 주석(Sn)의 합금이다.
④ 인청동은 구리나 청동에 인(P)을 첨가한 것이며,

내마멸성과 내부식성이 커 베어링 재료로 사용된다.

정답 : ㉯

37. 동과 동 합금에 관한 설명 중 틀린 것은?

㉮ 황동은 구리와 아연의 합금이다.
㉯ 인청동은 내식성, 내마모성을 필요로 하는 펌프 부품, 캠축, 베어링 등에 사용된다.
㉰ 청동은 구리와 주석의 합금이다.
㉱ 전기 전도율이 알루미늄 다음으로 크다.

정답 : ㉱

38. 비철금속 중 황동(놋쇠)은 Cu와 어떤 원소를 첨가하여야 하는가?

㉮ Zn ㉯ SI
㉰ Fe ㉱ Al

해설 황동(놋쇠)은 구리(Cu)+아연(Zn)의 합금이다.

정답 : ㉮

39. 황동에는 7:3 황동과 6:4 황동이 있다. 황동의 주성분으로 가장 적당한 것은?

㉮ 구리(Cu)+망간(Mn)
㉯ 구리(Cu)+아연(Zn)
㉰ 구리(Cu)+니켈(Ni)
㉱ 구리(Cu)+규소(Si)

정답 : ㉯

40. 6·4 황동에 1~2%의 철을 첨가한 것으로 강도가 크고 내식성이 좋아 광산, 선박, 화학기계에 쓰이는 것은?

㉮ 7·3 황동 ㉯ 톰백
㉰ 델타메탈 ㉱ 인청동

해설 구리합금의 종류
① 7·3 황동 : 아연이 30%인 합금으로 인장강도는 크지만 연신율이 작다.
② 톰백 : 아연을 8~20% 함유한 것으로 연성이 크다.
③ 델타 메탈 : 6·4 황동에 1~2%의 철을 첨가한 것으로 강도가 크고 내식성이 좋다.
④ 인청동 : 청동에 0.05~0.5%의 인을 함유한 것으로 탄성, 내식성, 내마멸성이 크다.

정답 : ㉰

41. 다음 중 알루미늄 합금인 것은?

㉮ 포금(건 메탈) ㉯ 다우메탈
㉰ 델타메탈 ㉱ 두랄루민

해설 ① 포금(건 메탈) : 구리(88%), 주석(10%), 아연(2%)의 합금이다.
② 델타메탈 : 6·4 황동에 1~2%의 철을 첨가한 것이다.
③ 두랄루민 : Al–Cu–Mg–Mn 합금이다.

정답 : ㉱

42. Ag, Cu 및 Mg로 구성된 합금으로 인장강도가 크고 시효경화를 일으키는 고력(고강도) 알루미늄 합금은?

㉮ 두랄루민 ㉯ 로우엑스
㉰ 실루민 ㉱ Y합금

해설 두랄루민은 Ag, Cu 및 Mg로 구성된 합금으로 인장강도가 크고 시효경화를 일으키는 고력(고강도) 알루미늄 합금이다.

정답 : ㉮

43. 다음 금속의 합금 중 시효경화를 일으킬 수 있는 것은?

㉮ 동 합금 ㉯ 알루미늄 합금
㉰ 마그네슘 합금 ㉱ 니켈 합금

해설 알루미늄 합금 중 두랄루민(Al+Cu4%+Mg 0.5~1%의 합금)은 강력, 단련용으로 가볍고 강하며, 내식성이 별로 좋지 못하나 500~520℃에서 담금질을 하면 시효경화하는 특징이 있다.

정답 : ㉯

44. 다음 중 시효경화(時效硬化)가 가장 잘 일어나는 금속은?

㉮ Y 합금 ㉯ 두랄루민
㉰ 배빗 메탈 ㉱ 고속도강

해설 시효경화(aging)이란 열처리나 가공에 의하여 조직이 불안정 상태에 있는 금속이나 합금은 안정상태로 되돌아가려는 경향이 있다. 이 때문에 이들의 여러 가지 성질이 시간이 지남에 따라서 서서히 변화하는 현상을 시효(時效)라 하며, 시효에 의해 합금이 단단해 지는 것을 말한다.

정답 : ㉯

45. 다음 중 Al 합금으로 자동차나 항공기의 실린더에 많이 사용되는 합금은?

㉮ 고속도강 ㉯ KS강
㉰ 실루민 ㉱ Y합금

해설 합금은 알루미늄+구리+마그네슘+니켈의 합금이며 내열성이 커 실린더헤드나 피스톤의 재료로 사용된다.

정답 : ㉱

46. 베어링 합금의 구비조건으로 적합한 성질은?

㉮ 마찰계수가 클 것
㉯ 내마모성이 적을 것
㉰ 내부식성이 적을 것
㉱ 열전도성이 클 것

해설 베어링 합금의 구비조건
① 마찰계수가 작을 것
② 내마모성이 클 것
③ 내부식성이 클 것
④ 열전도성이 클 것

정답 : ㉱

47. 다음의 비철금속 중 베어링 합금재료로 부적당한 것은?

㉮ 화이트메탈 ㉯ 배빗메탈
㉰ 켈밋합금 ㉱ 서멧

해설 베어링 합금재료에는 화이트메탈, 배빗메탈, 켈밋합금, 인청동 등이 사용된다.

정답 : ㉱

48. 다음의 금속재료 중에서 베어링 메탈과 가장 관계가 적은 것은?

㉮ 화이트 메탈 ㉯ 배빗 메탈
㉰ 켈밋메탈 ㉱ 모넬메탈

해설 모넬메탈은 니켈+철+구리의 합금이며, 내식성이 우수하여 터빈날개, 증기밸브 등에 사용된다.

정답 : ㉱

49. 다음은 화이트메탈(white metal)에 대한 설명이다. 틀린 것은?

㉮ Pb, Sn을 주성분으로 하고 여기에 적당한 양의 Sb, Cu 등을 첨가한 합금이다.
㉯ Sn, Cu, Sb를 주성분으로 한 베어링 합금이다.
㉰ Babbit metal이라고도 한다.
㉱ Cu에 Pb 25~40% 첨가한 합금으로서 항공기, 자동차의 main bearing에 사용한다.

해설 화이트메탈(white metal)의 특징
① Pb, Sn을 주성분으로 하고 여기에 적당한 양의 Sb, Cu 등을 첨가한 합금이다.
② Babbit metal이라고도 한다.

정답 : ㉱

50. Kelmet 메탈을 옳게 설명한 것은?

㉮ 동에 주석을 30~40% 가한 것이다.
㉯ 동에 철물 30~40% 가한 것이다.
㉰ 동에 인을 30~40% 가한 것이다.
㉱ 동에 납을 30~40% 가한 것이다.

해설 Kelmet 메탈은 동(구리)에 납을 30~40% 첨가한 것이다.

정답 : ㉱

51. 금속재료의 시험에서 인장시험에 의해서 산출하는 것이 아닌 것은?

㉮ 항복강도 ㉯ 연신율
㉰ 단면수축율 ㉱ 피로강도

해설 금속재료의 시험에서 인장시험에 의해서 산출하는 것은 항복강도, 연신율, 단면 수축율 등이다.

정답 : ㉱

52. 인장시험 편에서 변형량에 관한 설명으로 올바른 것은?

㉮ 하중에 반비례한다.
㉯ 단면적에 비례한다
㉰ 길이의 제곱에 반비례한다.
㉱ 탄성계수에 반비례한다.

해설 인장시험 편에서 변형량은 탄성계수에 반비례한다.

정답 : ㉱

53. 금속재료와 대체할 수 있는 기계재료 중에서 합성수지의 공통된 성질이 아닌 것은 무엇인가?

㉮ 가볍고 튼튼하다.
㉯ 비중과 강도의 비인 비강도는 비교적 낮다.
㉰ 전기 절연성이 좋다.
㉱ 가공성이 크고 성형이 간단하다.

합성수지의 공통된 성질
① 가볍고 튼튼하다.
② 전기 절연성이 좋다.
③ 가공성이 크고, 성형이 간단하다.

정답 : ㉯

54. 열경화성 수지(성형하여 굳어지면 다시 가열하여도 연화되거나 용융되지 않고 연소하는 성질을 가진 수지)가 아닌 것은?

㉮ 페놀수지 ㉯ 아크릴수지
㉰ 요소수지 ㉱ 멜라민 수지

해설 열경화성 수지의 종류에는 페놀수지, 멜라민수지, 에폭시수지, 요소수지 등이 있다.

정답 : ㉯

55. 플라스틱으로 경화된 수지로서 수축이 적고, 양호한 화학적 저항, 우수한 전기적 특성, 강한 물리적 성질을 가지고 있으며, 관재제작, 용기성형, 페인트, 접착제 등으로 사용되는 열경화성 수지는?

㉮ 에폭시수지 ㉯ 페놀수지
㉰ 비닐수지 ㉱ 아크릴수지

해설 에폭시수지는 플라스틱으로 경화된 수지로서 수축이 적고, 양호한 화학적 저항, 우수한 전기적 특성, 강한 물리적 성질을 가지고 있으며, 판재제작, 용기성형, 페인트, 접착제 등으로 사용되는 열경화성 수지이다.

정답 : ㉮

56. 자동차 스프링 등에 응용되는 섬유강화 플라스틱의 특징이 아닌 것은?

㉮ 비중은 강의 약 1/3~1/4 정도이다.
㉯ 비탄성 에너지가 크다.
㉰ 내식성이 우수하다.
㉱ 층간 전단강도가 높다.

해설 (1) 섬유강화 플라스틱의 장점
① 비중은 강의 약 1/3~1/4 정도로 경량이다.
② 비탄성 에너지가 크다.
③ 내식성이 우수하다.
④ 설계 자유도가 크다.
(2) 섬유강화 플라스틱의 단점
① 섬유로 강화되기 때문에 섬유방향만 강화되는 이방성이다.
② 피로강도가 낮다.
③ 층간 전단강도가 낮다.
④ 가로탄성계수가 낮다.
⑤ 내열강도가 낮다.
⑥ 내마모성이 적고, 판 스프링의 경우 구멍부분의 강도가 떨어진다.

정답 : ㉱

57. 강화유리란 보통판 유리를 600℃ 정도의 가열온도로 열처리한 것인데 다음 중 그 특징이라고 볼 수 없는 것은?

㉮ 유리파편의 결정질이 크다.
㉯ 유리의 강도가 크다.
㉰ 곡선유리의 자유화가 쉽다.
㉱ 안전성이 높다.

해설 강화유리의 특징
① 유리의 강도가 크다.
② 곡선유리의 자유화가 쉽다.
③ 안전성이 높다.

정답 : ㉮

58. 천연고무와 비슷한 성질을 가진 합성고무로 천연고무보다 내유성, 내산성, 내열성이 더 우수하여 가스켓 재료로 많이 사용되는 것은?

㉮ 모넬메탈 ㉯ 글라스 울
㉰ 네오프렌 ㉱ 세크라 울

해설 네오프렌는 천연고무와 비슷한 성질을 가진 합성고무로 천연고무보다 내유성, 내산성, 내열성이 더 우수하여 가스켓 재료로 많이 사용된다.

정답 : ㉰

재료역학 출제예상문제

01. 같은 재료에서도 하중의 상태에 따라 안전율을 정해야 하는데, 다음 중 안전율을 가장 크게 정해야 하는 하중은?

㉮ 충격하중　　㉯ 반복하중
㉰ 교하중　　㉱ 정하중

해설 충격하중은 안전율을 가장 크게 정해야 한다.

정답 : ㉮

02. 동일한 크기의 전단 응력이 작용하는 원형 단면 보의 지름을 2배로 하면 전단 응력은 얼마로 감소하는가?

㉮ 1/16　　㉯ 1/8
㉰ 1/4　　㉱ 1/2

해설 동일한 크기의 전단 응력이 작용하는 원형 단면 보의 지름을 2배로 하면 전단 응력은 1/4로 감소한다.

정답 : ㉰

03. 지름이 4㎝인 봉에 20kgf-m의 비틀림 모멘트가 작용하고 있다. 봉에 발생되는 최대 전단 응력은 몇 kgf/㎠인가?

㉮ 185　　㉯ 163
㉰ 159　　㉱ 127

해설

$$\sigma t = \frac{16T}{\pi d^3} = \frac{16\times 20}{3.14\times 4^3}\times 100 = 159$$

(여기서, T : 비틀림 모멘트, d : 지름)

정답 : ㉰

04. 3000kgf-㎝의 비틀림 모멘트가 작용하는 지름 10㎝ 환봉축의 최대 전단 응력은 몇 kgf/㎠인가?

㉮ 21.28　　㉯ 17.59
㉰ 15.28　　㉱ 13.42

해설

$$\tau = \frac{16\times T}{\pi\times d^3}$$

$$\therefore \tau = \frac{16\times 3000}{3.14\times 10^3} = 15.28\text{kgf/㎠}$$

정답 : ㉰

05. 단면적 5㎠인 막대에 수직으로 20kgf의 압축 하중이 작용한다면 이때의 압축 응력은 몇 kgf/㎠인가?

㉮ 1　　㉯ 2
㉰ 4　　㉱ 8

해설

$$\text{응력} = \frac{\text{하중}}{\text{단면적}} = \frac{20}{5} = 4\text{kgf/㎠}$$

정답 : ㉰

06. 인장강도가 4200kgf/㎟인 연강봉이 있다. 안전율이 10이면 허용 응력은 몇 kgf/㎟인가?

㉮ 42000　　㉯ 42
㉰ 280　　㉱ 420

해설

$$\text{허용응력} = \frac{\text{인장강도}}{\text{안전율}} = \frac{4200\text{kgf/mm}^2}{10} = 420\text{kgf/mm}^2$$

정답 : ㉱

07. 지름 10㎜, 길이 1m인 연강 환봉이 하중 1ton을 받아 0.6㎜ 신장했다고 한다. 이 봉에 발생하는 응력은 약 몇 MPa인가?

㉮ 1.25　　㉯ 12.5
㉰ 125　　㉱ 1250

해설

$$\text{응력} = \frac{\text{하중}}{\text{단면적}} = \frac{1000}{0.785\times 10^2}\times 9.8 = 124.84\text{ MPa}$$

정답 : ㉰

08. 가로 a, 세로 b인 직사각형의 단면을 갖는 봉이 하중 P를 받아 인장되었다. 이 봉에 작용한 인장 응력은 얼마인가?

㉮ ab^2/P ㉯ $P/(ab^2)$
㉰ $(ab)/P$ ㉱ $P/(ab)$

정답 : ㉱

09. 지름이 구간에 따라 일정하지 않은 봉의 최대지름이 50㎜이고 최소지름이 25㎜이다. 5000kgf의 인장 하중이 작용할 때 봉에 작용하는 최대 인장 응력은 약 몇 kgf/㎜²인가?

㉮ 2.55 ㉯ 10.2
㉰ 20.4 ㉱ 40.8

해설

$$\text{최대 인장응력} = \frac{\text{인장하중}}{\text{단면적}} = \frac{5000}{0.785 \times (50-25)^2} = 10.19\text{kgf/cm}^2$$

정답 : ㉯

10. 조립된 기계 부품의 세부항목에 대한 안전율을 결정하는 데는 여러 가지 변수가 있다. 안전율을 결정하는 요소가 아닌 것은?

㉮ 재료의 품질
㉯ 하중과 응력 계산의 정확성
㉰ 공작기계의 정도
㉱ 하중의 종류에 따른 응력의 성질

해설 안전율을 결정하는 요소에는 재료의 품질, 하중과 응력 계산의 정확성, 하중의 종류에 따른 응력의 성질 등이 있다.

정답 : ㉰

11. 탄성 한도 내에서 인장 하중을 받는 봉의 허용 응력이 2배가 되면 안전율은 처음에 비해 몇 배가되는가?

㉮ 1/2배 ㉯ 2배
㉰ 1/4배 ㉱ 4배

해설 탄성 한도 내에서 인장 하중을 받는 봉의 허용 응력이 2배가되면 안전율은 처음에 비해 1/2배가된다.

정답 : ㉮

12. 강 구조물 재료에서 인장강도(σ_u), 허용 응력(σ_a), 사용 응력(σ_w)과의 관계로 다음 중 적합한 것은?

㉮ $\sigma_u > \sigma_a \geq \sigma_w$ ㉯ $\sigma_u > \sigma_w \geq \sigma_a$
㉰ $\sigma_w > \sigma_u \geq \sigma_a$ ㉱ $\sigma_w > \sigma_a \geq \sigma_u$

해설 인장강도(σ_u), 허용 응력(σ_a), 사용 응력(σ_w)과의 관계는 $\sigma_u > \sigma_a \geq \sigma_w$이다.

정답 : ㉮

13. 폭 8㎝, 높이 15㎝의 사각형단면 보에 굽힘 모멘트 M=15,000kgf·㎝가 작용했을 때 생기는 굽힘 응력 σb는 몇 kgf/㎝²인가?

㉮ 50 ㉯ 100
㉰ 150 ㉱ 200

해설 굽힘 응력$= \frac{6M}{bh^2} = \frac{15000 \times 6}{8 \times 15^2} = 50\text{kgf/cm}^2$

정답 : ㉮

14. 그림과 같은 4각형 단면의 외팔보에 발생하는 최대 굽힘 응력은 어느 식으로 표시되는가?

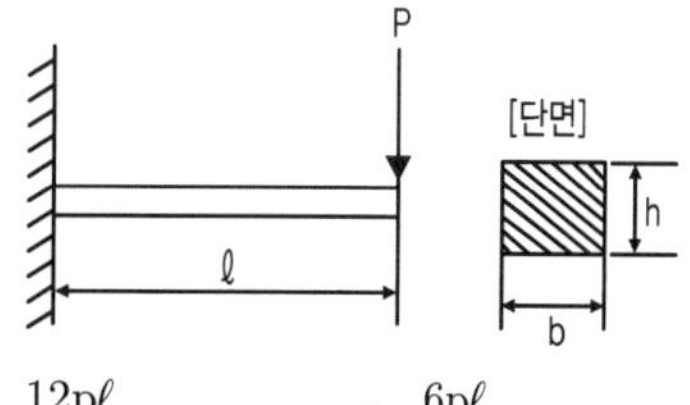

㉮ $\frac{12p\ell}{bh^2}$ ㉯ $\frac{6p\ell}{b^2h}$
㉰ $\frac{6p\ell}{bh^2}$ ㉱ $\frac{12p\ell}{b^2h}$

정답 : ㉰

15. 50,000kgf-cm의 굽힘 모멘트를 받는 단순보의 단면계수가 100cm³이면 이 보에 발생되는 굽힘 응력(kgf/cm²)은?

㉮ 250 ㉯ 500
㉰ 750 ㉱ 1000

해설 $\text{응력} = \dfrac{\text{하중}}{\text{단면적}} = \dfrac{50000}{100} = 500\text{kgf/cm}^2$

정답 : ㉯

16. 그림과 같이 로프로 고정되어 A점에 1000kgf의 무게를 매달 때 AC 로프에 생기는 응력은 약 몇 kgf/cm²인가?(단, 로프 지름은 3cm이다.)

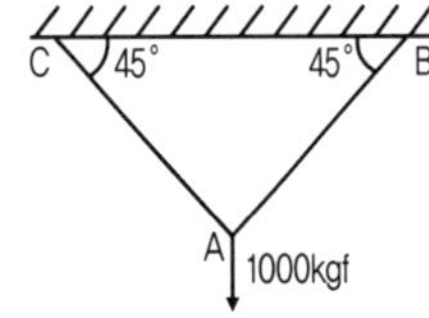

㉮ 100 ㉯ 210
㉰ 431 ㉱ 640

해설 A와 C로프에 생기는 응력

$= \dfrac{\text{하중}}{\text{단면적}} \times \cos\alpha$

$= \dfrac{1000}{0.785 \times 3^2} \times \cos 45 = 100\text{kgf/cm}^2$

정답 : ㉮

17. 그림과 같이 주어진 구조물에 인장 하중이 작용할 때 구조물의 자중을 고려해서 최대응력이 발생하는 지점은?

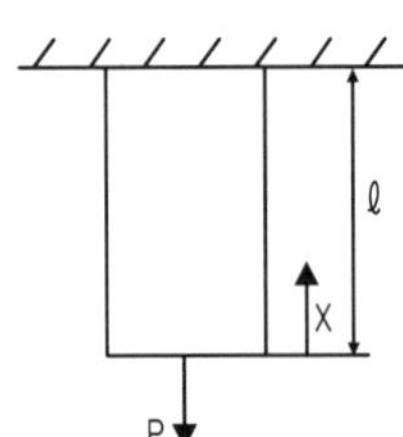

㉮ $x = 0$
㉯ $x = \ell/2$
㉰ $x = \ell$
㉱ 모든 위치에서 동일

정답 : ㉰

18. 비틀림을 받는 원형 봉에서의 최대 전단 응력을 구하는 식은?

㉮ (비틀림모멘트×봉의 지름)/극관성모멘트
㉯ (비틀림모멘트×봉의 반지름)/극관성모멘트
㉰ (비틀림모멘트×봉의 지름)/극단면계수
㉱ (비틀림모멘트×봉의 반지름)/극단면계수

해설 비틀림을 받는 원형 봉에서의 최대 전단 응력을 구하는 공식

$= \dfrac{(\text{비틀림모멘트} \times \text{봉의반지름})}{\text{극관성모멘트}}$

정답 : ㉯

19. 15℃에서 양끝을 고정한 봉이 35℃가 되었다면 이 봉의 내부에 생기는 열 응력은 어떤 응력이고 몇 kgf/cm²인가(단, 봉의 세로 탄성계수는 $E = 2.0 \times 10^6$kgf/cm²이고 선팽창계수는 $\alpha = 12 \times 10^{-6}$/℃이다)?

㉮ 인장 응력 : 480 ㉯ 인장 응력 : 240
㉰ 압축 응력 : 480 ㉱ 압축 응력 : 240

해설 열 응력 $= E\alpha(t_2 - t_1)$

$= 2.0 \times 10^6 \times 12 \times 10^{-6}(35 - 15)$

$= 480\text{kgf/cm}^2$

∴ 압축 응력 : 480kgf/cm²

정답 : ㉰

20. 단면적 20cm²의 재료에 6000kgf의 전단 하중이 작용하고 있을 때 이 재료의 전단 변형률은?(단, $G = 0.8 \times 10^6$kgf/cm²이다.)

㉮ 2.81×10^{-4} ㉯ 3.75×10^{-4}
㉰ 2.81×10^{-3} ㉱ 3.75×10^{-3}

해설 ① 전단 응력 $= \dfrac{600}{20} = 300\text{kgf/cm}^2$

② 전단 변형률 $= \frac{300}{0.8 \times 10^6} = 3.75 \times 10^{-4}$

정답 : ㉯

21. 길이 30㎝의 봉이 인장력을 받아 1.5㎜ 신장되었을 때 길이 방향 변형률은?

㉮ 1.33×10^{-3}　　㉯ 5×10^{-2}
㉰ 5.0×10^{-3}　　㉱ 1.33×10^{-2}

해설
변형률 $= \frac{1.5mm}{300mm} = 0.005 = 5 \times 10^{-3}$

정답 : ㉰

22. 지름 30㎜, 길이 200㎜ 둥근 봉에 인장 하중이 작용하여 길이가 200.12㎜로 늘어났다. 세로 변형률은 얼마인가?

㉮ 15×10^{-2}　　㉯ 15×10^{-3}
㉰ 6×10^{-3}　　㉱ 6×10^{-4}

해설
$\epsilon = \frac{l' - l}{l}$

$\therefore \epsilon = \frac{200.12 - 200}{200} = 0.0006 = 6 \times 10^{-4}$

여기서, ϵ : 세로 변형률, l' : 변형 후 길이,
l : 변형 전 길이

정답 : ㉱

23. 길이 30㎜의 봉이 인장력을 받아 1.5㎜ 신장되었을 때 길이방향 변형률은?

㉮ 1.33×10^{-3}　　㉯ 5.0×10^{-2}
㉰ 5.0×10^{-3}　　㉱ 1.33×10^{-2}

해설
길이방향 변형률 $= \frac{1.5}{300} = 5 \times 10^{-3}$

정답 : ㉰

24. 재료의 다음 성질 중 열 응력과 가장 관계 깊은 것은?

㉮ 경도　　㉯ 인장강도
㉰ 피로한도　　㉱ 선팽창 계수

해설 열 응력과 가장 관계 깊은 것은 선팽창 계수이다.

정답 : ㉱

25. 포와송 비(poisson's ratio)에 대하여 옳게 설명한 것은?

㉮ 종 변형률과 횡 변형률의 곱이다.
㉯ 수직응력과 종탄성계수를 곱한 값이다.
㉰ 횡 변형률을 종 변형률로 나눈 값이다.
㉱ 전단 응력과 횡 탄성계수의 곱이다.

해설 포와송 비(poisson's ratio)란 횡(가로) 변형률을 종(세로) 변형률로 나눈 값이다.

정답 : ㉰

26. 전단력과 휨 모멘트의 변화 상태에 대한 다음 설명 중 올바른 것은?

㉮ 전단력이 변화하지 않을 때는 휨 모멘트도 기준선에 평행한 직선이다.
㉯ 전단력이 직선적으로 변화할 때는 휨 모멘트도 직선적으로 변화한다.
㉰ 전단력이 직선적으로 변화할 때는 휨 모멘트는 2차 함수로 변화한다.
㉱ 전단력이 0일 때는 휨 모멘트는 3차 곡선적으로 변화한다.

해설 전단력과 휨 모멘트의 변화 상태는 전단력이 직선적으로 변화할 때는 휨 모멘트는 2차 함수로 변화한다.

정답 : ㉰

27. 비틀림이 작용할 때 재료의 단면에 생기는 응력은?

㉮ 인장　　㉯ 압축
㉰ 전단　　㉱ 굽힘

해설 비틀림이 작용할 때 재료의 단면에 생기는 응력은 전단 응력이다.

정답 : ㉰

28. 단순보의 전 길이(L)에 걸쳐 균일 분포하중이 작용할 때 최대 굽힘 모멘트는 보의 어느 지점에서 일어나는가?

㉮ 중앙($\frac{1}{2}L$) 지점

㉯ 양끝에서 $\frac{1}{3}L$되는 지점

㉰ 양끝 지점

㉱ 양끝에서 $\frac{1}{4}L$되는 지점

해설 단순보의 전 길이(L)에 걸쳐 균일 분포하중이 작용할 때 최대 굽힘 모멘트는 중앙($\frac{1}{2}L$) 지점에서 일어난다.

정답 : ㉮

29. 그림과 같이 길이 ℓ인 단순보의 중앙에 집중하중 W를 받는 때 최대 굽힘 모멘트(M max 점)는 얼마인가?

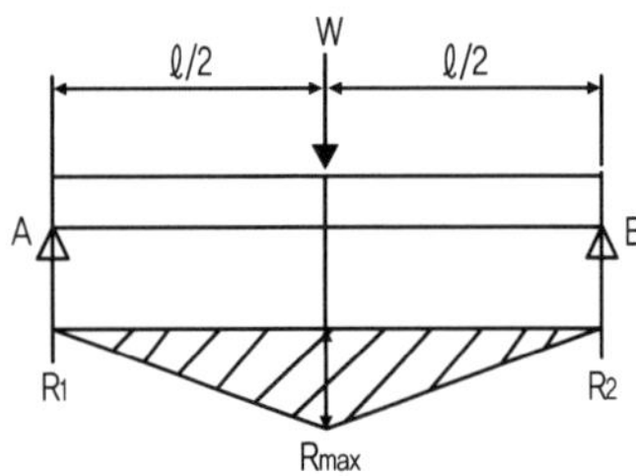

㉮ $\frac{W\ell}{4}$　　㉯ $\frac{W\ell}{2}$

㉰ $\frac{W\ell^2}{4}$　　㉱ $\frac{W\ell^2}{2}$

정답 : ㉮

30. 한 변의 길이가 9㎝인 정사각형 외팔 보의 최대 굽힘 응력이 120kgf/㎠일 때 최대 몇 kgf-㎝까지의 굽힘 모멘트에 견디는가?

㉮ 12540　　㉯ 14580

㉰ 16720　　㉱ 18420

해설 $M = \sigma Z = \sigma = \frac{bh^3}{6} = \frac{120 \times 9^3}{6} = 14580\text{kgf-cm}$

정답 : ㉯

31. 폭이 5㎝, 높이가 10㎝의 단면을 갖는 보에 굽힘 모멘트 10000kgf·㎝가 작용할 때 보에 생기는 굽힘응력 σ_b은 약 몇 kgf/㎠인가?

㉮ 120　　㉯ 240

㉰ 340　　㉱ 480

해설 굽힘응력 $\sigma_b = \frac{6M}{bh^2} = \frac{6 \times 10000}{5 \times 10^2} = 120\text{kgf/cm}^2$

정답 : ㉮

32. 6300rpm으로 2.5㎾를 전달시키고 있는 축의 비틀림 모멘트는 몇 kgf-㎜인가?

㉮ 5240　　㉯ 7120

㉰ 8120　　㉱ 2420

해설 축의 비틀림 모멘트 $= \frac{974000 \times 2.5}{300}$

$= 8120\text{kgf-mm}$

정답 : ㉰

33. 중공단면축의 바깥지름 d0=5㎝, 안지름 di=3㎝, 허용 전단 응력 w=300kgf/㎠일 때 비틀림 모멘트는?

㉮ 4528kgf·㎠　　㉯ 5510kgf·㎠

㉰ 6406kgf·㎠　　㉱ 7405kgf·㎠

해설 비틀림 모멘트

$= \tau a \times \frac{\pi}{16} \times \frac{d_0^4 - d_i^4}{d_0}$

$= 300 \times \frac{3.14}{16} \times \frac{5^4 - 3^4}{5} = 6405.6$

정답 : ㉰

34. 다음 중 변형률(ε)의 단위로 맞는 것은?

㉮ kgf　　㉯ kgf/㎝

㉰ kgf/㎠　　㉱ 단위 없음

해설 변형률은 단위가 없다.

정답 : ㉱

35. 스팬 ℓ인 양단지지 보의 중앙에 집중 하중 P가 작용하는 경우 최대 굽힘 모멘트 M_{max}는?

㉮ $\frac{P\ell}{4}$　　㉯ $\frac{P\ell^2}{4}$

㉰ $\frac{P\ell^2}{2}$　　㉱ $\frac{P\ell}{2}$

해설 스팬 ℓ인 양단지지 보의 중앙에 집중 하중 P가 작용하는 경우 최대 굽힘 모멘트 $M_{max}=\frac{P\ell}{4}$이다.

정답 : ㉮

36. 다음과 같은 외팔 보에서 A지점의 반력 R_A는?

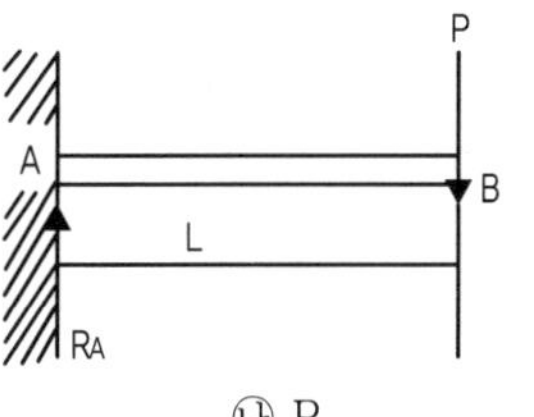

㉮ 0　　㉯ P

㉰ L　　㉱ P/L

정답 : ㉯

37. 단순보의 한 지지 점으로부터 스팬 길이의 1/3 되는 점에 한 개의 집중 하중이 작용할 때 최대 처짐이 생기는 위치는?

㉮ 지지점과 하중이 작용하는 점의 중간점
㉯ 하중이 작용하는 지점
㉰ 중앙점 부근
㉱ 양단 지지점

해설 단순 보의 한 지지 점으로부터 스팬 길이의 1/3되는 점에 한 개의 집중 하중이 작용할 때 최대 처짐이 생기는 위치는 중앙점 부근이다.

정답 : ㉰

38. 보의 전 길이에 걸쳐서 균일 분포 하중을 받는 단순보가 있다. 처짐에 관한 설명 중 잘못된 것은?

㉮ 처짐량은 보의 길이의 4제곱에 비례한다.
㉯ 처짐량은 단면 2차 모멘트에 반비례한다.
㉰ 처짐량은 종 탄성계수에 반비례한다.
㉱ 처짐 각은 보의 길이의 4제곱에 비례한다.

해설 균일분포 하중을 받는 단순보의 처짐
① 처짐량은 보의 길이의 4제곱에 비례한다.
② 처짐량은 단면 2차 모멘트에 반비례한다.
③ 처짐량은 종 탄성계수에 반비례한다.

정답 : ㉱

2010년도 3월 7일 자동차 정비·검사산업기사 필기시험문제

제1과목 : 자동차 공학

01. 기관의 토크는 1500rpm에서 20.06kgf·m이다. 2단 변속비는 1.5:1이고, 종감속 장치의 피니언 잇수는 10개, 링기어의 잇수는 35개이다. 이때 구동차축에 전달되는 토크(kgf·m)는?

가. 30.09　　나. 70.21
다. 58.66　　라. 105.32

해설 전달토크 = 엔진토크×변속비×종감속비

$T = 20.06 \times 1.5 \times \frac{35}{10} = 105.315$kgf

02. LPG 엔진의 특징을 옳게 설명한 것은?

가. 기화하기 쉬워 연소가 균일하다.
나. 겨울철 이동이 쉽다.
다. 베이퍼록이나 퍼컬레이션이 일어나기 쉽다.
라. 배기가스에 의한 배기관, 소음기 부식이 쉽다.

해설 LPG 엔진의 특징
① 윤활유의 희석이 적어 점도 저하가 적다.
② 가격이 저렴하여 경제적이다.
③ 유황분의 함유량이 적어 윤활유의 오염이 적다.
④ 실린더에 가스 상태로 공급되기 때문에 유해배출물의 발생이 적다.
⑤ 옥탄가가 높다.
⑥ 기화하기 쉬워 연소가 균일하다.

03. 전자제어 연료분사장치의 연료 인젝터는 무엇에 의해서 연료 분사량을 조절하는가?

가. 플런저의 하강 속도
나. 로커암의 작동 속도
다. 연료의 압력 조절
라. 컴퓨터(ECU)의 통전시간

해설 인젝터
① 컴퓨터의 제어 신호에 의해 연료를 분사시킨다.
② 연료의 분사량은 솔레노이드 코일에 통전되는 시간에 비례한다.
③ 인젝터의 기본 구동시간은 공기유량센서, 크랭크각 센서, 산소센서 신호에 의해 결정된다.

04. 일반적인 파워스티어링 장치의 기본구성 부품과 가장 거리가 먼 것은?

가. 오일 냉각기　　나. 오일 펌프
다. 파워 실린더　　라. 컨트롤 밸브

해설 오일 냉각기는 엔진 오일을 항상 알맞은 온도로 일정하게 유지시키는 역할을 한다.

05. 물체의 전기저항 특성에 대한 설명 중 틀린 것은?

가. 단면적이 증가하면 저항은 감소한다.
나. 온도가 상승하면 전기저항이 감소하는 효과를 NTC라 한다.
다. 도체의 저항은 온도에 따라서 변한다.
라. 보통의 금속은 온도상승에 따라 저항이 감소된다.

해설 보통의 금속은 온도가 상승하면 저항이 증가된다.

06. 전자제어 자동변속기 차량에서 스로틀 포지션 센서의 출력이 80%밖에 나오지 않는다면 다음 중 어느 시스템의 작동이 불량한가?

가. 오버드라이브
나. 2속으로 연속불가
다. 3속에서 4속으로 변속불가
라. 킥다운

해설 킥 다운 밸브
① 킥 다운 밸브는 스로틀 캠이 스로틀 케이블에 의해 연결되어 스로틀 밸브의 개도량에 따라 연동되어 작동한다.

② 킥 다운시 라인 압력을 각 시프트 밸브에 공급하여 변속 시점을 지연시키는 역할을 한다.

07. ABS의 장점이라고 할 수 없는 것은?

가. 제동시 차체의 안정성을 확보한다.
나. 급제동시 조향성능 유지가 용이하다.
다. 제동압력을 크게 하여 노면과의 동적 마찰효과를 얻는다.
라. 제동거리의 단축 효과를 얻을 수도 있다.

해설 ABS(Anti-lock Brake System)의 장점
① 제동거리를 단축시킨다.
② 제동시 조향성을 확보해 준다.
③ 제동시 방향 안정성을 유지한다.
④ 제동시 스핀으로 인한 전복을 방지한다.
⑤ 제동시 옆 방향 미끄러짐을 방지한다.
⑥ 최대의 제동효과를 얻을 수 있도록 한다.
⑦ 어떤 조건에서도 바퀴의 미끄러짐이 없도록 한다.

08. 드럼 브레이크와 비교하여 디스크 브레이크의 단점이 아닌 것은?

가. 패드를 강도가 큰 재료로 제작해야 한다.
나. 한쪽만 브레이크 되는 경우가 많다.
다. 마찰면적이 적어 압착력이 커야 한다.
라. 자기작동 작용이 없어 제동력이 커야 한다.

해설 디스크 브레이크의 단점
① 마찰 면적이 작기 때문에 패드를 압착하는 힘을 크게 작동하여야 한다.
② 자기 작동 작용을 하지 않기 때문에 페달을 밟는 힘이 커야 한다.
③ 패드는 강도가 큰 재료로 만들어야 한다.

09. 무단자동변속기(CVT)에 대한 설명 중 가장 거리가 먼 것은?

가. 벨트를 이용해 변속이 이루어진다.
나. 큰 동력을 전달할 수 없다.
다. 변속 충격이 크다.
라. 운전 중 용이하게 감속비를 변화시킬 수 있다.

해설 무단 변속기(CTV) : 무단 변속기는 기본적으로 고무벨트, 금속벨트, 금속체인 등을 이용하여 주어진 변속 패턴에 따라 최상 변속비와 최소 변속비 사이를 연속적으로 무한대의 단으로 변속시킴으로써 엔진의 동력을 최대한 이용하여 우수한 동력 성능과 연비의 향상을 얻을 수 있도록 운전이 가능하다.
① 운전이 쉬우며, 변속 충격이 거의 없다.
② 차량 주행 조건에 알맞도록 변속되어 동력성능이 향상된다.
③ 최저 연비소모를 따라 주행하도록 변속 패턴에 따라 운전하여 연비가 향상된다.
④ 엔진출력 특성을 최대한 살리는 파워트레인 종합 제어의 기초가 된다.

10. 마스터 실린더의 단면적이 10㎠인 자동차의 브레이크에 20N의 힘으로 브레이크 페달의 밟았다. 휠 실린더의 단면적이 20㎠라고 하면 이때의 휠 실린더에 작용되는 힘은?

가. 20N　　나. 30N
다. 40N　　라. 50N

11. 엔진 및 계기 장치의 감지 방식이 다른 회로는?

가. 연료계
나. 엔진오일 경고등
다. 냉각수 온도계
라. 연료 부족 경고등

12. OBD-2 시스템에서 진단하는 항목으로 가장 거리가 먼 것은?

가. 인젝터 불량 감지
나. O_2 센서 불량 감지
다. 오일압력 불량 감지
라. 에어플로센서 불량 감지

해설 OBD II(On-Board Diagnosis) : 자동차의 배출가스 대책 시스템의 고장(배출가스가 기준값 이상일 경우)을 모니터하여 경고등을 점등시킴으로써 운전자

에게 고장을 알림과 동시에 고장 내용을 기록해 두는 경보시스템으로 내장형 고장진단 장치라고도 불린다. 하드웨어의 구성 부품 또는 각시스템에서 검출 가능한 트러블의 장소를 찾아 판단하는 기능으로 복잡화된 전자시스템의 고장 개소를 발견하기 위하여 개발된 것으로 그 장치를 자동차에 설치한 컴퓨터에 내장시킨 것이다. 자동차의 제어장치에 고장이 발생된 경우 컴퓨터에서는 신호가 나오지 않는다 하더라도 운전자가 서비스 센터까지 이동할 수 있도록 경고등을 점등시켜 알려주는 장치이다.

13. DLI(Distributor Less Ignition) 시스템의 장점으로 틀린 것은?

가. 점화 에너지를 크게 할 수 있다.
나. 고전압 에너지 손실이 적다.
다. 진각(advance)폭의 제한이 적다.
라. 스파크 플러그 수명이 길어진다.

14. 다음 회로에서 전류(I)와 소비전력(P)는?

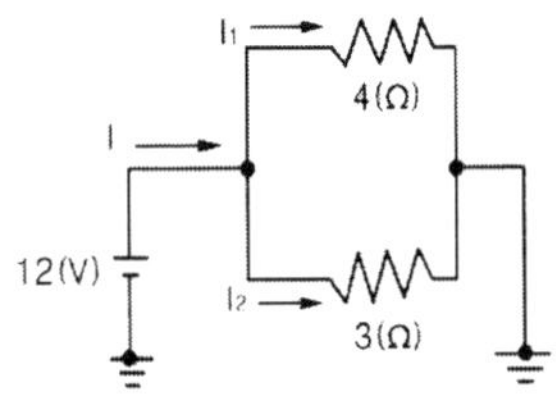

가. I=0.58(A), P=5.8(W)
나. I=5.8(A), P=89(W)
다. I=7(A), P=84(W)
라. I=70(A), P=840(W)

15. 기계식 점화장치에서 드웰각(캠각)이란?

가. 캠이 열릴 때의 각도
나. 캠이 닫힐 때의 각도
다. 단속기 접점이 열려 있는 동안 캠이 회전한 각도
라. 단속기 접점이 닫혀 있는 동안 캠이 회전한 각도

16. LPG기관의 장점이 아닌 것은?

가. 공기와 혼합이 잘 되고 완전 연소가 가능하다.
나. 배기색이 깨끗하고 유해 배기가스가 비교적 적다.
다. 베이퍼라이저가 장착된 LPG기관은 연료 펌프가 필요 없다.
라. 베이퍼라이저가 장착된 LPG기관은 가스를 연료로 사용하므로 저온시동성이 좋다.

해설 베이퍼라이저가 장착된 LPG 기관은 한냉시 또는 장시간 정차시에 증발 잠열 때문에 시동이 곤란하다.

17. 이상적인 열기관인 카르노 사이클 기관에 대한 설명으로 틀린 것은?

가. 다른 기관에 비해 열효율이 높이 때문에, 상태 비교에 많이 이용된다.
나. 동작가스와 실린더 벽 사이에 열교환이 있다.
다. 실린더 내에는 잔류가스가 전혀 없고, 새로운 가스로만 충진된다.
라. 이상 사이클로서 실제로는 외부에 일을 할 수 있는 기관으로 제작할 수 없다.

해설 카르노 사이클은 완전 가스의 이상 사이클이며, 실제의 기관에서는 마찰이나 열전도 때문에 완전하게 단열변화나 등온변화를 실현시킬 수 없으므로 이 사이클은 성립되지 않지만, 실제 기관이 이상적인 사이클과 비교하여 어느 정도의 열효율을 갖는지, 얼마만큼 개량할 여지가 있는가를 조사하기 위해서 중요한 의미를 갖는다.

18. 다음 회로에서 저항을 통과하여 흐르는 전류는 A, B, C 각 점에서 어떻게 나타나는가?

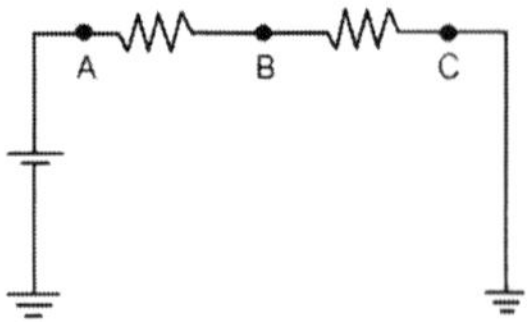

가. A에서 가장 전류가 크고, B, C로 갈수록 전류가 작아진다.
나. A, B, C의 전류가 모두 같다.
다. A에서 가장 전류가 작고 B, C로 갈수록 전류가 커진다.
라. B에서 가장 전류가 크고 A, C는 같다.

해설 직렬접속의 경우는 각 저항에 흐르는 전류는 일정하며, 전압 강하가 많이 발생된다.

19. LPG 연료장치에서 LPG를 감압, 기화시켜 일정 압력으로 기화량을 조절하는 것은?

가. LPG 연료탱크
나. LPG 필터
다. 솔레노이드 밸브
라. 베이퍼라이저

해설 베이퍼라이저는 봄베에서 공급된 연료의 압력을 감압하여 기화시키며, 일정한 압력으로 유지시켜 엔진에서 변화되는 부하의 증감에 따라 기화량을 조절한다.

20. 기동 전동기의 필요 회전력에 대한 수식은?

가. 크랭크축 회전력 $\times \frac{\text{링기어잇수}}{\text{피니언기어잇수}}$
나. 캠축 회전력 $\times \frac{\text{피니언기어잇수}}{\text{링기어잇수}}$
다. 크랭크축 회전력 $\times \frac{\text{피니언기어잇수}}{\text{링기어잇수}}$
라. 캠축 회전력 $\times \frac{\text{링기어잇수}}{\text{피니언기어잇수}}$

제2과목 : 자동차 정비

21. IC조정기 부착형 교류발전기에 로터코일 저항을 측정하는 단자는?

IG : ignition	F : field	L : lamp
B : battery	E : earth	

가. IG 단자와 F 단자
나. F 단자와 E 단자
다. B 단자와 L 단자
라. L 단자와 F 단자

해설 field는 자기장이라는 의미이며, 로터 코일에 배터리의 전류를 공급하는 단자이다.

22. 기관에서 도시 평균 유효압력은?

가. 이론 PV선도로부터 구한 평균 유효압력
나. 기관의 기계적 손실로부터 구한 평균 유효압력
다. 기관의 크랭크축 출력으로부터 계산한 평균 유효압력
라. 기관의 실제 지압선도로부터 구한 평균 유효압력

해설 도시 평균 유효압력을 지시 평균 유효압력이라고도 하며, 엔진 1 사이클에서 연소가스가 피스톤에게 시키는 일(이론 일에서 흡배기에 사용된 일과 냉각 손실 등을 뺀 것)을 행정 체적(=배기량)으로 나눈 것으로 엔진의 실제 지압 선도로부터 구한 평균 유효압력이다.

23. 휴대용 진공펌프 시험기로 점검할 수 있는 것으로 부적합한 것은?

가. E.G.R 밸브 점검
나. 서머밸브 점검
다. 브레이크 하이드로 백 점검
라. 라디에이터 캠 점검

해설 라디에이터 캡 점검은 라디에이터 캡 테스터를 이용하여 라디에이터 캡의 기밀시험을 점검한다.

24. 연료전지의 장점에 해당되지 않는 것은?

가. 상온에서 화학반응을 하므로 위험성이 적다.
나. 에너지 밀도가 매우 크다.
다. 연료를 공급하여 연속적으로 전력을 얻을 수 있으므로 충전이 필요 없다.

라. 출력밀도가 크다.

해설 연료를 연소시킬 때 발생하는 화학 에너지를 직접 전기 에너지로 바꾸는 장치. 수산화칼륨의 전해액을 사이에 둔 다공성의 양극과 음극이 있고 외부에서 양극쪽에 산소, 음극쪽에 수소를 보내면 화학 반응에 의하여 약 1V의 지속적인 기전력이 발생된다. 연료로서는 수소·메탄·메탄올 및 히드라진 등이 사용되고 연소제로는 산소나 공기가 사용된다. 연료전지는 출력의 밀도가 작다.

25. 전자제어 자동 에어컨 장치에서 전자제어 컨트롤 유닛에 의해 제어되지 않는 것은?

가. 냉각수온 조절밸브
나. 블로워 모터
다. 컴프레서 클러치
라. 내·외기 절환 댐퍼 모터

해설 냉각수온 조절밸브는 엔진의 냉각계통에 설치되어 엔진 시동 후 될 수 있는 한 빨리 수온을 높이기 위하여 사용되며, 수온이 80℃ 전후로 될 때까지 냉각수는 엔진에서 라디에이터에 흐르지 않고 온도가 높아지면 밸브를 열어 순환시킴으로써 엔진의 냉각수 온도를 일정하게 유지시킨다.

26. 전자제어 제동장치에서 차량의 속도와 바퀴의 속도비율을 얼마로 제어하는가?

가. 0~5%　　나. 15~25%
다. 45~50%　　라. 90~95%

해설 노면의 상태에 따라 차이가 있지만 슬립률이 15~20%일 때 제동력이 최고가 된다. ABS는 제동력이 최대가 되는 슬립률이 유지되도록 ECU와 하이드롤릭 유닛이 각 바퀴의 회전속도를 조절한다.

27. 전자제어 현가장치의 기능에 대한 설명 중 틀린 것은?

가. 급제동을 할 때 노스다운을 방지할 수 있다.
나. 급선회 할 때 원심력에 대한 차체의 기울어짐을 방지할 수 있다.
다. 노면으로부터의 차량 높이를 조절할 수 있다.
라. 변속단 별 승차감을 제어할 수 있다.

해설 전자제어 현가장치는 주행조건 및 노면 상태에 따른 쇽업소버의 감쇠력 변화, 자동차의 높이와 스프링의 상수 및 완충 능력이 ECU에 의해 자동으로 조절되어 최적의 승차감과 양호한 조향 안정성을 얻을 수 있는 전자제어 시스템이다.

28. ABS에서 1개의 휠 실린더에 NO(normal open) 타입의 입구밸브(inlet solenoid valve)와 NC(normal closed) 타입의 출구밸브(outlet solenoid valve)가 각각 1개씩 있을 때 바퀴가 고착된 경우의 감압제어는?

가. inlet S/V : on - outlet S/V : on
나. inlet S/V : off - outlet S/V : on
다. inlet S/V : on - outlet S/V : off
라. inlet S/V : off - outlet S/V : off

해설 NO밸브는 ON이면 닫힘 상태이고, NC 밸브는 ON이면 열림 상태이다. EK라서 바퀴가 고착된 경우 NO 밸브는 닫아서 오일의 공급을 차단하고 NC 밸브는 열어서 유압을 감압시켜야 한다.

29. 자동변속기에서 고장코드의 기억소거를 위한 조건으로 거리가 먼 것은?

가. 이그니션 키는 ON상태여야 한다.
나. 엔진의 회전수 검출이 있어야만 한다.
다. 출력축 속도센서의 단선이 없어야 한다.
라. 인히비터 스위치 커넥터가 연결되어져야만 한다.

30. 칼만 와류식 공기유량센서에서 주파수를 f, 상수값을 C, 검출부 유로 면적을 A라 했을 때 흡입공기유량 Q를 구하는 공식으로 옳은 것은?

가. $Q = C \cdot A\, f$　　나. $Q = C \cdot f/A$
다. $Q = C \cdot A/f$　　라. $Q = (A \cdot f)/C$

31. 차동제한장치(limited slip differential)에 대한 설명으로 틀린 것은?

가. 차동장치에 차동제한 기구를 추가시킨 것은 LSD이다.
나. 눈길 및 빗길 등에서 미끄러지는 것을 최소화하기 위한 장치이다.
다. 직진 주행을 더욱 원활하게 하기 위한 장치이다.
라. 토크 비례식과 회전속도 감응형식 등이 있다.

해설 자동 차동제한장치의 특징
① 미끄러운 노면에서 출발이 용이하다.
② 요철 노면을 주행할 때 자동차의 후부 흔들림이 방지된다.
③ 가속, 커브길 선회시에 바퀴의 공전을 방지한다.
④ 타이어 슬립을 방지하여 수명이 연장된다.
⑤ 급속 직진 주행에 안전성이 양호하다.

32. 제동장치의 배력장치 중 하이드로 마스터에 대한 설명으로 옳은 것은?

가. 유압계통의 체크밸브는 유압 피스톤의 작동시에 브레이크액의 역류를 막아 휠 실린더 유압을 증가시킨다.
나. 릴레이 밸브 브레이크 페달을 밟았을 때 진공과 대기압의 압력차에 의해 작동한다.
다. 유압계통의 체크밸브는 브레이크액이 마스터 실린더로부터 휠 실린더로 누석되는 것을 방지한다.
라. 진공계통의 체크 밸브는 릴레이 밸브와 일체로 되어져 있고 운행 중 하이드로 백 내부의 진공을 유지시켜 준다.

해설 하디드로릭 피스톤이 이동하면 스톱 와셔에 접촉되어 있는 요크가 분리되어 책 밸브가 닫혀 마스터 실린더와 휠 실린더 쪽의 오일을 차단하여 휠 실린더에서의 역류를 방지한다.

33. 중량 1800kgf의 자동차가 120㎞/h의 속도로 주행 중 0.2분 후 30㎞/h로 감속하는데 필요한 감속력은?

가. 약 382kgf　　나. 764kgf
다. 약 1775kgf　　라. 4590kgf

해설 감속력 = 질량×감속도

$$감속도 = \frac{나중속도 - 처음속도}{나중시간 - 처음시간}$$

$$감속도 = \frac{(\frac{30}{3.6}) - (\frac{120}{3.6})}{0.2 \times 60} = -2.08 m/s^2$$

$$m = \frac{W}{g}$$

m : 질량(kgf), W: 질량(kgf)
g : 중력가속도($9.8m/s^{2)}$)(9.8m/s)

$$m = \frac{1800}{9.8} = 183.67\text{kgf}$$

감속력=183.67×2.08=382.03kgf

34. 좌측과 우측 중 방향 지시등의 점멸 주기가 규정보다 어느 한쪽이 빨리지는 원인이 아닌 것은?

가. 양쪽 전구를 규정보다 밝은 것으로 장착하였을 경우
나. 좌측 방향지시등 회로에 저항이 커졌을 경우
다. 뒤 좌측의 전구 접지선이 단선된 경우
라. 우측 전구를 규정보다 어두운 것으로 장착하였을 경우

35. 전자제어 자동변속기에서 댐퍼 클러치의 비작동 영역으로 아닌 것은?

가. 제1속 및 후진할 때
나. 액셀 페달을 밟고 있을 때
다. 기관브레이크를 작동할 때
라. 냉각수 온도가 특정 온도(예:50℃) 이하일 때

해설 댐퍼 클러치
A/T가 효율이 좋지 않아서, 토크 비가 1 정도 되면, 수동처럼 직결로 잡아주는 클러치로서 자동 변속기 자체의 10% 정도의 손실을 없애는 기능을 한다. 다

른 말로 록업 클러치 또는 토크 컨버터 클러치라고 도 하며, 댐퍼 클러치가 작동하지 않는 경우는
1) TPS의 개도값이 급격히 감소할 경우
2) 파워모드의 OFF
3) 1속 또는 후진
4) 아이들 스위치의 ON
5) ATF의 온도가 60°C 이하일 경우 등
에는 댐퍼 클러치는 작동하지 않는다.

36. 디젤엔진에서 매연이 과다하게 발생할 때 기본적으로 가장 먼저 점검해야 할 내용은?

가. 에어 필터 점검
나. 연료 필터 점검
다. 노즐의 분사압력
라. 다이얼게이지

37. 엔진의 크랭크축 휨을 측정할 때 사용되는 기기 중 없어도 되는 것은?

가. 블록게이지　　나. 정반
다. V블럭　　라. 다이얼게이지

38. 가솔린 엔진에서 기동 전동기의 소모전류가 90A 이고 축전지 전압이 12V일 때 기동 전동기의 마력은?

가. 약 0.75PS　　나. 1.26PS
다. 약 1.47PS　　라. 1.78PS

해설 P = V I이므로 P = 90×12=1080

여기서 1PS는 735W 이므로 $\frac{1080}{735}$ = 1.469PS

39. 전자제어 기관에서 크랭킹은 가능하나 시동이 되지 않을 경우 점검방법으로 틀린 것은?

가. 연료펌프 강제구동 시험을 한다.
나. 인히비터 스위치를 점검한다.
다. 계기판의 엔진고장 경고등의 점등유무를 확인한다.
라. 점화 불꽃 발생 여부를 확인한다.

40. 에어백 인플레이터(inflator:팽창기)의 역할을 바르게 설명한 것은?

가. 에어백의 작동을 위한 전기적인 충전을 하여 배터리가 없을 때에도 작동시키는 역할을 한다.
나. 점화장치, 질소가스 등이 내장되어 에어백이 작동할 수 있도록 점화역할을 한다.
다. 충돌할 때 충격을 감지하는 역할을 한다.
라. 고장이 발생하였을 때 경고등을 점등한다.

제3과목 : 자동차 검사

41. 운행자동차 배출가스 측정시 매연측정 방법으로 틀린 것은?

가. 측정기의 시료 채취관을 배기관의 중앙에 오도록 20㎝ 정도의 깊이로 삽입한다.
나. 가속페달을 밟을 때부터 놓을 때까지의 소요시간은 10초 이내로 한다.
다. 매연농도 측정은 3회 측정한다.
라. 측정한 매연 농도를 산술평균하여 소숫점 이하는 절사한 값을 측정치로 한다.

해설 매연 측정 방법

① 측정대상자동차의 원동기를 중립인 상태(정지가동상태)에서 급가속하여 최고 회전속도 도달 후 2초간 공회전시키고 정지가동(Idle) 상태로 5-6초간 둔다. 이와 같은 과정을 3회 반복 실시한다.
② 측정기의 시료 채취관을 배기관의 중앙에 오도록 하고 20㎝ 정도의 깊이로 삽입한다.
③ 가속페달에 발을 올려놓고 원동기의 최고 회전속도에 도달할 때까지의 소요시간은 4초 이내로 하고 그 시간이내에 시료를 채취하여야 한다.
④ 위 ③항의 방법으로 3회 연속 측정한 매연농도를 산술평균하여 소수점 이하는 절사한 값을 최종측정치로 한다. 이때 3회 측정한 매연농도의 최대치와 최소치의 차가 5%를 초과하는 때에는 2회를 다시 측정하여 총 5회중 최대치와 최소치를 제외한 나머지 3회의 측정치를 산술 평균한다.

42. 차량중량 및 공차시 축중을 기초로 한 산식에 의하여 계산하는 방법을 나타낸 것이다. 차량총중량 계산 방법으로 옳은 것은?

가. 차량총중량 = 최대 적재량+ 승차정원 ×65kgf
나. 차량총중량 = 차량중량+ 승차정원 ×65kgf
다. 차량총중량 = 차량중량+ 최대 적재량 ×65kgf
라. 차량총중량 = 최대 적재량+ 전축중 + 승차정원×65kgf

43. 자동차안전기준에 관한 규칙에서 정하고 있는 어린이용 좌석의 크기는?

가. 가로·세로 각각 20㎝ 이상
나. 가로·세로 각각 27㎝ 이상
다. 가로·세로 각각 32㎝ 이상
라. 가로·세로 각각 40㎝ 이상

44. 전·후차축이 각각 1축인 자동차에서 승차 정원 2명 최대적재량 1800kgf, 공차시 전축중 790kgf, 후축중 520kgf, 하대옵셋이 0인 트럭의 적차시 전축중을 구하면?(단, 하중작용은 전축직상방)

가. 700kgf　　나. 800kgf
다. 920kgf　　라. 1000kgf

해설 적차시 전축중 = 공차전축중+(65x승차원)
= 790+65×2 =920kgf

45. 전조등 검사시 좌측전조등 주광축의 좌·우축 진폭은?

가. 좌 30㎝ 이내, 우 30㎝ 이내
나. 좌 15㎝ 이내, 우 15㎝ 이내
다. 좌 15㎝ 이내, 우 30㎝ 이내
라. 좌 30㎝ 이내, 우 15㎝ 이내

46. 정지가동상태의 매연측정을 위하여 급가속시 가속페달을 밟을 때부터 놓을 때까지의 소요 시간은?

가. 1s 이내　　나. 2s 이내
다. 3s 이내　　라. 4s 이내

해설 가속페달에 발을 올려놓고 원동기의 최고 회전 속도에 도달할 때까지의 소요시간은 4초 이내로 하고 그 시간이내에 시료를 채취하여야 한다.

47. 4등식 전조등 중 주행빔과 변환빔이 동시에 점등되는 형식인 경우 1등에 대하여 몇 cd이어야 안전기준에 적합한가?

가. 13000cd 이상 75000cd 미만
나. 14000cd 이상 7500cd 미만
다. 15000cd 이상 112500cd 미만
라. 12000cd 이상 1125000cd 미만

48. 어떤 자동차의 축간거리가 2.6이고, 전륜외측바퀴 조향각이 30°이다. 이 자동차의 최소 회전 반경은?(단, 바퀴의 접지면 중심과 킹핀과의 거리는 20㎝이다.)

가. 5.2m　　나. 5.4m
다. 5.8m　　라. 6.4m

49. 제동등에 관한 안전기준에 맞지 않는 것은?

가. 등광색은 적색으로 할 것
나. 1등당 광도는 40cd 이상 420cd 이하일 것
다. 1등당 유효조광은 200㎠ 이상일 것
라. 다른 등화와 겸용하는 제동등은 제동조작을 할 경우 그 광도가 3배 이상으로 증가 할 것

해설 1등당 유효 조광면적은 22㎠ 이상일 것.

50. 운행차 배출가스 정밀검사방법 및 기준으로 잘못 된 것은?

가. 차대 동력계 상에서 검사도중 자동차의 결함으로 배출가스 검사를 계속할 수 없을 경우에는 즉시 검사를 중지하고 적합하게 정비한 후 배출가스 검사를 시행하여야 한다.
나. 차대 동력계 상에서 운전은 검사기술인력이 행하여야 한다.
다. 차량총중량 5.5톤 초과 자동차는 무부하 검사방법을 적용하여 검사를 실시하여야 한다.
라. 상시 4륜구동 자동차는 무부하 검사방법을 적용하여 검사를 실시하여야 한다.

해설 무부하 검사방법 적용 대상 자동차
① 상시 4륜구동 자동차
② 2행정 원동기 장착자동차
③ 1987년 12월 31일 이전에 제작된 휘발유·가스·알코올자동차
④ 소방용 자동차, 그 밖에 특수한 구조의 자동차로서 검차장의 출입이나 차대동력계에서 배출가스 측정이 곤란한 자동차

51. 길이, 너비 등에 대한 특례기준을 적용할 수 없는 자동차는?

가. 길이가 19m 이내인 것
나. 너비가 2.75m 이내인 컨테이너 운송용 풀카고 트럭 및 풀카고 트레일러
다. 길이가 19m 이내인 보도용 자동차(TV 중계차 등)
라. 너비가 2.75m 이내인 보도용 자동차(TV 중계차 등)

해설 길이 19m 이내 특례기준 적용대상 차량
① 풀트레일러 연결 자동차
② 저상트레일러 연결 자동차
③ 센터자축 트레일러 연결자동차
④ 굴절 버스

52. 최고속도 제한장치를 설치하지 않아도 안전기준에 적합한 자동차는?

가. 최대적재량 8톤의 덤프형 화물자동차
나. 차량총중량이 10톤 이상인 승합자동차
다. 차량총중량이 16톤 이상인 화물자동차
라. 최대적재량이 5톤인 화물자동차

해설 최고속도 제한장치 설치 대상 자동차
① 차량총중량이 10ton 이상인 승합자동차
② 차량총중량이 16ton 이상 또는 최대적재량이 8ton 이상인 화물자동차 및 특수자동차(피견인차를 연결한 경우에는 연결한 견인자동차를 포함한다.)
③ 고압가스 안전관리법 시행령 제2조의 규정에 의한 고압가스를 운송하기 위하여 필요한 탱크를 설치한 화물자동차(피견인자동차를 연결한 경우에는 이를 연결한 견인자동차를 포함한다.)

53. 비사업용 승용자동차의 정밀검사 유효기간은?

가. 1년　　나. 2년
다. 3년　　라. 4년

54. 자동차 제동장치 안전기준에 대한 설명으로 틀린 것은?

가. 주제동장치와 주차제동장치는 각각 독립적으로 작용할 수 있어야 한다.
나. 주제동장치는 모든 바퀴를 동시에 제동하는 구조이어야 한다.
다. 제동초속도가 50㎞/h일 때 급제동정지거리가 14m 이하 이어야 한다.
라. 주제동장치의 제동정지거리 및 조작력 기준 중에 발 조작식의 경우 측정시 조작력은 90kgf 이하 이어야 한다.

해설 제동초속도가 50㎞/h일 때 급제동 정지거리는 22m 이하이어야 한다.

55. 다음 중 바퀴 잠김 방지식 주제동장치를 설치하지 않아도 되는 자동차는?

가. 대형 승용자동차
나. 대형 승합자동차
다. 대형 화물 자동차
라. 대형 특수 자동차

해설 바퀴잠김 방지식 주제동장치 설치 대상 자동차
① 승합자동차(경형승합자동차, 차량총중량 3.5톤 이하인 캠핑용 트레일러는 제외한다).
② 차량총중량이 3.5톤을 초과하는 화물자동차(피견인자동차를 포함한다)
③ 특수자동차

56. 자동차의 차대번호 표기 방법 중 사용할 수 없는 표기부호로 모두 맞는 것은?

가. I, P, Q　　나. I, O, N
다. I, O, Q　　라. D, I, O

해설 차대의 표기
제작자가 시행하는 차대의 표기는 제작 회사군(3자리), 자동차 특성군(6자리) 및 제작 일련번호군(8자리) 등 총 17자리로 구성하며, 각 군별 자릿수와 각 자리에는 숫자와 I, O, Q를 제외한 알파벳으로 표시한다.

57. 조향장치의 검사기준 및 방법으로 잘못된 것은?

가. 조향핸들에 힘을 가하지 아니한 상태에서 사이드슬립 측정기의 답판 위를 직진할 때 조향바퀴의 옆미끄럼량을 사이드슬립 측정기로 측정한다.
나. 기어박스, 로드암, 파워실린더, 너클 등의 설치상태 및 누유 여부를 확인한다.
다. 조향계통의 변형, 느슨함 및 누유가 없어야 한다.
라. 조향륜 옆 미끄럼량은 1미터 주행에 5밀리미터 이상 이어야 한다.

해설 조향장치의 검사기준 및 방법
① 조향륜 옆 미끄럼량은 1m 주행에 5㎜ 이내이어야 한다.
② 조향계통의 변형·느슨함 및 누유가 없어야 한다.
③ 동력조향 작동유의유량이 적정하여야 한다.
④ 조향핸들에 힘을 가하지 아니한 상태에서 사이드슬립 측정기의 답판 위를 직진할 때 조향 바퀴의 옆미끄럼량을 사이드슬립 측정기로 측정한다.
⑤ 기어박스·로드암·파워 실린더·너클 등의 설치 상태 및 누유여부 확인한다.

58. 자동차 검사용 제동시험기의 형식 구분으로 적당하지 않은 것은?

가. 단순형　　나. 수동형
다. 판정형　　라. 차륜구동형

해설 제동 시험기 형식의 종류
① 단순형 제동시험기 : 시험기의 롤러위에 자동차의 바퀴를 올려놓고 롤러를 구동시킨 상태에서 자동차바퀴를 제동할 때에 발생하는 회전력의 반력을 검출하여 제동력을 측정하는 제동시험기(이하 "롤러 구동형 제동시험기"라 한다)중 각 바퀴의 제동력만을 측정하는 형식
② 판정형 제동시험기 : 롤러 구동형 제동시험기중 각 바퀴의 제동력을 측정하여 합계 및 차이를 지시하거나 자동차의 축중 EH는 차량중량에 대한 제동력의 비율로 지시하여 제동능력의 적합여부를 판정하는 형식
③ 차륜 구동형 제동시험기 : 시험기의 롤러위에 자동차의 바퀴를 올려놓고 바퀴의 구동에 의하여 롤러를 회전시켜 일정속도에서 제동할 때의 롤러의 감속도를 검출하여 각 바퀴의 제동력을 측정하거나 적합여부를 판정하는 형식

59. 적재시 앞축중이 2800kgf이고, 앞바퀴의 허용하중이 1500kgf인 자동차의 전륜타이어 부하율은?

가. 91%　　나. 93%
다. 95%　　라. 97%

해설
$$\text{타이어부하율} = \frac{\text{적재시 전축중(후축중)}}{\text{타이어 허용하중} \times \text{타이어수}}$$

$$\text{타이어 부하율} = \frac{2800}{1500 \times 2} = 100 = 93.3\%$$

60. 자동차 안전기준에 관한 설명 중 틀린 것은?

가. 자동차의 길이는 13m(연결자동차의 경우 16.7m)를 초과하여서는 아니 된다.
나. 자동차의 높이는 4m를 초과하여서는 아니 된다.
다. 자동차의 축중은 20톤을 초과하여서는 아니 된다.
라. 자동차의 윤중은 5톤을 초과하여서는 아니 된다.

해설 자동차의 축중은 10톤을 초과하여서는 안 된다.

제4과목 : 일반기계공학

61. 절삭 및 비절삭 가공 중에서 절삭가공에 속하는 것은?

가. 주조　　나. 단조
다. 판금　　라. 호닝

62. 재료의 성질을 나타내는 세로탄성계수(영률 E)의 단위가 맞는 것은?

가. N　　나. N/cm^2
다. N·m　　라. N/cm

63. 기어나 피스톤 핀 등과 같이 마모작용에 강하고 동시에 충격에도 강해야 할 때 강의 표면을 경화하기 위하여 열처리하는 방법이 아닌 것은?

가. 침탄법　　나. 침탄질화법
다. 저온소둔법　　라. 고주파법

64. 지름이 100㎜인 탄소강재를 선반 가공할 때 1회 가공 소요시간은 약 몇 초인가?(단, 회전수는 400rpm이고 이송은 0.3㎜/rev이며 탄소강재의 길이는 50㎜이다.)

가. 20초　　나. 25초
다. 30초　　라. 40초

해설

$$T = \frac{L}{nXf}$$

T: 가공시간(min) L: 길이(mm)

n: 회전수(rpm) f: 이송(mm/rev)

$$T = \frac{50mm \times 60}{400 \times 0.3} = 25\sec$$

65. 다이얼 게이지로 측정하는 것이 가장 적합한 것은?

가. 캠 축의 휨
나. 나사의 피치
다. 피스톤의 외경
라. 피스톤과 실린더의 간극

해설 다이얼게이지는 다이얼 인디케이터(dial indicator)라고도 한다. 측정물의 길이를 직접 측정하는 것이 아니라 길이를 비교하기 위한 것으로, 평면의 요철(凹 凸), 공작물 부착 상태, 축 중심의 흔들림, 직각의 흔들림 등을 검사하는 데 사용한다.

66. 속이 찬 회전축의 전달마력이 7㎾인 축에 350rpm으로 작동한다면 축의 전달토크는 약 몇 N·m인가?

가. 101　　나. 151
다. 191　　라. 231

해설

$$H_{kw} = \frac{2 \times \pi \times T \times N}{102 \times 60} = \frac{T \times N}{974}$$

H_{kw}: 전달동력($kgf-m$)

T: 전달토크($kgf-m$)

N: 전달축회전수(rpm)

$1kgf \cdot m = 0.101972\,N \cdot m$

$$T = \frac{7 \times 974}{350 \times 0.101972} = 191.03\,N \cdot m$$

67. 길이가 2m이고 직경이 1㎝인 강선에 작용하는 인장 하중 1600kgf/㎠일 때 강선의 늘어난 길이는?(단, 탄성계수(E)=2.1×10^6kgf/㎠)

가. 0.1941㎝　　나. 1.1814㎝
다. 0.1579㎝　　라. 0.1327㎝

해설
$$\lambda = \frac{W \times \ell}{E \times A}$$
λ = 늘어난 길이(㎝), W: 하중(kgf),
ℓ = 길이(㎝), A : 단면적(㎠),
E : 탄성계수(kgf/㎠)
$$\lambda = \frac{1600 \times 200}{0.785 \times 2.1 \times 10^6} = 0.1941cm$$

68. 용적형 펌프에 해당하는 피스톤 펌프는 어느 형식에 속하는 펌프인가?

가. 왕복식 펌프 나. 원심식 펌프
다. 사륜 펌프 라. 회전식 펌프

해설 용적형 펌프의 분류
① 왕복형 : 피스톤 펌프, 플런저 펌프
② 회전형 : 기어 펌프, 베인 펌프
③ 특수형 : 마찰 펌프, 분사 펌프, 기포 펌프, 수격 펌프

69. 그림과 같이 길이 L인 단순보의 중앙에 집중하중 W를 받는 때 최대 굽힘모멘트(Mmax 점)은 얼마인가?

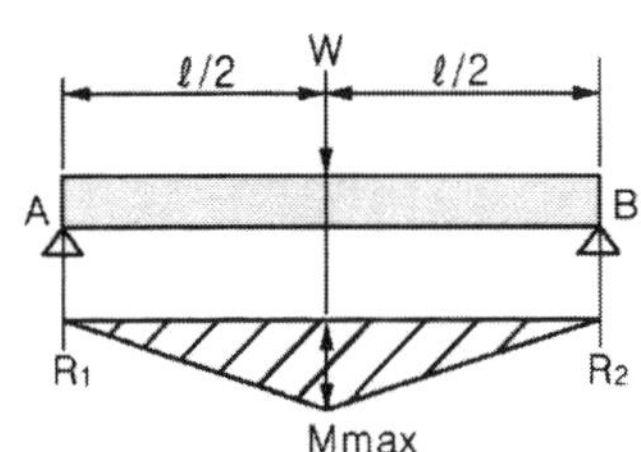

가. $\frac{W\ell}{4}$ 나. $\frac{W\ell}{2}$
다. $\frac{W\ell^2}{4}$ 라. $\frac{W\ell^2}{2}$

70. 나사의 접촉면 사이의 틈이나 나사면을 따라 증기나 기름 등이 누출되는 것을 방지하는데 주로 사용하는 너트는?

가. 홈붙이 너트 나. 캡 너트
다. 플랜지 너트 라. 원형 너트

해설 너트의 용도
① 홈붙이 너트 : 너트의 위쪽에 분할 핀을 끼워 너트의 풀림을 방지할 때 사용된다.
② 캡 너트 : 나사의 틈이나 접촉면 등에서 유체의 유출을 방지할 경우에 사용된다.
③ 플랜지 너트 : 너트의 밑면에 6각보다 큰 지름의 와셔가 부착된 너트로 접촉 면적을 크게 할 경우에 사용된다.
④ 둥근 너트 : 너트를 돌리기 위한 스패너를 걸수 있게 되어 있으며, 6각 너트를 사용할 수 없을 때 이용된다.

71. 코일 스프링에서 코일의 평균지름 D = 50㎜이고, 유효 권수가 10, 소선 지름이 d = 6㎜이고, 축방향 하중 10N이 작용할 때 비틀림에 의한 전단 응력은 약 몇 Mpa인가?

가. 1.5 나. 3.0
다. 5.9 라. 15.9

해설
$$\tau = \frac{8 \times P \times D}{\pi \times d^3}$$
τ : 전단 응력(Mpa), P: 하중(N)
D: 코일의 평균 지름(㎜), d: 소선 지름(㎜)
$$\tau = \frac{8 \times 10 \times 50}{\pi \times 6^3} = 5.89$$

72. 표준 스퍼 기어에서 기어의 잇수가 25개, 피치원의 지름이 75㎜일 때 모듈은 얼마인가?

가. 3 나. 9.42
다. 0.33 라. 6

해설
$$M = \frac{D}{Z}$$
M : 모듈, D : 피치원지름(㎜), Z : 잇수
$$M = \frac{D}{Z} = \frac{75}{25} = 3$$

73. V벨트 전동과 비교한 체인전동의 특징을 설명한 것으로 틀린 것은?

가. 전동 효율이 높다.
나. 고속 회전에 적합하다.

다. 미끄럼이 없어 속도비가 일정하다.
라. V벨트 길이보다는 체인길이를 쉽게 조절할 수 있다.

해설 체인 전동장치의 특징
① 미끄럼 없이 일정한 속도비를 얻을 수 있다.
② 큰 동력을 전달할 수 있고 효율이 높다.
③ 유지 및 수리가 쉽다.
④ 어느 정도의 충격을 흡수할 수 있다.
⑤ 내유, 내열, 내습성이 크다.

74. 베어링에 오일 실(oil seal)을 사용하는 가장 중요한 이유는?

가. 접촉이 잘되도록 하기 위하여
나. 열 발산을 잘하기 위하여
다. 유막이 끊어지지 않도록 하기 위하여
라. 기름이 새는 것과 먼지 등의 침입을 막기 위하여

75. 비중이 2.7인 이 금속은 함금원소를 첨가하여 높은 강도, 가벼운 무게와 내부식성이 강한 합금으로 개선하여 자동차 트랜스미션 케이스, 피스톤, 엔진블록 등으로 사용되는 것은?

가. 납　　나. 아연
다. 마그네슘　　라. 알루미늄

76. 두께가 같은 10㎜인 강판의 겹치기이음의 전면 필렛 용접에서 작용하중이 5000N이면, 용접부의 허용 응력이 6N/㎟일 때 용접부 유효길이는 약 몇 ㎜ 이상이어야 하는가?

가. 50　　나. 59
다. 65　　라. 72

해설
$$\sigma = \frac{0.707 \times P}{l \times t}$$
σ : 허용응력(N/mm^2), P : 작용하중(N)
l : 용접부 유효길이(mm), t : 두께(mm)
$$l = \frac{0.707 \times P}{\sigma \times t} = \frac{0.707 \times 5000}{6 \times 10} = 58.9mm$$

77. 다음 중 선반의 4개 주요 구성 부분에 속하지 않는 것은?

가. 삼압대　　나. 주축대
다. 바이트　　라. 왕복대

해설 선반은 공작물을 회전시키고 바이트를 절입과 이송시켜 공작물을 가공하는 기계로 주축대, 심압대, 왕복대, 베드의 4대 주요 구성부분으로 되어있다.

78. 유량이 6㎥/min, 손실 양정 6m, 실양정 30m인 급수펌프를 1750rpm으로 운전할 때 소요동력은 약 몇 ㎾인가?

가. 20　　나. 30
다. 35　　라. 40

해설
$$L_m = \frac{\gamma \times Q \times H}{102 \times \eta}$$
L_w = 축동력(kw), H : 전행정(m)
γ = 유체의 비중량(kgf/m^3)
Q : 송출량(m^3/min), η : 전달효율
$$L_w = \frac{1000 \times 6 \times 36}{102 \times 60 \times 0.88} = 40.1㎾$$

79. 가공 경화된 재료를 연한 재질상태로 돌아가게 하는 열처리 방법은?

가. 불림(normalizing)
나. 풀림(annealing)
다. 뜨임(tempering)
라. 담금질(quenching)

해설 강의 열처리
① 불림 : 단조된 재료나 주조된 재료 내부에 생긴 내부 응력을 제거하거나 결정조직을 균일화시킬 목적으로 강을 균일한 오스테나이트 조직까지 가열한 후 공기 중에서 냉각시키는 열처리
② 풀림 : 재료가 가공 경화나 내부 응력이 생겼을 때 이를 제거하기 위해 $A_1 \sim A_3$ 변태점보다 30~50°C 높게 가열한 후 서냉하는 열처리로 완전 풀림과 저온 풀림이 있다.

③ 뜨임 : 경도가 큰 재료를 A_1 변태점 이하로 가열한 후 서냉하여 담금질에서 생긴 내부 응력을 제거하거나 EH는 인성을 개선하는 열처리로 저온 뜨임과 저온 뜨임이 있다.
④ 담금질 : 강의 경도 또는 강도를 증가시키기 위하여 A_1 또는 A_3 변태점 보다 30~50℃ 높게 가열한 후 급냉하여 재료를 경화시키는 열처리.

80. 선삭 가공이나 드릴로 뚫어진 구멍의 형상과 치수를 정밀하게 다듬질하는 작업은?

가. 리밍　　　　　나. 탭핑
다. 다이스 작업　　라. 스크레이퍼 작업

해설 리밍(REAMING)
1) 공구명 : 리머(REAMER)
2) 작업명 : 내경을 정밀하게 다듬질하는 작업
보링(BORING)
1) 공구명 : BORE
2) 작업명 : 내경을 확장 및 다듬질하는 작업

모범답안(2010.3.7)

제1과목 자동차 공학

01.라 02.가 03.라 04.가 05.라
06.라 07.다 08.나 09.다 10.다
11.나 12.다 13.라 14.다 15.라
16.라 17.나 18.나 19.라 20.다

제2과목 자동차 정비

21.라 22.라 23.라 24.라 25.가
26.다 27.라 28.가 29.나 30.가
31.다 32.가 33.가 34.가 35.나
36.가 37.가 38.다 39.나 40.나

제3과목 자동차 검사

41.나 42.다 43.나 44.다 45.다
46.라 47.라 48.나 49.다 50.다
51.다 52.라 53.나 54.다 55.가
56.다 57.라 58.나 59.나 60.다

제4과목 일반기계공학

61.라 62.나 63.다 64.나 65.가
66.다 67.가 68.가 69.가 70.나
71.다 72.가 73.나 74.라 75.라
76.나 77.다 78.라 79.나 80.가

2010년도 5월 9일 자동차 정비·검사산업기사 필기시험문제

제1과목 : 자동차 공학

01. 차량 총중량이 3000kgf인 차량이 오르막길구배 20°에서 80km/h로 정속 주행할 때 구름저항(kgf)은?(단, 구름저항계수 0.023)

가. 23.59　　나. 64.84
다. 69.00　　라. 25.12

해설
$F_r = \mu r \times W \times \cos\theta$
F_r : 구름저항(kgf), μ_r : 구름 저항계수
W : 하중(kgf), $\cos\theta$: 구배각도
$F_r = 0.023 \times 3000 \times \cos 20 = 64.84\,\text{kgf}$

02. 소형 승용차가 6000rpm에서 70PS를 발생하는 경우 축 토크는 몇 kgf·m인가?

가. 8.35　　나. 9.98
다. 11.32　　라. 14.38

해설
$PS = \frac{2 \times T \times R}{75 \times 60} = \frac{T \times R}{716}$
PS : 축마력, T : 회전력(kgf-m), R : 회전수(rpm)
$T = \frac{716 \times 70}{6000} = 8.35\text{kgf·m}$

03. 93.6km/h로 직진 주행하는 자동차의 양쪽 구동륜은 지금 825min-1으로 회전하고 있다. 구동륜의 동하중 반경은?(단, 구동륜의 슬립은 무시한다.)

가. 약 56.7mm　　나. 157.5mm
다. 약 301mm　　라. 317mm

해설
$H = \frac{\pi \times D \times R \times 60}{Tr \times Fr \times 1000}$
H : 자동차의 속도(km/h)
D : 타이어의 지름(m)
R : 엔진 회전수(rpm)
T_r : 변속비
F_r : 종감속비
$d = \frac{93.6 \times 1000}{\pi \times 2 \times 825 \times 60} = 0.3009\text{m}$

04. 60AH의 배터리가 매일 2%의 자기 방전을 할 때 이것을 보충전하기 위해 24시간 충전을 할 때 충전기의 충전 전류는 몇 A로 조정하는가?

가. 0.01A　　나. 003A
다. 0.05A　　라. 0.07A

해설
1일 방전량 = 축전지 용량×1일 자기 방전량
시간당 충전류 $= \frac{1\text{일방전량}}{24\text{시간}}$
$= \frac{60 \times 2}{24 \times 100} = 0.05A$

05. 시속 90km/h로 달리던 자동차가 10초 후에 정지하였다. 이때 감속도는 몇 m/s²인가?

가. 2.5　　나. 5
다. 7.5　　라. 15

해설
$b = \frac{u_1 - u_2}{t}$
b: 감속도(m/s²)
u_1: 최후의 주행속도(m/s)
u_2 : 최후의 감속된 속도(m/s)
t : 속도의 변화시간(s)
$b = \frac{90}{3.6 \times 10} = 2.5\text{m/s}^2$

06. 점화코일 내부의 철심을 성층으로 제작하여 넣는 이유는?

가. 제작상의 잇점
나. 점화코일 외부로의 열방출 촉진
다. 맴돌이 전류에 의한 전력 손실 방지
라. 코일의 소손 방지

해설 도체에 자속이 통과할 때 또는 도체의 자속이 상대적으로 운동할 때 그 도체 내에 전자유도 작용에 의한 기전력이 유기된다. 이 기전력에 의해 도체에 흐르는 유도 전류는 도체 중에서 저항이 가장 적은 곳으로 회로를 형성하여 흐른다. 이와 같은 전류를 맴돌이 전류라 한다. 맴돌이 전류는 도체의 저항에 의하여 전력 손실이 발생되고 열이 발생되어 도체의 온도를 상승시킨다. 이와 같은 전력 손실을 맴돌이 전류 손실이라 한다. 기동전 동기의 전기자 철심이나 발전기의 스테이터 철심, 점화코일의 내부 중심 철심 및 옆 철심은 맴돌이 전력 손식을 방지하기 위해 절연된 규소 강판을 겹쳐 성층 철심으로 사용하고 있다.

07. 교류 발전기의 전압 조정기에서 출력전압을 조정하는 방법은?

가. 회전속도 변경
나. 코일의 권수 변경
다. 자속의 수 변경
라. 수광 다이오드를 사용

해설 교류 발전기의 로터 코일에 흐르는 전류가 증가하면 자속이 증가하여 출력 전압이 높아진다. 발전기의 회전수가 증가하면 출력 전압은 상승하지만 전압 조정기에서 저항을 조정하여 로터 코일에 공급되는 전류를 감소시키면 자속이 감소하여 출력 전압은 낮아진다. 즉 발전기의 전압 조정기는 자속의 수를 변경하여 출력 전압을 조정한다.

08. 가솔린을 완전 연소시켰을 때 발생되는 것은?

가. 이산화탄소, 물
나. 아황산가스, 질소
다. 수소, 일산화탄소
라. 이산화탄소, 납

해설 가솔린은 탄소와 수소로 구성되어 있으며, 가솔린을 완전 연소시키면 탄소는 이산화탄소로, 수소는 수증기(물)로 변화된다.

09. 동력 조향장치의 기능을 설명한 것 중 맞는 것은?

가. 기구학적 구조를 이용하여 작은 조작력으로 큰 조향을 얻는다.
나. 작은 힘으로 조향 조작이 가능하다.
다. 바퀴로부터의 충격을 흡수하기 어렵다.
라. 구조가 간단하고 고장시 기계식으로 환원하여 안전하다.

해설 동력 조향장치는 조향 휠의 조작력이 배력 장치의 보조력으로 가볍게 이루어지도록 하는 것으로 조향 조작력을 가볍게 함과 동시에 조향 조작이 신속하게 이루어지도록 한다.

10. 두 개의 영구자석 사이에 도체를 직각으로 설치하고 도체에 전류를 흘리면 도체의 한면에는 전자가 과잉되고 다른 면에는 전자가 부족되어 도체 양면을 가로질러 전압이 발생되는 현상을 무엇이라고 하는가?

가. 홀 효과　　나. 렌쯔의 현상
다. 칼만 볼택스　　라. 자기유도

해설 전류가 흐르고 있는 도체 또는 반도체를 전류의 흐름에 대하여 직각방향의 성분을 가진 장기장 속에 두면 전류, 자기장의 어느 것에 대해서도 직각 방향으로 전압이 발생되는 현상을 홀 효과라 한다.

11. 앞바퀴 정렬 중 토인의 필요성으로 가장 거리가 먼 것은?

가. 조향시에 바퀴의 복원력을 발생
나. 앞바퀴 사이드 슬립과 타이어 마멸 감소
다. 캠버에 의한 토아웃 방지
라. 조향 링키지의 마모에 따라 토아웃이 되는 것을 방지

해설 조향 후 직진방향으로 되돌아오는 복원력을 발생시키는 것은 정의 캐스터에서 이루어진다.

12. 제동마력 : BPS, 도시마력 : IPS, 기계효율 : n_m이라 할 때 상호 관계식을 올바르게 표현한 것은?

가. n_m=IPS÷BPS
나. BPS=n_m÷IPS
다. n_m=BPS÷IPS
라. IPS=n_m÷BPS

해설 기계효율=BPS÷IPS
BPS=기계효율×IPS
IPS=BPS÷기계 효율

13. 제동 이론에서 슬립률에 대한 설명으로 틀린 것은?

가. 제동시 차량의 속도와 바퀴의 회전속도와의 관계를 나타내는 것이다.
나. 슬립률이 0%라면 바퀴와 노면과의 사이에 미끄럼 없이 완전하게 회전하는 상태이다.
다. 슬립률의 100%라면 바퀴의 회전속도가 0으로 완전히 고착된 상태이다.
라. 슬립률이 0%에서 가장 큰 마찰계수를 얻을 수 있다.

해설 슬립률은 타이어에 동력이나 제동력이 걸려 있는 상태에서 타이어와 노면 사이에 생기는 미끄럼 정도를 나타내는 것으로 주행속도와 타이어 주속도(周速度)의 차이를 타이어 주속도로 나눈 수치를 100배로 하여 %로 나타낸 것이다.

14. 직류 발전기보다 교류 발전기를 많이 사용하는 이유가 아닌 것은?

가. 크기가 작고 가볍다.
나. 내구성이 있고 공회전이나 저속에서도 충전이 가능하다.
다. 출력 전류의 제어 작용을 하고 조정기의 구조가 간단하다.
라. 정류자에서 불꽃 발생이 크다.

해설 교류 발전기의 특징
① 3상 발전기로 저속에서 충전 성능이 우수하다.
② 정류자가 없기 때문에 브러시의 수명이 길다.
③ 정류자를 두지 않아 풀리비를 크게 할 수 있다. (허용 회전속도 한계가 높다)
④ 실리콘 다이오드를 사용하기 때문에 정류 특성이 우수하다.
⑤ 발전 조정기는 전압 조정기 뿐이다.
⑥ 경량이고 소형이며, 출력이 크다.

15. 종감속비를 결정하는 요소가 아닌 것은?

가. 엔진의 출력　　나. 차량 중량
다. 가속 성능　　라. 제동 성능

해설 종감속비는 엔진의 출력, 자동차의 중량, 가속성능, 등판능력 등에 의해서 결정된다.

16. 자동차 배출가스 저감장치로 삼원 촉매장치는 어떤 물질로 주로 구성되어 있는가?

가. Pt, Rh　　나. Fe, Sn
다. As, Sn　　라. Al, Sn

해설 $BHP = \frac{2 \times T \times R}{102 \times 60} = \frac{T \times R}{975}$
BHP=축출력(kW)
T : 회전력(kgf-m)
R : 회전수(rpm)
$BHP = \frac{1 \times 1000}{975} = 1.03$kW

17. 주행 중 급제동시 차체 앞쪽이 내려가고 뒤가 들리는 현상을 방지하기 위한 제어는?

가. 앤티 바운싱(Anti bouncing) 제어
나. 앤티 롤링(Anti rolling) 제어
다. 엔티 다이브(Anti dive) 제어
라. 앤티 스쿼트(Anti spuat) 제어

해설 전자제어 현가장치의 기능
① 선회시 앤티롤 제어
② 제동시 앤티 다이브 제어
③ 가속시 앤티 스쿼트 제어

④ 비포장 도로의 앤티 바운싱 제어
⑤ 차량의 정지 및 승객의 승하차 또는 변속레버 조작시 발생될 수 있는 진동 즉, 앤티 시프트 스쿼트 제어
⑥ 고속 안정성 제어

18. 자동변속기에서 토크 컨버터의 구성 부품이 아닌 것은?

가. 터빈 나. 스테이터
다. 펌프 라. 액추에이터

해설 토크 컨버터는 펌프, 터빈, 스테이터로 구성되어 있으며, 액추에이터는 전기 에너지, 유체 에너지, 압축공기 등을 사용하여 기계적인 에너지로 변환시켜 일을 하는 기구를 말한다.

19. 엔진에서 발생되는 유해가스 중 블로바이 가스의 성분은 주로 무엇인가?

가. CO 나. HC
다. NOx 라. SO

해설 엔진에서 블로바이 가스는 피스톤과 실린더 사이에서 누출되는 가스로 주로 탄화수소이다.

20. 직류 직권식 기동 전동기의 계자 코일과 전기자 코일에 흐르는 전류에 대한 설명으로 옳은 것은?

가. 계자 코일 전류가 전기자 코일 전류보다 크다.
나. 전기자 코일 전류가 계자 코일 전류보다 크다.
다. 계자 코일의 전류와 전기자 코일의 전류가 같다.
라. 계자 코일 전류와 전기자 코일 전류가 같을 때도 있고 다를 때도 있다.

해설 직류 직권식 전동기는 계자 코일과 전기자 코일이 직렬로 결선된 회로이기 때문에 전류는 도일하다.

제2과목 : 자동차 정비

21. 에어컨 압축기에서 마그넷(magnet) 클러치의 설명으로 맞는 것은?

가. 고정형은 회전하는 풀 리가 코일과 정확히 접촉하고 있어야 한다.
나. 고정형은 최대한의 전자력을 얻기 위해 최소한의 에어 갭이 있어야 한다.
다. 회전형 클러치는 몸체의 샤프트를 중심으로 마그넷 코일이 설치되어 있다.
라. 고정형은 풀리 안쪽에 있는 슬립링과 접촉하는 브러시를 통해 전류를 코일에 전달하는 방법이다.

22. 25°의 언덕길은 약 몇 %의 구배인가?

가. 32% 나. 42%
다. 57% 라. 67%

해설 구배 = sin25×100 = 42%

23. 점조등 시험기 중에서 시험기의 전조등이 1m 거리로 측정되는 방식은?

가. 스크린식 나. 집광식
다. 투영식 라. 조도식

해설 전조등 시험기와 차량과의 측정거리는 집광식은 1m이고, 스크린식과 투영식은 3m이다.

24. 자동변속기에서 스톨 테스트로 확인할 수 없는 것은?

가. 엔진의 출력 부족
나. 댐퍼 클러치의 미끄러짐
다. 전진 클러치의 미끄러짐
라. 후진 클러치의 미끄러짐

해설 스톨 테스트는 자동변속기를 설치한 자동차에서 브레이크를 작동시키고 D 레인지 또는 R 레인지 위치

에서 스로틀 밸브를 완전히 개방시켰을 때 최대 엔진 회전수를 측정하여 토크 컨버터, 오버렁닝 클러치의 작동과 자동 변속기의 클러치류 및 브레이크류, 엔진 등의 전체 작동 성능을 점검하는 테스트이다.

25. 브레이크 드럼의 지름은 25㎝, 마찰계수가 0.28인 상태에서 브레이크 슈가 76kgf의 힘으로 드럼을 밀착하면 브레이크 토크는?

가. 8.22kgf·m 나. 1.24kgf·m
다. 2.17kgf·m 라. 2.66kgf·m

해설 $T = P \times \mu \times r$
T : 토크(kgf−㎝)
μ : 마찰계수
r : 브레이크드럼의 반경(m)
$T = 76kgf \times 0.28 \times \frac{0.25m}{2} = 2.66$kgf·m

26. 전동 모터식 동력 조향장치의 종류가 아닌 것은?

가. 칼럼(column) 구동방식
나. 인티그럴(integral) 구동방식
다. 피니언(pinion) 구동방식
라. 래크(rack) 구동방식

해설 인티그럴 형(일체형) 동력 조향장치
① 조향 기어 하우징에 동력 실린더와 컨트롤 밸브가 설치되어 있는 형식으로 유압식이다.
② 컨트롤 밸브가 조향 축에 의해 직접 작동하기 때문에 응답성이 좋다.
③ 인라인형 : 조향 기어 하우징과 보올 너트를 동력 실린더로 이용하는 형식이다.
④ 오프셋형 : 동력 실린더는 별도로 설치하고 컨트롤 밸브는 조향 축 끝에 설치되어 있다.

27. 자동차가 주행하면서 클러치가 미끄러지는 원인으로 틀린 것은?

가. 클러치 페달의 자유간극이 많다.
나. 압력판 및 플라이휠 면이 손상되었다.
다. 마찰면의 경화 또는 오일이 부착되어 있다.
라. 클러치 압력 스프링의 쇠약 및 손상되었다.

해설 클러치가 미끄러지는 원인
① 마찰면의 경화 또는 오일의 부착
② 클러치 레버의 조정이 부적당하다.
③ 클러치 페달의 자유 유격이 작다.
④ 클러치 압력 스프링의 장력이 약하다.
⑤ 압력판 및 플라이 휠이 손상되었다.
⑥ 클러치 스프링의 자유고가 감소되었다.

28. FR 방식의 자동차가 주행 중 디퍼렌셜 장치에서 많은 열이 발생한다면 고장 원인으로 거리가 먼 것은?

가. 추진축의 밸런스 웨이트 이탈
나. 기어의 백래시 과서
다. 프리로드 과소
라. 오일 량 부족

해설 추진축의 밸런스 웨이트가 이탈하면 기하학적 중심과 질량적 중심이 일치하지 않아 굽음 진동(휠링)을 발생하며, 공명 진동 현상이 발생되는 회전 속도를 위험 회전 속도라 한다.

29. 회로에서 포도 TR에 빛이 인가될 때 점 A의 전압은?(단, 전원의 전압은 5V이다.)

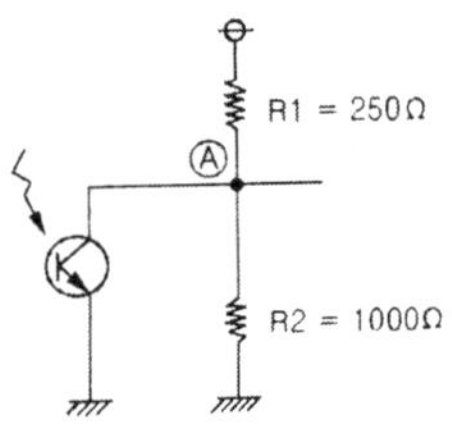

가. 0V 나. 2.5V
다. 4V 라. 5V

해설 포토 트랜지스터가 ON 상태이기 때문에 전압은 0V이다.

30. 파워 스티어링 장착 차량이 급커브 길에서 시동이 자주 꺼지는 현상이 발생하는 원인으로 옳은

것은?

가. 엔진 오일 부족
나. 파워펌프 오일압력 스위치 단선
다. 파워 스티어링 오일 과다
라. 파워 스티어링 오일 누유

31. 4행정 사이클 기관의 실린더 내경과 행정이 100㎜×100㎜이고 회전수가 1800rpm일 때 축 출력은?(단, 기계효율은 80%이며, 도시평균 유효압력은 9.6kgf/㎠이고 4기통 기관이다.)

가. 35.2PS　　나. 39.6PS
다. 43.2PS　　라. 47.8PS

해설

$$IPS = \frac{P \cdot A \cdot L \cdot R \cdot N}{75 \times 60}$$

IPS : 도시마력(PS)
A : 단면적(㎠)
L : 행정(m)
R : 회전수(2사이클 : R, 4사이클 : $\frac{R}{2}$)
N : 실린더 수

$$IPS = \frac{9.5 \times \pi \times 10^2 \times 0.1 \times 1800 \times 4 \times 0.8}{75 \times 60 \times 4 \times 2}$$

$= 47.8PS$

32. 추진축이 기하학적 중심과 질량적 중심이 일치하지 않을 때 일어나는 현상은?

가. 롤링(rolling) 진동
나. 요잉(yawing) 진동
다. 휠링(whifling) 진동
라. 피칭(pitching) 진동

해설 추진축이 기하학적 중심과 질량적 중심이 일치하지 않을 때 굽음 진동(휠링)을 발생하며, 공명진동 현상이 발생되는 회전 속도를 위험 회전 속도라 한다.

33. 알칼리 축전지의 설명으로 틀린 것은?

가. 과충전, 과방전 등 가혹한 조건에 잘 견딘다.
나. 고율방전 성능이 매우 우수하다.
다. 출력밀도(W/kg)가 크다.
라. 극판은 납과 칼슘 합금으로 구성된다.

해설 알칼리 축전지의 양극판은 수산화 제2니켈, 음극판은 카드뮴으로 구성되어 있다.

34. ABS(anti lock brake system) 장치의 유압제어 모드에서 주행 중 급제동시 고착된 바퀴의 유압 제어는?

가. 감압 제어　　나. 분압제어
다. 정압제어　　라. 증압 제어

해설 감압시 ABS의 작동

① 브레이크 페달을 밟을 때 휠 속도 센서에서 바퀴의 회전수 신호가 ECU에 입력된다.
② ECU는 한쪽 바퀴가 고착(lock)되는 현상이 검출되면 감압 신호를 모듈레이터로 보내 솔레노이드 밸브를 여자시킨다.
③ ECU 의 감압 신호에 의해 펌프가 작용하여 섬프 내의 오일을 신속하게 어큐물레이터로 리턴 시킨다. 이때 P 밸브와 릴리스 첵 밸브 사이의 통로가 덮혀 있기 때문에 휠 실린더에 유압이 공급되지 않는다.
④ ECU 의 감압 신호에 의해 펌프가 작동하여 섬프 내의 오일을 신속하게 어큐물레이터로 리턴 시킨다. 이때 P 밸브와 릴리스 첵 밸브 사이의 통로가 닫혀 있기 때문에 휠 실린더에 유압이 공급되지 않는다.
⑤ 유압이 공급되지 않는 상태에서 감압이 이루어지기 때문에 한쪽 바퀴가 고착되는 현상을 방지한다.

35. 자동변속기의 압력조절밸브(PCSV)의 듀티제어 파형에서 니들 밸브가 작동하는 전체 구간은?

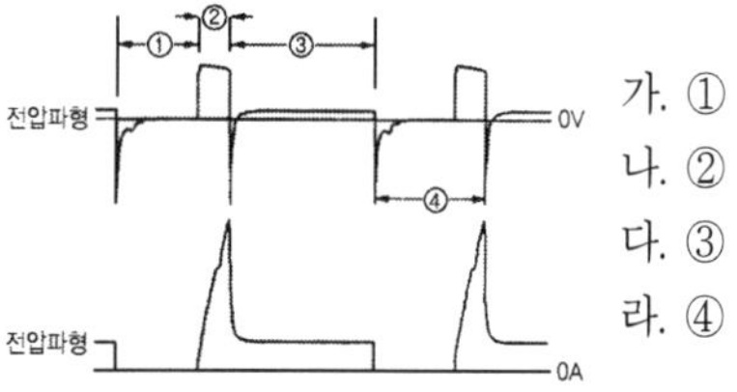

가. ①
나. ②
다. ③
라. ④

36. 현가장치에서 승차감을 위주로 고려할 때의 방법으로 설명이 틀린 것은?

가. 스프링 아래 질량은 가벼울수록 좋다.
나. 스프링 상수는 낮을수록 좋다.
다. 스프링 위 질량은 클수록 좋다.
라. 스프링 아래의 질량은 클수록 좋다.

37. 자동차 전조등 조명과 관련된 설명 중 ( ) 안에 알맞은 것은?

> 광원에서 빛의 다발이 사방으로 방사된다. 운전자의 눈은 방사된 빛의 다발 일부를 빛으로 느끼는데 이 빛의 다발을 ( )(이)라 한다. 따라서 ( )이(가) 많이 나오는 광원은 밝다고 할 수 있다. ( )의 단위는 Lm이며, 단위 시간당에 통과하는 광량이다.

가. 광속, 광속, 광속
나. 광도, 광속, 조도
다. 광속, 광속, 조도
라. 광속, 조도, 광도

38. VDC(vehicle dynamic control) 장치에서 고장 발생시 제어에 대한 설명으로 틀린 것은?

가. 원칙적으로 ABS의 고장시에는 VDC 제어를 금지한다.
나. VDC 고장시엥는 해당 시스템만 제어를 금지한다.
다. VDC 고장시 솔레노이드 밸브 릴레이를 OFF시켜야 되는 경우에는 ABS의 페일세이프에 준한다.
라. VDC 고장시 자동변속기는 현재 변속단보다 다운 변속된다.

해설 VDC는 차체 제어 시스템으로 자동차의 스핀 또는 언더 스티어 등의 발생을 억제하여 사고를 미연에 방지할 수 있는 시스템이다. 자동차가 스핀 또는 언더 스티어 등의 발생 상황에 도달하면 이를 감지하여 자동적으로 내측 또는 외측 바퀴에 제동을 가해 자동차의 자세를 제어함으로써 자동차의 안정된 자세를 유지하며, 스핀 한계 직전에 자동으로 감속하여 이미 발생된 경우는 각 휠 별로 제동력을 제어하여 스핀이나 언더 스티어를 방지한다.

39. 압력식 캡을 밀봉하고 냉각수의 팽창과 동일한 크기의 보조 물탱크를 설치하여 냉각수를 순환시키는 방식은?

가. 밀봉 압력방식
나. 압력 순환방식
다. 자연 순환방식
라. 강제 순환방식

해설 라디에이터의 오버플로 파이프와 냉각수의 팽창 압력과 동등한 보조 탱크를 호스로 연결하여 냉각수가 외부로 유출되지 않도록 하는 방식으로 라디에이터 캡에는 밸브 없이 밀봉되어 있으므로 냉각수가 팽창하면 보조 탱크로 흘러가 수축하면 다시 흡입하여 보충한다. 장기간 냉각수를 보충하지 않아도 되는 장점이 있다.

40. 에어백 컨트롤 유닛의 진단 기능에 속하지 않는 것은?

가. 시스템 내의 구성부품 및 배선의 단선, 단락 진단
나. 부품에 이상이 있을 때 경고등 점등
다. 전기 신호에 의한 에어백 팽창
라. 시스템에 이상이 있을 때 경고등 점등

제3과목 : 자동차 검사

41. 주차 제동장치의 제동능력 기준 중 적합한 것은?

가. 제동능력이 당해 축중의 50% 이상일 것
나. 제동능력이 차량중량의 50% 이상일 것
다. 제동능력이 당해 축중의 20% 이상일 것
라. 제동능력이 차량중량의 20% 이상일 것

해설 주차 제동능력은 경사각 11°30″ 이상의 경사면에서

정지 상태를 유지할 수 있거나 제동능력이 차량중량의 20% 이상일 것

42. 좌석이 앞 방향으로 설치된 자동차에 좌석이 설치되지 않는 부분의 차실 안의 길이가 7,200㎜, 너비가 1,500㎜이고 뒤 부분에 연속좌석이 설치되어 있는 경우 입석정원은?

가. 55명　　나. 59명
다. 70명　　라.77명

해설

$$\text{입석인원} = \frac{\text{차실면적}(m^2)}{0.14(m^2)} = \frac{7.2\times1.5}{0.14} = 77$$

43. 경유사용 자동차 배출가스 정밀검사의 무부하 검사방법으로 틀린 것은?

가. 원동기를 변속기가 중립인 상태에서 급가속하여 최고 회전속도 도달 후 2초간 유지시키고 정지가동상태로 5~6초간 둔다. 이와 같은 과정을 3회 이상 반복 실시한다.
나. 측정기의 시료 채취관을 배기관의 벽면으로부터 5㎜ 이상의 깊이로 삽입한다.
다. 매연은 반드시 10회까지 측정하여 측정값의 최대값과 최소값은 제외하고 나머지 값들을 산술 평균값을 최종 측정치로 한다.
라. 원동기를 변속기가 중립인 상태에서 급가속시 가속페달을 밟을 때부터 놓을 때까지 소요시간은 4초 이내로 한다.

해설 정밀검사의 무부하 검사방법(경유)
① 원동기를 변속기가 중립인 상태(정지가동상태)에서 급가속하여 최고 회전속도 도달후 2초간 공회전시키고 정지가동상태로 5~6초간 둔다. 이와 같은 과정을 3회 반복 실시한다.
② 측정기의 시료 채취관을 배기관의 벽면으로부터 5㎜ 이상 떨어지도록 설치하고 5㎝ 정도의 깊이로 삽입한다.
③ 가속페달에 발을 올려놓고 원동기의 최고회전 속도에 도달할 때까지 급속히 밟으면서 시료를 채취한다. 이때 가속페달을 밟을 때부터 놓을때까지 걸리는 시간은 4초 이내로 한다.
④ 위 ③의 방법으로 3회 연속 측정한 매연농도를 산술 평균하여 소수점 이하는 버린 값을 최종 측정치로 한다. 이때 3회 측정한 매연농도의 최대치와 최소치의 차가 5%를 초과하거나 최종측정치가 배출허용기준에 맞지 아니한 경우에는 순차적으로 1회씩 더 측정하여 최대 10회 까지 측정하면서 매회 측정시마다 마지막 3회 의 측정치를 산출하여 마지막 3회의 최대치와 최소치의 차가 5% 이내이고 측정치의 산술평균 값도 배출허용기준 이내이면 측정을 마치고 이를 최종측정치로 한다.

44. 원동기의 검사기준 설명 중 틀린 것은?

가. 시동상태에서 심한 진동 및 이상 음이 없을 것
나. 방열기를 떼어내고 충분한 냉각이 가능한 장치를 부착할 것
다. 윤활계통의 윤활유 누출이 없을 것
라. 원동기 설치상태가 확실하고 점화, 충전, 시동장치 작동에 이상이 없을 것

해설 원동기 검사기준
① 시동상태에서 심한 진동 및 이상음이 없을 것
② 원동기의 설치상태가 확실할 것
③ 점화·충전·시동장치의 작동에 이상이 없을 것
④ 윤활유계통에서 윤활유의 누출이 없고, 유량이 적정할 것
⑤ 팬벨트 및 방열기 등 냉각계통의 손상이 없고 냉각수의 누출이 없을 것

45. 실내 좌석에 안전벨트를 부착하지 않아도 되는 자동차는?

가. 소형 화물자동차
나. 소형 승합자동차
다. 시외 직행버스
라. 시내버스

해설 시내버스 및 농어촌 버스는 좌석 안전띠를 설치하지 않아도 된다.

46. 자동차 경적음 크기의 최소치와 측정기준이 적합한 것은?

가. 최소치 : 90dB(A) 이상
측정기준 : 차체전방 2m 거리 지상높이 1.2±0.5m

나. 최소치 : 115dB(C) 이상
측정기준 : 차체전방 2m 거리 지상높이 1±0.5m

다. 최소치 : 115dB(A) 이상
측정기준 : 차체전방 2m 거리 지상높이 1.2±0.05m

라. 최소치 : 90dB(C) 이상
측정기준 : 차체전방 2m 거리 지상높이 1.2±0.05m

해설 경적음의 크기는 일정하여야 하며, 차체 전방에서 2m 떨어진 지상 높이 1.2±0.05m가 되는 지점에서 측정한 값이 음의 최소 크기 90dB(C) 이상일 것.

47. 승용차가 정기검사 중 축전지의 절연상태 불량으로 화재발생 우려가 있는 경우 검사 결과에 대한 처리로 적합한 것은?

가. 전기장치의 결함으로 부적합 판정을 하고 부적합 통지서에 그 사유를 기재하여 교부한다.
나. 전기장치에 대한 검사항목은 부적합 사항이 아니므로 합격판정하고 시정권고통지서를 교부한다.
다. 원동기에 대한 검사항목이므로 시정권고통지서를 교부한다.
라. 원동기에 대한 결함은 부적합 사항이 아니므로 자동차 등록증을 교부한다.

48. 승용자동차에 의무적으로 설치하여야 하는 열쇠잠금장치에 대한 설명으로 틀린 것은?

가. 잠금장치에서 열쇠를 제어한 경우 원동기의 정상작동을 억제할 수 있을 것
나. 잠금장치에서 열쇠를 제거한 경우 조향기능 또는 자동차의 움직임이나 변속장치의 위치조작 기능을 억제할 것
다. 잠금장치에서 열쇠를 제거하지 않은 상태에서 동력원의 작동이 정지된 경우에도 조향기능은 정상 작동할 수 있을 것
라. 열쇠잠금장치의 조합수는 당해 자동차의 제작대수가 1천대 이하인 경우에도 1천 조합 이상으로 제작할 것

49. 주차제동을 위한 조작력 전달계통이 전기식의 주차제동장치의 안전기준으로 적합한 것은?

가. 조작력 전달계통의 배선인 단선 등 파손시 공차 상태의 자동차를 8% 경사로에서 전진 및 후진 방향으로 정지 상태를 유지할 것
나. 조작력 전달계통의 배선의 단선 등 파손 시 적차 상태의 자동차를 8% 경사로에서 전진 및 후진 방향으로 정지 상태를 유지할 수 있을 것
다. 조작력 전달계통의 배선의 단선 등 파손 시 공차 상태의 자동차를 경사각 11′ 30″ 이상의 경사면에서 정지 상태를 유지할 수 있을 것
라. 조작력 전달계통의 배선의 단선 등 파손 시 적차 상태의 자동차를 경사각 11′ 30″ 이상의 경사면에서 정지 상태를 유지할 수 있을 것

50. 입석을 설치할 수 있는 자동차의 차실 유효 높이와 통로 유효너비 기준으로 맞는 것은?

가. 차의 유효높이 160cm 이상 통로 유효너비 30cm 이상
나. 차의 유효높이 160cm 이상 통로 유효너비 60cm 이상
다. 차의 유효높이 180cm 이상 통로 유효너비 30cm 이상

라. 차의 유효높이 180cm 이상 통로 유효너비 60cm 이상

51. 운행차 배출가스 검사에 관한 설명으로 틀린 것은?

가. 정밀검사 대상 자동차의 경우 당해 연도의 정기검사 대상에서 제외된다.
나. 시·도지사는 정밀검사를 받지 아니한 자동차 소유자에게 정밀검사를 받도록 명할 수 있다.
다. 정밀검사를 받지 아니한 자에게는 100만원 이하의 과태료가 부과된다.
라. 부정한 방법으로 검사를 한 자는 1000만원 이하의 벌금에 처한다.

52. 차량총중량이 차량 중량의 1.2배 이하인 일반형 승합자동차의 최대 안전경사각은 공차 상태에서 몇 도이어야 하는가?

가. 25° 나. 30°
다. 35° 라. 40°

53. 차량이 우회전할 때 전륜의 우측바퀴가 38°, 좌측바퀴가 29° 조향된다. 축거가 3200mm이고 킹핀과 바퀴 접지면의 중심거리가 100mm라면 최소회전반경은 약 얼마인가?

가. 5.3m 나. 5.2m
다. 6.7m 라. 6.9m

해설

$$R = \frac{L}{Sin\,a} + r$$

R : 최소회전반경(m), L : 축거(m)
$Sin\,a$: 최외측 바퀴의 조향각
r : 킹핀과 타이어 중심거리(m)

$$R = \frac{3.2}{\sin 29} + 0.1 = 6.7\text{m}$$

54. 운행 자동차의 타이어 마모량 측정방법 중 옳은 것은?

가. 타이어 접지부의 임의의 한 점에서 180° 각도가 되는 지점마다 접지부 중앙의 트레드 홈의 깊이를 측정한다.
나. 타이어 접지부의 임의의 한 점에서 120° 각도가 되는 지점마다 접지부 중앙의 트레드 홈 깊이를 측정한다.
다. 타이어 접지부의 임의의 한 점에서 180° 각도가 되는 지점마다 접지부 1/4 또는 3/4지점 주위의 트레드 홈의 깊이를 측정한다.
라. 타이어 접지부의 임의의 한 점에서 120° 각도가 되는 지점마다 접지부 1/4 또는 3/4지점 주위의 트레드 홈의 깊이를 측정한다.

해설 타이어 마모량 측정방법

① 타이어 접지부의 임의의 한 점에서 120° 각도가 되는 지점마다 접지부의 1/4 또는 3/4지점 주위의 트레드 홈 깊이를 측정한다.
② 트레드 마모 표시(1.6mm로 표시된 경우에 한함)가 되어 있는 경우에는 마모 표시를 확인한다.
③ 각 측정점의 측정값을 산술 평균하여 이를 트레드의 잔여 깊이로 한다.

55. 자동차 원동기 및 동력전달장치에 대한 안전기준으로 틀린 것은?

가. 원동기는 각부의 작동에 이상이 없어야 한다.
나. 동력전달장치는 연결부의 손상이 없어야 한다.
다. 경유 사용 자동차의 조속기는 봉인하여야 한다.
라. 주시동장치 및 정지장치는 원격으로 시동 또는 정지시킬 수 있는 구조로 설치할 수 있다.

56. 탱크로리 화물자동차 뒷면에 표시하여야 할 사항이 아닌 것은?

가. 차량총중량　　나. 최대적재량
다. 승차정원　　라. 적재물품명

57. 제동 초속도 70㎞/h인 소형 승용차에 제동을 걸기 위해 공주한 시간이 0.2초라면 공주거리는?

가. 2.7m　　나. 3.0m
다. 3.2m　　라. 3.9m

해설

공주거리 $(S_1) = \frac{V}{3.6} \times t = \frac{70}{3.6} \times 0.2 = 3.88\text{m}$

58. 자동차의 등화장치 기준에 적합하지 않은 것은?

가. 모든 비상 점멸등은 동시에 작동하는 구조이어야 한다.
나. 어린이 운송용 승합자동차의 표시등에서 적색 표시등은 안쪽에, 황색 표시등은 바깥쪽에 설치하되 차량중심선으로부터 좌·우 대칭이 되도록 설치하여야 한다.
다. 자동차의 앞면에는 적색등화, 반사기 또는 방향지시등과 혼동하기 쉬운 점멸하는 등화를 설치하여서는 아니 된다.
라. 방향지시등은 매분 60회 이상 120회 이하의 일정한 주기로 점멸하거나 광도가 증감하는 구조여야 한다.

59. 그림과 같은 탱크의 용적 L과 적재용량은?(단, 유류 적재물의 비중은 0.785이다.)

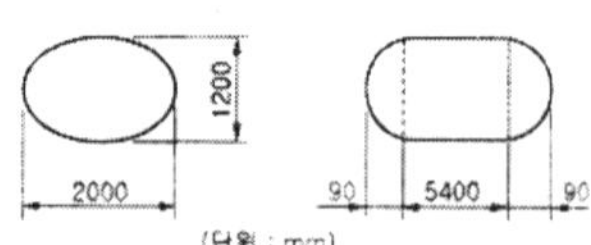

가. 17153L, 13465kgf
나. 8078L, 10291kgf
다. 10291L, 8078kgf
라. 6175L, 4847kgf

해설

$$W\ell = \frac{\pi \times a \times b}{4} \times (\ell + \frac{\ell_1 + \ell_2}{3})$$
$$= \frac{3.14 \times 1200 \times 2000}{4} \times (5400 + \frac{90+90}{3})$$
$$= 10291859760cc = 10291\,l$$

적재용량 $= 10291 \times 0.785 = 8078$

60. 운행자동차의 주차제동능력 측정방법으로 틀린 것은?

가. 자동차를 제동시험기에 정면으로 대칭되도록 한다.
나. 측정자동차의 차축을 제동시험기에 얹혀 축중을 측정하고 롤러를 회전시켜 당해 차축의 주차제동능력을 측정한다.
다. 측정 자동차의 차축을 제동시험기에 얹혀 축중을 측정하고 롤러를 회전시켜 당해 차축의 제동력 복원 상태를 측정한다.
라. 2차축 이상에 주차제동력이 작동되는 구조의 자동차는 "나" 항의 측정방법에 따라 다음 차축에 대하여 반복 측정한다.

해설 주차 제동능력 측정방법

① 자동차를 제동시험기에 정면으로 대칭되도록 한다.
② 측정 자동차의 차축을 제동시험기에 얹혀 축중을 측정하고 롤러를 회전시켜 당해 차축의 주차제동능력을 측정한다.
③ 2차축 이상에 주차 제동능력이 작동되는 구도의 자동차는 ②의 측정방법에 따라 다음 차축에 대하여 반복 측정한다.

제4과목 : 일반기계공학

61. 길이가 300㎜인 봉이 인장력을 받아 1.5㎜ 늘어났을 때 길이 방향 변형률은?

가. $5.0x10^{-3}$　　나. 5.0×10^{-2}
다. 1.33×10^{-3}　　라. 1.33×10^{-2}

해설

$$\varepsilon = \frac{\lambda}{\ell}$$

ε : 변형률, λ : 신장량, $l\ell$: 길이

$$\varepsilon = \frac{\lambda}{\ell} = \frac{1.5mm}{300mm} = 0.005 = 5.0 \times 10^{-3}$$

62. 볼류트 펌프(volute pump)나 디퓨저 펌프(diffuser pump)는 어떤 펌프 형식에 속하는가?

가. 원심 펌프　　나. 축류 펌프
다. 왕복 펌프　　라. 회전 펌프

해설 볼류트 펌프나 디퓨터 펌프(터빈 펌프)는 원심펌에서 안내깃(guide vane) 유무에 따라 분류하는 것으로 임펠러의 외주에 안내깃이 없으면 볼류트 펌프, 안내깃이 있으면 디퓨저 펌프이다.

63. 두 축이 만나지도 평행하지도 않는 경우 사용하는 것으로 자동차의 뒤 차축용 등에 사용되는 기어는?

가. 하이포이드 기어
나. 헬리컬 베벨 기어
다. 랙과 피니언 기어
라. 더블 헬리컬 기어

해설 기어의 분류
① 두 축이 서로 평행한 기어 : 스퍼 기어, 인터널 기어, 헬리컬 기어, 더블 헬리컬 기어, 래크
② 두 축이 교차하는 기어 : 스퍼 베벨 기어, 스파이럴 베벨 기어, 헬리컬 베벨 기어
③ 두 축이 만나지도 평행하지도 않는 기어 : 하이포이드 기어, 스쿠루 기어, 웜 기어

64. 스프링 상수가 5N/㎝인 코일 스프링에 30N의 하중을 작용시키면 처짐은 몇 ㎜인가?

가. 10　　나. 30
다. 60　　라. 90

해설
$$k = \frac{W}{a}$$
k : 스프링 상수(N/㎝), W : 하중(N), a : 변형량(㎝)
$$a = \frac{30}{5} = 6\text{㎝} = 60\text{㎜}$$

65. 공기 압축기에서 생산된 압축공기를 탱크에 저장하는 경우에 공기탱크의 압력이 설정압력에 도달하면 압축공기를 토출하지 않는 무부하 운전이 되게 하는 것은?

가. 언로드 밸브(unload valve)
나. 릴리프 밸브(relief valve)
다. 시퀀스 밸브(sequence valve)
라. 카운터 밸런스 밸브(counter balance valve)

해설 압력 제어 밸브의 종류 및 기능
① 언로드 밸브 : 공기 압축기의 흡입 밸브에 설치되어 공기탱크의 압력이 설정압력에 도달하면 압축작용을 정지시켜 무부하 운전을 유지시키는 역할을 한다. 유압장치에서는 회로 내의 압력이 소정의 값에 도달하면 유압 펌프로부터 환원시켜 펌프를 무부하로 유지시키는 밸브이다.
② 릴리프 밸브 : 회로 내의 최고 압력을 낮추어 설정압으로 유지하는 밸브이다.
③ 시퀀스 밸브 : 2개 이상의 분기 회로를 가진 회로 내에서 작동 순서를 제어하는 밸브이다
④ 카운터 밸런스 밸브 : 1방향의 흐름을 규제된 방향에 의한 제어된 흐름이며, 반대쪽 흐름은 자유흐름인 밸브이다.
⑤ 안전 밸브 : 유압이 설정압에 도달하면 유압유를 배출시켜 관로와 유압기기를 과부하로부터 보호하는 밸브이다.
⑥ 리듀싱 밸브 : 유량이나 입구측의 압력과는 관계없이 미리 설정한 2차측 압력을 일정하게 해주는 밸브이다.

66. 가공방법 중에서 6각 구멍붙이 볼트의 머리를 표면에 보이지 않게 묻기 위한 가공법은?

가. 카운터 보링
나. 보링
다. 카운터 싱킹
라. 리밍

해설 드릴링 머신의 기본 작업
① 카운터 보링 : 작은 나사, 둥근 머리 볼트의 머리를 공작물에 묻히게 하기 위해 턱 있는 구멍을 뚫는 가공

② 보링 : 뚫린 구멍이나 주조한 구멍을 넓히는 작업
③ 카운터 싱킹 : 접시 머리 볼트의 머리 부분이 묻히도록 원뿔자리를 파는 작업
④ 리밍 : 뚫린 구멍을 리머로 다듬는 작업
⑤ 드릴링 : 구멍을 뚫는 작업
⑥ 스폿 페이싱 : 너트가 닿는 부분을 절삭하여 자리를 만드는 작업

67. 주형에서 코어(core) 받침대가 사용되는 주요 이유가 아닌 것은?

가. 코어의 자중
나. 주형의 자중
다. 쇳물의 부력
라. 쇳물의 압상력(押上力)

해설 코어 받침대는 주물의 코어형을 외형 내에 채우는 경우 필요한 두께의 주물로 하기 위해 코어와 외형과의 사이에 넣어서 코어를 받치는 I형의 철판을 말하며, 사용되는 이유는 코어의 자중, 쇳물의 부력, 쇳물의 압상력이다.

68. 원통 마찰차에서 원동차의 지름이 130㎜, 종동차의 지름이 400㎜이다. 이때 마찰차의 마찰계수가 0.2이고 서로 밀어 붙이는 힘은 2kN일 때 최대 토크는 몇 N·m인가?

가. 50 나. 60
다. 80 라. 120

해설
$$T = \frac{\mu \times P \times D_2}{2}$$
T : 전달 토크(N·m), μ : 마찰계수
P : 밀어 붙이는 힘(N), D_2 : 종동차의 지름(m)
$$T = \frac{0.2 \times 2000 \times 0.4}{2} = 80\text{N·m}$$

69. 벨트 전동에서 평벨트 전동과 비교했을 때 V벨트 전동의 특징이 아닌 것은?

가. 속도비를 크게 할 수 있다.
나. 미끄럼이 적고 효율이 좋다.
다. 주행상태가 원활하고 정숙하다.
라. 벨트가 끊어졌을 때 쉽게 접합할 수 있다.

해설 V 벨트의 특징
① 미끄럼이 적고 속도비가 크다.
② 축간 거리가 짧다.
③ 운전이 정숙하며, 충격을 완화시킨다.
④ 베어링의 부담이 적다.
⑤ 고속 운전을 할 수 있다.
⑥ 미끄럼이 적고 효율이 좋다.

70. 마이크로미터에서 스핀들 나사의 피치가 0.5㎜이고 딤블을 100등분하였다면 측정 가능한 정밀도는 몇 ㎜인가?

가. 0.01㎜ 나. 0.05㎜
다. 0.001㎜ 라. 0.005㎜

해설
$$\text{정밀도} = \frac{0.5\text{㎜}}{100} = 0.005\text{㎜}$$

71. 선반의 부속장치로 심압대에 꽂아서 사용하는 것으로 선단이 원뿔형이고 대형 가공물에 사용되며, 자루부는 테이퍼로 되어 있는 것은?

가. 척(chuck)
나. 센터(conter)
다. 심봉(mandrel)
라. 돌림판(driving plate)

72. 받침점의 반력을 힘의 평형과 모멘트의 평형으로 구할 수 있는 보는?

가. 고정보 나. 내다지보
다. 연속보 라. 고정지지보

해설 보의 종류
① 고정보 : 양 끝이 모두 고정되어 있는 보
② 내다지보 : 받침점의 바깥쪽에 하중이 걸리는 보로 받침점의 반력을 힘의 평형과 모멘트의 평형으로 구할 수 있다.
③ 연속보 : 3개 이상의 받침점을 가진 보
④ 고정지지보 : 한 끝은 고정하고 다른 한 끝은 받치고 있는 보

73. 대형의 가공물이나 불규칙한 가공물을 편리하게 가공할 수 있는 가장 적당한 선반은?

가. 공구선반(tool lathe)
나. 탁상선반(bench lathe)
다. 보통선반(engine lathe)
라. 수직선반(vertical lathe)

해설 선반의 종류
① 공구 선반 : 보통 선반과 같으나 정밀한 형식으로 되어있고 부속장치가 있다(taper, 여유각을 깎는 relieving 장치).
② 탁상 선반 : 작업대에 설치하여 사용하는 소형 선반으로 계기, 시계 등의 부품과 같은 것을 절삭하는 것.
③ 보통 선반 : 기본적인 구조와 기능을 가진 대표적인 기계로 베드, 주축대, 왕복대, 심압대, 이송장치 등으로 구성되어 있으며, 작업범위가 넓다.
④ 수직 선반 : 테이블이 수평면 내에서 회전하고 공구는 수직 방향으로 이송(대형으로 무거운 일감)

74. 구름 베어링을 미끄럼 베어링과 비교한 특징을 설명한 것이다. 다음 중 틀린 것은?

가. 마찰계수가 작다.
나. 시동 저항이 크다.
다. 충격 흡수력이 작다.
라. 일반적으로 소음이 크다.

해설 구름 베어링의 특징
① 마찰 저항이 적다.
② 동력손실이 적다.
③ 밀봉장치의 교정이 쉽고 윤활방법이 편리하다.
④ 저널의 길이를 짧게 할 수 있다.
⑤ 윤활유 소비가 적다.

75. 수퍼피니싱에 사용하는 숫돌 입자의 재질은?

가. Si　　나. MgO
다. NaCI　　라. A_2O_3

해설 수퍼 피니싱(super finishing)
① 입도가 작고 결합도가 작은 숫돌을 공작물에 가볍게 누르고 매분 500~2000회 정도의 진동수로 진동을 주면서 왕복운동을 시킴과 동시에 공작물에도 회전을 주어 가공면을 단시간에 매우 편평한 면으로 초정밀 가공하는 것.
② 탄소강과 합금강은 WA(AL_2O_3) 숫돌을 사용하며, 주철, 알루미늄, 동합금에는 GC(SiC) 숫돌이 사용된다.

76. 그림과 같이 균일 분포 하중을 받는 단순보에서 최대 굽힘 응력은?

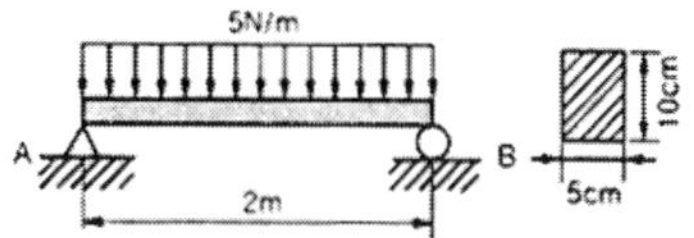

가. 3MPa　　나. 4MPa
다. 6MPa　　라. 8MPa

해설
$$\sigma_{max} = \frac{M_{max}}{Z} = \frac{\frac{P \cdot \ell}{4}}{\frac{b \cdot h^2}{6}} = \frac{6 \cdot P \cdot \ell}{4 \cdot b \cdot h^2}$$

σ_{max} : 최대 굽힘 응력(N/m²)
N_{max} : 최대 굽힘 모멘트(N·m)
P : 하중(N), ℓ : 스팬의 길이(m)
b : 너비(m), h : 높이(m), 1Pa : 1N/m²

$$\sigma_{max} = \frac{6 \times 5 \times 2}{4 \times 0.05 \times 0.1^2} = 3000\,\text{N/m}^2 = 3\,\text{MPa}$$

77. 펌프의 송출압력이 70N/㎠, 송출량은 40L/min인 유압펌프의 동력은 몇 ㎾인가?

가. 267　　나. 367
다. 467　　라. 567

해설
$$L_w = \frac{70 \times 40 \times 10^6}{102 \times 60 \times 100 \times 9.8} = 466.85\,\text{kW}$$

L_w : 펌프 동력(㎾), P : 송출압력(N/㎠)
Q : 송출량(m³/min)

$$L_w = \frac{70 \times 40 \times 10^6}{102 \times 60 \times 100 \times 9.8} = 466.85\,\text{kW}$$

78. 그림과 같이 3개의 스프링을 조합하여 연결하였을 때 조합된 스프링 상수는 몇 N/㎜인가?(단, 스프링 상수 K_1=20N/㎜, K_2=30N/㎜, K_3=40N/㎜이다.)

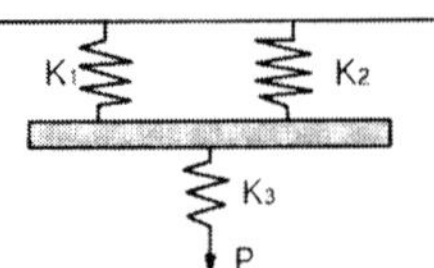

가. 22.22
나. 44.44
다. 66.67
라. 266.67

해설
직렬접속 : $k=\dfrac{1}{\dfrac{1}{k_1}+\dfrac{1}{k_2}}\cdots\cdots+\dfrac{1}{k_n}$

병렬접속 : $k=k_1+k_2\cdots\cdots+k_n$

$$k=\frac{1}{\dfrac{1}{k_1+k_2}+\dfrac{1}{k_3}}=\frac{1}{\dfrac{1}{20+30}+\dfrac{1}{40}}=22.22$$

79. 절삭 공구용 특수강에 속하는 것은?

가. 강인강　　나. 침탄강
다. 고속도강　　라. 스테인리스강

해설 고속도강은 테일러가 발명한 것으로 고온 경도가 커서 고속절삭에 사용할 수 있으며, 하이스라고도 한다.

80. 용접의 종류 중 압접(pressure welding)에 해당하는 것은?

가. 미그 용접　　나. 스폿 용접
다. 레이저 용접　　라. 원자수소 용접

해설 전기 저항 용접(압접)의 종류
① 스폿 용접 : 2개의 모재를 겹쳐 전극 사이에 끼워 놓고 전류를 공급하여 접촉면이 전기 저항에 의해 발열되어 용융될 때 압력을 가하여 접합하는 용접법
② 심 용접 : 원판상의 전극에 재료를 끼워 가압하면서 전류를 통하게 하여 접합하는 용접법
③ 프로젝션 용접 : 스폿 용접을 변형시킨 것으로 용접부에 돌기를 전류를 집중시켜 가압하여 접합시키는 용접법
④ 맞대기 용접 : 2개의 모재를 용접기에 설치하여 맞대고 전류를 통해서 접촉부를 용융시켜 접합하는 용접법

모범답안(2010.5.9)

제1과목 자동차 공학

01.나 02.가 03.다 04.다 05.가
06.다 07.다 08.가 09.나 10.가
11.가 12.다 13.라 14.라 15.라
16.가 17.다 18.라 19.나 20.다

제2과목 자동차 정비

21.나 22.나 23.나 24.나 25.라
26.나 27.가 28.가 29.가 30.나
31.라 32.다 33.라 34.가 35.나
36.라 37.가 38.라 39.가 40.다

제3과목 자동차 정비

41.라 42.라 43.다 44.나 45.라
46.라 47.가 48.라 49.나 50.다
51.라 52.나 53.다 54.라 55.라
56.다 57.라 58.나 59.다 60.다

제4과목 일반기계공학

61.가 62.가 63.가 64.다 65.가
66.가 67.나 68.다 69.라 70.라
71.나 72.나 73.라 74.나 75.라
76.가 77.다 78.가 79.다 80.나

2010년도 7월 25일 자동차 검사산업기사 필기시험문제

제1과목 : 자동차 공학

01. 실린더 내에서 실제로 발생된 마력은?

가. 제동마력 나. 정격마력
다. 도시마력 라. 마찰마력

해설 마력의 정의

① 제동마력 : 연소된 열에너지가 기계적 에너지로 변한 에너지 중에서 마찰에 의해 손실된 소실 마력을 제외한 크랭크축에서 실제 활용될 수 있는 마력으로써 엔진의 정격속도에서 전달할 수 있는 동력의 양. 크랭크축에서 직접 측정한 마력으로 축 마력 또는 정미마력이라고도 한다.
② 정격마력 : 엔진의 정격 출력을 마력의 단위로 나타낸 것을 말한다.
③ 도시마력(지시마력) : 엔진 연소식의 압력(지압선도)에서 구한 엔진의 작업률을 마력으로 나타낸 것으로, 엔진의 출력축에서 인출할 수 있는 제동마력과 엔진 내부에서 소비되는 마찰마력을 더한 것.
④ 마찰마력 : 엔진의 각부 마찰과 발전기·물펌프 및 에어컨 압축기 등에 의해 동력이 손실되는 마력으로 마찰 손실이 적어야 성능이 좋은 엔진이다.

02. 자동차 동력전달 계통의 이음 중 구동축과 회전축의 경사각이 30° 이상에서 동력 전달이 가능한 이음은?

가. 버필드 이음
나. 플렉시블 이음
다. 스립 이음
라. 십자형자재 이음

해설 동력전달 계통의 이음

① 버필드 이음 : 전륜 구동용 드라이브 샤프트의 휠 허브 쪽에 사용되는 조인트이며, 6개의 스틸 볼을 이너 레이스와 아웃 레이스로 지지하고 볼의 접촉점에서 토크를 전달하는 구조의 조인트이다. 자동차가 주행 중 요철도로 및 조향에 의해 동력전달 각도가 변하더라도 회전의 불균형이 없이 구동 바퀴에 전달하며, 전달효율이 높고 진동 및 소음이 적은 것. 설치 경사각은 29~45°이며, 볼과 안내 홈을 이용하여 설치 경사각에 관계없이 구동축과 피동축이 항상 일정하게 회전되도록 한다.
② 플렉시블 이음 : 삼엽상(三葉狀) 요크(Y자형)를 마주보도록 조합하여 만들어진 육각형이나 반지 모양의 조인트에 의하여 회전을 전달한다. 구조가 간단하고 조용히 회전하지만 결합한 축의 각도를 3~5° 이상으로 유지하기가 힘들다. 접합 부분에 고무, 피혁, 섬유 등 변형하기 쉬운 재료를 사용한 것.
③ 슬립 이음 : 슬립 조인트는 추진축의 길이 변화에 대응하는 조인트로 변속기 출력축의 스플라인에 연결되어 자동차가 바운드될 때 미끄러지는데 이 때 추진축의 길이를 짧게 하고 일반적인 주행에서는 길이를 길게 한다.
④ 십자형 자재 이음 : 십자형 자재이음은 2개의 요크를 니들 롤러 베어링과 십자 축으로 연결하는 방식으로 구동축이 등속도 회전을 하여도 피동축은 90°마다 변동하므로 자재 이음을 한쪽만 연결하면 1회전마다 2회의 감속과 2회의 가속이 발생되어 진동이 발생된다. 따라서 진동을 작게 하려면 설치 각을 12~18° 이하로 하여야 하며, 추진축 앞뒤에 자재 이음을 설치하여 회전 속도의 변화를 상쇄하도록 한다.

03. 가솔린 기관에서 압축비가 12일 경우 열효율(n_0)은?(단, 비열비(k)=1.4이다.)

가. 54% 나. 60%
다. 63% 라. 65%

해설

$$n_0 = 1 - \left(\frac{1}{\epsilon}\right)^{k-1}$$

n_0 : 오토사이클의 이론열효율
ε : 압축비, k : 비열비

$$n_0 = 1 - \left(\frac{1}{12}\right)^{1.4-1} = 0.6298(62.98\%)$$

04. 다이오드에서 순방향으로 전류를 흐르게 하였을 때 빛이 발생되는 것은?

가. 포토 다이오드
나. 제너 다이오드

다. 발광 다이오드
라. PN 접합 다이오드

해설 다이오드의 종류
① 포토 다이오드 : 접합면에 빛을 가하면 역방향으로 전류가 흐르는 다이오드이다.
② 제너 다이오드 : 전압이 어떤 값에 이르면 역방향으로 전류가 흐르는 정전압용 다이오드이다.
③ 발광 다이오드 : 순방향으로 전류가 흐르면 빛을 발생시키는 다이오드이다.
④ 실리콘 다이오드 : 교류 전기를 직류 전기로 변환시키는 정류용 다이오드이다.

05. 브레이크 제동력 배분을 앞쪽보다 뒤쪽을 작게 해주는 밸브로 맞는 것은?

가. 언로드 밸브
나. 체크 밸브
다. 프로포셔닝 밸브
라. 안전 밸브

해설 밸브의 기능
① 언로드 밸브 : 일정한 조건하에서 펌프를 무부하시키기 위해 사용하는 밸브로 계통의 압력이 규정값에 이르면 펌프를 무부하로 유지하며, 계통의 압력이 규정값까지 저하되면 다시 계통에 압력 유체를 공급하는 압력 제어 밸브이다.
② 체크 밸브 : 유체를 한쪽 방향으로만 흐르게 하는 밸브로서 유체의 역류 방지를 위하여 흐름방향을 제어하는 방향 제어 밸브이다.
③ 프로포셔닝 밸브 : 제동할 때 바퀴의 로크를 방지하기 위해 휠 실린더에 작용하는 유압을 감압(感壓)시키는 유압 제어밸브로 작동 개시점 이상의 입력 유압에 대해 뒷바퀴 쪽의 출력 유압을 일정한 비율로 낮게 하는 밸브이며, 앞·뒤 바퀴의 하중 배분이 크게 변화되지 않는 승용차 등에서 사용한다.
④ 안전 밸브 : 기기나 파이프 등의 파손을 방지하기 위하여 설치되는 최고 압력을 제한하는 밸브로 설정 압력 이상이 되면 유체를 내뿜어 압력을 설정 압력 이하로 유지시킨다.

06. 디젤기관의 압축비로 적당한 것은?

가. 3~6 : 1　　나. 8~13 : 1
다. 15~22 : 1　　라. 35~50 : 1

07. 공주거리에 대한 설명으로 맞는 것은?

가. 정지거리에서 제동거리를 뺀 거리
나. 제동거리에서 정지거리를 뺀 거리
다. 정지거리에서 제동거리를 더한 거리
라. 정지거리에서 제동거리를 곱한 거리

해설 정지거리, 제동거리 및 공주거리
① 정지거리 : 운전자가 액셀러레이터 페달에서 발을 뗀 순간부터 브레이크 페달을 밟아 정지될 때까지 자동차가 진행한 거리. 즉 공주거리에서 제동거리를 더한 거리
② 제동거리 : 운전자가 브레이크 페달을 밟아 제동이 되는 순간부터 정지될 때까지 주행한 거리. 즉 정지거리에서 공주거리를 뺀 거리
③ 공주거리 : 운전자가 자동차를 정지시키려고 액셀러레이터 페달에서 발을 뗀 순간부터 브레이크가 작동하기 시작할 때까지의 자동차가 진행한 거리. 즉 정지거리에서 제동거리를 뺀 거리

08. LPG 엔진에서 기화된 연료를 공기와 혼합하여 연소에 가장 적합한 혼합기를 연소실에 공급하는 장치는?

가. 베이퍼라이저(vaporizer)
나. 믹서(mixer)
다. LPG 봄베(bombe)
라. 어큐뮬레이터(accumulator)

해설 각 부품의 기능
① 베이퍼라이저 : 봄베에서 공급된 연료의 압력을 감압하여 기체상태로 변환시켜 믹서로 공급하는 역할을 한다.
② 믹서 : 공기와 LPG를 혼합하여 각 실린더에 공급하는 역할을 한다.
③ LPG 봄베 : 주행에 필요한 연료를 저장하는 고압용 탱크로서 액체상태로 유지하기 위한 압력은 7~10kgf/㎠이다.

④ 어큐뮬레이터 : 유압 기기 중 유압펌프에서 발생한 유압을 저장하고, 맥동을 소멸시키는 장치는 어큐뮬레이터(축압기)이다.

09. 납산 축전지가 방전할 때 축전지 내의 변화 상태로 틀린 것은?

가. 양극판은 과산화납에서 황산납으로 된다.
나. 음극판은 납에서 황산납으로 된다.
다. 전해액은 묽은 황산에서 점차로 묽어져 물로 된다.
라. 전해액의 비중은 점차로 증가한다.

해설 축전지가 방전되는 경우 전해액의 비중은 점차로 감소한다.

10. 엔진에서 나오는 유해가스 중 질소산화물(NOx)은 주로 NO이고 이것이 대기 중에 NO_2로 변화하여 대기를 오염시키는데 NOx는 약 몇 ℃ 이상부터 반응이 활발해지는가?

가. 1500℃　　나. 800℃
다. 1500℃　　라. 3000℃

해설 질소산화물의 발생원인
① 질소와 산소의 화합물로 질소는 상온에서 다른 원소와 반응하지 않는다.
② 엔진의 내부 온도가 1,500℃ 이상에서 발생량이 급증한다.
③ 연소실의 온도가 상승하면 질소는 산소와 반응하여 NO($N_2+O_2=2NO$)가 발생된다.
④ 대기로 배출되면 대기의 산소와 다시 반응하여 NO_2($NO+O_2=2NO_2$)로 변화된다.

11. 점화 플러그의 열가에 대한 설명으로 틀린 것은?

가. 전극 소모가 심한 경우는 열형 점화 플러그를 사용한다.
나. 열형 점화 플러그는 저속에서 자기 청정 온도에 쉽게 도달한다.
다. 점화 플러그 열 발산의 정도를 수치로 나타낸 것을 열가(heat value)라고 한다.
라. 열 발산이 좋은 점화 플러그를 냉형(cold type), 열 발산이 나쁜 것은 열형(hot type)이라 한다.

해설 전극의 소모가 심한 경우에는 냉형 점화 플러그를 사용하여야 한다.

12. 디젤 기관에서 기관의 회전속도나 부하의 변동에 따라 자동으로 분사량을 조절해 주는 장치는?

가. 조속기(speed governor)
나. 딜리버리 밸브(delivery valve)
다. 타이머(timer)
라. 체크 밸브(check valve)

해설 부품의 기능
① 조속기 : 연료 분사량을 자동적으로 조절하는 역할을 한다.
② 딜리버리 밸브 : 딜리버리 밸브 홀더에 설치되어 연료의 역류와 노즐의 후적(後適)을 방지한다.
③ 다이머 : 연료의 분사시기를 자동적으로 조절하는 역할을 한다.
④ 체크 밸브 : 유체를 한쪽 방향으로만 흐르게 하는 밸브로서 유체의 역류 방지를 위하여 흐름방향을 제어하는 방향 제어 밸브이다.

13. 축거를 L(m), 최소 회전반경을 R(m), 킹핀과 바퀴 접지 면과의 거리를 T(m)라 할 때 조향각 α를 구하는 식은?

가. $\sin\alpha = \dfrac{L}{R-T}$
나. $\sin\alpha = \dfrac{L-T}{R}$
다. $\sin\alpha = \dfrac{R-T}{L}$
라. $\sin\alpha = \dfrac{L-R}{T}$

14. 캠버의 조정 방법으로 맞지 않는 것은?

가. 타이로드 길이로 조정한다.
나. 심으로 조정한다.
다. 편심 캠으로 조정한다.
라. 캠버 볼트로 조정한다.

15. 엔진 플라이휠과 직결되어 엔진 회전수와 동일한 속도로 회전하는 토크 컨버터의 부품은?

가. 터빈 런너
나. 펌프 임펠러
다. 스테이터
라. 원웨이 클러치

해설 토크 컨버터의 구조
① 펌프 임펠러 : 크랭크축에 연결되어 엔진이 회전하면 유체 에너지를 발생한다.
② 터빈 런너 : 변속기 입력축 스플라인에 접속되어 있으며, 유체 에너지에 의해 회전한다.
③ 스테이터 : 펌프 임펠러와 터빈 런너 사이에 설치되어 터빈 런너에서 유출된 오일의 흐름 방향을 바꾸어 펌프 임펠러에 유입되도록 한다.

16. 4행정 6기통 엔진이 1kgf·m의 토크를 1000rpm으로 회전할 때 기관의 축출력은 약 얼마인가?

가. 0.2㎾ 나. 1㎾
다. 2㎾ 라. 3㎾

해설
$$BHP = \frac{2\times T\times R}{102\times 60} = \frac{T\times R}{975}$$
BHP : 축출력(㎾)
T : 회전력(kgf-m)
R : 회전수(rpm)
$$BHP = \frac{1\times 1000}{975} = 1.03\text{㎾}$$

17. 브레이크 장치에서 베이퍼 룩(Vapor lock)이 생길 때 일어나는 현상으로 가장 옳은 것은?

가. 브레이크 성능에는 지장이 없다.
나. 브레이크 페달의 유격이 커진다.
다. 브레이크액을 응고시킨다.
라. 브레이크액이 누설 된다.

해설 베이퍼 록
유압식 브레이크의 휠 실린더나 브레이크 파이프 속에서 브레이크액이 기화하여 페달을 밟아도 스펀지를 밟는 것같이 푹신푹신하여 브레이크가 듣지 않는 것. 베이퍼 록이 발생되면 브레이크 페달의 유격이 커진다.

18. 고에너지 점화방식(HEI)에서 점화계통의 작동 순서로 옳은 것은?

가. 각종센서 → ECU → 파워트랜지스터 → 점화코일
나. ECU → 각종센서 → 파워트랜지스터 → 점화코일
다. 파워트랜지스터 → 각종센서 → ECU → 점화코일
라. 각종센서 → 파워트랜지스터 → ECU → 점화코일

19. 전자제어 현가장치의 기능에서 앤티 스쿼트 제어(anti squat control)에 대한 설명으로 맞는 것은?

가. 요철이나 비포장도로 주행시 차량의 상하 운동을 제어하는 것이다.
나. 급제동시 차량의 앞쪽이 낮아지는 현상을 제어하는 것이다.
다. 차량이 선회할 때 원심력에 의해 바깥쪽 바퀴는 낮아지고 안쪽 바퀴는 높아지는 현상을 제어하는 것이다.
라. 급가속시 차량의 앞쪽이 들리는 현상을 제어하는 것이다.

해설 전자제어 현가장치의 기능
① 앤티 바운싱 제어(anti bouncing control) : ECS에서 차속 센서와 G 센서의 신호를 이용하여 요철 노면을 주행시 차체의 상·하 진동을 억제한다.

② 앤티 다이브 제어(anti dive control) : ECS에서 차속 센서와 제동등 스위치의 신호를 이용하여 주행 중 브레이크 작동시 차체의 전·후 진동을 억제한다. 주행 중 브레이크를 작동시키면 타이어는 노면에 정지하려 하고 차체는 관성에 의해 앞으로 전진하려 한다. 차체의 무게 중심이 앞부분으로 쏠려 차량의 앞부분은 다운(down)되고 뒷부분은 업(up)되는 전·후 진동이 발생된다.
③ 앤티 롤 제어(anti roll control) : ECS에서 차속 센서와 조향각 센서의 신호를 이용하여 선회 주행시 차체의 좌·우 진동을 억제한다. 선회주행시 차체는 원심력과 구심력에 의해 내륜측은 업(up)되고 외륜측은 다운(down)되어 주행하므로 좌·우 진동이 발생된다.
④ 앤티 스쿼트 제어(anti squat control) : ECS에서 스로틀 포지션 센서와 차속 센서를 이용하여 급출발시 차체의 전·후 진동을 억제한다. 차량이 정지 상태이거나 규정 속도 이하에서 운전자가 액셀러레이터 페달을 급격히 밟게 되면 차량의 앞쪽은 업(up)되고 뒤쪽은 다운(down)되는 전·후 진동이 발생한다.

20. 지름 30㎝인 브레이크 드럼에 작용하는 힘이 600N이다. 마찰계수가 0.3이라 하면 드럼에 작용하는 토크는?

가. 17N·m 나. 27 N·m
다. 32N·m 라. 36 N·m

해설

$$T = f \times \frac{D}{2} \times \mu$$

T : 브레이크 드럼에 작용하는 토크(N·m)
f : 제동력(N)
D : 브레이크 드럼(m)
μ : 마찰계수

$$T = \frac{600 \times 0.3 \times 0.3}{2} = 27\text{N·m}$$

제2과목 : 자동차 검사

21. 운행자동차 배출가스 정밀검사를 받아야 하는 자동차에 대한 설명으로 틀린 것은?

가. 대기환경규제지역에 등록된 자동차는 정밀검사 대상 자동차이다.
나. 서울시에서 운행되는 승용자동차는 정밀검사 대상 자동차이다.
다. 피견인자동차는 정밀검사를 받아야 하는 자동차에서 제외된다.
라. 천연가스를 연료로 사용하는 자동차는 정밀검사를 받아야 한다.

해설 운행자동차 배출가스 정밀검사 대상 자동차
① 대기환경규제지역에 등록된 자동차
② 대기환경 규제지역 : 서울특별시 전지역, 인천광역시 옹진군(옹진군 영흥면 제외)을 제외한 전지역. 경기도(김포시, 고양시, 의정부시, 남양주시, 구리시, 하남시, 성남시, 의왕시, 군포시, 과천시, 안양시, 광명시, 시흥시, 부천시, 안산시, 수원시, 용인시, 화성시, 오산시, 평택시, 파주시, 동두천시, 양주시, 이천시), 부산광역시, 대구광역시, 광주광역시, 대전광역시, 울산광역시, 천안시, 전주시, 청주시, 창원시, 포항시, 김해시
※ 천연가스를 사용하는 자동차와 피견인 자동차는 정밀검사 대상에서 제외한다.

22. 자동차 최고속도 측정 조건으로 옳지 않은 것은?

가. 자동차는 적차 상태이어야 한다.
나. 자동차는 측정 전에 충분한 길들이기 운전을 하여야 한다.
다. 측정도로는 평탄 수평하고 건조한 직선 포장도로이어야 한다.
라. 풍속 3m/sec 이하에어 실시하는 것을 원칙으로 하며, 측정 결과는 3회 왕복 측정한다.

해설 최고속도 측정조건

① 자동차는 적차 상태(연결자동차는 연결된 상태의 적차 상태)이어야 한다.
② 자동차는 측정 전에 충분한 길들이기 운전을 하여야 한다.
③ 자동차는 측정 전 제원에 따라 엔진, 동력전달 장치, 조향 장치 및 제동장치 등을 점검 및 정비하고 타이어 공기압을 표준 공기압 상태로 조정하여야 한다.
④ 측정도로는 평탄 수평하고 건조한 직선 포장도로이어야 한다.
⑤ 측정은 풍속 3m/sec 이하에서 실시하는 것을 원칙으로 하며, 측정결과는 왕복 측정하여 평균값을 구한다.

23. 암소음이 84dB을 나타내는 장소에서 경음기의 음량을 측정한 결과 측정 대상음과 암소음의 차가 1dB이 되었다. 측정음은?

가. 80dB　　나. 83dB
다. 측정치 무효　　라. 85dB

해설 자동차 소음과 암소음의 측정값 차이가 3dB 미만일 때는 측정값을 무효로 한다.

24. 입석을 할 수 있는 자동차의 차실 안의 유효높이는 (a)㎝ 이상, 통로의 유효너비는 (b)㎝ 이상이어야 한다. a, b에 들어갈 적절한 숫자로 구성된 것은?

가. a=160, b=25　　나. a=180, b=25
다. a=160, b=30　　라. a=180, b=30

해설 입석을 할 수 있는 자동차의 차실안의 유효높이는 180㎝ 이상, 통로의 유효너비는 30㎝ 이상이어야 한다.

25. 최소 회전반경의 안전기준 또는 측정조건 및 방법에 대한 설명으로 틀린 것은?

가. 측정 장소는 평탄하고 건조한 포장도로이어야 한다.
나. 자동차의 최소 회전반경은 12m를 초과하여서는 아니 된다.
다. 변속기는 전진 최하단에 두고 최대의 조향각도로 서행하며, 측정한다.
라. 좌·우회전에서 구한 회전반경 중 작은 값을 최소 회전반경으로 한다.

해설 ◆ 최소 회전반경 시험조건

① 자동차는 공차 상태이어야 한다.
② 시험 자동차는 시험 전에 충분한 길들이기 운전을 하여야 한다.
③ 시험 자동차는 시험 전 조향륜 정렬을 점검하여 조정한다.
④ 시험 도로는 평탄 수평하고 건조한 포장도로이어야 한다.

◆ 최소 회전반경 측정 방법

① 1 변속기어를 전진 최하단에 두고 최대의 조향각도로 서행하며, 바깥쪽 타이어의 접지면 중심점이 이루는 궤적의 직경을 우회전 및 좌회전시켜 측정한다.
② 측정 중에 타이어가 노면에 대한 미끄러짐 상태와 조향장치의 상태를 관찰한다.
③ 좌 및 우회전에서 구한 반경 중 큰 값을 자동차의 최소 회전반경으로 하고 안전기준에 적합한지를 확인한다.

26. 전조등 등화의 중심점은 공차상태에서 지상 50㎝ 이상 몇 ㎝ 이내에 있어야 하는가?

가. 120㎝　　나. 110㎝
다. 105㎝　　라. 100㎝

해설 등화의 중심점은 차량중심선을 기준으로 좌우가 대칭이 되고, 공차상태에서 지상 50㎝ 이상 120㎝ 이내가 되게 설치할 것.

27. 승차정원이 16인이고 길이가 8m인 승합자동차의 차량중량 제작공차이다. 안전기준에 적합한 것은?

가. ±40kgf　　나. ±60kgf
다. ±100kgf　　라. ±200kfg

해설 차량중량 제작 공차
중형승합자동차는 ±100kgf이고, 대형승합자동차는 ±3%이다.

28. 운행차 배출가스 정밀검사 시행지역이 아닌 곳은?

가. 대기환경규제지역
나. 광주광역시
다. 용인시
라. 충주시

해설 운행차 배출가스 정밀검사 시행지역
서울특별시 전지역, 인천광역시 옹진군(옹진군 영흥면 제외)을 제외한 전지역. 경기도(김포시, 고양시, 의정부시, 남양주시, 구리시, 하남시, 성남시, 의왕시, 군포시, 과천시, 안양시, 광명시, 시흥시, 부천시, 안산시, 수원시, 용인시, 화성시, 오산시, 평택시, 파주시, 동두천시, 양주시, 이천시), 부산 광역시, 대구광역시, 광주광역시, 대전광역시, 울산광역시, 천안시, 전주시, 청주시, 창원시, 포항시, 김해시

29. 중량자동차의 경우 원동기 회전속도계를 사용하지 아니하고 배기소음을 측정할 때 최종 측정치 산출방법은?

가. 측정치에서 3dB을 빼서 최종측정치로 한다.
나. 측정치에서 5dB을 빼서 최종측정치로 한다.
다. 측정치에서 7dB을 빼서 최종측정치로 한다.
라. 측정치에서 8dB을 빼서 최종측정치로 한다.

해설 원동기 회전속도계를 사용하지 아니하고 배기 소음을 측정할 때에는 정지가동상태에서 원동기 최고회전속도로 배기소음을 측정하고, 이 경우 측정치의 보정은 중량자동차의 5dB, 중량자동차외의 자동차는 7dB을 측정치에서 빼서 최종측정치로 한다. 또한 승용자동차중 원동기가 차체 중간 또는 후면에 장착된 자동차는 배기소음측정치에서 8dB을 빼서 최종 측정치로 한다.

30. 자동차 안전기준에서 정한 화물자동차의 측면보호대를 설치하여야 할 대상 차량으로 맞는 것은?

가. 차량 총중량 6000kgf 이상 또는 최대적재량 4000kgf 이상
나. 차량 총중량 8000kgf 이상 또는 최대적재량 5000kgf 이상
다. 차량 총중량 8000kgf 이상 또는 최대적재량 4000kgf 이상
라. 차량 총중량 10000kgf 이상 또는 최대적재량 6000kgf 이상

해설 측면 보호대 설치 대상 자동차
차량총중량이 8톤 이상이거나 최대 적재량이 5톤 이상인 화물자동차·특수자동차 및 연결자동차는 포장노면위의 공차상태에서 다음 각 호의 기준에 적합한 측면보호대를 설치하여야 한다.

31. 운행자동차 관성제동장치의 제동력 측정방법 중 틀린 것은?

가. 측정 자동차는 주행과 제동을 3~4회 반복하여 예열시킨다.
나. 급제동시 제동 초속도는 통상 ±8㎞/h의 오차를 허용할 수 있다.
다. 제동 초속도는 측정 자동차의 주제동 장치가 작동하는 시점에서 측정하여야 한다.
라. 급제동 시작시의 측정 자동차의 기어 위치는 제동 초속도에 필요한 통상적인 위치에 있어야 한다.

해설 관성제동장치의 제동력 측정방법
① 측정 자동차는 주행과 제동을 3~4회 반복하여 예열 시킨다.
② 급제동시의 제동 초속도는 통상 ±5㎞/h의 오차를 허용할 수 있다.
③ 측정 자동차가 안전 기준 별표3의 초속도에 도달할 때 가속페달에서 작용력을 제거한 후 가능한 한 빠르고 세게 제동페달에 힘을 가한다.
④ 급제동 시작시의 측정 자동차의 기어 위치는 제동 초속도에 필요한 통상적인 위치에 있어야 한다.

⑤ 제동초속도는 측정 자동차의 주제동 장치가 작동하는 시점에서 측정되어야 한다.
⑥ 제동거리는측정 자동차의 주제동 장치가 작동하는 시점에서부터 측정 자동차가 완전히 정지한 지점까지의 거리를 측정하여야 한다.
⑦ 측정은 3회 반복하여 왕복 실시한다.

32. 자동차의 앞바퀴를 0.5m 올렸을 때 후축중이 24kgf가 증가했다. 무게 중심의 높이는?(단, 공차시의 전축중 : 560kgf, 공차시의 후축중 : 470 kgf·m 축간거리 : 2460㎜, 타이어 반경 : 350㎜)

가. 0.18m　　나. 0.34m
다. 0.87m　　라. 1.52m

해설
$$H = R + \frac{L(w'r - Wr)\cdot\sqrt{L^2 - h^2}}{W\cdot h}$$
H : 차량 중심고(m)
R : 타이어 유효 반경(m)
L : 축간 거리(m)
$w'r$: 앞바퀴를 h만큼 올렸을 때 후축중(kgf)
h : 앞바퀴를 올렸을 때 높이(m)
W : 차량중량(kgf)
$$H = 0.35 + \frac{2.48 \times 45 \times \sqrt{2.48^2 - 0.5^2}}{(560 + 470) \times 0.5} = 0.87\text{m}$$

33. 자동차 정기검사 신청시 책임보험 가입 여부를 확인하는 목적으로 맞는 것은?

가. 안전기준 적합여부를 판단하여 도로 운행 여부를 결정
나. 자동차의 동일성과 소유자 확인
다. 교통사고 등으로부터 국민피해예방
라. 교통사고 미연방지

34. 축거가 2.69m, 전차륜의 윤거가 1.35m, 외측 차륜의 조향각이 29° 30', 내측 차륜의 조향각이 38°인 자동차의 최소 회전반경은 약 얼마인가?

가. 5.5m　　나. 6.5m
다. 4.5m　　라. 6m

해설
$$R = \frac{L}{\sin\alpha} + r$$
R : 최소회전반경(m), L : 축거(m)
$\sin\alpha$: 최외측 바퀴의 조향각
r : 킹핀과 타이어 중심거리(m)
$$R = \frac{2.69}{\sin 29.3} = \frac{2.69}{0.489} = 5.5\text{m}$$

35. 배출가스 정밀검사대행자가 갖추어야 할 시설장비가 아닌 것은?

가. 차대동력계 및 그 부속기기 1조 이상
나. 검사자동차 기록용 사진기 1조 이상
다. 엔진 전자제어 진단기 1조 이상
라. 교정용 매연 표준지 5조 이상

해설 배출가스 정밀검사대행자가 갖추어야 할 시설 장비
① 자동차배출가스(일산화탄소·탄화수소·질소산화물)·공기과잉률측정기 및 그 부속기기 1조 이상
② 부분유량채취방식 광투과식 매연측정기 1대 이상
③ 교정용표준가스 5조(산소·일산화탄소·탄화수소·이산화탄소 및 질소산화물 각 1조) 이상
④ 교정용 표준필터 3조(40%·60% 및 80%) 이상
⑤ 소형 차대동력계(차량 총중량 5.5톤 이하 자동차 부하검사용) 및 그 부속기기 1조 이상
⑥ 대형 차대동력계(차량 총중량 5.5톤 이하 자동차 부하검사용) 및 그 부속기기 1조 이상
⑦ 엔진 전자제어진단기 1조 이상
⑧ 엔진 회전속도계 2조 이상(휘발유·가스·알코올 자동차용, 경유자동차용 각 1조 이상)
⑨ 차대동력계 1개당 검사자동차기록용 사진기 1조 이상
⑩ 검사장비 제어 및 검사결과 적·부 판정실, 운전자대기실, 매연포집시설, 자동차 고정 장치 등을 갖추어야 한다.

36. 연료 탱크의 주입구 및 가스 배출구는 노출된 전기단자 및 전기개폐기구로부터 최소 몇 ㎝ 이상 떨어져 있어야 되는가?

가. 30㎝　　나. 40㎝
다. 50㎝　　라. 20㎝

해설 연료탱크·주입구 및 가스배출구

① 배기관의 끝으로부터 30센티미터 이상 떨어져 있을 것(연료탱크를 제외한다)
② 노출된 전기단자 및 전기개폐기로부터 20센티미터 이상 떨어져 있을 것(연료탱크를 제외한다)

37. 운행 자동차의 전·후 축중이 각각 1850kgf, 2250kgf일 때 주제동 장치의 각축 제동력의 합은 몇 kgf 이상 필요한가?(단, 최고속도가 매시 80킬로미터 이상이고 차량총중량이 차량중량의 1.2배 이하인 경우)

가. 2050kgf　　나. 2460 kgf
다. 2870kgf　　라. 3280kgf

해설 제동능력 기준
① 최고속도가 80㎞/h 이상이고 차량총중량이 차량중량의 1.2배 이하인 자동차의 각축의 제동력의 합 : 차량총중량의 50% 이상이므로 (1850 + 2250)×0.5=2050kgf
② 최고속도가 80㎞/h 미만이고 차량총중량이 차량중량의 1.5배 이하인 자동차의 각축의 제동력의 합 : 차량총중량의 40% 이상

38. 다음 설명 중 옳지 않은 것은?

가. 자동차의 길이는 13m를 초과하여서는 아니 된다.
나. 자동차의 너비는 2.5m를 초과하여서는 아니 된다.
다. 공차상태에 있어서 접지부분 외의 부분은 지면과의 사이에 15㎝ 이상의 간격이 있어야 한다.
라. 자동차의 높이는 4m를 초과하여서는 아니 된다.

해설 공차상태의 자동차에 있어서 접지부분외의 부분은 지면과의 사이에 12㎝ 이상의 간격이 있어야 한다.

39. 자동차 등록번호판의 부착위치는 차체의 뒤쪽 끝으로부터 얼마 이내로 부착하여야 하는가?

가. 100㎝ 이내　　나. 85㎝ 이내
다. 65㎝ 이내　　라. 45㎝ 이내

40. 바퀴잠김방지식 주제동장치를 의무적으로 설치하여야 하는 자동차는?

가. 경자동차(단, 4인승 이내)
나. 승용자동차(단, 5인승 이내)
다. 승합자동차(단, 경형 승합자동차 제외)
라. 화물자동차(단, 차량 총중량이 3.5톤 이내)

해설 승합자동차(경형승합자동차, 차량총중량 3.5톤 이하인 캠핑용 트레일러는 제외한다)·차량총중량이 3.5톤을 초과하는 화물자동차(피견인자동차를 포함한다) 및 특수자동차는 바퀴잠김방지식 주제동장치를 설치하여야 한다.

제3과목 : 일반기계공학

41. 세로 방향으로 쪼개져 있어 구멍의 크기가 핀보다 작아도 망치로 때려 박을 수 있는 핀으로 충격이나 진동을 받는 곳에 사용하며, 지지력이 매우 큰 장점이 있는 핀은?

가. 스냅(snap) 핀
나. 스프링(spring) 핀
다. 평행(parallel) 핀
라. 테이퍼(taper) 핀

42. 다음은 베어링 규격을 나타낸다. 규격 표시가 틀린 것은?

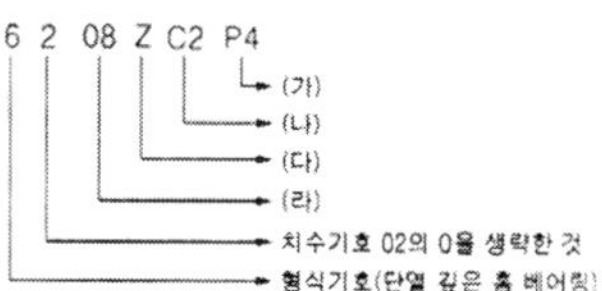

가. P4 : 등급기호
나. C2 : 틈새기호
다. Z : 실드기호
라. 08 : 테이퍼 구멍 번호

해설 08은 베어링의 안지름 번호이다.

43. 암나사를 수기가공으로 작업을 할 때 사용되는 공구는?

가. 탭(tap)
나. 리머(reamer)
다. 다이스(dies)
라. 스크레이퍼(scraper)

해설 공구의 용도
① 탭 : 암 나사를 가공하는데 사용하는 공구
② 리머 : 드릴로 뚫은 구멍의 내면을 매끄럽게 정밀도가 높은 구멍으로 다듬질하는데 사용하는 공구
③ 다이스 : 수 나사를 가공하는데 사용하는 공구
④ 스크레이퍼 : 기계가공이나 줄 작업후 가공된 평면이나 원뿔면을 정밀하게 다듬질하기 위해 사용하는 공구

44. 급수펌프의 전양정이 30m이고 유량이 5㎥/min, 효율은 82%이다. 이 펌프를 구동시키는데 필요한 전동기의 축동력은 약 몇 ㎾인가?(단, 물의 비중량은 9800N/㎥이다.)

가. 25　　나. 30
다. 35　　라. 50

해설
$L_w = \frac{\gamma \times Q \times H}{102 \times 60 \times n}$
L_w : 펌프동력(㎾), γ : 유체의 비중량(kgf/m³)
Q : 송출량(m³/min), H : 전양정(m)
η : 효율, $1N = 0.101972$kgf
$L_w = \frac{9800 \times 0.101972 \times 5 \times 30}{102 \times 60 \times 0.82} = 29.86$ ㎾

45. 재료의 성질에서 열 응력과 가장 관계 깊은 인자는?

가. 경도　　나. 전단강도
다. 피로한도　　라. 선팽창계수

해설 선팽창계수
금속에 열을 가하면 길이 및 체적이 증가한다. 이것을 열팽창이라 하며, 1℃ 의 온도가 올라감에 따라 길이가 늘어나는 비율을 선팽창계수라 한다.

46. 선반에서 지름 5㎝인 연강의 둥근 막대를 절삭할 때 주축의 회전수가 120rpm이라고 하면 절삭속도는 몇 m/min인가?

가. 9.4　　나. 18.8
다. 19.6　　라. 37.6

해설
$V = \frac{\pi \times D \times N}{1000}$
V : 절삭속도(m/min)
D : 지름(㎜)
N : 회전수(rpm)
$V = \frac{\pi \times 50 \times 120}{1000} = 18.84$ m/min

47. 그림과 같은 균일분포 하중 w(kgf/m)가 받는 외팔보의 자유단에 반력 P(kgf)를 작용시켜 처짐이 0이 되도록 하려면 이때의 하중은?

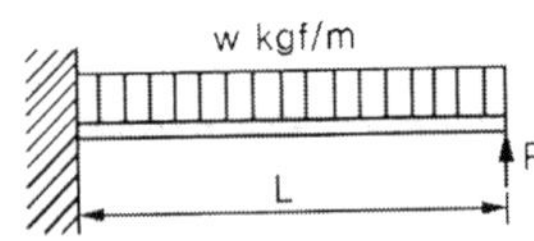

가. $P = \frac{8wl}{3}$　　나. $P = \frac{3wl}{8}$
다 . $P = \frac{3wl}{48}$　　라. $P = \frac{48wl}{3}$

48. 부정정보는 어느 것인가?

가. 연속보　　나. 단순보
다. 돌출보　　라. 외팔보

해설 부정정보의 종류
① 연속보 : 3개 이상의 받침점을 가지는 보
② 고정보 : 양 끝이 모두 고정되어 있는 보
③ 고정 지지보 : 한 끝은 고정하고 다른 한 끝은 받치고 있는 보
※ 단순보, 돌출보(내다지지보), 외팔보는 정정보이다.

49. 브레이크 드럼에 5000N·㎝의 토크가 작용하고 있는 축을 정지시키는 데에 필요한 최소제동력은 몇 N인가?(단, 브레이크 드럼의 지름은 50㎝이고, 마찰계수는 0.1이다)

가. 10　　　나. 20
다. 100　　　라. 200

해설
$$T=\frac{\mu\times f\times D}{2}$$
T : 제동 토크(N-㎝), μ : 마찰계수
f : 제동력(N)
D : 브레이크 드럼의 지름(㎝)
$$f=\frac{2\times 5000N\cdot cm}{0.1\times 50cm}=2000N$$

50. 펌프 중에서 왕복운동으로 압력을 활용하는 펌프는?

가. 제트 펌프　　　나. 원심 펌프
다. 피스톤 펌프　　　라. 기어 펌프

해설 펌프의 종류
① 원심 펌프 : 1개 EH는 여러 개의 임펠러에 원심력에 의해 압력을 발생시키는 펌프로 디퓨저 펌프, 볼류트 펌프가 있다.
② 축류 펌프 : 회전차의 날개를 회전시켜 발생하는 양정에 의해 압력 및 속도 에너지를 공급하며, 유체가 회전차 내를 축방향으로 흐르는 펌프로 프로펠러 펌프가 있다.
③ 왕복식 펌프 : 피스톤이나 플런저의 왕복운동에 의해 유체를 흡입하여 압력을 발생시키는 펌프로 피스톤 펌프, 플런저 펌프가 있다.
④ 회전 펌프 : 베인, 기어, 나사를 이용하여 유체를 밀어내는 방식의 펌프로 기어 펌프, 베인 펌프 등이 있다.
⑤ 특수 펌프 : 마찰 펌프, 제트 펌프, 기포 펌프

51. 열처리 작업 중 풀림을 하는 목적과 거리가 먼 것은?

가. 경도를 증가시킨다.
나. 내부응력을 저하시킨다.
다. 조직의 균일화, 표준화시킨다.
라. 일반적으로 강의 경도가 낮아져서 재료를 연화시킨다.

해설 풀림의 목적
재료가 가공 경화나 내부 응력이 생겼을 때 이를 제거하기 위해 A_1~A_3변태점보다 30~50℃ 높게 가열한 후 서냉하는 열처리로 완전 풀림과 저온 풀림이 있다.
① 열처리로 경화된 재료의 연화
② 가공 경화된 재료의 연화
③ 내부 응력의 제거
④ 재질의 균질화

52. 표준 스퍼기어에서 모듈이 3, 잇수가 40개이고 압력각이 14.5°일 때 기어의 피치원 지름은 몇 ㎜인가?

가. 60　　　나. 120
다. 180　　　라. 360

해설
$D=M\times Z$
D : 피치원 지름(㎜), M : 모듈, Z : 잇수
$D=3\times 40=120$㎜

53. 그림과 같이 하중이 작용하는 차축의 지름은 몇 ㎜인가?(단, 축에 작용하는 하중은 3000kgf, 축 길이는 800㎜, 허용 휨 응력은 5kgf/㎟이다.)

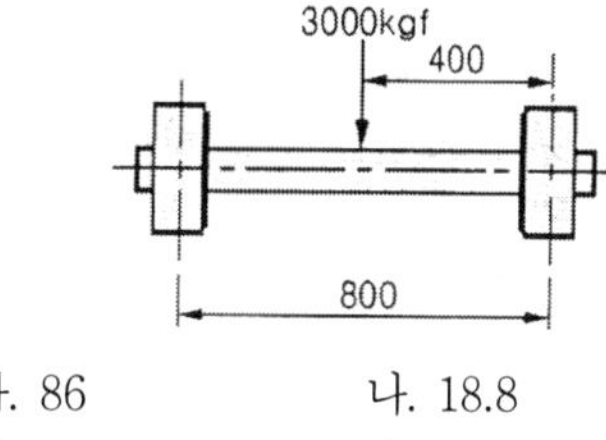

가. 86　　　나. 18.8
다. 101　　　라. 107

해설
$$d=\sqrt[3]{\frac{16\times T}{\pi\times T_a}}$$
T : 비틀림 모먼트(kgf-㎜)
T_a : 허용 휨 응력(kgf/㎟)
d : 축의 지름(㎜)
$$d=\sqrt[3]{\frac{16\times 3000\times 400}{\pi\times 5}}=106.92\text{㎜}$$

54. 속이 빈 모양의 목형(木型)을 주형 내부에서 지지할 수 있도록 목형에 덧붙여 만든 돌출부를 무엇이라고 하는가?

가. 라운딩(rounding)
나. 덧붙임(stop off)
다. 코어 프린트(core print)
라. 목형 기울기(draft taper)

해설 목형 제작
① 수축여유 : 수축을 고려하여 둔 여유량. 주물에서 냉각, 수축을 고려하여 목형을 제작할 때 수축 량만큼 크게 만든다. 수축 여유는 주철은 8.5~10.5㎜, 주강은 18~21㎜, 황동은 10.6~18㎜, 청동은 13~20㎜, 알루미늄은 20㎜이다.
② 가공여유 : 손(手) 가공, 기계 가공을 고려하여 둔 여유량. 주물에서 목형을 제작할 경우 손 가공이나 기계 가공할 치수만큼 크게 만든다. 가공 여유는 거친 다듬질일 경우 1~5㎜, 중간 다듬질일 경우 3~5㎜, 정밀 다듬질 5~10㎜, 주철, 주강의 경우는 3~6㎜이다.
③ 목형구배 : 주형에서 목형을 빼내기 쉽게 하기 위해 목형의 수직면에 약간의 기울기를 두는 것으로 목형의 크기와 모양에 따라 다르나 1m 길이에 6~10㎜ 정도의 구배를 둔다.
④ 라운딩 : 모서리 부분이 응고될 때 결정조직이 경계가 생겨 약해지기 때문에 모서리를 둥글게 한다.
⑤ 덧붙임 : 얇고 넓은 판상 목형의 넓은 판면에 각제를 보충하여 응력에 대한 변형, 균열을 방지하기 위해 주형이나 목형에 덧붙여 보강한다.
⑥ 코어프린트 : 코어의 위치를 정하거나 주형에 쇳물을 부었을 때 쇳물의 부력에 코어가 움직이지 않도록 하거나 또는 쇳물을 주입했을 때 코어에서 발생되는 가스를 배출시키기 위하여 코어에 코어 프린트를 붙인다. 코어 프린트는 속이 빈 주물을 만들 때 이용한다.

55. 연삭숫돌의 작업과 관련된 용어 설명 중 맞는 것은?

가. glazing이란 숫돌차를 정형하는 작업이다.
나. truing이란 숫돌입자의 자생작용이 잘 안 되어 입자가 마모되는 현상이다.
다. loading이란 숫돌입자의 표면이나 기공에 칩이 끼어 연삭성이 나빠지는 현상이다.
라. dressing이란 연삭 휠에서 결합제가 숫돌입자를 지지하는 힘이다.

해설 연삭숫돌의 수정 용어
① 글레이징(dlazing) : 숫돌바퀴의 입자가 탈락이 되지 않고 마멸에 의해서 납작하게 된 상태를 말한다.
② 트루잉(truing) : 숫돌의 연삭면을 숫돌과 축에 대하여 평행 또는 일정한 형태로 성형시켜 주는 방법이다.
③ 로딩(loading) : 연삭 작업 중 숫돌 입자의 표면이나 기공에 칩이 차 있는 현상
④ 드레싱(dressing) : 숫돌면의 표면층을 깎아 떨어뜨려서 절삭성이 나빠진 숫돌의 면에 새롭고 날카로운 입자를 발생시켜주는 수정법이다.

56. 주철 조직에 유리 탄소(free carbon)와 Fe_3C가 혼재하고 있으며, 주조와 절삭이 쉬워 일반 공작기계의 베드용으로 사용되는 주철은?

가. 반주철　　나. 백주철
다. 회주철　　라. 페라이트 주철

57. 매우 작은 입자의 숫돌표면에 극히 작은 압력으로 가압하면서 가공면의 표면을 따라 축방향으로 진동을 주면서 원통의 내면, 외면 및 평면을 가공하는 방법은?

가. 래핑　　나. 호닝
다. 브로칭　　라. 수퍼피니싱

해설 정밀 입자 가공의 종류
① 랩핑 : 공작물보다 경도가 낮은 주철, 구리, 목재로 만든 랩을 공작물의 다듬질할 면 사이에 적당한 연삭 입자를 넣고 공작물과 적당한 압력으로 접촉시켜 상대 운동을 시킴으로서 입자가 공작물의 표면에서 아주 적은 양을 깎아내어 표면을 매끈하게 다듬는 가공
② 호닝 : 숫돌을 이용하여 연삭 가공을 끝낸 원통의 내면을 정밀하게 다듬질하는 가공

③ 브로칭 : 브로치의 공구를 사용하여 브로칭 머신에서 공작물의 내면 또는 포면을 다듬는 가공
④ 수퍼 피니싱(super finishing) : 입도가 작고 결합도가 작은 숫돌을 공작물에 가볍게 누르고 매분 500~2000회 정도의 진동수로 진동을 주면서 왕복운동을 시킴과 동시에 공작물에도 회전을 주어 가공면을 단시간에 매우 편평한 면으로 초정밀 가공하는 것

58. 기계구조용으로 많이 사용되는 KS 재료기호 SM35C의 설명으로 가장 적합한 것은?

가. 최저 인장강도 35kgf/㎟인 기계 구조용 탄소강
나. 최저 인장강도 35kgf/㎟인 기계 구조용 탄소강
다. 탄소 함유량이 약 35% 정도인 기계 구조용 탄소강
라. 탄소 함유량이 0.35% 정도인 기계 구조용 탄소강

해설 SM은 기계 구조용이며, 35C는 탄소 함유량이 0.35%인 탄소강을 나타내는 것이다.

59. 원통 마찰 전동장치에서 원동차의 지름이 125㎜이고, 종동차의 지름이 350㎜이며, 접촉면의 마찰계수가 0.2일 때 200N의 힘으로 서로 밀어붙일 경우 최대 전달 토크는 몇 N·㎝인가?

가. 350　　나. 700
다. 1400　　라. 2800

해설
$$T=\frac{\mu\times f\times D_2}{2}$$
T : 최대 전달 토크(N·㎝)
μ : 접촉면의 마찰계수
f : 밀어 붙잉는 힘(N)
D_2 : 종동차의 지름
$$T=\frac{0.2\times 200\times 35}{2}=700N$$

60. 피복 금속 아크 용접봉에서 피복제의 역할이 아닌 것은?

가. 용융 금속의 용적을 미세화하여 용착 효율을 높인다.
나. 용착 금속의 냉각속도를 빠르게 하고 탈산을 방지한다.
다. 산화, 질화 등의 해를 방지하여 용착 금속을 보호한다.
라. 슬래그 제거를 쉽게 하고 파형이 고운 비드를 만든다.

해설 피복제의 역할
① 중성 또는 환원성 분위기를 만들어 대기 중의 산소나 질소의 침입을 방지하고 용융금속을 보호한다.
② 아크를 안정시킨다.
③ 용융점이 낮은 가벼운 슬래그를 만든다.
④ 용접 금속의 탈산 및 정련 작용을 한다.
⑤ 용접 금속에 적당한 합금원소를 첨가한다.
⑥ 용적을 미세화하고 용착효율을 높인다.
⑦ 용융금속의 응고와 냉각속도를 지연시킨다.
⑧ 모든 자세의 용접을 가능케 한다.
⑨ 슬랙의 제거가 쉽고 파형이 고운 비드를 만든다.
⑩ 모재 표면의 산화물을 제거하여 완전한 용접이 되도록 한다.
⑪ 전기 절연 작용을 한다.

모범답안(2010.7.25)

제1과목 자동차 공학

01.다 02.가 03.다 04.다 05.다
06.다 07.가 08.나 09.라 10.다
11.가 12.가 13.가 14.가 15.나
16.나 17.나 18.가 19.라 20.나

제2과목 자동차 검사

21.라 22.라 23.다 24.라 25.라
26.가 27.다 28.라 29.나 30.나
31.나 32.다 33.다 34.가 35.라
36.라 37.가 38.다 39.다 40.다

제3과목 일반기계공학

41.나 42.라 43.가 44.나 45.라
46.나 47.나 48.가 49.라 50.다
51.가 52.나 53.라 54.다 55.다
56.다 57.라 58.라 59.나 60.나

2010년도 9월 5일 자동차 정비산업기사 필기시험문제

제1과목 : 자동차 공학

01. 교류 발전기에 대한 설명으로 틀린 것은?

가. 저속에서 충전성능이 우수하다.
나. 브러시의 수명이 길다.
다. 실리콘 다이오드를 사용하여 정류특성이 우수하다.
라. 속도변동에 대한 적용범위가 좁다.

해설 교류 발전기의 특징
① 3 상 발전기로 저속에서 충전 성능이 우수하다.
② 정류자가 없기 때문에 브러시의 수명이 길다.
③ 정류자를 두지 않아 풀리 비를 크게 할 수 있다. (허용 회전속도 한계가 높다)
④ 실리콘 다이오드를 사용하기 때문에 정류 특성이 우수하다.
⑤ 발전 조정기는 전압 조정기 뿐이다.
⑥ 경량이고 소형이며, 출력이 크다.

02. 가솔린 기관에 비하여 디젤기관의 장점으로 맞는 것은?

가. 압축비를 크게 할 수 있다.
나. 매연발생이 적다.
다. 기관의 최고속도가 높다.
라. 마력당 기관의 중량이 가볍다.

해설 디젤기관의 장점
① 가솔린 엔진보다 제동 열효율이 높다.
② 연료가 분사 노즐에 의해 공급되어 신뢰성이 크다.
③ 저속에서부터 고속까지 전부분에 걸쳐 회전력이 크다.
④ 가솔린 엔진보다 연료 소비율이 적다.
⑤ 연료의 인화점이 높아 안전하고, 화재의 위험이 적다.
⑥ 연료 분사 시간이 짧아 배기가스의 유해 성분이 적다.
⑦ 압축비를 크게 할 수 있다.

◆ 디젤기관의 단점
① 가솔린 엔진보다 마력당 중량이 무겁다.
② 평균 유효압력이 낮고 엔진의 회전 속도가 낮다.
③ 압축 및 폭발 압력이 높아 운전 중 진동과 소음이 크다.
④ 기동 전동기의 출력이 커야 한다.
⑤ 연료 분사장치를 설치하여야 하기 때문에 제작비가 비싸다.

03. 자동변속기에서 자동 변속시점을 결정하는 가장 중요한 요소는?

가. 엔진 스로틀 밸브 개도와 차속
나. 엔진 스로틀 개도와 변속시간
다. 매뉴얼 밸브와 차속
라. 변속모드와 스위치의 변속시간

해설 자동변속기 차량의 경우 스로틀 포지션 센서의 신호와 차속 센서의 신호는 변속시점을 결정하는 중요한 요소로 이용된다.

04. 전자제어 제동장치(ABS)에서 셀렉트 로(Select low) 제어 방식이란?

가. 제동시키려는 바퀴만 독립적으로 제어한다.
나. 속도가 늦는 바퀴는 유압을 증압하여 제어한다.
다. 속도가 빠른 바퀴 쪽에 가해진 유압으로 감압하여 제어한다.
라. 먼저 슬립되는 바퀴 쪽에 가해진 유압으로 맞추어 동시 제어한다.

해설 셀렉트 로 제어 방식
좌우 바퀴의 감속도를 비교하여 브레이크 유압이 먼저 로크 되기 쉬운 쪽에 맞추어 제어하는 방식으로 요잉 모멘트가 감소되어 운전자는 간단한 조향 핸들 조작으로 차체의 스핀을 억제할 수 있으며, 조향 안정성 및 방향 안정서 우수하고, 제동거리가 양호하다.

05. 디스크식 브레이크의 장점이 아닌 것은?

가. 자기 배력 작용이 없어 제동력이 안정되고 한쪽만 브레이크 되는 경우가 적다.
나. 패드 면적이 커서 낮은 유압이 필요하다.
다. 디스크가 대기 중에 노출되어 방열성이 우수하다.
라. 구조가 간단하여 정비가 용이하다.

해설 ◈ 디스크 브레이크의 장점
① 디스크가 대기 중에 노출되어 회전하기 때문에 방열성이 좋아 제동력이 안정된다.
② 제동력의 변화가 적어 제동성능이 안정된다.
③ 한쪽만 브레이크 되는 경우가 적다.
④ 고속으로 주행시 반복하여 사용하여도 베이퍼록, 페이드 현상이 잘 일어나지 않아 제동력의 변화가 작다.
◈ 디스크 브레이크의 단점
① 마찰 면적이 작기 때문에 패드를 압착하는 힘을 크게 하여야 한다.
② 자기 작동 작용을 하지 않기 때문에 페달을 밟는 힘이 커야 한다.
③ 패드는 강도가 큰 재료로 만들어야 한다.

06. 전자제어 현가장치는 무엇을 변화시켜 주행 안정성과 승차감을 향상시키는가?

가. 토인
나. 쇽업소버의 감쇠계수
다. 윤중
라. 타이어의 접지력

해설 전자제어 현가장치
① 컴퓨터에 의해서 감쇠력과 스프링 상수의 변환을 주행의 상태에 따라 선택하여 안정된 자동차의 자세를 유지시킨다.
② 승차감을 향상시키고 조향성 및 주행 안정성을 향상시켜 안락한 운행을 할 수 있도록 한다.
③ 앞·뒤 스프링의 상수와 감쇠력 및 차고가 주행 조건에 따라 자동적으로 조절된다.
④ 자동차의 운행 상태를 검출하기 위한 센서, 공기 압축기, 공기 챔버 등으로 구성되어 있다.
⑤ 컴퓨터에 의해 액추에이터가 제어된다.
⑥ 감쇠력은 오토, 소프트, 하드의 3단계로 변환 할 수 있다.
⑦ 스프링의 상수는 소프트와 하드의 2단계로 변환할 수 있다.
⑧ 차고는 노멀, 로, 하이, 미디움의 4단계로 변환 시킬 수 있다.

07. 전자제어 가솔린 분사장치의 기본 분사시간을 결정하는데 필요한 변수는?

가. 냉각수 온도와 흡입공기 온도
나. 흡입공기량과 엔진 회전속도
다. 크랭크 각과 스로틀 밸브의 열린 각
라. 흡입공기의 온도와 대기압

해설 인젝터의 기본 분사시간은 엔진회전수와 흡입 공기량에 비례하도록 제어한다.

08. 이론 사이클에서 이론 지압선도를 작성하기 위한 여러 가정 중에 포함되지 않는 것은?

가. 밸브 개폐는 정확히 사점에서 이루어진다.
나. 급열과정은 정확히 사점에서 시작된다.
다. 압축과 팽창은 단열 과정이다.
라. 기관 각 부에는 마찰 손실이 존재한다.

해설 이론 지압선도 작성
① 밸브 개폐는 정확히 사점에서 이루어진다.
② 실린더에는 잔류가스가 없다.
③ 급열과정은 정확히 사점에서 시작된다.
④ 압축과 팽창은 단열 과정이다.

09. 동력전달장치에 사용되는 종감속 장치의 기능으로 틀린 것은?

가. 회전 토크를 증가시켜 전달한다.
나. 회전속도를 감소시킨다.
다. 필요에 따라 동력전달 방향을 변환시킨다.
라. 축 방향 길이를 변화시킨다.

해설 종감속 장치의 기능
① 회전력을 직각 또는 직각에 가까운 각도로 바꾸어 차축에 전달한다.

② 회전 속도를 감속하여 회전력을 증대시킨다.

10. 전자석의 특징을 설명한 것으로 틀린 것은?

가. 전자석은 전류의 방향을 바꾸면 자극도 반대가 된다.
나. 전자석의 자력은 전류가 일정한 경우 코일의 권수에 비례한다.
다. 전자석의 자력은 공급 전류에 비례하여 커진다.
라. 전자석의 자력은 영구자석의 세기에 비례하여 커진다.

해설 전자력의 크기는 자계의 방향과 전류의 방향이 직각이 될 때 가장 크다. 또한 전자력은 자계의 세기, 도체의 길이, 도체에 흐르는 전류의 양에 비례하여 증가한다.

11. Al 합금으로 저 팽창, 내식성, 내마멸성, 경량, 내압성, 내열성이 우수하여 고속용 가솔린 기관에 많이 사용되는 피스톤 재료는?

가. 주철(Cast Iron)
나. 니켈-구리합금
다. 로엑스(Lo-Ex)
라. 켈밋합금(Kelmet Alloy)

해설 피스톤의 재질은 특수 주철, 구리계 y합금, 규소계 로엑스 합금, 고규소 합금이 있으나 로엑스 합금 피스톤을 많이 사용하는 이유는 Y 합금 피스톤에 비해 비중이 작고 열전도성이 우수하며, 팽창 계수가 작고, 주조성, 내압성, 내마멸성, 내식성이 우수하기 때문이다.

12. 점화 장치에서 점화시기를 결정하기 위한 가장 중요한 센서는?

가. 크랭크 각 센서
나. 스로틀포지션 센서
다. 냉각수온도 센서
라. 흡기온도 센서

해설 센서의 기능
① 크랭크각 센서 : 크랭크축의 회전수를 검출하여 컴퓨터에 입력시켜 연료 분사시기와 점화시기를 결정하기 위한 신호로 이용된다.
② 스로틀 포지션 센서 : 스로틀 밸브의 개도량을 아날로그 전압으로 컴퓨터에 입력시켜 엔진의 감속 및 가속에 따른 연료 분사량을 제어하는 신호로 이용된다.
③ 냉각수온 센서 : 냉각수 온도를 검출하여 아날로그 전압으로 컴퓨터에 입력시켜 냉각수 온도에 따라서 공전 속도를 적절하게 유지시키는 신호로 이용되며, 분사량을 보정하는 신호로 이용된다.
④ 흡기온도 센서 : 실린더에 흡입되는 공기의 온도를 검출하여 컴퓨터에 입력시켜 흡입 공기의 온도에 알맞은 연료를 보정하는 신호로 이용된다.

13. 총중량 7.5ton의 차량이 36㎞/h의 속도로 1/50 구배의 언덕길을 올라갈 때 1초 동안 진행속도(m/s)는?

가. 8　　나. 10
다. 12　　라. 20

해설 속도(m/s) $= V = \frac{V \times 1000}{60 \times 60}$

$V =$ 자동차 속도(㎞/h)

속도 $= \frac{36 \times 1000}{60 \times 60} = 10$m/s

14. 오토사이클의 압축비가 8.5일 경우 이론 열효율은?(단, 공기의 비열비는 1.4이다.)

가. 57.5%　　나. 49.6%
다. 52.4%　　라. 54.6%

해설 $n_0 = 1 - (\frac{1}{\varepsilon})^{k-1}$

n_0 : 오토사이클의 이론열효율

ε : 압축비

k : 비열비

$n_0 = 1 - (\frac{1}{8.5})^{1.4-1} = 0.575(57.5\%)$

15. LPG 자동차에서 연료탱크의 최고 충전은 85%만 채우도록 되어있는데 그 이유로 가장 타당한 것은?

가. 충돌시 봄베 출구밸브의 안전을 고려하여
나. 봄베 출구에서의 LPG 압력을 조절하기 위하여
다. 온도 상승에 따른 팽창을 고려하여
라. 베이퍼라이저에 과다한 압력이 걸리지 않도록 하기 위하여

해설 LPG 봄베에 연료의 충전은 온도 상승에 따른 팽창을 고려하여 봄베 용적의 85%까지만 한다.

16. 실린더의 지름×행정이 100㎜×100㎜일 때 압축비가 17:1이라면 연소실 체적은?

가. 29cc　　나. 49cc
다. 79cc　　라. 109cc

해설

$$\epsilon = 1 + \frac{V_2}{V_1}$$

ϵ : 압축비
V_1 : 연소실 체적(cc 또는 ㎤)
V_2 : 행정체적 또는 배기량(cc 또는 ㎤)

$$V_1 : \frac{V_2}{\epsilon - 1} = \frac{\pi \times 10^2 \times 10}{(17-1) \times 4} = 49.08\,\text{cm}^3$$

17. 전자제어 동력조향장치의 기능이 아닌 것은?

가. 차속 감응 기능
나. 주차 및 저속시 조항력 감소 기능
다. 롤링 억제 기능
라. 차량 부하 기능

해설 전자제어 동력조향장치의 특징
① 속도 감응형 파워 시티어링 시스템이다.
② 공전과 저속에서 핸들의 조작력이 작다.
③ 고속 주행시에는 핸들의 조작력이 무거워 진다.
④ 중속 이상에는 차량의 속도에 감응하여 조작력을 변화시킨다.
⑤ 조향 회전각 및 횡가속도를 감지하여 롤링을 억제한다.
⑥ 차속 센서를 홀 소자를 이용한 것으로 변속기에 장착되어 있으며, 디지털 펄스 신호로 출력된다.
⑦ ECU에 의해 제어되며, 솔레노이드 밸브로 스로틀 면적을 변화시켜 오일탱크로 복귀되는 오일량을 제어한다.

18. 축전지의 용량에서 0°F에서 300 A의 전류로 방전하여 셀당 기전력이 1V 전압 강하하는데 소요되는 시간으로 표시하는 것은?

가. 20시간율　　나. 25 암페어율
다. 냉간율　　라. 20 전압율

해설 방전율
① 20 시간율 : 일정한 전류로 방전하여 셀당 전압이 1.75V로 강하됨이 없이 20시간 방전할 수 있는 전류의 총량을 말한다.
② 25 A율 : 80°F에서 25 A 의 전류로 방전하여 셀당 전압이 1.75 V에 이를 때까지 방전하는 소요시간으로 표시한다.
③ 냉간율 : 0°F에서 300A로 방전하여 셀당 전압이 1V 강하하기까지 몇 분 소요되는 가로 표시한다.

19. 자동 온도 조절장치(ATC)의 부품과 그 제어 기능을 설명한 것으로 틀린 것은?

가. 실내센서 : 저항치의 변화
나. 인테이크 액추에이터 : 스트로크 변화
다. 일사센서 : 광전류의 변화
라. 에어믹스도어 : 저항치의 변화

20. 자동차 전자제어 유닛(ECU)의 구성에 있어서 각종 제어장치에 관한 고정 데이터나 자동차 전비제원 등을 장기적으로 저장하는데 이용되는 것은?

가. RAM　　나. ROM
다. CPU　　라. TPS

해설 약어의 정의
① RAM(random access memory) : 일시기억장치
② ROM(read only memory) : 영구기억장치
③ CPU(central processing unit) : 중앙처리장치
④ TPS(throttle position sensor) : 스로틀 포지션 센서

제2과목 : 자동차 정비

21. 유압식 브레이크 계통의 설명으로 옳은 것은?

가. 유압계통 내에 잔압을 두어 베이퍼록 현상을 방지한다.
나. 유압계통 내에 공기가 혼입되면 페달의 유격이 작아진다.
다. 휠 실린더의 피스톤 컵을 교환한 경우에는 공기빼기 작업을 하지 않아도 된다.
라. 마스터 실린더의 첵밸브가 불량하면 브레이크 오일이 외부로 누유 된다.

해설 ㉯의 경우는 페달의 유격이 커지고 ㉰의 경우는 공기빼기 작업을 하여야 하며, ㉱의 경우는 잔압유지가 어려워진다.

22. 디젤기관의 연료공급 장치에서 연료공급 펌프로부터 연료가 공급되나 분사펌프로부터 연료가 송출되지 않거나 불량한 원인으로 틀린 것은?

가. 연료 여과기의 여과망 막힘
나. 플런저와 플런저 배럴의 간극과다
다. 조속기 스프링의 장력약화
라. 연료 여과기 및 분사펌프에 공기흡입

해설 조속기 스프링의 장력이 약해지면 헌팅 현상이 발생된다.

23. 자동차용 축전지의 충전에 대한 설명으로 틀린 것은?

가. 정전압 충전은 충전시간 동안 일정한 전압을 유지하며 충전한다.
나. 정전류 충전은 충전 초기 많은 전류가 흘러 축전지에 손상을 줄 수 있다.
다. 정전류 충전의 충전전류는 20시간율 용의 10%로 선정한다.
라. 급속 충전의 충전전류는 20시간율 용량의 50%로 선정한다.

해설 정전압 충전은 충전 초기에 큰 전류가 흘러 축전지의 수명에 단축된다.

24. 차륜정렬의 조향요소에서 킹핀 경사각의 기능에 대한 설명으로 틀린 것은?

가. 캠버에 의한 타이어 편 마모방지
나. 조종 안정성 확보
다. 스티어링의 조작력 경감
라. 조향 복원력 증대

해설 킹핀 경사각의 기능
① 캠버에 의한 타이어 편 마모방지
② 바퀴의 시미 모션을 방지한다.
③ 앞바퀴에 복원성을 주어 직진 위치로 쉽게 되돌아가게 한다.

25. 수온센서 고장시 엔진에서 예상되는 증상으로 잘못 표현한 것은?

가. 연료 소모가 많고 CO 및 HC의 발생이 감소한다.
나. 냉간 시동성이 저하될 수 있다.
다. 공회전시 엔진의 부조현상이 발생할 수 있다.
라. 공회전 및 주행 중 시동이 꺼질 수 있다.

해설 수온 센서 고장시 연료소모가 많고 CO 및 HC 의 발생이 증가한다.

26. A의 잇수는 90, B의 잇수 30일 때 A를 고정하고 아암 D를 오른쪽으로 3회전 할 경우 B의 회전수는?

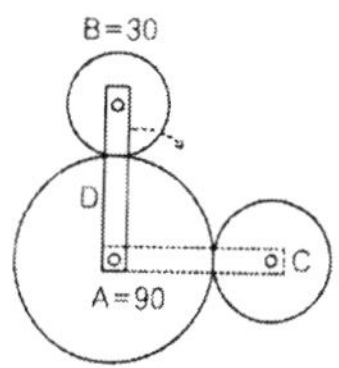

가. 왼쪽으로 18회전
나. 왼쪽으로 12회전

다. 오른쪽으로 18회전
라. 오른쪽으로 12회전

해설 기어비 = 공전 1회전+$\frac{A}{B}$ 또는

기어비 = $\frac{A+B}{B} = \frac{90+30}{30} = 4$

B의 회전수 = $4 \times 3 = 12$

27. 가솔린 기관에서 밸브 개폐시기의 불량 원인으로 거리가 먼 것은?

가. 타이밍 벨트의 장력감소
나. 타이밍 벨트 텐셔너의 불량
다. 크랭크축과 캠축 타이밍 마크 틀림
라. 밸브면의 불량

해설 밸브 면이 불량한 경우에는 블로백 현상이 발생되기 때문에 엔진의 출력이 저하되고 연료 소비율이 증대된다.

28. 등화장치에서 조명과 관련된 설명으로 틀린 것은?

가. 일정한 방향의 빛의 세기를 광도라 한다.
나. 광속의 단위는 루멘(lm)이라 한다.
다. 광도의 단위는 칸델라(cd)라고 한다.
라. 피조면의 밝기를 조도라 하고 단위는 데시벨이라 한다.

해설 피조면의 밝기를 조도라고 하고 단위는 룩스(lux)라 한다.

29. 기관의 압축압력 점검결과 압력이 인접한 실린더에서 동일하게 낮은 경우 원인으로 가장 옳은 것은?

가. 흡기 다기관의 누설
나. 점화시기 불균일
다. 실린더 헤드 개스킷의 소손
라. 실린더 벽이나 피스톤 링의 마멸

30. 에어컨 냉매회로의 점검시에 저압측이 높고 고압측은 현저히 낮았을 때의 결함으로 적합한 것은?

가. 냉매회로 내 수분 혼입
나. 팽창 밸브가 닫힌 채 고장
다. 냉매회로 내 공기혼입
라. 압축기 내부 결함

31. 전자제어식 현가장치에서 스프링 상수 및 감쇠력 제어 기능과 차고 높이 조절기능을 하는 것은?

가. 압축기 릴레이
나. 에어 액추에이터
다. 스트러트 유닛(쇽업소버)
라. 배기 솔레노이드밸브

32. 점화플러그에 BP6ES라고 적혀 있을 때 6의 의미는?

가. 열가　　　　나. 개조형
다. 나사경　　　라. 나사부 길이

해설 B – P – 6 – E – S(R)
B : 플러그 나사의 지름(㎜)
① A 형 = 18㎜, ② B 형 = 14㎜
③ C 형 = 10㎜, ④ D 형 = 12㎜
P : 자기 돌출형
6 : 열가
E : 플러그 나사의 길이
S : 표준형의 개량형
R : 저항 플러그(10$K\Omega$)

33. 컴퓨터의 논리회로에서 논리적(AND)에 해당되는 것은?

가. 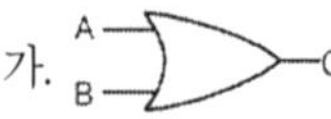

나. 

다. (A, B, D, C)

라. 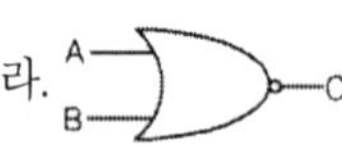

34. 자동변속기에서 밸브바디의 구성품이 아닌 것은?

가. 스로틀 밸브　　나. 솔레노이드 밸브
다. 압력조정 밸브　　라. 브레이크 밸브

해설 공기식 제동장치의 브레이크 밸브는 브레이크 페달을 밟을 때 공기탱크의 압축공기를 브레이크 챔버(앞 브레이크 챔버와 릴레이 밸브)에 공급하는 역할을 한다.

35. 전자제어 가솔린 연료분사장치 차량에서 연료펌프 구동과 관련이 없는 것은?

가. 크랭크각 센서
나. 수온 센서
다. 연료 펌프 릴레이
라. 엔진 컴퓨터(ECU)

36. 전력 P를 잘못 표시한 것은?(단, E : 전압, I : 전류, R : 저항)

가. $P = E \cdot I$　　나. $P = I^2 \cdot R$
다. $P = E^2 / R$　　라. $P = R^2 / E$

37. 수동변속기에서 입력축의 회전력이 150kgf·m이고 회전수가 1000rpm일 때 출력축에서 1000 kgf·m 의 토크를 내려면 출력축의 회전수는?

가. 1670rpm　　나. 1500rpm
다. 667rpm　　라. 150rpm

해설 추력축 회전수 $= \frac{1000 \times 150}{1000} = 150$

38. 전자제어식 제동장치(ABS)에서 펌프로부터 토출된 고압의 오일을 일시적으로 저장하고 맥동을 완화 시켜주는 것은?

가. 모듈레이터　　나. 솔레노이드 밸브
다. 어큐뮬레이터　　라. 프로포셔닝 밸브

해설 전자제어 제동장치 부품의 기능

- 모듈레이터 : ECU의 제어 신호에 의해 각 휠실린더에 작용하는 유압을 조절한다.
- 솔레노이드 밸브 : 일반 브레이크 회로와 ABS 브레이크 회로를 개폐시키는 역할을 한다.
- 어큐뮬레이터 : 감압 신호와 유지 신호에 의해 브레이크 오일을 일시적으로 저장한다.
- 프로포셔닝 밸브 : 제동시 마스터 실린더의 유압이 휠 실린더에 작용하지 않도록 하기 위해 솔레노이드 밸브로 유도한다.

39. 혼합비에 따른 촉매장치의 정화효율을 나타낸 그래프에서 질소산화물의 특성을 나타낸 것은?

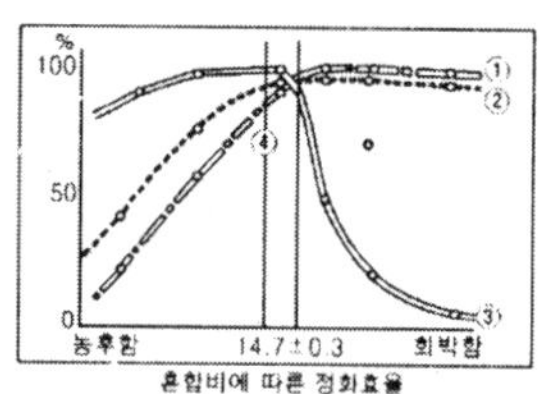

혼합비에 따른 정화효율

가. ①　　나. ②
다. ③　　라. ④

해설 ①은 일산화탄소의 특성이고 ②는 탄화수소의 특성이며, ④는 삼원촉매의 작동영역이다.

40. 직경이 600㎜인 차륜이 1500rpm으로 회전할 때 이 차륜의 원주 속도는?

가. 약 37.1m/s　　나. 약 47.1m/s
다. 약 57.1m/s　　라. 약 67.1m/s

제3과목 : 일반기계공학

41. 크랭크축의 회전수가 200rpm, 축지름 40㎜, 저널 길이 80㎜, 수직 하중이 800N일 때 발생하는 베어링 압력은 몇 N/㎟인가?

가. 0.10　　나. 0.15
다. 0.20　　라. 0.25

42. 가공 제품을 숏 피닝(shot peening)하는 가장 중요한 이유는?

가. 취성을 높이기 위해
나. 담금질 효과를 얻기 위해
다. 피로 강도를 높이기 위해
라. 절삭성을 향상시키기 위해

해설 쇼트 피닝(shot peening)
여러 개의 철, 지름 0.7~0.8㎜ 정도 강의 볼 또는 망간 주철구, 칠드 주철구를 10~50m/sec로 가공품의 표면에 분사시켜 가공물을 연마와 동시에 강도, 피로강도를 증대시키는 가공으로 스프링, 축, 기어 등의 가공에 이용된다.

43. 두 축의 중심선이 어느 정도 어긋났거나 경사졌을 때 사용하며 결합 부분에 합성고무, 가죽, 스프링 등의 단성재료를 사용하여 회전력을 전달하는 축이음은?

가. 슬리브(sleeve) 이음
나. 프랜지(flange) 이음
다. 플랙시블(flexible) 이음
라. 올덤 커플링(Oldham's coupling)

해설 축 이음의 종류
- 슬리브 이음 : 주철로 만든 원통 속에 두 개의 축을 양쪽에서 각각 집어넣고 키로서 고정시킨 것으로 축 지름 30㎜ 이하에서 사용한다.
- 플랜지 이음 : 축 끝의 플랜지를 키로 고정하고 플랜지를 볼트로 조인 것으로 큰 축과 고속도인 정밀 회전축에 이용된다.
- 플렉시블 이음 : 두 축의 중심선을 완전히 일치 시키기 어려운 경우, 고속 회전으로 진동을 일으키는 경우에 이용되는 축 이음을 말한다.
- 올덤 커플링 : 두 축이 평행하며, 그 거리가 비교적 짧은 경우에 이용되는 것으로 접촉면의 마찰 저항이 커 윤활이 필요하다.
- 셀러 커플링 : 원뿔 모양의 접촉면에서 조립된 주철제의 바깥쪽 원통 1개와 안쪽 원통 2개를 볼트로 축에 조여 사용하는 이음이다.
- 유니버설 커플링 : 두 축이 일직선상에 있지 않고 서로 어떤 각도로 교차하는 경우에 이용되는 축 이음으로 혹 조인트 또는 만능 이음이라고도 한다.

44. 공기압 회로 중 압축공기 필터에 대한 설명으로 틀린 것은?

가. 필터는 공기 배출구에 설치한다.
나. 드레인 여과 방식으로 수동식과 자동식이 있다.
다. 수분·먼지가 침입하는 것을 방지하기 위해 설치한다.
라. 오염의 정도에 따라 필터의 엘리먼트를 선정할 필요가 있다.

해설 공기압 회로에서 압축공기 필터는 공기 흡입구에 설치되어 수분이나 먼지가 방지하기 위해 설치되어 있다.

45. 감어걸기 전동장치은 V벨트에 관한 내용으로 옳지 않는 것으로?

가. 형식은 M, A, B, C, D, E의 6가지가 있다.
나. 크기는 단명의 크기와 전체 길이로 나타낸다.
다. 풀리의 호칭 지름은 피치원 지름으로 나타낸다.
라. 길이는 단명의 바깥을 지나는 둘레의 호칭번호이다.

해설 V 벨트의 길이는 단면의 중앙을 지나는 유효둘레를 호칭번호로 나타낸다.

46. 길이 1000㎜, 지름 6㎜인 둥근 축에 2000N·㎜의 비틀림 모멘트가 작용할 때 축에 생기는 최대 전단 응력은 몇 N/㎟인가?

가. 23.6 나. 47.2
다. 141.6 라. 283.2

47. 재료의 성질 중에서 포아송 비(Poisson's ratio)를 바르게 표시한 것은?

가. $\frac{\text{세로변형율}}{\text{가로변형율}}$ 나. $\frac{\text{가로변형율}}{\text{세로변형율}}$

다. $\frac{\text{세로변형율}}{\text{전단변형율}}$ 　　라. $\frac{\text{전단변형율}}{\text{세로변형율}}$

48. 전기저항 용접의 종류가 아닌 것은?

가. 심(seam)용접
나. 점(spot) 용접
다. 테르밋(thermit) 용접
라. 프로젝션(projection) 용접

해설 전기저항 용접의 종류
- 점 용접 : 2개의 모재를 겹쳐 전극사이에 끼워 넣고 전류를 흐르게 하여 접촉면이 전기저항에 의하여 발열되어 접합부가 용융될 때 압력을 가해 접합시키는 용접
- 심 용접 : 용접부를 겹쳐 한 쌍의 롤러 사이에 끼우면 롤러의 회전에 의해 접합선에 따라서 연속적으로 용접하는 방법으로 점 용접의 전극 대신에 롤러 모양의 전극을 이용하는 접합하는 용접
- 프로젝션 용접 : 금속 전극의 돌기부에 접합부를 접촉시켜 압력을 가하고 전류를 통전시키면 전기저항 열의 발생을 비교적 작은 특정 부분에 한정시켜 접합하는 용접
- 맞대기 용접 : 2개의 금속을 용접기에 설치하여 맞대고 전류를 통전시키면 접촉부가 전기저항 열에 의해 응용될 때 압력을 가해 접합시키는 용접

49. 선반작업에서 발생하는 구성인선(Built-up edge)의 감소 대책으로 옳은 것은?

가. 절삭 깊이를 깊게 한다.
나. 상면 경사각을 작게 한다.
다. 절삭 속도를 고속으로 한다.
라. 마찰 저항이 큰 공구를 사용한다.

해설 구성인선의 방지책
절삭 깊이를 작게 할 것.
경사각을 30° 이상 크게 할 것.
공구의 인선(날부분)을 예리하게 할 것.
절삭속도를 크게(빠르게) 한다.
윤활성이 있는 절삭제를 사용한다.

50. 접선 키(key)는 2개의 키를 동시에 끼우는 것으로 축동력을 전달하는 목적이 옳은 것은?

가. 축의 접선방향으로 낮은 회전력을 전달하기 위해서
나. 축의 반지름방향으로 낮은 인장력을 전달하기 위해서
다. 축의 접선방향으로 높은 압축력을 전달하기 위해서
라. 축의 반지름방향으로 낮은 굽힘력을 전달하기 위해서

51. 공기탱크와 압축기 사이에 설치한 클램프 상태에 있는 회로에서 압력저하에 따른 위험방지 목적으로 압축기 정지시 역류 방지용 등에 사용되는 밸브는?

가. 스톱(stop) 밸브
나. 체크(check) 밸브
다. 셔틀(shuttle) 밸브
라. 스로틀(throttle) 밸브

52. 고속도강으로 만든 지름이 16㎜인 드릴로, 연강재 일감에 구멍을 뚫을 때, 드릴링 머신의 스핀들 회전수는?(단, 절삭속도는 20m/min로 한다)

가. 199rpm 　　나. 398rpm
다. 796rpm 　　라. 1250rpm

53. 표준 평기어의 잇수가 100개이고, 피치원의 지름이 400㎜인 경우 이 기어의 모듈은?

가. 2 　　나. 3
다. 4 　　라. 5

54. 독일에서 발명된 고강도 A_1 합금으로 C_uAl_2 및 Mg_2Si 등의 석출에 의한 시효경화성 A_1 합금은?

가. 건메탈(포금) 　　나. 다우메탈
다. 델타메탈 　　라. 두랄루민

해설 두랄루민

① Al−Cu−Mg−Mn의 합금으로 항공기, 자동차 등의 재료로 사용된다.
② 담금질 후 시효경화에 의해 기계적 성질이 개선되어 강도가 크고 성형성이 좋다.
③ 알루미늄 합금 중에서도 열처리에 의해 지질의 개선이 가능한 합금이다.
④ 가볍고 강인하여 단조용으로 우수한 재료이다.

55. 프레스 가공을 분류할 때 전단가공의 종류에 속하지 않는 것은?

가. 엠보싱(embossing)
나. 블랭킹(blanking)
다. 트리밍(trimming)
라. 셰이빙(shaving)

해설 용어 해설

① 엠보싱(embossing) : 기계 부품 등에 장식과 보강을 위해 냉간가공으로 파형의 홈을 만드는 압축 가공을 말한다.
② 블랭킹(blanking) : 판재를 펀치와 다이를 사용하여 필요한 형상으로 뽑아낸 부분이 제품이 되는 판금 가공법.
③ 트리밍(trimming) : 프레스 가공이나 주조 가공 등으로 생산된 제품의 불필요한 테두리나 핀등을 잘라 내거나 따내어 제품을 깨끗이 정형하는 판금 작업
④ 셰이빙(shaving) : 뽑기나 구멍 뚫기를 한 제품의 가장자리에 붙어 있는 파단면 등이 편평하지 못하므로 제품의 끝을 약간 깎아 다듬질하는 작업

56. 정련된 용강에 규소강, 망간강 또는 알루미늄 분말 등의 강한 탈산제를 충분히 첨가하여 완전히 탈산한 강은?

가. 설철(pig iron)
나. 킬드(killde) 강
다. 림드(rimmed) 강
라. 세미길드(semi−killed) 강

해설 강괴의 종류

① 킬드(killed) 강 : 레이들 안에서 강력한 탈산제인 페로실리콘, 페로망간, 알루미늄 등을 첨가하여 충분히 탈산시킨 다음 주형에 주입하여 응고시킨 것.
② 림드(rimmed) 강 : 탈산조작이 충분하지 않기 때문에 응고가 진행되면서 용강의 잔류 탄소와 산소가 반응하여 기포 상태로 남아 있다.
③ 세미킬드(semi−killed) 강 : 탈산의 정도가 킬드강과 림드강의 중간정도이다. 일반 구조용 강, 두꺼운 판 등의 소재로 사용된다.

57. 주조할 때 주형에 접한 표면을 급냉시켜 표면은 시멘타이트가 되게 하고, 내부는 서서히 냉각시켜 펄라이트가 되게 한 주철은?

가. 백주철　　나. 회주철
다. 칠드주철　　라. 가단주철

58. 브레이크 드럼의 지름이 450㎜, 브레이크 드럼에 작용하는 수직방향 힘이 250N인 경우 드럼에 작용하는 토크는 몇 N·m인가?

가. 8.43　　나. 12.6
다. 16.8　　라. 17.5

해설 $T = \frac{\mu \times f \times D}{2}$

T : 드럼에 작용하는 토크(N·m)
μ : 드럼의 마찰계수
f : 드럼에 작용하는 힘(N)
D : 브레이크 드럼의 지름(m)

$T = \frac{0.3 \times 250 \times 0.45}{2} = 16.8$ N·m

59. 비틀림 모멘트를 받는 원형단면 축에 발생되는 최대 전단 응력에 대한 설명으로 옳은 것은?

가. 축 지름이 증가하면 최대 전단 응력은 감소한다.
나. 단면 계수가 감소하면 최대전단 응력은 감소한다.
다. 축의 단면적이 증가하면 최대전단 응력은 증가한다.
라. 가해지는 토크가 증가하면 최대전단 응력은 감소한다.

60. 비틀림 모멘트 T와 극관성 모멘트 I_p가 일정할 때, 길이 ℓ을 갖는 축의 단위 길이당 비틀림 각(ϕ/ℓ)은?(단, ϕ는 길이 ℓ의 축에 발생하는 전체 비틀림 각이고, G는 축의 전단 탄성계수이다.)

가. $\frac{T^2}{GI_p}$　　나. $\frac{GI_p}{T}$

다. $\frac{T}{GI_p}$　　라. $\frac{GI_p}{T^2}$

모범답안(2010.9.5)

제1과목 자동차 공학

01.라 02.가 03.가 04.라 05.나
06.나 07.나 08.라 09.라 10.라
11.다 12.가 13.나 14.가 15.다
16.나 17.라 18.다 19.라 20.나

제2과목 자동차 정비

21.가 22.다 23.나 24.가 25.가
26.라 27.라 28.라 29.다 30.라
31.다 32.가 33.나 34.라 35.나
36.라 37.라 38.다 39.다 40.나

제3과목 일반기계공학

41.라 42.다 43.다 44.가 45.라
46.나 47.나 48.다 49.다 50.다
51.나 52.나 53.다 54.라 55.가
56.나 57.다 58.다 59.가 60.다

2011년도 3월 20일 자동차 정비·검사산업기사 필기시험문제

제1과목 : 자동차 공학

01. 축거 3m, 바깥쪽 바퀴의 조향각 30°, 바퀴 접지면 중심과 킹핀과의 거리가 30㎝인 자동차의 최소회전반경은?

가. 4.4m　　나. 5.3m
다. 6.3m　　라. 7.3m

해설
최소회전반경 $R = \dfrac{L}{\sin\alpha} + r$

$= \dfrac{3}{\sin 30} + 0.3 = 6.3\ \text{m}$

02. 공기질량이 300kg인 경주용 자동차의 8m/s²의 등가속도로 가속 중일 때의 가속력은?

가. 68.75N　　나. 68.75kgf
다. 2400N　　라. 2400kgf

03. 자동차 점화장치에 사용되는 파워트랜지스터(NPN형)에서 접지되는 단자는?

가. 이미터
나. 베이스
다. 트랜지스터 몸체
라. 컬렉터

04. 베벨(bevel) 기어식 종감속 차동장치가 장착된 자동차가 급커브를 천천히 선회하고 있을 때 차동케이스 내의 어떤 기어들이 자전하고 있는가?

가. 외측 차동 사이드 기어들만
나. 차동 피닝언만
다. 차동 피니언과 차동 사이드 기어 모두
라. 외·내측 차동 사이드 기어들만

05. 디젤엔진의 노크 방지책으로 틀린 것은?

가. 압축비를 높게 한다.
나. 흡입공기 온도를 높게 한다.
다. 연료의 착화성을 좋게 한다.
라. 착화지연기간을 길게 한다.

06. 차속 감응형 4륜 조향장치가 2륜 조향장치에 비해 성능을 향상시킬 수 있는 항목으로 가장 적절하지 않는 것은?

가. 고속 직진 안정성
나. 차선변경의 용이성
다. 최소회전반경 단축
라. 코너링 포스 저감

07. 가솔린 엔진에서 연료 증발가스의 배출을 감소시키기 위한 장치는?

가. 배기가스 재순환 장치
나. 촉매 변환기
다. 캐니스터
라. 산소센서

08. 간극체적 60cc, 압축비 10인 실린더의 배기량은?

가. 540cc　　나. 560cc
다. 580cc　　라. 600cc

09. 승용차용으로 적당하지 않는 무단변속기의 형식은?

가. 금속 벨트식
나. 금속 체인식
다. 트랙션 드라이브식
라. 유압모터 펌프의 조합식

10. 수냉식과 비교한 공랭식 엔진의 장점이 아닌 것은?

가. 구조가 간단하다.
나. 마력당 중량이 가볍다.
다. 정상온도에 도달하는 시간이 짧다.
라. 엔진을 균일하게 냉각시킬 수 있다.

11. 추진축의 주행 중 소음 발생 원인이 아닌 것은?

가. 자재이음 베어링의 마모
나. 센터 베어링의 마모
다. 윤활 불량
라. 변속 선택레버의 휨

12. 속도비가 0.4이고, 토크비가 2인 토크 컨버터에서 펌프가 4000rpm으로 회전할 때, 토크컨버터의 효율은?

가. 20% 나. 40%
다. 60% 라. 80%

13. 공기브레이크에서 공기압축기의 공기압력을 제어하는 것은?

가. 언로더 밸브 나. 안전 밸브
다. 릴레이 밸브 라. 체크 밸브

14. 전조등의 광도 측정 단위는?

가. cd 나. W
다. Lux 라. lm

15. "인젝터 클리너"를 사용하여 인젝터를 청소하는 경우, 인젝터 팁(tip) 부분이 강한 약품에 의하여 손상되었을 때, 발생할 수 있는 문제점으로 가장 옳은 것은?

가. 연료 소비량 및 유해 배기가스가 증가한다.
나. Nox가 더 많이 배출된다.
다. 시동성이 나빠진다.
라. 엔진의 회전력이 감소된다.

16. 디젤 노크의 방지책으로 맞는 것은?

가. 회전수를 높인다.
나. 압축비를 낮춘다.
다. 착화지연기간 중 분사량을 많게 한다.
라. 흡기압력을 높인다.

17. 동력조향장치의 장점으로 틀린 것은?

가. 작은 조작력으로 조향조작을 할 수 있다.
나. 조향 기어비를 조작력에 관계없이 선정할 수 있다.
다. 굴곡이 있는 노면에서의 충격을 흡수하여 조향핸들에 전달되는 것을 방지할 수 있다
라. 엔진의 동력에 의해 작동되므로 구조가 간단하다.

18. 피에조 저항을 이용하여 절대압력을 전압값으로 변화시키는 센서는?

가. 흡기온도센서
나. 스로틀포지션 센서
다. 에어플로센서(열선식)
라. 대기압 센서

19. 전자제어 현가장치에서 롤제어 전용 센서로서 차체의 횡가속도와 그 방향을 검출하는 센서는?

가. AFS(air flow sensor)
나. TPS(throttle position sensor)
다. W 센서(weight sensor)
라. G 센서(gravity sensor)

20. 납산 축전지에서 설페이션(sulphation) 현상의 원인이 아닌 것은?

가. 축전지의 과방전
나. 방전상태 장시간 방치
다. 전해액 과다
라. 충전 부족

해설 밧데리 전해액은 황산용액으로 되어있습니다. 방전과 충전작용을 반복하고 엔진 룸 안의 온도가 높기 때문에 밧데리 속의 황산이 조금씩 증발합니다.
요즘 나오는 무보수 밧데리의 경우 밧데리에서 발생하는 여러 가지 가스가 외부로 빠져 나갈 수 있게 옆부분에 보면 조그만 구멍이 나 있습니다만 이쪽으로 나가기는 조금 힘들죠. 밧데리 내부에서 생긴 이 황산가스가 분출구를 찾다가 상대적으로 밀봉이 취약한 단자부분으로 분출하게 됩니다. 이 가스와 납으로 된 단자, 그리고 구리로 만들어진 배선의 터미널 부분과 반응 하면서 황산납과 황산 구리로 반응하게 됩니다. 물론 밧데리 내부의 전기를 저장하는 셀은 점차 영구납으로 변하게 되고 (이것을 셀페이션이라고 합니다), 밧데리는 수명을 다하게 됩니다. 뜨거운 물을 그 흰색 가루에 부어 보시면 쉽게 벗길 수 있습니다. 그리고 단자에 기름이나 구리스 등을 도포해두시면 그런 현상을 방지 할 수 있습니다만 밧데리의 수명과는 무관합니다. 밧데리의 상태가 좋지 않으면 발전기에 부하가 많이 걸려 또 다른 고장을 발생 시킬 수 있으니 겨울이 되기 전에 미리미리 교환해 주시는 게 좋습니다.

제2과목 : 자동차 검사

21. 주행속도가 80km/h인 자동차의 브레이크를 작동시켰을 때 제동거리는 약 얼마인가?(단, 차륜과 도로면의 마찰계수는 0.2이다)

가. 2m　　나. 5.7m
다. 55.6m　　라. 126m

22. 자동차의 차실 안에 설치할 수 있는 것은?

가. 조명시설　　나. 정류기
다. 변환기　　라. 변압기

23. 최고 속도 제한장치를 설치하지 아니하여도 되는 자동차는?

가. 저속 전기 자동차
나. 차량총중량 16톤 이상인 화물자동차
다. 최대적재량 8톤 이상인 특수자동차
라. 석유를 운반하기 위하여 탱크를 설치한 화물자동차

24. 자동차의 회전 조작력 측정조건으로 옳지 않은 것은?

가. 공차상태의 자동차로서 타이어 공기압은 표준공기압으로 한다.
나. 평탄한 노면에서 반경 12m의 원주를 선회하여야 한다.
다. 선회속도는 10km/h로 한다.
라. 풍속은 3m/s 이하에서 측정하는 것을 원칙으로 한다.

25. 어떤 자동차를 속도계시험기로 시험한 결과 검사기기가 55km/h일 때 자동차의 속도계는 60km/h였다. 이 자동차의 속도계 지시 오차와 안전기준 적합여부를 바르게 나타낸 것은?

가. +7.1% 〈 25%(적합)
나. -7.1% 〉 25%(부적합)
다. +9.1% 〈 25%(적합)
라. -9.1% 〉 25%(부적합)

26. 전기장치의 신규검사 및 정기검사 방법에 해당되지 않는 것은?

가. 축전지의 접속·절연상태를 확인한다.
나. 전기배선의 손상여부를 확인한다.
다. 축전지의 설치상태를 확인한다.
라. 전기선의 허용 전류량을 측정한다.

27. 정밀검사를 받아야 하는 비사업용 승용자동차의 기준으로 맞는 것은?(단, 최초검사)

가. 차령 1년 경과된 자동차
나. 차령 2년 경과된 자동차
다. 차령 3년 경과된 자동차
라. 차령 4년 경과된 자동차

28. 운행차 배출가스 정밀검사 시행지역에 대한 설명으로 맞는 것은?

가. 전국
나. 광역시 이상
다. 대기환경규제지역
라. 인구 10만 이상의 시·도

29. 1996년 1월에 제작된 디젤 소형 화물자동차의 배기소음은 얼마 이하이어야 하는가?

가. 105dB 이하 나. 95dB 이하
다. 100dB 이하 라. 115dB 이하

30. 적차시 전륜 하중이 1450kgf, 후륜 하중이 1980kgf, 타이어 최대 허용 하중이 전륜 980kgf, 후륜 1025kgf, 승차 정원 3명, 하대 옵셋이 -30㎝인 자동차의 적차시 후륜타이어 부하율은 약 얼마인가?(단, 후륜은 복륜임)

가. 34% 나. 48%
다. 58% 라. 64%

31. 동력전달 장치의 검사기준 및 방법으로 적합하지 않는 것은?

가. 변속기 오일 누유여부 확인
나. 클러치 페달 유격의 적정여부 확인
다. 브레이크액의 점도 확인
라. 추진축 손상·변형 여부 확인

32. 최초 등록일이 1993년 12월 24일인 승용자동차가 정기검사 유효만료일이 2003년 12월 23일이고 검사일이 2003년 12월 26일일 때 승용자동차의 유효기간 부여가 바른 것은?

가. 만료일 다음날부터 36개월
나. 만료일 다음날부터 24개월
다. 만료일 다음날부터 12개월
라. 만료일 다음날부터 6개월

33. 승차좌석 규격 및 설치기준으로 적합하지 않는 것은?

가. 승객 좌석규격은 가로·세로 각각 40㎝ 이상일 것
나. 승객 좌석의 앞좌석 등받이 뒷면과 뒷좌석 등받이 앞면 간의 거리는 65㎝ 이상일 것
다. 어린이용 좌석규격은 가로·세로 각각 27㎝ 이상일 것
라. 어린이용 좌석의 앞좌석 등받이 뒷면과 뒷좌석 등받이 앞면간 거리는 52㎝ 이상일 것

34. 운행자동차의 연료장치 검사항목에 해당하지 않는 것은?

가. 작동상태 나. 손상 및 변형 상태
다. 내압상태 라. 연료누출 여부

35. 사이드슬립 측정기에서 제동시험기와 속도계시험기를 복합하여 자동차의 옆미끄럼량을 측정하여 지시 판정하는 형식은?

가. 답판연동형 나. 단일답판형
다. 단순형 라. 자동형

36. 방향지시등은 차체너비의 몇 % 이상의 간격을 두고 설치하여야 하는가?

가. 20% 나. 30%
다. 50% 라. 70%

37. 자동차 배기가스 발산방지장치의 검사기준으로 맞지 않는 것은?

가. 배기관의 손상이 없을 것
나. 배기가스 농도는 안전기준에 적합할 것
다. 촉매장치의 변형이 없을 것
라. 배기소음을 저감하는 구조일 것

38. 운행 중인 승용자동차 주차제동장치의 조작력 기준으로 맞는 것은?

가. 발조작식 120kgf 이하, 손조작식 30kgf 이하
나. 발조작식 110kgf 이하, 손조작식 35kgf 이하
다. 발조작식 100kgf 이하, 손조작식 35kgf 이하
라. 발조작식 60kgf 이하, 손조작식 40kgf 이하

39. 어린이 운송용 승합자동차 표시등에 관한 사항으로 틀린 것은?

가. 점멸횟수는 분당 60회 이상 120회 이하이다.
나. 앞면과 뒷면에 설치하며 적색등은 바깥쪽, 황색 등은 안쪽에 설치한다.
다. 각 표시등의 발광면적은 120㎠ 이상이다.
라. 도로에 정지하려고 하거나 출발하려고 할 때 적색 표시등이 점멸된다.

40. 전조등의 반사경이 부식되어 반사경 표면에 굴곡이 있는 경우 발생하는 현상으로 가장 옳은 것은?

가. 입사각과 반사각이 같다.
나. 입사가과 반사각이 일정치 않다.
다. 입사된 광속의 일부가 직선으로 투과한다.
라. 입사된 광속의 일부가 굴절 투과한다.

제3과목 : 자동차 정비

41. 전자제어 가솔린 연료분사 방식에서 공기 흡입량 감지방식이 아닌 것은?

가. 베인식　　나. 스로틀 센서식
다. 열막식　　다. 칼만볼텍스식

42. 그림은 아날로그 회로 시험기에 의한 NPN 트랜지스터의 단품 시험방법이다. 어떤 시험을 하고 있는 것인가?

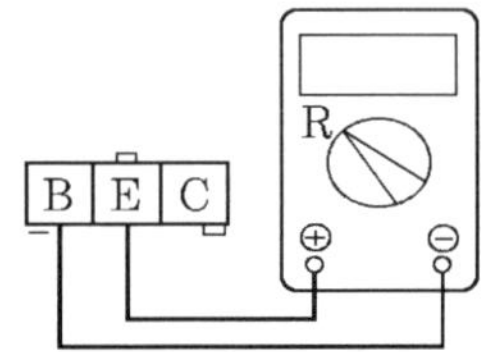

가. B단자와 E단자 간의 역방향 저항시험
나. B단자와 E단자 간의 역방향 전압시험
다. B단자와 E단자 간의 순방향 저항시험
라. B단자와 E단자 간의 순방향 전압시험

43. 표준 내경이 78㎜인 실린더에서 사용 중인 실린더의 내경을 측정한 결과 0.32㎜ 마모되었을 때 보링한 후 치수로 가장 적당한 것은?

가. 78.25㎜　　나. 78.50㎜
다. 78.75㎜　　라. 79.00㎜

44. 4WD시스템의 전기식 트랜스퍼(EST; Electric Shift Transfer)의 스피드 센서인펄스 제너레이터 센서에 대한 설명으로 틀린 것은?

가. 마그네틱 센서로서 교류전압이 발생한다.
나. 회전속도에 비례하여 주파수가 변한다.
다. 컴퓨터는 주파수를 감지하여 출력축 회전속도를 검출한다.
라. 4L 모드 상태에서의 출력파형은 4H 모드에 비하여 시간당 주파수가 많다.

45. 적용목적이 같은 장치와 부품으로 연결된 것은?

가. ABS와 노크 센서
나. EBD(electronic brake-force distribution) 시스템과 프로포셔닝 밸브
다. 공기유량시스템과 요레이트 센서
라. 주행속도장치와 온도 센서

46. 에어백 제어모듈의 주요기능 중 거리가 먼 것은?

가. 충돌 시 축전지 고장에 대비한 비상 전원 기능
나. 발전기 고장에 대비한 전압 상승 기능
다. 자기진단 기능
라. 충돌감지 및 충돌량 계산 기능

47. 차량의 종합경보장치에서 입력 요소로 거리가 먼 것은?

가. 도어 열림
나. 시트벨트 미착용
다. 주차 브레이크 잠김
라. 승객석 과부화 감지

48. 타이어의 반경이 65㎝이고 기관의 회전속도가 2500rpm일 때 총 감속비가 6:1이면 이 자동차의 주행속도는?

가. 약 102㎞/h　　나. 약 105㎞/h
다. 약 108㎞/h　　라. 약 112㎞/h

49. 공압식 전자제어 현가장치에서 저압 및 고압 스위치에 대한 설명으로 틀린 것은?

가. 고압 스위치가 ON 되면 컴프레셔 구동조건에 해당된다.
나. 고압 스위치가 ON 되면 리턴 펌프가 구동 된다.
다. 고압 스위치가 고압 탱크에 설치된다.
라. 저압 스위치는 리턴 펌프를 구동하기 위한 스위치이다.

50. 연료의 과다한 분사로 점화플러그가 젖어 불꽃이 튀지 못하는 현상은?

가. 노킹 현상　　나. 서징 현상
다. 플라딩 현상　　라. 후크 현상

51. 자동차의 공조장치에서 에어컨 냉매 충전 방법으로 올바른 것은?

가. 양(무게) 충전법과 압력 충전법
나. 진공 충전법과 고압 충전법
다. 진공 충전법과 저압 충전법
라. 저압 충전법과 고압 충전법

52. 자동변속기에서 댐퍼클러치의 작동내용으로 거리가 먼 것은?

가. 클러치 점 이후에서 작동을 시작한다.
나. 토크비가 1에 가까운 고속구간에서 작동한다.
다. 펌프와 터빈을 직결상태로 하여 미끌림 손실을 최소화 시킨다.
라. 제1속 및 후진 시에 작동을 시작한다.

53. 전자제어 가솔린 기관에서 연료압력 및 잔압을 점검하여 판정하는 내용으로 틀린 것은?

가. 연료 라인 압력이 규정 값 이상 상승 시 릴리프 밸브가 고장이다.
나. 엔진 가동을 정지시킨 후 연료압력이 0kgf/cm²로 바로 떨어지면 세이프티밸브 불량이다.
다. 연료압력조정기의 진공호스 분리시 압력 상승이 없으면 압력조정기가 고장이다.
라. 연료압력이 규정보다 낮으면 연료펌프의 최대압력, 연료필터의 막힘 등을 점검해야 한다.

54. 4행정 사이클 디젤기관의 분사펌프 제어래크를 전부하 상태로 하고, 최대 회전수를 2000rpm으로 하여 분사량을 시험하였더니 1실린더 107cc, 2실린더 115cc, 3실린더 105cc, 4실린더 93cc일 때 수정할 실린더의 수정치 범위는 얼마인가? (단, 전부하시 불균율 4%로 계산한다.)

가. 100.8 ~ 109.2cc
나. 100.1 ~ 100.5cc
다. 96.3 ~ 103.6cc
라. 89.7 ~ 95.8cc

55. 전자제어 가솔린엔진에서 엔진의 점화 시기가 지각되는 이유는?

가. 노크 센서의 시그널이 입력되었다.
나. 크랭크각 센서의 간극이 너무 크다.
다. 점화 코일에 과전압이 걸려 있다.
라. 인젝터의 분사시기가 늦어졌다.

56. 브레이크 장치에서 전진시와 후진시에 모두 자기배력작용이 발생되는 것을 올바르게 표현한 것은?

가. 듀오서보 브레이크
나. 리딩슈 브레이크
다. 유니서보 브레이크
라. 디스크 브레이크

57. 클러치 스프링에서 점검하여야 할 사항이 아닌 것은?

가. 직각도　　나. 자유길이
다. 인장강도　　라. 스프링의 장력

58. 전자제어 가솔린 기관에서 크랭킹은 가능하나 시동이 되지 않는 현상과 거리가 먼 것은?

가. 엔진 컴퓨터에 이상이 있다.
나. 연료펌프 릴레이에 이상이 있다.
다. 크랭크각 및 1번 상사점 센서의 불량이다.
라. TPS의 불량이다.

59. 차륜 정렬에 관한 내용으로 틀린 것은?

가. 킹핀 경사각이 커지면 캠버는 작아진다.
나. 좌·우 바퀴의 캠버가 다르면 핸들이 한쪽으로 쏠린다.
다. 앞바퀴 베어링이 마모되면 조향핸들의 유격이 커진다.
라. 최대 조향각도는 캐스터각으로 조정한다.

60. 엔진오일 상태와 오일량 점검 방법으로 틀린 것은?

가. 오일의 변색과 수분의 유입 여부를 점검한다.
나. 엔진 오일의 질이 불량한 경우 보충한다.
다. 엔진 웜업 후 정지 상태에서 오일량을 점검한다.
라. 오일량 게이지 F와 L 사이에 위치하는지 확인한다.

제4과목 : 일반기계공학

61. 유압프레스에서 용량이 5kN이고 프레스 효율이 80% 단조물의 유효단면적이 300㎟일 때, 단조 재료의 변형저항은 약 몇 N/㎟인가?

가. 10.3　　나. 13.3
다. 15.3　　라. 16.7

62. 베어링과 축, 피스톤과 실린더 등과 같이 서로 접촉하면서 운동하는 접촉면에 마찰을 적게 하기 위해 사용되는 것으로 가장 적합한 것은?

가. 냉매　　나. 절삭유
다. 윤활유　　라. 냉각수

63. 모듈6, 기어의 이가 22개 , 97개인 한 쌍의 표준 평기어가 외접하여 물려있을 때 중심거리는 얼마인가?

가. 132mm　　나. 357mm
다. 450mm　　라. 714mm

64. 체인의 원동차 잇수(Z_1)가 20개, 회전수(N_1) 300rpm이고, 종동차 잇수(Z_1)가 30개일 때 종동차의 회전수(N_2)와 종동차의 속도(V_2)는 각각 얼마인가?

가. N_2=200rpm, V_2=1.5m/s
나. N_2=200rpm, V_2=2.5m/s
다. N_2=400rpm, V_2=1.5m/s
라. N_2=450rpm, V_2=2.25m/s

65. 연삭숫돌의 결함에서 숫돌 입자의 표면이나 기공에 칩(chip)이 끼어 연삭성이 나빠지는 현상은?

가. 트루잉　　나. 로딩
다. 글레이징　　라. 드레싱

66. 그림과 같이 로프로 고정되어 A점에 1000kgf의 무게를 매달 때 AC 로프에 생기는 응력은 약 몇 kgf/㎠인가?(단, 로프 지름은 3㎝이다.)

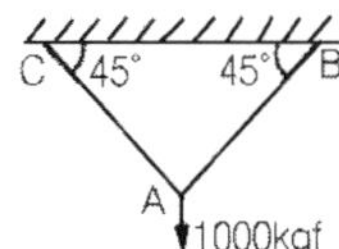

가. 100　　나. 210
다. 431　　라. 640

해설

$$\sigma = \frac{1000}{\frac{\pi}{4}\times 3^2}\times \cos 45 = 100kgf$$

*2008년 8월 31일 시행 일반기계공학 41번 문제와 동일

67. 원통형 케이싱 안에 편심 회전자가 있고 그 회전자의 홈 속에 판 모양의 깃이 원심력 또는 스프링 장력에 의하여 벽에 밀착하면서 회전하여 액체를 압송하는 펌프는?

가. 피스톤펌프　　나. 나사펌프
다. 베인펌프　　라. 기어펌프

68. 소성가공을 할 때 열간가공과 냉간가공을 구분하는 온도와 가장 관계있는 것은?

가. 재결정 온도
나. 용융 온도
다. 동소변태 온도
라. 임계 온도

69. 10kN·m의 비틀림 모멘트와 20kN·m의 굽힘 모멘트를 동시에 받는 축의 상당 굽힘 모멘트는 약 몇 kN·m인가?

가. 2.18　　나. 21.18
다. 211.8　　라. 230

70. 알루미늄 분말, 산화철 분말과 점화제의 혼합 반응으로 열을 발생시켜 용접하는 방법은?

가. 테르밋 용접
나. 피복 아크 용접
다. 일렉트로 슬래그 용접
라. 불활성 가스 아크 용접

71. 주물에서 기공(blow hole)의 유무를 검사하기 위한 비파괴시험 방법에 속하지 않는 것은?

가. 자기 탐상법
나. 현미경 탐상법
다. 초음파 탐상법
라. 방사선 탐상법

72. 유효낙차가 100m이고 유량이 200m³/s인 수력 발전소의 수차에서 이론 출력을 계산하면 몇 kW인가?

가. 412×10^3　　나. 326×10^3
다. 196×10^3　　라. 116×10^3

73. 두 축이 평행하고, 두 축의 중심선이 약간 어긋났을 경우에 각속도의 변화 없이 토크를 전달시키려고 할 때 사용하는 커플링은?

가. 머프 커플링　　나. 플랜지 커플링
다. 올덤 커플링　　라. 유니버설 커플링

74. 유압기기의 부속장치 중 유압에너지 압력에 대해 맥동 제거, 압력 보상, 충격 완화 등의 역할을 하는 것은?

가. 스트레이너　　나. 중압기
다. 축압기　　라. 필터 엘리먼트

75. 축열실과 반사로를 사용하여 장입물을 용해 정련하는 방법으로 우수한 강을 얻을 수 있고 다량생산에 적합한 용해로는?

가. 도가니로　　나. 전로
다. 평로　　라. 전기로

76. 주철의 성질에 대한 설명으로 틀린 것은?

가. 압축강도가 크다.
나. 절삭성이 우수하다.
다. 융점이 낮고 유동성이 양호하다.
라. 단련, 담금질, 뜨임이 가능하다.

77. 이끝원의 지름이 126㎜, 잇수가 40인 기어의 모듈은?

가. 3　　나. 4
다. 5　　라. 6

78. 50000N·㎝의 굽힘 모멘트를 받는 단순보의 단면계수가 100㎤이면 이 보에 발생되는 굽힘 응력은 몇 N/㎠인가?

가. 250　　나. 500
다. 750　　라. 1000

79. 같은 전단 응력이 작용하는 보에서 원형단면의 지름을 2배로 하면 전단 응력(τ)은 얼마인가?

가. $\frac{\tau}{2}$　　나. $\frac{\tau}{4}$
다. $\frac{\tau}{8}$　　라. $\frac{\tau}{16}$

80. 축의 허용전단 응력이 3N/㎟이고, 축의 비틀림 모멘트가 3.0×10^5N·㎜일 때 축의 지름은?

가. 63.4㎜　　나. 72.6㎜
다. 79.9㎜　　라. 83.4㎜

모범답안(2011.3.20)

제1과목 자동차 공학

01.다 02.다 03.가 04.다 05.라
06.라 07.다 08.가 09.라 10.라
11.라 12.라 13.가 14.가 15.가
16.라 17.라 18.라 19.라 20.다

제2과목 자동차 검사

21.라 22.가 23.라 24.가 25.가
26.라 27.라 28.다 29.다 30.나
31.다 32.나 33.라 34.다 35.라
36.다 37.라 38.라 39.라 40.나

제3과목 자동차 정비

41.나 42.다 43.다 44.라 45.나
46.나 47.라 48.가 49.나 50.다
51.가 52.라 53.나 54.가 55.가
56.가 57.다 58.라 59.라 60.나

제4과목 일반기계공학

61.나 62.다 63.나 64.가 65.나
66.가 67.다 68.가 69.나 70.가
71.나 72.다 73.다 74.다 75.다
76.라 77.가 78.나 79.나 80.다

2011년도 6월 12일 자동차 정비·검사산업기사 필기시험문제

제1과목 : 자동차 공학

01. 온도에 따라 전기 저항이 변하는 반도체 소자로 온도센서, 연료잔량 경고등 회로에 쓰이는 것은?

가. 피에조 압전 소자
나. 다이오드
다. 트랜지스터
라. 서미스터

02. 자동차용 연료인 LPG에 대한 설명으로 틀린 것은?

가. 기체 가스는 공기보다 무겁다.
나. 연료의 저장은 가스 상태로 한다.
다. 연료는 탱크용량의 약 85% 정도 충전한다.
라. 탱크 내 온도 상승에 의해 압력 상승이 일어난다.

03. 120㎞/h의 속도로 주행 중인 자동차에서 총감속비는 4.83, 구동륜 회전속도는 1031rpm, 타이어의 동하중 원주는 1940㎜일 때 엔진의 회전속도는?(단, 슬립은 없는 것으로 본다.)

가. 약 1237rpm　　나. 약 1959rpm
다. 약 4980rpm　　라. 약 2620rpm

04. 어떤 일정한 전압에 달하면 역방향으로 전류가 흐를 수 있도록 하는 다이오드의 명칭은?

가. 제너 다이오드　　나. 발광 다이오드
다. 포트 다이오드　　라. 정류 다이오드

05. 배기가스와 관련되어 피드백 제어에 필요한 주 센서는?

가. 수온 센서　　나. 흡기온도 센서
다. 대기압 센서　　라. 산소 센서

06. LPG 엔진에서 공정회정수의 안정성을 확보하기 위해 혼합된 연료를 믹서의 스로틀 바이패스 통로를 통하여 추가로 보상하는 것은?

가. 이이들업 솔레노이트 밸브
나. 대시포트
다. 공전속도 조절 밸브
라. 스로틀 위치 센서

07. 점화순서가 1-3-4-2인 4행정 4실린더 기관에서 1번 실린더가 폭발(팽창)시 4번 실린더의 행정은?

가. 압축　　나. 폭발
다. 흡입　　라. 배기

08. 전자제어 현가장치 부품 중에서 선회 시 차체의 기울어짐 방지와 가장 관계있는 것은?

가. 도어 스위치
나. 조향 휠 각속도 센서
다. 스톱 램프 스위치
라. 헤드 램프 릴레이

09. 제동 열효율을 설명한 것으로 옳지 못한 것은?

가. 제동일로 변환된 열량과 총 공급된 열량의 비다.
나. 작동가스가 피스톤에 한 일로써 열효율을 나타낸다.
다. 정미열효율이라고도 한다.
라. 도시열효율에서 기관 마찰부분의 마력을 뺀 열효율을 말한다.

10. 전자제어 가솔린 엔진에 대한 설명으로 틀린 것은?

가. 흡기온도센서는 공기밀도 보정시 사용된다.
나. 공회전 속도제어 스텝모터를 사용하기도

한다.

다. 산소센서 신호는 이론공연비 제어신호로 사용된다.

라. 점화시기는 점화 2차 코일의 전류를 크랭크각 센서가 제어한다.

11. 사이드슬립을 시험한 결과 오른쪽 바퀴가 안쪽으로 6㎜, 왼쪽 바퀴는 바깥쪽으로 4㎜ 움직일 때 전체 미끄럼 양은?

가. 안쪽으로 1㎜

나. 안쪽으로 2㎜

다. 바깥쪽으로 2㎜

라. 바깥쪽으로 1㎜

12. 디젤엔진의 구성품에 속하지 않는 것은?

가. 유닛인젝터 나. 점화장치

다. 연료분사장치 라. 냉시동 보조장치

13. 점화코일의 1차 코일 유도전압이 250V, 2차 코일의 유도전압이 25000V이고, 축전지가 12V인 1차 코일의 권수가 250회일 경우 2차 코일의 권수는 몇 회인가?

가. 20000 나. 25000

다. 30000 라. 35000

14. 자동차용 기동 전동기의 특징을 열거한 것으로 틀린 것은?

가. 일반적으로 직권 전동기를 사용한다.

나. 부하가 커지면 회전토크는 작아진다.

다. 상시 작동보다는 순간적으로 큰 힘을 내는 장치에 적합하다.

라. 부하를 크게 하면 회전속도가 작아진다.

15. 스로틀포지션센서(TPS)의 기본 구조 및 출력 특성과 가장 유사한 것은?

가. 차속 센서

나. 인히비터 스위치

다. 노킹 센서

라. 엑셀러레이터 포지션 센서

16. 전자제어 현가장치의 제어 중 급 출발시 노즈업 현상을 방지하는 것은?

가. 앤티 다이브 제어

나. 앤티 스쿼트 제어

다. 앤티 피칭 제어

라. 앤티 롤링 제어

17. 전자제어 연료분사 엔진에서 수온센서 계통의 이상으로 인해 ECU로 정상적인 냉각수온값이 입력되지 않으면 연료 분사는?

가. 엔진 오일 온도를 기준으로 분사

나. 흡기 온도를 기준으로 분사

다. 연료분사를 중단

라. ECU에 의한 페일세이프 값을 근거로 분사

18. 자동차를 옆에서 보았을 때 킹핀의 중심선이 노면에 수직인 직선에 대하여 어느 한쪽으로 기울어져 있는 상태는?

가. 캐스터 나. 캠버

다. 셋백 라. 토인

19. 자동차의 마찰 클러치에서 다이어프램(diaphragm) 스프링 형식의 부품이 아닌 것은?

가. 클러치 커버 나. 릴리스 레버

다. 릴리스 베어링 라. 압력판

20. 수동변속기의 동기치합식에서 기어의 콘부와 직접 마찰하여 기어의 회전수와 주축의 회전수를 같게 하는 부품은?

가. 클러치 허브

나. 클러치 슬리브
다. 싱크로나이저 링
라. 싱크로나이저 키

제2과목 : 자동차 검사

21. 자동차 검사용으로 사용하는 사이드슬립 측정기에 관한 설명으로 가장 적합한 것은?

가. 제동력의 합, 차, 끌림 시험
나. 제동시의 사이드슬립값 측정
다. 자동차 조향륜의 옆미끄러짐량 측정
라. 캐스터 및 킹핀각 측정

22. 2002년 1월 1일 이후 제작되는 자동차의 제작차 배기소음 허용기준으로 틀린 것은?

가. 경자동차 :100dB(A)이하
나. 승용 1 : 100dB(A)이하
다. 화물 1 : 100dB(A)이하
라. 이륜자동차 : 100dB(A)이하

23. 운행자동차의 주제동장치 안전기준에 관한 설명 중 틀린 것은?

가. 주제동장치는 모든 바퀴를 동시에 제동하는 구조일 것
나. 좌·우 바퀴의 제동력의 차이는 당해 축중의 8% 이하일 것
다. 측정자동차의 공차상태에서 운전자 외 1인이 탑승한 상태일 것
라. 제동력의 복원은 브레이크 페달을 놓을 때에 제동력이 3초 이내에 당해 축중의 20% 이하로 감소될 것

24. 차량중량이 1000kgf인 자동차가 건조한 포장노면에서 정지 상태를 유지하려면 주차제동력은 몇 kgf 이상이어야 하는가?

가. 185　　나. 196
다. 198　　라. 200

25. 자동차의 중량이 1200kgf이고, 승차정원이 5명인 승용자동차의 주차제동능력은 얼마 이상이어야 하는가?

가. 762.5kgf　　나. 240kgf
다. 600kgf　　라. 720kgf

26. 운행차 배출가스 정밀검사의 관능·기능검사항목중 배출가스 관련 부품 및 장치의 작동상태 확인 대상이 아닌 것은?

가. 변속장치
나. 배출가스 재순환장치
다. 연료증발가스 방지장치
라. 배출가스 전환장치

27. 운행차 배출가스 정밀검사 지정사업자의 결격사유를 설명한 것 중 틀린 것은?

가. 금치산자 또는 한정치산자
나. 지정사업자의 지정이 취소된 후 3년이 경과하지 아니한 자
다. 확인검사대행자의 등록이 취소된 후 2년이 경과되지 아니한 자
라. 파산선고를 받고 복권되지 아니한 자

28. 차량의 가속주행소음을 측정한 결과 86dB이며, 암소음이 82dB이었다면, 이때의 보정치를 적용한 가속주행소음은?

가. 84dB　　나. 83dB
다. 86dB　　라. 88dB

29. 자동차 조향핸들의 유격 측정 조건에 맞지 않는 것은?

가. 자동차는 공차상태의 자동차에 운전자 1인이 승차한 상태로 한다.
나. 타이어의 공기압은 표준공기압으로 한다.
다. 조향축의 바퀴를 직진 위치로 자동차를 정차시키고, 원동기는 정지한 상태로 한다.
라. 자동차의 제동장치는 작동하지 않은 상태로 한다.

30. 자동차 검사에 사용되는 기계·기구 중 정밀도 검사를 받아야 하는 기계·기구가 아닌 것은?

가. 전차륜정렬 시험기
나. 제동 시험기
다. 전조등 시험기
라. 사이드슬립 측정기

31. 운행자동차의 최소회전반경 측정조건에 맞지 않는 것은?

가. 측정자동차는 적차 상태이어야 한다.
나. 측정자동차는 측정 전에 충분한 길들이기 운전을 하여야 한다.
다. 측정자동차는 측정 전 조향륜 정렬은 점검하여 조정한다.
라. 측정장소는 평탄·수평하고 건조한 포장도로여야 한다.

32. LPG 연료장치의 구조 변경시 가스용기를 차체에 부착하는 방법으로 틀린 것은?

가. 풀 컨테이너 방식의 가스용기를 설치한 경우에는 컨테이너로부터 대기 중으로 환기통을 1개소 이상 설치 할 것
나. 세미 컨테이너 방식의 가스용기를 설치한 경우에 는 컨테이너로부터 대기 중으로 환기통 1개소 이상, 용기부착 장소에 환기통 1개소 이상을 설치할 것
다. 가스용기와 배기관 또는 소음기 외면과의 간격은 30㎜ 이상일 것
라. 가스용기 및 도관에는 필요한 곳에 보호장치를 할 것

33. 자동차의 통로에 접이식 좌석(안내원용 제외)을 설치할 수 있는 자동차는?

가. 16인승 이하 승합자동차
나. 20인승 이하 승합자동차
다. 30인승 이하 승합자동차
라. 36인승 이상 승합자동차

34. 화물자동차에서 화물 적재시 앞 축중이 1380kgf, 앞 타이어의 허용 하중이 760kgf일 때 앞축 타이어의 부하율은 얼마인가?

가. 86%　　나. 90.8%
다. 93.8%　　라. 110%

35. 주제동장치의 급제동정지거리 및 조작력에 대한 기준으로 틀린 것은?

가. 최고 속도가 80㎞/h 이상인 자동차의 급제동정지 거리는 22m 이하일 것
나. 최고 속도가 80㎞/h 이상인 자동차의 제동초속도는 50㎞/h이다.
다. 발 조작식 주제동장치의 측정시 조작력은 90㎏ 이하일 것
라. 측정자동차의 상태는 적차 상태일 것

36. 자동차의 최소회전반경은 몇 m 이내이어야 하는가?

가. 4m　　나. 6m
다. 10m　　라. 12m

37. 최고속도제한장치를 설치하지 않아도 되는 자동차는?

가. 총중량 10톤 이상인 운송사업용 시외 고속버스

나. 총중량 10톤 이상인 운송사업용 전세버스
다. 총중량 10톤 이상인 화물자동차
라. 최대적재량이 8톤 이상인 특수자동차

38. 차량총중량 3400kgf, 최대적재량 1000kgf, 축간거리 2400m인 소형화물자동차에 대하여 안전기준에서 최대로 허용하는 뒤 오버행은 얼마인가?

가. 1200㎜ 나. 1320㎜
다. 1440㎜ 라. 1600㎜

39. 자동차의 앞면에 안개등을 설치할 경우, 1등당 광도는 얼마 이하이어야 하는가?

가. 10000칸델라 나. 12000칸델라
다. 13000칸델라 라. 15000칸델라

40. 자동차 각종 등화의 1등당 광도를 나타낸 것으로 틀린 것은?

가. 전조등의 주행빔(2등식) : 15000~112500cd
나. 후퇴등(수평선 상부) : 80~600cd
다. 차폭등(수평성 상부) : 4~125cd
라. 후미등 : 40~420cd

제3과목 : 자동차 정비

41. 차량의 실내는 외부나 내부에서 여러 가지 열부하가 가해지는데 냉방장치의 능력에 영향을 주는 열부하와 거리가 먼 것은?

가. 승차인원 부하 나. 증발 부하
다. 환기 부하 라. 복사 부하

42. 다음 중 단위 표기가 잘못된 것은?

가. 회전수 : rpm, 압축압력 : kgf/㎠
나. 전류 : A, 축전지용량 : Ah
다. 연료소비율 : ㎞/h, 토크 : kgf-h
라. 전압 : V, 체적 : cc

43. LPI엔진의 연료장치에서 장시간 차량 정지시 수동으로 조작하여 연료도출 통로를 차단하는 밸브는?

가. 과류방지밸브 나. 매뉴얼밸브
다. 리턴밸브 라. 릴리프밸브

44. 기관에서 진공이 누설될 경우 나타나는 현상과 거리가 먼 것은?

가. 엔진부조
나. 엔진출력 부족
다. 유해가스 과다
라. 연료 증발가스 발생

45. 디지털식 타이어 휠 밸런스 시험기를 사용할 때 시험기에 입력해야할 요소가 아닌 것은?

가. 림의 폭 나. 림의 직경
다. 림의 간격 라. 림의 두께

46. 전자제어 연료 분사장치에서 AFS(Air Flow Sensor)의 공기량 계측 방식이 아닌 것은?

가. 베인(Vane)식
나. 칼만(Karman) 와류식
다. 핫 와이어(Hot Wire) 방식
라. 베르누이 방식

47. 전자제어 가솔린 엔진에서 크랭크축은 회전하나 기관이 시동되지 않는 원인으로 틀린 것은?

가. No.1 TDC와 크랭크각 센서의 불량
나. 냉각수의 부족
다. 점화장치 불량
라. 연료펌프의 작동 불량

48. 기관 시험 장비를 사용하여 점화코일의 1차 파형을 점검한 결과 그림과 같다면 파워 TR이 ON 되는 구간은?

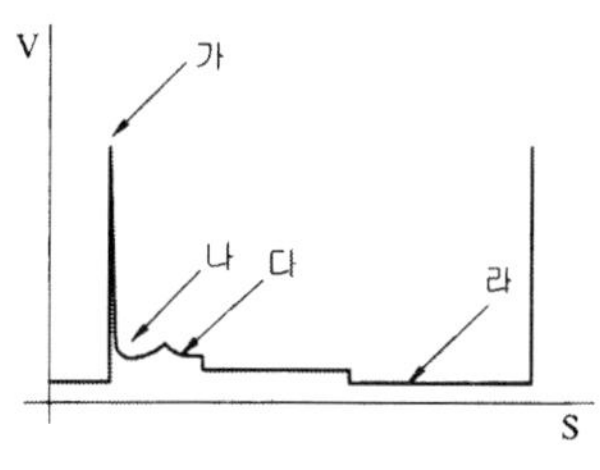

가. ㉮　　나. ㉯
다. ㉰　　라. ㉱

49. 냉각장치에 사용되고 있는 전동 팬(Fan)의 특성에 대한 설명으로 적합한 것은?

가. 번잡한 시가지 주행에 부적당하다.
나. 방열기의 설치가 용이하지 못하다.
다. 일정한 풍량을 확보할 수 있어 냉각 효율이 좋다
라. 릴레이 형식에 따라 압송형과 토출형의 2 종류가 있다.

50. 디젤기관의 독립형 연료분사 장치에서 연료 분사 개시압력을 조정하는 것은?

가. 공급 펌프
나. 분사펌프의 딜리버리 밸브 스프링
다. 연료필터의 오버플로 밸브 스프링
라. 분사노즐의 스프링

51. 자동차의 질량은 1500kg, 1개의 차륜당 전륜 제동력은 3400N, 후륜제동은 1100N일 때 제동 감속도는?

가. $3m/s^2$　　나. $4m/s^2$
다. $5m/s^2$　　라. $6m/s^2$

52. 전자제어 제동장치(ABS)에 대한 기능으로 틀린 것은?

가. 제동 시 조향 안전성 확보
나. 제동 시 직진성 확보
다. 제동 시 동적 마찰 유지
라. 제동 시 타이어 고착

53. 자동차용 MF 축전지의 특성 중 틀린 것은?

가. 인디게이터로 충전상태를 확인할 수 있다.
나. 저온 시동 능력이 좋다.
다. 충전회복이 빠르고 과충전시 수명이 길다.
라. 전기저항이 낮은 격리판을 사용한다.

54. 자동차의 제동성능에서 제동력에 영향을 미치는 요인으로 거리가 먼 것은?

가. 차량 총중량　　나. 제동 초속도
다. 여유 구동력　　라. 미끄럼 계수

55. 유성기어장치를 2조로 사용하고 있는 자동변속기에서 선기어 잇수 20, 링기어 잇수 80일 때 총 변속비는?(단, 제1유성기어 : 링기어 구동, 선기어 고정, 제2유성기어 : 링기어 고정, 선기어 구동)

가. 1.25　　나. 5
다. 6.25　　라. 16

56. 수동변속기에서 동기물림(Synchro-mesh type) 방식에 관한 설명으로 틀린 것은?

가. 변속 조작시 소리가 나는 단점이 있다.
나. 일정 부하형은 완전 동기가 되지 않아도 변속기어가 물릴 수 있다.
다. 변속 조작시 더블 클러치 조작이 필요 없다.
라. 관성 고정형은 완전 동기가 되지 않으면 변속기어가 물릴 수 없다.

57. 축간거리 2.5m인 차량을 우회전할 때 우측바퀴의 조향각은 33˚, 좌측바퀴의 조향각은 30˚이라면 최소 회전 반경은?(단, 킹핀 옵셋은 무시한다.)

가. 4m　　나. 5m
다. 5.15m　　라. 6m

58. 일반적인 오토크루즈 컨트롤 시스템(Auto cruise control system)에서 정속주행 모드의 해제 조건으로 틀린 것은?(단, 특수한 경우는 제외)

가. 주행 중 브레이크를 밟을 때
나. 수동변속기 차량에서 클러치를 차단할 때
다. 자동변속기 차량에서 인히비터 스위치가 P나 N 위치에 있을 때
라. 주행 중 차선 변경을 위해 조향하였을 때

59. 자동차 고유 진동현상 중에서 현가장치의 스프링 위 무게 진동현상으로 틀린 것은?

가. 휠 트램프　　나. 바운싱
다. 롤링　　라. 요잉

60. 축전지의 전해액 비중은 온도 1℃의 변화에 대해 얼마나 변화하는가?

가. 0.0005　　나. 0.0007
다. 0.0010　　라. 0.0015

제4과목 : 일반기계공학

61. 절삭공구 재료가 갖추어야 할 성질이 아닌 것은?

가. 취성
나. 강인성
다. 내마모성
라. 피삭재에 비하여 충분한 고온경도

62. 지름 75㎜의 앤드 밀 커터가 매분 60회전하며 절삭할 때 절삭 속도는 약 몇 m/min인가?

가. 14　　나. 20
다. 26　　라. 32

63. 축의 비틀림 강도를 고려하여 원형축에 비틀 틀림모멘트(T)를 가했을 때 비틀림각(θ)를 구할 수 있다. 비틀림각(θ)에 관한 설명 중 틀린 것은?

가. 비틀림각은 극관성모멘트에 비례한다.
나. 축의 길이가 증가할수록 비틀림각은 증가한다.
다. 횡탄성계수가 작을수록 비츨림각은 증가한다.
라. 비틀림모멘트와 비틀림각은 비례한다.

64. 모듈이 8인 외접한 한 쌍의 표준 스피기어의 잇수가 21, 73일 때 중심거리는 몇 ㎜인가?

가. 188　　나. 376
다. 752　　라. 1504

65. α황동을 냉간 가공하여 재결정온도 이하의 낮은 온도로 풀림하면 가공 상태보다 오히려 경화되는 현상이 생긴다. 이것을 무엇이라 하는가?

가. 저온탈아연　　나. 경년변화
다. 가공경화　　라. 저온풀림경화

66. 그림과 같은 외팔보에서 단면의 폭×높이 = b×h일 때, 최대 굽힘 응력(σ_{max})을 구하는 식은?

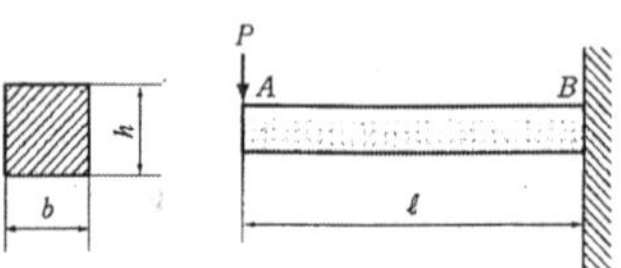

가. $\frac{6pl}{bh^2}$　　나. $\frac{12Pl}{bh^2}$

다. $\frac{6Pl}{b^2h}$ 라. $\frac{12Pl}{b^2h}$

67. 드럼의 지름이 400㎜²인 브레이크 드럼에 브레이크 블록을 미는 힘 280N이 작용하고 있을 때 브레이크의 제동력은 얼마인가?(단, 마찰계수는 0.15이다.)

가. 42N 나. 60N
다. 8400N 라. 16800N

68. 회전축의 흔들림 검사에 가장 적합한 측정기는?

가. 게이지 블록
나. 버니어 캘리버스
다. 마이크로미터
라. 다이얼 게이지

69. 인발에 영향을 미치는 조건과 거리가 먼 것은?

가. 단면감소율
나. 다이(die)의 각도
다. 윤활방법
라. 펀치의 각도

70. 동력전달용 커플링에서 두 축의 중심선이 보통 30° 이하로 교차하고 있을 때 가장 적합한 축이음은?

가. 고정 커플링
나. 올덤 커플링
다. 유니버설 커플링
라. 플렉시블 커플링

71. 일반용 고무벨트의 종류가 A이고 호칭번호가 30인 V벨트가 있다. 여기에서 A와 30의 설명으로 옳은 것은?

가. 단면이 A형이고, 유효둘레가 30인치이다.
나. 단면이 A형이고, 유효둘레가 30㎜이다.
다. 직경이 30㎝이고, 재료가 A호다.
라. 단면의 두께가 30㎜이고, A는 제작번호다.

72. 한 변의 길이가 8㎝인 정4각 단면의 봉에 온도를 20℃ 상승시켜도 길이가 늘어나지 않도록 하는데 28000N이 필요하다면 이 봉의 선팽창 계수는?(단, 탄성계수 (E)는 2.1×10^6N/㎠이다.)

가. 1.14×10^{-5}/℃ 나. 1.04×10^{-5}/℃
다. 1.14×10^{-6}/℃ 라. 1.04×10^{-4}/℃

73. 탄소강에 첨가되어 있는 원소 중에서 탈산제로 첨가되면 강의 경도, 탄성한계, 인장력을 높여주고 전자기적 성질을 개선시키는 원소는?

가. 망간 나. 규소
다. 인 라. 황

74. 유량제어 밸브가 아닌 것은?

가. 교축(Throttle) 밸브
나. 체크 밸브
다. 속도 제어 밸브
라. 급속 배기 밸브

75. 용접봉은 사용 전 건조기에 넣어 건조시켜 사용해야 한다. 저수소계 용접봉의 적합한 건조 온도는?

가. 120~150℃ 나. 200~230℃
다. 300~350℃ 라. 400~430℃

76. 기계요소 중에서 축의 토크를 전달하기보다 는 주로 인장력이나 압축력을 받는데 사용하는 것은?

가. 코터 나. 키
다. 스플라인 라. 커플링

77. 평벨트와 비교한 V벨트 전동의 특징에 대한 설명으로 틀린 것은?

가. 미끄럼이 작다.
나. 운전이 정숙하다.
다. 끊어지면 접합이 불가능하다.
라. 십자걸기로도 사용이 가능하다.

78. 다음의 비철금속 중 베어링 합금재료로 부적당한 것은?

가. 화이트 메탈 나. 서멧
다. 켈밋 합금 라. 배빗 메탈

79. 양수관의 하단에 압축공기를 보내서 이때 물보다 가벼운 물과 공기의 혼합체를 만들어 이 혼합체의 비중량이 문의 비중량보다 가벼워지는 것을 이용하여 양수하는 펌프는?

가. 기포 펌프 나. 제트 펌프
다. 수격 펌프 라. 점성 펌프

80. 밀폐된 용기에 넣은 정지 유체의 일부에 가해지는 압력은 유체의 모든 부분에 동일한 힘으로 전달된다는 유압장치의 기초가 되는 것은?

가. 뉴튼의 제 1법칙
나. 보일·샤를의 법칙
다. 파스칼의 원리
라. 아르키메데스 원리

모범답안(2011.6.12)

제1과목 자동차 공학

01.라	02.나	03.다	04.가	05.라
06.다	07.다	08.나	09.나	10.라
11.가	12.나	13.나	14.나	15.라
16.나	17.라	18.가	19.나	20.다

제2과목 자동차 검사

21.다	22.라	23.다	24.라	25.나
26.가	27.나	28.가	29.다	30.가
31.가	32.다	33.라	34.나	35.라
36.라	37.다	38.나	39.가	40.라

제3과목 자동차 정비

41.나	42.나	43.나	44.라	45.라
46.라	47.나	48.라	49.다	50.라
51.라	52.라	53.다	54.다	55.다
56.가	57.나	58.라	59.가	60.나

제4과목 일반기계공학

61.가	62.가	63.가	64.나	65.라
66.가	67.가	68.라	69.라	70.다
71.가	72.나	73.나	74.나	75.다
76.가	77.라	78.나	79.가	80.다

부록1. 원소의 주기율표

1A	2A	3B	4B	5B	6B	7B	8B	8B	8B	1B	2B	3A	4A	5A	6A	7A	8A
1 H 0.0695 -259.3																	2 He 0.1785 -272.2
3 Li 0.534 180.5 bcc	4 Be 1.85 1,280 hcp											5 B 2.31 2,080	6 C 2.25 3,550	7 N 1.25 -209.9	8 O 1.1053 218.9	9 F 0.0017 -218.6	10 Ne 0.0009 fcc
11 Na 0.97 97.8 bcc	12 Mg 1.74 649 hcp											13 Al 2.70 660.4 fcc	14 Si 2.33 1,414 dc	15 P 1.83 44.1 –	16 S 2.07 119 –	17 Cl 0.0032 -101.5 –	18 Ar 0.0018 -189.2 fcc
19 K 0.86 63.65 bcc	20 Ca 1.55 850 fcc	21 Sc 2.99 1,540 hcp	22 Ti 4.50 1,660 hcp	23 V 6.11 1,890 bcc	24 Cr 7.19 1,860 bcc	25 Mn 7.43 1,240 –	26 Fe 7.87 1,538 bcc	27 Co 8.9 1,490 hcp	28 Ni 8.902 1,455 fcc	29 Cu 8.94 1,083 fcc	30 Zn 7.13 419.6 hcp	31 Ga 6.095 29.76 –	32 Ge 5.323 937.4 –	33 As 5.73 817 –	34 Se 4.79 217 –	35 Br 3.12 -7.2 –	36 Kr 3.733 -156.6 fcc
37 Rb 1.53 38.9 bcc	38 Sr 2.54 769 fcc	39 Y 4.47 1,520 hcp	40 Zr 6.51 1,850 hcp	41 Nb 8.56 2,470 bcc	42 Mo 10.22 2,170 bcc	43 Te 11.50 2,170 hcp	44 Ru 12.30 2,310 hcp	45 Rh 12.41 1,970 fcc	46 Pd 12.02 1,550 fcc	47 Ag 10.50 961.9 fcc	48 Cd 8.65 320.9 hcp	49 In 7.30 156.6 –	50 Sn 7.28 231.9 –	51 Sb 6.69 630.7 –	52 Te 6.24 449.5 –	53 I 4.93 113.5 –	54 Xe 5.89 -111.9 fcc
55 Cs 1.87 28.4 bcc	56 Ba 4.5 725 bcc	57 La 6.15 921 –	72 Hf 13.31 2,230 hcp	73 Ta 16.65 2,990 bcc	74 W 19.25 3,410 bcc	75 Re 21.02 3,180 hcp	76 Os 22.57 3,045 hcp	77 Ir 22.42 2,410 fcc	78 Pt 21.45 1,770 fcc	79 Au 19.3 1064 fcc	80 Hg 13.5 -38.84 –	81 Tl 11.85 303.5 hcp	82 Pb 11.3 327.5 fcc	83 Bi 9.808 271.3 –	84 Po 9.40 250 –	85 At – 302 –	86 Rn 9.73 -71 –
87 Fr – 27 –	88 Ra 5.8 700 –	89 Ac 10.06 1050 –															

58 Ce 6.66 799 fcc	59 Pr 6.6 940 –	60 Nd 6.8 1,020 –	61 Pm 5.253 1,080 –	62 Sm 7.52 1,080 –	63 Eu 5.253 822 bcc	64 Gd 7.9 1,310 hcp	65 Tb 8.2 1,360 hcp	66 Dy 8.55 1,410 hcp	67 Ho 8.80 1,470 hcp	68 Er 9.07 1,530 hcp	69 Tm 9.314 1,545 hcp	70 Yb 6.97 819 fcc	71 Lu 9.84 1,660 hcp
90 Th 11.72 1,775 –	91 Pa 15.37 1,368 –	92 U 19.05 1,132 –	93 Np 20.45 640 –	94 Pu 19.816 639.5 –	95 Am 13.67 994 –	96 cm 13.3 1,350 –	97 Bk 14.78 986 –	98 Cf 15.0 900 –	99 Es – 860 –	100 Fm – 1,527 –	101 Md – 627 –	102 No – 827 –	103 Lr – 1,627 –

원자번호 원소기호 비중(g/㎤) 용융점(℃) 결정구조

부록2. 단위의 배수

명칭	기호	크기	명칭	기호	크기
테라(tera)	T	10^{12}	센티(centi)	c	10^{-2}
기가(giga)	G	10^{9}	밀리(mili)	㎜	10^{-3}
메가(mega)	M	10^{6}	마이크로(micro)	μ	10^{-6}
킬로(kilo)	k	10^{3}	나노(nano)	n	10^{-9}
헥토(hecto)	h	10^{2}	피코(pico)	p	10^{-12}
데카(deca)	D	10	펨토(femto)	f	10^{-15}
데시(deci)	d	10^{-1}	아토(atto)	a	10^{-18}

☞ SI 단위와 공학단위

오늘날 국제단위계(SI)가 널리 사용되고 있는데, 여기에 재료변형과 관계가 깊은 단위에 대하여 공학단위에서 SI 단위의 환산 예는 다음과 같다.

- 힘의 단위 : 1kgf = 9.80665N
- 힘의 모멘트 : 1kgf·m = 9.80665N·m
- 압력 : 1kgf/cm^2 = 9.80665×10^{4}Pa
- 응력 : 1kgf/mm^2 = 9.80665×10^{6}Pa = 9.80665MPa
  (1N/m^2 = 1Pa = 10^{-6}N/mm^2, 1MPa = 10^{6}Pa, 1N/mm^2 = 1MPa)
- 에너지 : 1kgf·m = 9.80665J(= 9.80665N·m)
- 충격값 : 1kgf·m = 9.80665J

부록3. 단위환산표

1Å = 10^{-8}cm	K = ℃ + 273
1atm = 14.7psi = 1.01bar	1kgf/mm^2 = 1,422psi
1cal = 4.19J	1psi = 6.89×10^{4}dyn/cm^2
1eV = 1.6×10^{-12}erg = 1.6×10^{-19}J	1mil = 10^{-3}in = 25.4μm
1ev/mol = 23,100cal/mol	1lb = 0.454㎏
1erg = 10^{-7}J = 2.39×10^{-8}cal	1W = 1J/sec = 10erg/sec
1G = 10^{-4}Wb/m^2	1ksi = 1,000psi = 6.895MPa
1GPa = 1,000MPa	1MPa = 0.145ksi = 145psi
1J = 2.78×10^{7}kW·h	1kcal/m·h·℃ = 1.163W/m·K
1N = F = m·a = 1kg·m/sec^2	1kcal/kgf·℃ = 4.186kJ/kg·K

부록4. 약어

	in. = inch(= 0.0254m)	N = newton
1Å= angstrom	J = joule	nm = nanometer
	K = degrees Kelvin	
C = Coulomb	kg = kilogram	Pa = pascal
℃ = degree Celsius	lb_f = pound force	s = second
cal = calorie(gram)	lb_m = pound mass	T = temperature
cm = centimeter	m = meter	μm = micrometer(= micron) = 10^{-6}m
eV = electron volt	Mg = mega gram	W = watt
°F = degrees Fahrenheit	mm = millimeter	psi = pounds per square inch
ft = foot(= 0.3048m)	mol = mole	1mile = 1.60924m
g = gram	MPa = mega pascal	

부록5. (계속)

양	단 위	환 산
밀 도	gram per liter	g/L 10^{-3}g/mL(= 10^{-3}g/㎤)
부 피	Liter	L = 1,000mL = 1,000cc cc = cm^2
에너지	erg calorie	10^{-7}J = 0.1μJ 4.1868J
일(= 힘×거리)	N·m	W(watt) = J×s 1kg의 물체를 중력을 거슬러 1m 들어올리면 9.8J
역률(= 일률 = 일/시간)	horse power(PS)	745.7W(= 0.7457㎾) (75kg×9.8m/sec^2 = 735N) 735N×1m = 735J 75kg·m/sec

개정판 **자동차 재료학**

지 은 이	김기주
펴 낸 이	김형근
펴 낸 곳	도서출판 기한재
주 소	경기도 파주시 회동길 56 (파주출판도시)
전 화	031)955-0900~2
팩 스	031)955-0100
등 록	1990년 3월 15일 제2-968호
발 행	2019년 9월 20일 1판 5쇄
정 가	16,000원

Published by Kihanjae Co.

ISBN 978-89-7018-652-8

http://www.kihanjae.com

E-mail: kihanjae@hanmail.net